普通高等院校药学精品教材

药物制剂新技术与产品开发

主　　编　　洪　怡　曹　艳　卢　山　黄　璐

副主编　　陈　敏　孟　军　白伟成　何　伟

主　　审　　郑国华　许汉林　薛大权　肖学成

编　　委　（按姓氏笔画排序）

卢　山　白伟成　许　勇　何　伟

张晓瑜　陈　敏　罗建华　孟　军

洪　怡　钱丽娜　郭瑜婕　黄　璐

曹　艳　常　聪　符棘玉　蔡　敏

华中科技大学出版社
http://www.hustp.com
中国·武汉

内 容 简 介

本书内容分为 3 篇：第一篇为药品开发过程中的注册分类及申报资料，化学药物制剂研究基本技术指导原则、化学药物质量控制分析方法验证技术指导原则以及药物制剂专利保护等，为产品开发中所需的法规和准则，药品开发中的专利问题及案例。第二篇为药物制剂新技术，介绍了药物制剂专利保护，药品开发中的专利注册问题及案例，聚乙二醇对药物的修饰，聚乙二醇在临床的应用，纳米晶体药物、干燥技术、环糊精、脂质体在药剂学中的应用以及中药药效物质发现关键技术方法。第三篇为实验技术，包括与制剂新技术相关的三个实验，即固体分散体的制备、复凝聚法制备微囊、透皮吸收实验，培养学生理论与实践相结合的能力。本书适合药学及相关专业的本科生和/或研究生及专业人士研读。

图书在版编目(CIP)数据

药物制剂新技术与产品开发/洪怡等主编.—武汉：华中科技大学出版社，2020.11
ISBN 978-7-5680-6615-0

Ⅰ.①药…　Ⅱ.①洪…　Ⅲ.①药物-制剂-技术　Ⅳ.①TQ460.6

中国版本图书馆 CIP 数据核字(2020)第 219015 号

药物制剂新技术与产品开发　　　　　　　　洪 怡 曹 艳 卢 山 黄 璐 主编
Yaowu Zhiji Xinjishu yu Chanpin Kaifa

策划编辑：王汉江
责任编辑：余　涛
封面设计：刘　婷
责任监印：徐　露
出版发行：华中科技大学出版社(中国·武汉)　　电话：(027)81321913
　　　　　武汉市东湖新技术开发区华工科技园　　邮编：430223
录　　排：华中科技大学惠友文印中心
印　　刷：武汉科源印刷设计有限公司
开　　本：787mm×1092mm　1/16
印　　张：20
字　　数：497 千字
版　　次：2020 年 11 月第 1 版第 1 次印刷
定　　价：49.80 元

前言

在药品的开发过程中，正确地理解所需的分类注册及申报资料，正确地解读相关的指导原则，是非常重要的一个环节，对新技术的了解和掌握，是新药研发的源泉，对专利知识熟悉，是药品研发的护身符。本书可以帮助药学及相关专业的学生和专业人员学习与了解药物制剂的相关技术、新药研发的技术要求、药物制剂的专利保护等知识，为从事药物制剂工作打下坚实基础和思路。

全书内容分为3篇：第一篇为药品开发过程中的注册分类及申报资料，化学药物制剂研究基本技术指导原则、化学药物质量控制分析方法验证技术指导原则以及药物制剂专利保护等，为产品开发中所需的法规和准则，药品开发中的专利问题及案例。第二篇为药物制剂新技术，介绍了药物制剂专利保护，药品开发中的专利注册问题及案例，聚乙二醇对药物的修饰，聚乙二醇在临床的应用，纳米晶体药物、干燥技术、环糊精、脂质体在药剂学中的应用以及中药药效物质发现关键技术方法。第三篇为实验技术，包括与制剂新技术相关的三个实验，即固体分散体的制备、复凝聚法制备微囊、透皮吸收实验，培养学生理论与实践相结合的能力。

本书的编写得到了很多同行的帮助，感谢在编书过程中付出辛勤劳动的同事们，感谢提供资料的原作者。洪怡、曹艳、卢山、黄璐为本书统稿人。由于编著时间仓促、知识的欠缺，书中一定存在许多错误与不足，恳请读者提出批评与指正。

编　者
2020 年 10 月

目录

第三篇 实　　验

第一篇
产品开发

第一章 化学药物制剂研究基本技术指导原则

一、概述

药物必须制成适宜的剂型才能用于临床。制剂研发的目的就是要保证药物的安全、有效、稳定、使用方便。如果剂型选择不当,处方、工艺设计不合理,则对产品质量会产生一定的影响,甚至影响到产品的药效及安全性。因此,制剂研究在药物研发中占有十分重要的地位。

本指导原则是根据国内药物研发实际状况,在参考国内外有关制剂研究的技术指导原则的基础上,考虑到目前制剂研究中容易被忽视的关键问题进行制订的。

由于药物剂型及生产工艺众多,且各种新剂型和新工艺也在不断出现,制剂研究中具体情况差异很大。本指导原则主要阐述制剂研究的基本思路和方法,为制剂研究提供基本的技术指导和帮助。关于各种剂型研究的详细技术要求,不在本指导原则中详述,药品申请人可参照本指导原则阐述的制剂研究的基本思路开展相应的研究工作。

二、制剂研究的基本内容

药物剂型种类很多,制剂工艺也各有特点,研究中会面临许多具体情况和特殊问题。但制剂研究的总体目标是一致的,即通过一系列研究工作,保证剂型选择的依据充分,处方合理,工艺稳定,生产过程能得到有效控制,适合工业化生产。制剂研究的基本内容一般包括以下方面:

(一)剂型的选择

药品申请人通过对原料药理化性质及生物学性质的考察,根据临床治疗和应用的需要,选择适宜的剂型。

(二)处方研究

根据药物理化性质、稳定性试验结果和药物吸收等情况,结合所选剂型的特点,确定适当的指标,选择适宜的辅料,进行处方筛选和优化,初步确定处方。

（三）制剂工艺研究

根据剂型的特点,结合药物理化性质和稳定性等情况,考虑生产条件和设备,进行工艺研究,初步确定实验室样品的制备工艺,并建立相应的过程控制指标。为保证制剂工业化生产,必须进行工艺放大研究,必要时对处方、工艺、设备等进行适当的调整。

（四）药品包装材料（容器）的选择

主要侧重于药品内包装材料（容器）的考察。可通过文献调研,或制剂与包装材料相容性研究等实验,初步选择内包装材料（容器）,并通过加速试验和长期留样试验继续进行考察。

（五）质量研究和稳定性研究

质量研究和稳定性研究已分别制订相应的指导原则,涉及此部分工作可参照有关指导原则进行。

制剂研究的各项工作既有其侧重点和需要解决的关键问题,彼此之间又有着密切联系。剂型选择是以对药物的理化性质、生物学特性及临床应用需求等综合分析为基础的,而这些方面也正是处方及工艺研究中的重要问题。质量研究和稳定性考察是处方筛选和工艺优化的重要的科学基础,同时,处方及工艺研究中获取的信息为药品质量控制（中控指标和质量标准）中项目的设定和建立提供了参考依据。因此,研究中需要注意加强各项工作间的沟通和协调,研究结果需注意进行全面、综合分析。

综上所述,制剂研究是一个循序渐进、不断完善的过程,制剂研发中需注意制剂研究与相关研究工作的紧密结合。在研发初期,根据药物理化性质、稳定性试验结果和体内药物吸收情况等数据,初步确定制剂处方及制备工艺。随着研究的进展,在完成有关临床研究（如药代动力学试验、生物利用度比较研究）以及后期工艺放大研究后,处方、工艺可能需要进行必要的调整。如这些调整可能影响药品的体内外行为,除重新进行有关体外研究工作（如溶出度检查）外,必要时还需要进行有关临床研究,具体要求可参考相关技术指导原则。

三、剂型的选择

剂型选择应首先对有关剂型的特点和国内外有关的研究、生产状况进行充分的了解,为剂型的选择提供参考。

剂型的选择和设计着重考虑以下三个方面:

（一）药物的理化性质和生物学特性

药物的理化性质和生物学特性是剂型选择的重要依据。例如,对于在胃液中不稳定的药物,一般不宜开发为胃溶制剂。对一些稳定性差宜在固态下贮藏的药物（如某些头孢类抗生素）,在溶液状态下易降解或产生聚合物,临床使用会引发安全性方面的问题,不适宜开发注射液、输液等溶液剂型。

对存在明显肝脏首过效应的药物,可考虑制成非口服给药途径的制剂。

（二）临床治疗的需要

剂型的选择要考虑临床治疗的需要。例如,用于出血、休克、中毒等急救治疗的药物,通常应选择注射剂型;心律失常抢救用药宜选择静脉推注的注射剂;控制哮喘急性发作,宜选择吸入剂。

（三）临床用药的顺应性

临床用药的顺应性也是剂型选择的重要因素。开发缓释、控释制剂可以减少给药次数,减小波动系数,平稳血药浓度,降低毒副作用,提高患者的顺应性。对于老年、儿童及吞咽困难的患者,选择口服溶液、泡腾片、分散片等剂型有一定优点。

另外,剂型选择还要考虑制剂工业化生产的可行性及生产成本。一些抗菌药物在剂型选择时应考虑到尽量减少耐药菌的产生,延长药物临床应用周期。

四、处方研究

处方研究包括对原料药和辅料的考察、处方设计、处方筛选和优化等工作。处方研究与制剂质量研究、稳定性实验和安全性、有效性评价密切相关。处方研究结果为制剂质量标准的设定和评估提供了参考和依据,也为药品生产过程中控制参数的设定提供了参考。处方研究中需要注意实验数据的积累和分析。

（一）原料药

原料药理化性质、生物学性质及相容性等研究结果,可以为处方设计提供依据。

1. 理化性质

原料药某些理化性质可能对制剂质量及制剂生产造成影响,包括原料药的色泽、嗅味、pH值、pK_a、粒度、晶型、比旋度、光学异构体、熔点、水分、溶解度、油/水分配系数、溶剂化或水合状态等,以及原料药在固态和/或溶液状态下在光、热、湿、氧等条件下的稳定性情况。因此,建议根据剂型的特点及药品给药途径,对原料药有关关键理化性质进行了解,并通过试验考察其对制剂的影响。譬如,药物的溶解性可能对制剂性能及分析方法产生影响,是进行处方设计时需要考虑的重要理化常数之一。原料药粒度可能影响难溶性药物的溶解性能、液体中的混悬性、制剂的含量均匀性,有时还会对生物利用度及临床疗效产生显著影响。如果存在上述情况,则需要考察原料药粒度对制剂相关性质的影响。

如果研究结果证明某些参数变异大,而这些参数对保证制剂质量非常重要,这时,需要注意对原料药质控标准进行完善,增加这些参数的检查并规定限度。对于影响制剂生物利用度的重要参数(如粒度、晶型等),其限度的制订尚需要依据临床研究的结果。

2. 生物学性质

原料药生物学性质包括对生物膜的通透性,在生理环境下的稳定性,原料药的吸收、分布、代谢、消除等药代动力学性质,药物的毒副作用及治疗窗等。原料药生物学性质对制剂研究有重要指导作用。对于口服吸收较差的药物,通过选择适当的制剂技术和处方,可以改善药物的吸收。如药代动力学研究结果提示药物口服吸收极差，可考虑选择注射剂等剂型。缓释、控释制剂对药物的半衰期、治疗指数、吸收部位等均有一定要求，研发中需要特别注意。

3. 相容性研究

本相容性研究指药物与辅料间及药物与药物间相互作用的研究。前者将在下面辅料部分进行阐述。后者主要是复方制剂研究中需要考虑的问题，实验可参照药物稳定性指导原则中影响因素的实验方法进行。

（二）辅料

1. 辅料选择的一般原则

辅料是制剂中除主药外其他物料的总称，是药物制剂的重要组成部分。辅料可根据剂型的特点及药品给药途径的需要进行选择，所用辅料不应与主药发生不良相互作用，不影响制剂的含量测定及有关物质检查。生产药品所需的辅料必须符合药用要求。

2. 相容性研究

药物与辅料相容性研究为处方中辅料的选择提供了有益的信息和参考。药品申请人可以通过前期调研，了解辅料与辅料间、辅料与药物间相互作用的情况，以避免处方设计时选择不宜的辅料。对于缺乏相关研究数据的，可考虑进行相容性研究。例如，口服固体制剂可选若干种辅料，若辅料用量较大的（如稀释剂等），则可按主药与辅料1∶5的比例混合；若用量较小的（如润滑剂等），则可按主药与辅料20∶1的比例混合，取一定量，参照药物稳定性指导原则中影响因素的实验方法或其他适宜的实验方法，重点考察性状、含量、有关物质等，必要时，可用原料药和辅料分别做平行对照实验，以判别是原料药本身的变化还是辅料的影响。

如处方中使用了与药物有相互作用的辅料，需要用实验数据证明处方的合理性。

3. 辅料的理化性质及用量

辅料理化性质（包括相对分子质量及其分布、取代度、黏度、性状、粒度及其分布、流动性、水分、pH 值等）的变化影响制剂的质量，如稀释剂的粒度、密度变化可能对固体制剂的含量均匀性产生影响，缓释、控释制剂中使用的高分子材料的相对分子质量或黏度变化可能对药物释放行为有较显著的影响。辅料理化性质的变化可能是辅料生产过程造成的，也可能与辅料供货来源改变有关。因此，需要根据制剂的特点及药品给药途径，分析处方中辅料可能影响制剂质量的理化性质，如果研究证实这些参数对保证制剂质量非常重要，为保证辅料质量的稳定，应制订或完善相应的质控指标，注意选择适宜的供货来源，明确辅料的规格、型号。

了解辅料在上市药品中的给药途径及其合理用量范围是处方前研究工作的一项重要内容，这些信息可以为处方设计提供科学的依据。药品申请人可以通过检索 FDA 等国内外权威数据库，了解所考察的辅料在上市药品中的合理使用情况。对某些具有生理活性的辅料、超出常规用量且无文献支持的辅料、改变给药途径的辅料，需进行必要的安全性试验。

（三）处方设计

处方设计是在前期对药物和辅料有关研究的基础上，根据剂型的特点及临床应用的需要，制订几种基本合理的处方，以便开展筛选和优化。除各种剂型的基本处方组成外，有时还需要考虑药物、辅料的性质。如片剂处方组成通常为稀释剂、黏合剂、崩解剂、润滑剂等，对于难溶性药物,可考虑使用适量的改善药物溶出度的辅料。

对于某些稳定性差的药物,处方中可考虑使用适量的抗氧剂、金属离子络合剂等。

(四)处方筛选和优化

制剂处方筛选和优化主要包括制剂基本性能评价、稳定性评价、临床前和临床评价。经制剂基本性能及稳定性评价初步确定的处方,为后续相关体内外研究提供了基础。但是,制剂处方的合理性最终需要根据临床前和临床研究(生物等效性研究、药代动力学研究等)的结果进行判定。对研究过程中发现影响制剂质量、稳定性、药效的重要因素,如原料药或辅料的某些指标,应进行控制,以保证药品质量和药效。

若在研制剂系国内外已生产并在临床上使用的品种,所采用的处方与已有品种的原料药、辅料的种类、规格及用量完全一致,则已有品种处方的可靠资料可作为在研制剂处方的参考。同样,制备工艺的研究亦可采用此思路。若只是辅料种类相同,而用量、规格、执行标准不同,则仍应进行处方筛选和优化。

1. 制剂基本性能评价

根据剂型的特点,从表 1-1 中选择影响制剂质量的相关项目,进行制剂的基本性能考察。可采用经典的比较法,分别研究不同处方对制剂质量的影响。例如,对液体制剂的 pH 值考察,可以设计不同 pH 值的系列处方,考察一定条件下制剂质量的变化,以评价 pH 值对处方质量及稳定性的影响,初步确定处方的合理 pH 值范围。也可选用正交设计、均匀设计或其他科学的方法进行处方筛选和优化。上述研究应尽可能阐明对药品处方有显著性影响的因素,如原料药的粒度、晶型、辅料的流动性、相对分子质量、制剂的 pH 值等。

对某些制剂还需要进行其他相关性能的研究,证明其合理性。例如,对带有刻痕的可分割片剂,需要首先明确分割后剂量在临床治疗中的合理性,在此基础上,对分割后片剂的含量均匀性进行检查,对分割后片剂的药物溶出行为与完整片剂进行比较,应符合该片剂标准规定。

2. 稳定性评价

可考虑选择 2 个以上制剂基本项目考察合格的处方的样品进行影响因素考察。根据外观、pH 值、药物溶出或释放行为、有关物质及含量等制剂关键项目考察结果,筛选出相对满意的处方。

上述影响因素的实验结果尚不能全面反映所选处方制剂的稳定性。该处方制剂还需通过加速实验及长期留样稳定性研究对处方进行评价。

对于某些制剂,还需根据具体情况进行相关研究。例如,制剂给药时拟使用专用溶剂的,或使用前需要用其他溶剂溶解、稀释的(如静脉注射用粉针和小针),还需要考虑对制剂与输液等稀释溶剂的配伍变化进行研究,主要考察制剂的物理及化学稳定性(如药物吸附、沉淀、变色、含量下降、杂质增加等)。考察项目的设置取决于剂型的特性及临床用药的要求,具体方法可参考稳定性实验有关指导原则进行。又如,溶液剂药物浓度很高或接近饱和,在温度改变时药物可能析出结晶,需要进行低温或冻融实验。上述研究结果可为药品的临床使用提供依据。

3. 临床前及临床评价

药品申请人最终需要根据临床前和临床研究结果,对处方做出最终评价,这也是制剂处方筛选和优化的重要环节。例如,对于难溶性药物口服固体制剂,药物粒度改变对生物利用度可能有较大影响,处方中药物粒度范围的最终确定主要依据有关临床前和临床研究的结果。而对于缓释、控释制剂,经皮给药制剂等,药代动力学研究结果是处方研究的重要依据。

（五）处方的调整与确定

一般通过制剂基本性能评价、稳定性评价和临床前评价,基本可以确定制剂的处方。

在完成有关临床研究和主要稳定性试验后,必要时可根据研究结果对制剂处方进行调整。药品申请人需要详细说明处方调整的情况,并通过实验证明这种变化的合理性,其基本研究思路和方法可参考上述处方研究内容进行,如体外比较性研究(如溶出曲线比较)和稳定性考察等,必要时还需考虑进行有关临床研究,如生物等效性试验。

五、制剂工艺研究

制剂工艺研究是制剂研究的一项重要内容,对保证药品质量稳定有重要作用,是药品工业化生产的重要基础。制剂工艺研究可以单独进行,也可结合处方研究进行。

制备工艺研究包括工艺设计、工艺研究和工艺放大三部分。尽管工艺研究过程不属于GMP 的检查范畴,但在过程控制、数据积累等方面应参考 GMP 的基本要求,注意数据的记录和积累,为药品工业化生产和质量控制打下坚实的基础。

（一）工艺设计

可根据剂型的特点,结合已掌握的药物理化性质和生物学性质,设计几种基本合理的制剂工艺。如实验或文献资料明确显示药物存在多晶型现象,且晶型对其稳定性和/或生物利用度有较大影响的,可通过 IR、粉末 X 射线衍射、DSC(差示热分析)等方法研究粉碎、制粒等过程对药物晶型的影响,避免药物晶型在工艺过程中发生变化。例如,对湿不稳定的原料药,在注意对生产环境湿度控制的同时,制备工艺宜尽量避免水分的影响,可采用干法制粒、粉末直接压片工艺等。

工艺设计还需充分考虑与工业化生产的可衔接性,主要是工艺、操作、设备在工业化生产中的可行性,尽量选择与生产设备原理一致的实验设备,避免制剂研发与生产过程脱节。

（二）工艺研究

工艺研究的目的是保证生产过程中药品的质量及其重现性。制剂工艺通常由多个关键步骤组成,涉及多种生产设备,均可能对制剂生产造成影响。工艺研究的重点是确定影响制剂生产的关键环节和因素,并建立生产过程的控制指标和工艺参数。

1. 工艺研究和过程控制

首先考察工艺过程各主要环节对产品质量的影响,可根据剂型及药物特点选择有代表性的检查项目作为考察指标,根据工艺过程各环节的考察结果,分析工艺过程中影响制剂质量的关键环节。如对普通片剂,原料药和辅料粉碎、混合,湿颗粒的干燥以及压片过程均可能对片剂质量产生较大影响。对于采用新方法、新技术、新设备的制剂,应对其制剂工艺进行更详细的研究。

在初步研究的基础上,应通过研究建立关键工艺环节的控制指标。可根据剂型与制剂工艺的特点,选择有代表性的检查项目作为考察指标,研究工艺条件、操作参数、设备型号等变化对制剂质量的影响。根据研究结果,对工艺过程中关键环节建立控制指标,这是保证制剂生产和药品质量稳定的重要方法,也是工艺放大及向工业化生产过渡的重要参考。指标的制订宜根据剂型及工艺的特点进行。指标的允许波动范围应由研究结果确定,并随着对制备工艺研究的深入和完善,最终根据工艺放大和工业化生产的有关数据确定合理范围。

2. 工艺重现性研究

工艺重现性研究的主要目的是保证制剂质量的一致性,一般至少需要对连续三批样品的制备过程进行考察,详细记录制备过程的工艺条件、操作参数、生产设备型号等,以及各批样品的质量检验结果。

3. 研究数据的汇总和积累

制剂工艺研究过程提供了丰富的实验数据和信息。通过对这些数据的分析,对确定制剂工艺的关键环节,建立相应的控制指标,保证制剂生产和药品质量的重现性有重要意义。这些数据可为制剂工艺放大和工业化生产提供依据。

工艺研究数据主要包括以下方面:①使用的原料药及辅料情况(如货源、规格、质量标准等);②工艺操作步骤及参数;③关键工艺环节的控制指标及范围;④设备的种类和型号;⑤制备规模;⑥样品检验报告。

(三)工艺放大

工艺放大是工艺研究的重要内容,是实验室制备技术向工业化生产转移的必要阶段,是药品工业化生产的重要基础,同时也是制剂工艺进一步完善和优化过程。由于实验室制剂设备、操作条件等与工业化生产的差别,实验室建立的制剂工艺在工业化生产中常常会遇到问题。如胶囊剂工业化生产采用的高速填装设备与实验室设备不一致,实验室确定的处方颗粒的流动性可能并不完全适合生产的需要,可能导致重量差异变大;对于缓释、控释等新剂型,工艺放大研究更为重要。

研究重点主要有两方面:一是考察生产过程的主要环节,进一步优化工艺条件;二是确定适合工业化生产的设备和生产方法,保证工艺放大后产品的质量和重现性。研究中需要注意对数据的翔实记录和积累,发现前期研究建立的制备工艺与生产工艺之间的差别,包括生产设备方面(设计原理及操作原理)存在的差别。若这些差别可能影响制剂的性能,则需要考虑进行进一步研究或改进。

六、药品包装材料(容器)的选择

药品的包装材料和容器是药品的组成部分,分为直接接触药品的包装材料(以下简称内包装)和外包装材料。包装主要起物流、传递信息和物理防护的作用。内包装不仅是药物的承载体,同时直接影响药品质量的稳定。

包装材料的选择应考虑以下几方面:

(1)包装材料需有助于保证制剂质量在一定时间内保持稳定。对于光照或高湿条件下不稳定的制剂,可以考虑选择避光或防潮性能好的包装材料。

(2)包装材料和制剂应有良好的相容性,不与制剂发生不良相互作用。液体或半固体制剂可能出现药物吸附于内包装表面,或内包装的某些组分释放到制剂中,引起制剂含量下降或产生安全性方面的问题,必要时对制剂包装材料需要进行仔细的选择。由于塑料类包装材料中的增塑剂等在血浆、乳剂中更容易释放,需要提供详细的研究资料。

(3)包装材料应与制剂工艺相适应。例如,静脉注射液等无菌制剂的内包装需满足湿热灭菌或辐射灭菌等工艺的要求。

(4)对定量给药装置应能保证定量给药的准确性和重现性。

内包装需从符合国家药用包装材料标准,并获得药用包装材料和容器注册证的材料中选择。在选择内包装时,可以通过对同类药品及其包装材料的文献调研,为包装材料的选择提供参考,并通过加速试验和长期留样试验进行考察。

在文献资料不充分,或采用新的包装材料,或特定剂型等情况,需要进行药品与内包装的相容性考察。除稳定性实验需要考察的项目外,还需根据上述包装材料选择考虑的因素增加特定考察项目。例如,对输液及凝胶剂等,需注意考察容器的水蒸气透过性能;对含乙醇的液体制剂,需要注意乙醇对包装材料的影响。包装材料的选择也为药品质量标准中是否需增加特殊的检查项目提供依据。例如,滴眼液或静脉输液等包装材料相容性研究结果显示包装材料中释放物的量低于公认的安全范围,且长期稳定性实验结果也证明这些释放物水平在贮藏过程中基本恒定,就可以不进行该项目的检查和控制。

七、质量研究和稳定性研究

制剂研发与质量研究和稳定性研究密切相关。对不同制剂,应根据影响其质量的关键因素,进行相应的质量研究和稳定性考察。质量研究和稳定性研究的一般原则参见相关的技术指导原则。

八、附录

主要剂型及其基本评价项目如表 1-1 所示。

表 1-1 主要剂型及其基本评价项目

剂 型	制剂基本评价项目
片剂	性状、硬度、脆碎度、崩解时限、水分、溶出度或释放度、含量均匀度(小规格)、有关物质、含量
胶囊剂	性状、内容物的流动性和堆密度、水分、溶出度或释放度、含量均匀度(小规格)、有关物质、含量
颗粒剂	性状、粒度、流动性、溶出度或释放度、溶化性、干燥失重、有关物质、含量

续表

剂　　型	制剂基本评价项目
注射剂	性状、溶液的颜色与澄清度、澄明度、pH 值、不溶性微粒、渗透压、有关物质、含量、无菌、细菌内毒素或热原、刺激性等
滴眼剂	溶液型:性状、可见异物、pH 值、渗透压、有关物质、含量 混悬型:性状、沉降体积比、粒度、渗透压、再分散性(多剂量产品)、pH 值、有关物质、含量
软膏剂、乳膏剂、糊剂	性状、粒度(混悬型)、稠度或黏度、有关物质、含量
口服溶液剂、口服混悬剂、口服乳剂	溶液型:性状、溶液的颜色、澄清度、pH 值、有关物质、含量 混悬型:性状、沉降体积比、粒度、pH 值、再分散性、干燥失重(干混悬剂)、有关物质、含量 乳剂型:性状、物理稳定性、有关物质、含量
贴剂	性状、剥脱力、黏附强度、透皮速率、释放度、含量均匀性、有关物质、含量
凝胶剂	性状、pH 值、粒度(混悬型)、黏度、有关物质、含量
栓剂	性状、融变时限、溶出度或释放度、有关物质、含量

九、参考文献

[1] European Medicines Agency. Note for Guidance on Development Pharmaceutics[EB/OL]. 1998. 7. 1. https://www. ema. europa. eu/en/development-pharmaceutics.

[2] Morris J M, Pharm M R. Development Pharmaceutics and process Validation[J]. Drug Development Communication, 1990. 16(11): 1749-1759.

[3] Quality of Drug Products: The Selection and Development of Formulations. The proceedings of 4th ICH.

[4] 郑筱萸. 化学药品和治疗用生物制品研究指导原则(试行)[M]. 北京:中国医药科技出版社,2002.

[5] 国家药典委员会. 中华人民共和国药典[M]. 2000 年版. 二部. 北京:化学工业出版社,2000.

[6] Food and Drug Administration. Draft Guidance for Industry on Drug Product: Chemistry, Manufacturing, and Controls Information; Availability [EB/OL]. 2003. 1. 28. https://www. federalregister. gov/documents.

[7] European Medicines Agency. Plastic Primary Packaging Materials [EB/OL]. 2005. 12. 1. https://www. ema. europa. eu/en/plastic-primary-packaging-materials.

[8] 国家食品药品监督管理局. 直接接触药品的包装材料和容器标准汇编[M]. 第 3 辑药包材检验方法标准汇编. 国家食品药品监督管理局办公室印发,2003.

[9] 毕殿洲. 药剂学[M]. 4 版. 北京:人民卫生出版社,2000.12.

第二章　化学药物质量控制分析方法验证技术指导原则

一、概述

　　保证药品安全、有效、质量可控是药品研发和评价应遵循的基本原则,其中,对药品进行质量控制是保证药品安全有效的基础和前提。为达到控制质量的目的,需要多角度、多层面来控制药品质量,也就是说要对药物进行多个项目测试,来全面考察药品质量。一般地,每一测试项目可选用不同的分析方法,为使测试结果准确、可靠,必须对所采用的分析方法的科学性、准确性和可行性进行验证,以充分表明分析方法符合测试项目的目的和要求,这就是通常所说的对方法进行验证。

　　方法验证的目的是判断采用的分析方法是否科学、合理,是否能有效控制药品的内在质量。从本质上讲,方法验证就是根据检测项目的要求,预先设置一定的验证内容,并通过设计合理的试验来验证所采用的分析方法能否符合检测项目的要求。

　　方法验证在分析方法建立过程中具有重要的作用,并成为质量研究和质量控制的组成部分。只有经过验证的分析方法才能用于控制药品质量,因此方法验证是制订质量标准的基础。方法验证是药物研究过程中的重要内容。

　　本指导原则重点探讨方法验证的本质,将分析方法验证的要求与所要达到的目的结合起来进行系统和规律性的阐述,重点阐述如何科学合理地进行论证方案的设计。本指导原则主要包括方法验证的一般原则、方法验证涉及的三个主要方面、方法验证的具体内容、对方法验证的评价等内容。

　　本指导原则与其他相关技术指导原则一起构成较完整的质量控制指导原则。随着我国新药研发水平的不断提高,对方法验证的认识也会不断深入,本指导原则将会逐步完善和修订。由于生物制品和中药的特殊性,本指导原则主要适用于化学药品。

二、方法验证的一般原则

　　原则上每个检测项目采用的分析方法,均需要进行方法验证。方法验证的内容应根据检测项目的要求,结合所采用分析方法的特点确定。

　　同一分析方法用于不同的检测项目会有不同的验证要求。例如,采用高效液相色谱法用于制剂的鉴别和杂质定量试验应进行不同要求的方法验证,前者重点要求验证专属性,而后者重点要求验证专属性、准确度、定量限。

三、方法验证涉及的三个主要方面

(一)需要验证的检测项目

检测项目是为控制药品质量,保证安全有效而设定的测试项目。根据检测项目的设定目的和验证内容的不同要求,本指导原则将需验证的检测项目分为鉴别、杂质检查(限度试验、定量试验)、定量测定(含量测定、溶出度、释放度等)、其他特定检测项目等四类。

鉴别的目的在于判定被分析物是目标化合物,而非其他物质,用于鉴别的分析方法要求具有较强的专属性。

杂质检查主要用于控制主成分以外的杂质,如有机杂质、无机杂质等。杂质检查可分为限度试验和定量试验两种情况。用于限度试验的分析方法验证侧重专属性和检测限。用于定量试验的分析方法验证强调专属性、准确度和定量限。

定量测定包括含量测定、制剂的溶出度测定等,由于此类项目对准确性要求较高,故所采用的分析方法要求具有一定的专属性、准确度和线性。

其他特定检测项目包括粒径分布、旋光度、相对分子质量分布等,由于这些检测项目的要求与鉴别、杂质检查、定量测定等有所不同,对于这些项目的分析方法验证应有不同的要求。

(二)分析方法

本指导原则所指分析方法是为完成上述各检测项目而设定和建立的测试方法,一般包括分析方法原理、仪器及仪器参数、试剂、系统适用性试验、供试品溶液制备、对照品溶液制备、测定、计算及测试结果的报告等。

测试方法可采用化学分析方法和仪器分析方法。这些方法各有特点,同一测试方法可用于不同的检测项目,但验证内容可不相同。

(三)验证内容

验证内容包括方法的专属性、线性、范围、准确度、精密度、检测限、定量限、耐用性和系统适用性等。

四、方法验证的具体内容

(一)专属性

专属性系指在其他成分(如杂质、降解物、辅料等)可能存在的情况下,采用的分析方法能够正确鉴定、检出被分析物质的特性。

通常,鉴别、杂质检查、含量测定方法中均应考察其专属性。如采用的方法不够专属,应采用多个方法予以补充。

1. 鉴别反应

鉴别试验应确证被分析物符合其特征。专属性试验要求能区分可能共存的物质或结构相似化合物,需确认含被分析物的供试品呈正反应,而不含被测成分的阴性对照呈负反应,结构相似或组分中的有关化合物也应呈负反应。

2. 杂质检查

作为纯度检查,所采用的分析方法应确保可检出被分析物中杂质的含量,如有关物质、重金属、有机溶剂等。因此,杂质检查要求分析方法有一定的专属性。

在杂质可获得的情况下,可向供试品中加入一定量的杂质,证明杂质与共存物质能得到分离和检出,并具适当的准确度与精密度。

在杂质或降解产物不能获得的情况下,专属性可通过与另一种已证明合理但分离或检测原理不同,或具较强分辨能力的方法进行结果比较来确定。或将供试品用强光照射,高温,高湿,酸、碱水解及氧化的方法进行破坏(制剂应考虑辅料的影响),比较破坏前后检出的杂质个数和量。必要时可采用二极管阵列检测和质谱检测,进行色谱峰纯度检查。

3. 含量测定

含量测定的目的是得到供试品中被分析物的含量或效价的准确结果。

在杂质可获得的情况下,对于主成分含量测定可在供试品中加入杂质或辅料,考察测定结果是否受干扰,并与未加杂质和辅料的供试品比较测定结果。

在杂质或降解产物不能获得的情况下,可采用另一个经验证了的或药典方法进行比较,对比两种方法测定的结果。也可采用破坏性试验(强光照射,高温,高湿,酸、碱水解及氧化),得到含有杂质或降解产物的试样,用两种方法进行含量测定,比较测定结果。必要时进行色谱峰纯度检查,证明含量测定成分的色谱峰中不包含其他成分。

(二)线性

线性系指在设计的测定范围内,检测结果与供试品中被分析物的浓度(量)直接呈线性关系的程度。

线性是定量测定的基础,涉及定量测定的项目,如杂质定量试验和含量测定均需要验证线性。

应在设计的测定范围内测定线性关系。可用一储备液经精密稀释,或分别精密称样,制备被测物质浓度系列进行测定,至少制备 5 个浓度。以测得的响应信号作为被测物质浓度的函数作图,观察是否呈线性,用最小二乘法进行线性回归。

必要时,响应信号可经数学转换,再进行线性回归计算,并说明依据。

(三)范　围

范围系指能够达到一定的准确度、精密度和线性,测试方法适用的试样中被分析物高低限浓度或量的区间。

范围是规定值,在试验研究开始前应确定验证的范围和试验方法。可以采用符合要求的原料药配制成不同的浓度,按照相应的测定方法进行试验。

范围通常用与分析方法的测试结果相同的单位(如百分浓度)表达。涉及定量测定的检测项目均需要对范围进行验证,如含量测定、含量均匀度、溶出度或释放度、杂质定量试验等。

范围应根据剂型和(或)检测项目的要求确定。

1. 含量测定

范围应为测试浓度的 80%～100% 或更宽。

2. 制剂含量均匀度

范围应为测试浓度的 70%～130%。根据剂型特点,如气雾剂、喷雾剂,必要时,范围可适当放宽。

3. 溶出度或释放度

对于溶出度,范围应为限度的 ±20%;如规定限度范围,则应为下限的 −20% 至上限的 +20%。

对于释放度,若规定限度范围为:从 1 小时后为 20% 至 24 小时后为 90%,则验证范围应为 0～110%。

4. 杂质

杂质测定时,范围应根据初步实测结果,拟订出规定限度的 ±20%。如果含量测定与杂质检查同时测定,用面积归一化法,则线性范围应为杂质规定限度的 −20% 至含量限度(或上限)的 +20%。

(四)准确度

准确度系指用该方法测定的结果与真实值或认可的参考值之间接近的程度,有时也称真实度。

一定的准确度为定量测定的必要条件,因此涉及定量测定的检测项目均需要验证准确度,如含量测定、杂质定量试验等。

准确度应在规定的范围内建立,对于制剂一般以回收率试验来进行验证。试验设计需考虑在规定范围内,制备 3 个不同浓度的试样,各测定 3 次,即测定 9 次,报告已知加入量的回收率(%)或测定结果平均值与真实值之差及其可信限。

1. 含量测定

原料药可用已知纯度的对照品或符合要求的原料药进行测定,或用本法所得结果与已建立准确度的另一方法测定的结果进行比较。

制剂可用含已知量被测物的各组分混合物进行测定。如不能得到制剂的全部组分,可向制剂中加入已知量的被测物进行测定,必要时,与另一个已建立准确度的方法比较结果。

2. 杂质定量试验

杂质的定量试验可向原料药或制剂中加入已知量杂质进行测定。如果不能得到杂质,可用本法测定结果与另一成熟的方法进行比较,如药典方法或经过验证的方法。

如不能测得杂质的相对响应因子,可在线测定杂质的相关数据,如采用二极管阵列检测器测定紫外光谱,当杂质的光谱与主成分的光谱相似,可采用原料药的响应因子近似计算杂质含量(自身对照法)。并应明确单个杂质和杂质总量相当于主成分的重量比(%)或面积比(%)。

（五）精密度

精密度系指在规定的测试条件下，同一均质供试品，经多次取样进行一系列检测所得结果之间的接近程度（离散程度）。

精密度一般用偏差、标准偏差或相对标准偏差表示。用标准偏差或相对标准偏差表示时，取样测定次数应至少 6 次。

精密度可以从三个层次考察：重复性、中间精密度、重现性。

1. 重复性

重复性系指在同样的操作条件下，在较短时间间隔内，由同一分析人员经过多次测定所得结果的精密度。

重复性测定可在规定范围内，至少用 9 次测定结果进行评价，如制备 3 个不同浓度的试样，各测定 3 次，或 100% 的浓度水平，用至少测定 6 次的结果进行评价。

2. 中间精密度

中间精密度系指在同一实验室，由于实验室内部条件改变，如时间、分析人员、仪器设备，测定结果的精密度。

验证设计方案中的变动因素一般为日期、分析人员、设备。

3. 重现性

重现性指不同实验室之间不同分析人员测定结果的精密度。

当分析方法将被法定标准采用时，应进行重现性试验。

（六）检测限

检测限系指试样中被分析物能够被检测到的最低量，但不一定要准确定量。

该验证指标的意义在于考察方法是否具备灵敏的检测能力。因此对杂质的限度试验，需证明方法具有足够低的检测限，以保证检出需控制的杂质。

1. 直观法

直观评价可以用于非仪器分析方法，也可用于仪器分析方法。

检测限的测定是通过对一系列已知浓度被测物的试样进行分析，并以能准确、可靠检测被测物的最小量或最低浓度来建立。

2. 信噪比法

用于能显示基线噪声的分析方法，即把已知低浓度试样测出的信号与噪声信号进行比较，计算可检出的最低浓度或量。一般以信噪比为 3∶1 时相应的浓度或注入仪器的量确定检测限。

其他方法有基于工作曲线的斜率和响应的标准偏差进行计算的方法等。

无论用何种方法，均应用一定数量的试样，其浓度为近于或等于检测限进行分析，以可靠地测定检测限。

（七）定量限

定量限系指试样中被分析物能够被定量测定的最低量，其测定结果应具有一定的准确度和精密度。

定量限体现了分析方法是否具备灵敏的定量检测能力。杂质定量试验,需考察方法的定量限,以保证含量很少的杂质能够被准确测出。

常用信噪比法确定定量限。一般以信噪比为 10∶1 时相应的浓度或注入仪器的量进行确定。

1. 直观法

直观评价可以用于非仪器分析方法,也可用于仪器分析方法。

定量限一般通过对一系列含有已知浓度被测物的试样进行分析,在准确度和精密度都符合要求的情况下,来确定被测物能被定量的最小量。

2. 信噪比法

用于能显示基线噪声的分析方法,即把已知低浓度试样测出的信号与噪声信号进行比较,计算出可检出的最低浓度或量。一般信噪比为 10∶1。

其他方法有基于工作曲线的斜率和响应的标准偏差进行计算的方法等。

无论用何种方法,均应用一定数量的试样,其浓度为近于或等于定量限进行分析,以可靠地测定定量限。

(八)耐用性

耐用性系指测定条件发生小的变动时,测定结果不受影响的承受程度。

耐用性主要考察方法本身对于可变试验因素的抗干扰能力。开始研究分析方法时,就应考虑其耐用性。如果测试条件要求苛刻,则建议在方法中予以写明。

典型的变动因素包括液相色谱法中流动相的组成、流速和 pH 值、不同厂牌或不同批号的同类型色谱柱、柱温等;气相色谱法中载气及流速、不同厂牌或批号的色谱柱、固定相、担体、柱温、进样口和检测器温度等。

经试验,应说明小的变动能否符合系统适用性试验要求,以确保方法有效。

(九)系统适用性试验

对一些仪器分析方法,在进行方法验证时,有必要将分析设备、电子仪器与实验操作、测试样品等一起当作完整的系统进行评估。系统适用性便是对整个系统进行评估的指标。系统适用性试验参数的设置需根据被验证方法类型而定。

色谱方法对分析设备、电子仪器的依赖程度较高,因此所有色谱方法均应进行该指标验证,并将系统适用性作为分析方法的组成部分。具体验证参数和方法参考《中华人民共和国药典》中的有关规定。

五、方法再验证

在某些情况下,如原料药合成工艺改变、制剂处方改变、分析方法发生部分改变等,均有必要对分析方法再次进行全面或部分验证,以保证分析方法可靠,这一过程称为方法再验证。

再验证原则:根据改变的程度进行相应的再验证。

当原料药合成工艺发生改变时,可能引入新的杂质,杂质检查方法和含量测定方法的专属性就需要再进行验证,以证明有关物质检查方法能够检测新引入的杂质,且新引入的杂质对主成分的含量测定应无干扰。

当制剂的处方组成改变、辅料变更时,可能会影响鉴别的专属性、溶出度和含量测定的准确度,因此需要对鉴别、含量测定方法再验证。当原料药产地来源发生变更时,可能会影响杂质检查和含量测定的专属性和准确度,因此需要对杂质检查方法和含量测定方法进行再验证。

当质量标准中某一项目分析方法发生部分改变时,如采用高效液相色谱法测定含量时,检测波长发生改变,则需要重新进行检测限、专属性、准确度、精密度、线性等内容的验证,证明修订后分析方法的合理性、可行性。

同样,已有国家标准的药品质量研究中,基于申报的原料药合成工艺、制剂处方中的辅料等一般无法保证与已上市药品的一致性,需对质量标准中部分项目进行方法的再验证。

方法再验证是对分析方法的完善,应根据实际改变情况进行再验证,从而保证所采用的分析方法能够控制药品的内在质量。

六、对方法验证的评价

对于方法验证,有以下几个方面值得关注。

(一)有关方法验证评价的一般考虑

总体上,方法验证应围绕验证目的和一般原则来进行,方法验证内容的选择和试验设计方案应系统、合理,验证过程应规范严谨。

并非每个检测项目的分析方法都需要进行所有内容的验证,但同时也要注意验证内容应充分,足以证明采用的分析方法的合理性。如杂质限度试验一般需要验证专属性和检测限,而对于精密度、线性、定量限等涉及定量测定的项目,则一般不需要进行验证。

(二)方法验证的整体性和系统性

方法验证内容之间相互关联,是一个整体。因此,无论从研发角度还是评价角度,方法验证均需注重整体性和系统性。

例如,对于鉴别项目所需要的专属性,一般一种分析方法不太可能完全鉴别被分析物,此时采用两种或两种以上分析方法可加强鉴别项目的整体专属性。

在方法验证内容之间也存在较多的关联性,可以相互补充。如原料药含量测定采用容量分析法时,由于方法本身原因,专属性略差,但假如在杂质检测时采用了专属性较强的色谱法,则一般认为整个检测方法也具有较强的专属性。

总之,由于实际情况较复杂,在方法验证过程中,不提倡教条地去进行方法验证。此外,越来越多的新方法不断被用于质量控制中,对于这些方法如何进行验证需要具体情况具体分析,而不能照搬本指导原则。

七、参考文献

[1]　Food and Drug Administration. Draft Guidance for Industry on Analytical Procedures and Methods Validation：Chemistry，Manufacturing，and Controls Documentation；Availability[EB/OL]. 2000. 8. 30. https：//www. federalregister. gov/Documents.

[2]　Food and Drug Administration. Q2A Text on Validation of Analytical Procedures [EB/OL]. 1994. 4. https：//www. fda. gov/regulatory-information/search-fda-guidance-documents/q2a-text-validation-analytical-procedures.

[3]　Food and Drug Administration. Q2B Validation of Analytical Procedures；Methodology [EB/OL]. 1997. 5. https：//www. fda. gov/regulatory-information/search-fda-guidance-documents/q2b-validation-analytical-procedures-methodology.

[4]　国家药典委员会. 中华人民共和国药典[M]. 2000 年版 二部. 北京：化学工业出版社，2000.

八、著者

"化学药物质量控制分析方法验证技术指导原则"课题研究组。

第三章 化学药物质量标准建立的规范化过程技术指导原则

一、概述

药物的质量研究与质量标准的制定是药物研发的主要内容之一。在药物的研发过程中需对其质量进行系统、深入的研究，制定出科学、合理、可行的质量标准，并不断地修订和完善，以控制药物的质量，保证其在有效期内安全有效。

质量标准只是控制产品质量的有效措施之一，药物的质量还要靠实施《药品生产质量管理规范》及工艺操作规程进行生产过程的控制加以保证。只有将质量标准的终点控制和生产的过程控制结合起来，才能全面地控制产品的质量。

本指导原则针对药物研发的不同情况（原料药及各种制剂）和申报的不同阶段（申请临床研究、申报生产和试行标准转正等），阐述质量研究和质量标准制定的一般原则和内容，重点强调药物研发的自身规律、质量研究和质量标准的阶段性，以及质量标准建立的规范化过程。

本指导原则旨在引导研发者根据所研制药物的特点和药物研发的自身规律，理清研究思路，规范质量研究、质量标准的制定，以及质量标准的修订和完善的过程，提高质量标准的质量。

本指导原则的基本内容共分四个部分：质量标准建立的基本过程、药物的质量研究、质量标准的制定和质量标准的修订。

本指导原则适用于化学药，包括新药、进口药和已有国家标准的药品。

二、质量标准建立的基本过程

药物质量标准的建立主要包括以下过程：确定质量研究的内容、进行方法学研究、确定质量标准的项目及限度、制定及修订质量标准。以上过程密切相关，相互支持。

（一）质量研究内容的确定

药物的质量研究是质量标准制订的基础，质量研究的内容应尽可能全面，既要考虑一般性要求，又要有针对性。确定质量研究的内容，应根据所研制产品（原料药或制剂）的特性，采用的制备工艺，并结合稳定性研究结果，以使质量研究的内容能充分地反映产品的特性及质量变化的情况。

1. 研制药物的特性

原料药一般考虑其结构特征、理化性质等；制剂应考虑不同剂型的特点、临床用法，复方制剂不同成分之间的相互作用，以及辅料（如眼用制剂中的防腐剂、注射剂中的抗氧剂或稳定剂等）对制剂安全性和有效性的影响。

2. 制备工艺对药物质量的影响

原料药通常考虑在制备过程中所用的起始原料及试剂、制备中间体及副反应产物，以及有机溶剂等对最终产品质量的影响。制剂通常考虑所用辅料、不同工艺的影响，以及可能产生的降解产物等。同时还应考虑生产规模的不同对产品质量的影响。

3. 药物的稳定性

确定质量研究内容时应参考药物稳定性的研究结果，还应考虑在贮藏过程中质量可能发生的变化和直接接触药品的包装材料对产品质量的影响。

（二）方法学研究

方法学研究包括方法的选择和方法的验证。

通常要根据选定的研究项目及试验目的选择试验方法。一般要有方法选择的依据，包括文献依据、理论依据及试验依据。常规项目通常可采用药典收载的方法。鉴别项应重点考察方法的专属性；检查项应重点考察方法的专属性、灵敏度和准确性；有关物质检查和含量测定通常要采用两种或两种以上的方法进行对比研究，比较方法的优劣，择优选择。

选择的试验方法应经过方法的验证。

（三）质量标准项目及限度的确定

质量标准的项目及限度应在充分的质量研究基础上，根据不同药物的特性确定，以达到控制产品质量的目的。质量标准中既要设置通用性项目，又要设置针对产品自身特点的项目，能灵敏地反映产品质量的变化情况。质量标准中限度的确定通常基于安全性、有效性的考虑，研发者还应注意工业化规模产品与进行安全性、有效性研究样品质量的一致性。对一般杂质，可参照现行版《中华人民共和国药典》的常规要求确定其限度，也可参考其他国家的药典。对特殊杂质，则需有限度确定的试验或文献的依据。

（四）质量标准的制定

根据已确定的质量标准的项目和限度，参照现行版《中华人民共和国药典》的规范用语及格式，制定出合理、可行的质量标准。质量标准一般应包括药品名称（通用名、汉语拼音名、英文名）、化学结构式、分子式、相对分子质量、化学名（对原料药）、含量限度、性状、理化性质（原料药）、鉴别、检查（原料药的纯度检查项目，与剂型相关的质量检查项目等）、含量（效价）测定、类别、规格（制剂）、贮藏、制剂（原料药）、有效期等项内容。各项目应有相应的起草说明。

（五）质量标准的修订

1. 质量标准的阶段性

按《药品注册管理办法》（试行），药品的质量标准分为临床研究用质量标准、生产用试行质量标准、生产用正式质量标准。药物研发阶段的不同，其质量标准制订的侧重点也应不同。临床研究用质量标准重点在于保证临床研究用样品的安全性，质量标准中的质量控制项目应全面，限度应符合临床研究安全性和有效性的要求；生产用试行质量标准可根据生产工艺中试研究或工业化生产规模产品质量的变化情况，并结合临床研究的结果对质量标准中的项目或限度做适当的调整和修订；在保证产品质量可控性、安全性和有效性的同时，还要注重质量标准的实用性；质量标准试行期间，需继续对质量标准中项目的设置、采用的方法及设定的限度进行研究，积累多批产品的实测数据，在试行标准转正时进行修订。

2. 质量标准的修订

随着药物研发的进程、分析技术的发展、产品质量数据的积累，以及生产工艺的放大和成熟，质量标准应进行相应的修订。研发者通常还应考虑处方工艺变更、改换原料药生产单位等对质量标准的影响。质量标准的完善过程通常要伴随着产品研发和生产的始终。一方面使质量标准能更客观、全面及灵敏地反映产品质量的变化情况，并随着生产工艺的成熟和稳定，以及产品质量的提高，不断提高质量标准；另一方面是通过实践验证方法的可行性和稳定性，并随着新技术的发展，不断地改进或优化方法，使项目设置更科学、合理，方法更成熟、稳定，操作更简便、快捷，结果更准确、可靠。

三、药物的质量研究

（一）质量研究用样品和对照品

药物质量研究一般需采用试制的多批样品进行，其工艺和质量应稳定。临床前的质量研究工作可采用有一定规模制备的样品（至少三批）进行。临床研究期间，应对中试或工业化生产规模的多批样品进行质量研究工作，进一步考察所拟订质量标准的可行性。研发者需注意工业化生产规模产品与临床前研究样品和临床研究用样品质量的一致性，必要时在保证药品安全有效的前提下，亦可根据工艺中试研究或工业化生产规模产品质量的变化情况，对质量标准中的项目或限度做适当的调整。

新的对照品应当进行相应的结构确证和质量研究工作，并制定质量标准。

（二）原料药质量研究的一般内容

原料药的质量研究应在确证化学结构或组分的基础上进行。原料药的一般研究项目包括性状、鉴别、检查和含量测定等几个方面。

1. 性状

1）外观、色泽、臭、味、结晶性、引湿性等

外观、色泽、臭、味、结晶性、引湿性等为药物的一般性状，应予以考察，并应注意在贮藏期

内是否发生变化,如有变化,应如实描述,如遇光变色、易吸湿、风化、挥发等情况。

2)溶解度

通常考察药物在水及常用溶剂(与该药物溶解特性密切相关的、配制制剂、制备溶液或精制操作所需用的溶剂等)中的溶解度。

3)熔点或熔距

熔点或熔距是已知结构化学原料药的一个重要的物理常数,熔点或熔距数据是鉴别和检查该原料药的纯度指标之一。常温下呈固体状态的原料药应考察其熔点或受热后的熔融、分解、软化等情况。结晶性原料药一般应有明确的熔点,对熔点难以判断或熔融同时分解的品种应同时采用热分析方法进行比较研究。

4)旋光度或比旋度

旋光度或比旋度是反映具光学活性化合物固有特性及其纯度的指标。对这类药物,应采用不同的溶剂考察其旋光性质,并测定旋光度或比旋度。

5)吸收系数

化合物对紫外-可见光的选择性吸收及其在最大吸收波长处的吸收系数,是该化合物的物理常数之一,应进行研究。

6)其他

相对密度:相对密度可反映物质的纯度。纯物质的相对密度在特定条件下为不变的常数。若纯度不够,其相对密度的测定值会随着纯度的变化而改变。液体原料药应考察其相对密度。

凝点:凝点系指一种物质由液体凝结为固体时,在短时间内停留不变的最高温度。物质的纯度变更,凝点亦随之改变。液体原料药应考察其是否具有一定的凝点。

馏程:某些液体药物具有一定的馏程,测定馏程可以区别或检查药物的纯杂程度。

折光率:对于液体药物,尤其是植物精油,利用折光率数值可以区别不同的油类或检查某些药物的纯杂程度。

黏度:黏度是指流体对流动的阻抗能力。测定液体药物或药物溶液的黏度可以区别或检查其纯度。

碘值、酸值、皂化值、羟值等:是脂肪与脂肪油类药物的重要理化性质指标,在此类药物的质量研究中应进行研究。

2. 鉴别

原料药的鉴别试验要采用专属性强、灵敏度高、重复性好,操作简便的方法,常用的方法有化学反应法、色谱法和光谱法等。

1)化学反应法

化学反应法的主要原理是选择官能团专属的化学反应进行鉴别,包括显色反应、沉淀反应、盐类的离子反应等。

2)色谱法

色谱法主要包括气相色谱法(gas chromatography,GC)、高效液相色谱法(high performance liquid chromatography,HPLC)和薄层色谱法(thin layer chromatography,TLC)等。可采用 GC 法、HPLC 法的保留时间及 TLC 法的比移值(R_f)和显色等进行鉴别。

3）光谱法

常用的光谱法有红外吸收光谱法（infrared spectrophotometry，IR）和紫外-可见吸收光谱法（ultraviolet-visible spectrophotometry，UV）。红外吸收光谱法是原料药鉴别试验的重要方法，应注意根据产品的性质选择适当的制样方法。紫外-可见吸收光谱法应规定在指定溶剂中的最大吸收波长，必要时，规定最小吸收波长；或规定几个最大吸收波长处的吸光度比值或特定波长处的吸光度，以提高鉴别的专属性。

3. 检查

检查项目通常应考虑安全性、有效性和纯度三个方面的内容。药物按既定的工艺生产和正常贮藏过程中可能产生需要控制的杂质，包括工艺杂质、降解产物、异构体和残留溶剂等，因此要进行质量研究，并结合实际制定出能真实反映产品质量的杂质控制项目，以保证药品的安全有效。

1）一般杂质

一般杂质包括氯化物、硫酸盐、重金属、砷盐、炽灼残渣等。对一般杂质，试制产品在检验时应根据各项试验的反应灵敏度配制不同浓度系列的对照液，考察多批数据，确定所含杂质的范围。

2）有关物质

有关物质主要是在生产过程中带入的起始原料、中间体、聚合物、副反应产物，以及贮藏过程中的降解产物等。有关物质研究是药物质量研究中关键性的项目之一，其含量是反映药物纯度的直接指标。对药物的纯度要求，应基于安全性和生产实际情况两方面的考虑，因此，允许含一定量无害或低毒的共存物，但对有毒杂质则应严格控制。毒性杂质的确认主要依据安全性试验资料或文献资料。与已知毒性杂质结构相似的杂质，亦被认为是毒性杂质。具体内容可参阅《化学药物杂质研究的技术指导原则》。

3）残留溶剂

由于某些有机溶剂具有致癌、致突变、有害健康以及危害环境等特性，且残留溶剂亦在一定程度上反映精制等后处理工艺的可行性，故应对生产工艺中使用的有机溶剂在药物中的残留量进行研究。具体内容可参阅《化学药物有机溶剂残留量研究的技术指导原则》。

4）晶型

许多药物具有多晶型现象。因物质的晶型不同，其物理性质会有所不同，并可能对生物利用度和稳定性产生影响，故应对结晶性药物的晶型进行研究，确定是否存在多晶型现象；尤其对难溶性药物，其晶型如果有可能影响药物的有效性、安全性及稳定性时，则必须进行其晶型的研究。晶型检查通常采用熔点、红外吸收光谱、粉末 X 射线衍射、热分析等方法。对于具有多晶型现象，且为晶型选型性药物，应确定其有效晶型，并对无效晶型进行控制。

5）粒度

用于制备固体制剂或混悬剂的难溶性原料药，其粒度对生物利用度、溶出度和稳定性有较大影响时，应检查原料药的粒度和粒度分布，并规定其限度。

6）溶液的澄清度与颜色、溶液的酸碱度

溶液的澄清度与颜色、溶液的酸碱度是原料药质量控制的重要指标，通常应作此两项检查，特别是制备注射剂用的原料药。

7）干燥失重和水分

此两项为原料药常规的检查项目。含结晶水的药物通常应测定水分，再结合其他试验研究确定所含结晶水的数目。质量研究中一般应同时进行干燥失重检查和水分测定，并将两者的测定结果进行比较。

8）异构体

异构体包括顺反异构体和光学异构体等。由于不同的异构体可能具有不同的生物活性或药代动力学性质，因此，必须进行异构体的检查。具有顺、反异构现象的原料药应检查其异构体。单一光学活性的药物应检查其光学异构体，如对映体杂质检查。

9）其他

根据研究品种的具体情况，以及工艺和贮藏过程中发生的变化，有针对性地设置检查研究项目，如聚合物药物应检查平均相对分子质量等。

抗生素类药物或供注射用的原料药（无菌粉末直接分装），必要时检查异常毒性、细菌内毒素或热原、降压物质、无菌等。

4. 含量（效价）测定

凡用理化方法测定药物含量的称为"含量测定"，凡以生物学方法或酶化学方法测定药物效价的称为"效价测定"。

化学原料药的含量（效价）测定是评价产品质量的主要指标之一，应选择适当的方法对原料药的含量（效价）进行研究。

（三）制剂质量研究的一般内容

药物制剂的质量研究，通常应结合制剂的处方工艺研究进行。质量研究的内容应结合不同剂型的质量要求确定。与原料药相似，制剂的研究项目一般亦包括性状、鉴别、检查和含量测定等几个方面。

1. 性状

制剂的性状是考察样品的外形和颜色。如片剂应描述是什么颜色的压制片或包衣片（包薄膜衣或糖衣），除去包衣后片芯的颜色，以及片子的形状，如异形片（长条形、椭圆形、三角形等）；片面有无印字或刻痕或有商标记号等也应描述。硬胶囊剂应描述内容物的颜色、形状等。注射液一般为澄明液体（水溶液），但也有混悬液或黏稠性溶液，需注意对颜色的描述，还应考察贮藏过程中性状是否有变化。

2. 鉴别

通常采用灵敏度较高、专属性较强、操作较简便、不受辅料干扰的方法对制剂进行鉴别。鉴别试验一般至少采用两种以上不同类的方法，如化学法和 HPLC 法等。必要时对异构体药物应有专属性强的鉴别试验。

3. 检查

各种制剂需进行的检查项目，除应符合相应的制剂通则中的共性规定（具体内容请参照现行版《中华人民共和国药典》附录中制剂通则）外，还应根据其特性、工艺及稳定性考察结果，制定其他检查项目。如口服片剂、胶囊剂除按制剂通则检查外，一般还应进行溶出度、杂质（或已知杂质）等检查；缓控释制剂、肠溶制剂、透皮吸收制剂等应进行释放度检查；小剂量制剂（主药含量低)应进行含量均匀度检查;注射剂应进行 pH 值、颜色(或溶液的颜色)、杂质(或已知杂质)检查,注射用粉末或冻干品还应检查干燥失重或水分,大体积注射液检查重金属与不溶性微粒等。以下对未列入药典制剂通则的部分检查项目做一些说明。

1)含量均匀度

含量均匀度系指小剂量口服固体制剂、粉雾剂或注射用无菌粉末等制剂中每片(个)含量偏离标示量的程度。

以下制剂一般应进行含量均匀度检查:

(1)片剂、胶囊剂或注射用无菌粉末,规格小于 10 mg(含 10 mg)的品种或主药含量小于每片(个)重量 5% 的品种。

(2)其他制剂,标示量小于 2 mg 或主药含量小于每个重量 2% 的品种。复方制剂应对符合上述条件的组分进行含量均匀度检查。对于药物的有效浓度与毒副反应浓度比较接近的品种或混匀工艺较困难的品种,每片(个)标示量不大于 25 mg 者,应进行含量均匀度研究。

2)溶出度

溶出度系指药物从片剂或胶囊剂等固体制剂在规定的溶出介质中溶出的速度和程度,是一种模拟口服固体制剂在胃肠道中的崩解和溶出的体外试验方法。它是评价药物制剂质量的一个重要指标。溶出度研究应测定至少三批样品,考察其溶出曲线和溶出均一性。

以下品种的口服固体制剂一般应进行溶出度检查:

(1)在水中难溶的药物。

(2)因制剂处方与生产工艺造成临床疗效不稳定的,以及治疗量与中毒量接近的品种(包括易溶性药物);对后一种情况应控制两点溶出量。

(3)对易溶于水的药物,在质量研究中亦应考察其溶出度,但溶出度检查不一定加入质量标准。

3)释放度

释放度系指药物从缓释制剂、控释制剂、肠溶制剂及透皮贴剂等在规定的溶出介质中释放的速度和程度。缓释制剂、控释制剂、肠溶制剂、透皮贴剂均应进行释放度研究。通常应测定至少三批样品,考察其释放曲线和释放均一性,并对释药模式(零级、一级、Higuchi 方程等)进行分析。

4)杂质

制剂应对工艺过程与贮藏过程中产生的杂质进行考察。杂质的含义与原料药相同,但制剂中杂质的考察重点是降解产物。

5)脆碎度

脆碎度是用于检查非包衣片、包衣片片芯的脆碎情况及其物理强度的指标,如压碎强度等。非包衣片、包衣片的片芯应进行此项考察。

6)pH 值

pH 值是注射剂必须检查的项目。其他液体制剂,如口服溶液等一般也应进行 pH 值的检查。

7)异常毒性、升压物质、降压物质

必要时注射剂要进行异常毒性、升压物质、降压物质的研究。

8）残留溶剂

制剂工艺中若使用了有机溶剂，应根据所用有机溶剂的毒性和用量进行残留溶剂的检查。具体内容可参阅《化学药物有机溶剂残留量研究的技术指导原则》。

9）其他

静脉注射剂处方中加有抗氧剂、抑菌剂、稳定剂和增（助）溶剂等，眼用制剂处方中加有防腐剂等，口服溶液剂、埋植剂和黏膜给药制剂等处方中加入了影响产品安全性和有效性的辅料时，应视具体情况进行定量研究。

4. 含量（效价）测定

通常应采用专属、准确的方法对药物制剂的含量（效价）进行测定。

（四）方法学研究

1. 方法的选择及验证的一般原则

通常应针对研究项目的目的选择有效的质量研究用试验方法。方法的选择要有依据，包括文献的、理论的及试验的依据。常规项目可采用药典收载的方法，视不同情况进行相应的方法验证工作，以保证所用方法的可行性；针对所研究药品的试验方法，应经过详细的方法学验证，确认方法的可行性。具体内容可参阅《化学药物质量控制分析方法验证技术指导原则》。

2. 常规项目试验的方法

常规试验可参照现行版《中华人民共和国药典》凡例和附录收载的方法进行。如溶解度、熔点、旋光度或比旋度、吸收系数、凝点、馏程、相对密度、折光率、黏度、碘值、酸值、皂化值、羟值、pH值、水分、干燥失重、粒度、重金属、炽灼残渣、砷盐、氯化物、硫酸盐、溶液的澄清度与颜色、崩解时限、热原（剂量要经过实验探索，或参考有关文献）、细菌内毒素、微生物限度、异常毒性、升压物质、降压物质、不溶性微粒、融变时限、重（装）量差异等。同时还应考虑所研究药品的特殊情况，注意药典方法是否适用，杂质、辅料等是否对试验结果有影响等问题。必要时可对方法的操作步骤等做适当的修订，以适应所研究药品的需要，但修订方法需要有相应的试验或文献依据。若采用与现行版药典不同的方法，则应进行详细的方法学研究，明确方法选择的依据，并通过相应的方法学验证以证实方法的可行性。

3. 针对所研究药品的试验方法

针对所研究药品的试验方法，如鉴别、杂质检查、残留溶剂检查、制剂的溶出度或释放度检查，以及含量测定等，均应在详细的方法学研究基础上确定适宜的试验方法。关于方法学验证的具体要求可参阅《化学药物质量控制分析方法验证技术指导原则》《化学药物杂质研究的技术指导原则》《化学药物有机溶剂残留量研究的技术指导原则》等相关的技术指导原则，以及现行版《中华人民共和国药典》附录中有关的指导原则。

1）鉴别

原料药的鉴别试验常用的方法有化学反应法、色谱法和光谱法等。化学反应鉴别试验应明确反应原理，特别在研究结构相似的系列药物时，应注意与可能存在的结构相似的化合物的区别，并要进行实验验证。光学异构体药物的鉴别应具有专属性。对一些特殊品种，如果用以上三类方法尚不能鉴别时，可采用其他方法，如用粉末X射线衍射方法鉴别矿物药和不同晶型等。

制剂的鉴别试验,其方法要求同原料药。通常尽可能采用与原料药相同的方法,但需注意:①由于多数制剂中均加有辅料,应排除制剂中辅料的干扰;②有些制剂的主药含量甚微,必须采用灵敏度高、专属性强、操作较简便的方法,如色谱法等。

2)杂质检查

杂质检查通常采用色谱法,研发者可根据杂质的性质选用专属性好,灵敏度高的薄层色谱法、高效液相色谱法和气相色谱法等,有时也可采用呈色反应等方法。

原料药通常采用粗产品、起始原料、中间体和破坏试验降解产物对杂质的检查方法进行优化,确定适宜的试验条件。

现代色谱法是杂质检查的首选方法。薄层色谱法设备简单,操作简便。气相色谱法可用于检查挥发性的杂质,不挥发的物质需采用衍生化试剂制备成挥发性的衍生物后进行测定。高效液相色谱法可用于多数药物杂质的检查,具有灵敏度高、专属性好的特点。毛细管电泳法分离性能好、操作时间短,也可采用。如单用色谱法检查杂质尚不能满足要求时,在新药研究开发阶段还可采用 HPLC/二极管阵列检测器(DAD)、HPLC/质谱(MS)或 GC/MS 等方法对被测定的杂质进行定性和定量分析。

高效液相色谱法用于测定杂质含量时,应参照现行版《中华人民共和国药典》附录的要求,并根据杂质的实际情况,可以选择:①杂质对照品法;②加校正因子的自身对照法;③不加校正因子的自身对照法。由于不同物质的响应因子会有不同,因此,应对杂质相对于主成分的响应因子进行详细的研究,并根据研究结果确定适宜的方法。

制剂中杂质的检查方法基本同原料药,但要研究制剂中辅料对杂质检查的干扰,并应设法排除辅料的干扰。

3)溶出度

溶出度检查方法的选择:转篮法,以 100 r/min 为主;桨法,以 50 r/min 为主。溶出量一般为 45 min 70%以上,小杯法用于规格小的品种。

溶出介质通常采用水、0.1 mol/L 盐酸溶液、缓冲液(pH 值 3~8 为主)。对在上述溶出介质中均不能完全溶解的难溶性药物,可加入适量的表面活性剂,如十二烷基硫酸钠等。若介质中加入有机溶剂,如异丙醇、乙醇等应有试验或文献的依据,且有机溶剂尽量选用低浓度,必要时溶出度试验体内外的相关程度应与生物利用度比对。

溶出度测定首先应按规定对仪器进行校正,然后对研究制剂的溶出度测定方法进行研究,如选择转速、介质、取样时间、取样点等。待以上条件确定后,还应对该测定条件下的线性范围、溶液的稳定性、回收率等进行考察;胶囊剂还应考察空心胶囊的影响。在研究新药的口服固体制剂时,不论主药是否易溶于水,在处方和制备工艺研究中均应对溶出情况进行考察,以便改进处方和制备工艺。主药易溶于水的品种,如制剂过程不改变其溶解性能,溶出度项目不一定定入质量标准。若是仿制已有国家标准的药品,则应与被仿制的制剂进行溶出度比较。

溶出度测定时,取样数量和对测定结果的判断可按现行版《中华人民共和国药典》附录的规定进行。测定中除按规定的条件外,还应注意介质的脱气、温度控制,以及取样位置等操作。使用桨法时,因样品的位置不如转篮法固定,使得检查结果可能产生较大的差异,故必要时需进行两种方法的比较。

4)释放度

缓释与控释制剂,按《中华人民共和国药典》附录释放度第一法检查。肠溶制剂,按《中华人民共和国药典》附录释放度第二法检查。透皮贴剂,按《中华人民共和国药典》附录释放度第三法检查。释放度检查所用的溶出介质,原则上与溶出度的相同,但缓释制剂、控释制剂应考察其在不同 pH 介质中的释放情况。若是仿制已有国家标准的药品,则应与被仿制产品进行释放度的比较。

5)含量测定

原料药的纯度要求高,限度要求严格。如果杂质可严格控制,则含量测定可注重方法的准确性,一般首选容量分析法。用生物效价法测定的原料药,若改用理化方法测定,则需对两种测定方法进行对比。

由于紫外分光光度法的专属性低,准确性又不及容量分析法,一般不用于原料药的含量测定;若确需采用紫外分光光度法测定含量,则可用对照品同时测定进行比较计算,以减少不同仪器的测定误差。

气相色谱法一般用于具有一定挥发性的原料药的含量测定。高效液相色谱法与气相色谱法一样具有良好的分离效果,主要用于多组分抗生素、甾体激素类和用其他测定方法受杂质干扰的原料药的含量测定。定量方法有外标法和内标法(气相色谱一般采用内标法)。外标法所用的对照品应有确定的纯度,在适当的保存条件下稳定。内标物质应选易得的,不对测定产生干扰的,且保留时间和响应与被测物接近的化学物质。所用的填充剂一般首选十八烷基硅烷键合硅胶;如经试用上述填充剂不合适,可选用其他填充剂。流动相首选甲醇-水或乙腈-水系统。

制剂含量测定要求采用的方法具有专属性和准确性。由于制剂的含量限度一般较宽,故可选用的方法较多,主要有:

(1)色谱法。主要采用高效液相色谱法和气相色谱法。复方制剂或需经过复杂分离除去杂质与辅料干扰的品种,或在鉴别、检查项中未能专属控制质量的品种,可以采用高效液相色谱法或气相色谱法测定含量。

(2)紫外分光光度法。该法测定宜采用对照品法,以减少不同仪器间的误差。若用吸收系数($E_{1\ cm}^{1\%}$)计算,其值宜在 100 以上;同时还应充分考虑辅料、共存物质和降解产物等对测定结果的干扰。测定中应尽量避免使用有毒的及价格昂贵的有机溶剂,宜用水、各种缓冲液、稀酸溶液、稀碱溶液作溶剂。

(3)比色法或荧光分光光度法。当制剂中主药含量很低或无较强的发色团,以及杂质影响紫外分光光度法测定时,可考虑选择显色较灵敏、专属性和稳定性较好的比色法或荧光分光光度法。

制剂的含量测定一般首选色谱法。

四、质量标准的制定

(一)质量标准制定的一般原则

质量标准主要由检测项目、分析方法和限度三方面内容组成。在全面、有针对性的质量研究基础上,充分考虑药物的安全性和有效性,以及生产、流通、使用各个环节的影响,确定控制产品质量的项目和限度,制定出合理、可行的并能反映产品特征的和质量变化情况的质量标准,有效地控制产品批间质量的一致性及验证生产工艺的稳定性。质量标准中所用的分析方法应经过方法学验证,应符合"准确、灵敏、简便、快速"的原则,而且要有一定的适用性和重现性,同时还应考虑原料药及其制剂质量标准的关联性。

(二)质量标准项目和限度的确定

1. 质量标准项目确定的一般原则

质量标准项目的设置既要有通用性,又要有针对性(针对产品自身的特点),并能灵敏地反映产品质量的变化情况。

原料药质量标准中的项目主要包括药品名称(通用名、汉语拼音名、英文名)、化学结构式、分子式、相对分子质量、化学名、含量限度、性状、理化性质、鉴别、检查(纯度检查及与产品质量相关的检查项等)、含量(效价)测定、类别、贮藏、制剂、有效期等项内容。其中检查项主要包括酸碱度(主要对盐类及可溶性原料药)、溶液的澄清度与颜色(主要对抗生素类或供注射用原料药)、一般杂质(氯化物、硫酸盐、重金属、炽灼残渣、砷盐等)、有关物质、残留溶剂、干燥失重或水分等。其他项目可根据具体产品的理化性质和质量控制的特点设置。例如:①多晶型药物,如果试验结果显示不同晶型产品的生物活性不同,则需要考虑在质量标准中对晶型进行控制;②手性药物,需要考虑对异构体杂质进行控制,消旋体药物,若已有单一异构体药物上市,应检查旋光度;③直接分装的无菌粉末,需考虑对原料药的无菌、细菌内毒素或热原、异常毒性、升压物质、降压物质等进行控制等。

制剂质量标准中的项目主要包括药品名称(通用名、汉语拼音名、英文名)、含量限度、性状、鉴别、检查(与制剂生产工艺有关的及与剂型相关的质量检查项等)、含量(效价)测定、类别、规格、贮藏、有效期等项内容。其中口服固体制剂的检查项主要有溶出度、释放度(缓释、控释及肠溶制剂)等;注射剂的检查项主要有 pH 值、溶液的澄清度与颜色、澄明度、有关物质、重金属(大体积注射液)、干燥失重或水分(注射用粉末或冻干品)、无菌、细菌内毒素或热原等。其他项目可根据具体制剂的生产工艺及其质量控制的特点设置。例如,脂质体,在生产过程中需要用到限制性(如 ICH 规定的二类溶剂)的有机溶剂,需考虑对其进行控制;另外还应根据脂质体的特点,设置载药量、包封率、泄漏率等检查项。

2. 质量标准限度确定的一般原则

质量标准限度的确定首先应基于对药品安全性和有效性的考虑,并应考虑分析方法的误差。在保证产品安全有效的前提下,可以考虑生产工艺的实际情况,以及兼顾流通和使用过程的影响。研发者必须注意工业化生产规模产品与进行安全性、有效性研究样品质量的一致性,也就是说,实际生产产品的质量不能低于进行安全性和有效性试验样品的质量,否则要重新进行安全性和有效性的评价。

质量标准中需要确定限度的项目主要包括主药的含量、与纯度有关的性状项(旋光度或比旋度、熔点等)、纯度检查项(影响产品安全性的项目:残留溶剂、一般杂质和有关物质等)和有关产品品质的项目(酸碱度、溶液的澄清度与颜色、溶出度、释放度等)等。

现行版《中华人民共和国药典》对一些常规检查项的限度已经进行了规定,研发者可以参考,如一般杂质(氯化物、硫酸盐、重金属、炽灼残渣、砷盐等)、溶出度、释放度等。对有关产品品质的项目,其限度应尽量体现工艺的稳定性,并考虑测定方法的误差。对有关物质和残留溶剂,需要有限度确定的试验或文献依据;还应考虑给药途径、给药剂量和临床使用情况等;具体要求可参阅《化学药物杂质研究的技术指导原则》《化学药物有机溶剂残留量研究的技术指导原则》等相关的技术指导原则。对化学结构不清楚的或尚未完全弄清楚的杂质,因没有合适的理化方法,可采用现行版《中华人民共和国药典》附录规定的一些方法对其进行控制,如异常毒性、细菌内毒素或热原、升压物质、降压物质检查等。限度应按照药典的规定及临床用药情况确定。

(三)质量标准的格式和用语

质量标准应按现行版《中华人民共和国药典》和《国家药品标准工作手册》的格式和用语进行规范,注意用词准确、语言简练、逻辑严谨,避免产生误解或歧义。

(四)质量标准的起草说明

质量标准的起草说明是对质量标准的注释,研发者应详述质量标准中各项目设置及限度确定的依据(注意列出有关的研究数据、实测数据和文献数据),以及部分研究项目不定入质量标准的理由等。该部分内容也是研发者对质量控制研究和质量标准制定工作的总结,如采用检测方法的原理、方法学验证、实际测定结果及综合评价等。质量标准的起草说明还是今后执行和修订质量标准的重要参考资料。

五、质量标准的修订

(一)质量标准修订的必要性

随着药物研发进程的推进(临床前研究、临床研究、生产上市),人们对产品特性的认识不断深入,通过生产规模的扩大和工艺稳定成熟的过程,多批产品实测数据的积累,以及临床使用情况,药品的质量标准应进行适当的调整和修订;使其项目和限度更合理。同时随着分析技术的发展,改进或优化方法,使检测方法更成熟、更稳定,操作更简便,以提高质量标准的质量。

(二)质量标准修订的一般原则

质量标准的修订完善过程通常要伴随着产品研发和生产的始终。一方面使质量标准能更客观、全面及灵敏地反映产品质量的变化情况,并随着生产工艺的稳定和成熟,不断地提高质量标准;另一方面通过实践证实方法的可行性和稳定性,并随着新技术的发展,不断地改进或优化方法,修订后的方法应优于原有方法。

产品上市后,若发生影响其质量控制的变更,研发者应进行相应的质量研究和质量标准的修订工作,如原料药的制备工艺发生改变、制剂处方中的辅料或生产工艺发生改变、改换制剂用原料药的生产单位、改变药品规格等。

由于动物与人的种属差异及有限的临床试验病例数,使一些不良反应在临床试验阶段没有充分暴露出来,故在产品上市后仍要继续监测不良反应的发生情况,并对新增不良反应的原因进行综合分析。若与产品的质量有关(杂质含量),则应进行相关的研究(如改进处方工艺及贮存条件等),提高杂质限度要求,修订质量标准。

(三)质量标准的阶段性

药物的研发是一个动态的过程,按照《药品注册管理办法》(试行)可分为临床前研究、临床研究、生产上市三个阶段。研发者从立项研究到产品上市,质量控制研究要经过小试、中试和工业化生产三个阶段,对应的质量标准为临床研究用质量标准、生产用试行质量标准,以及生产用正式质量标准。不同阶段的质量标准,其侧重点也应有所不同,下面分别进行叙述。

1. 临床研究用质量标准

临床研究用质量标准重点在于保证临床研究用样品的安全性。由于人们对所研究产品特性(包括药学和药理毒理方面)认识的局限,临床研究用质量标准中的质量控制项目应尽可能全面,以便从不同的角度全面控制产品的质量。对影响产品安全性的考察项目,均应定入质量标准。如残留溶剂、杂质等,其限度可通过文献资料或动物安全性试验结果初步确定。

2. 生产用试行质量标准

生产用试行质量标准重点考虑生产工艺中试研究或工业化生产后产品质量的变化情况,并结合临床研究的结果对质量标准的项目或限度做适当的调整和修订,在保证产品安全性的同时,还要注重质量标准的实用性。

若在临床研究期间合成路线或生产工艺发生了变化,或使用了新的起始原料、试剂、配位体、催化剂及其他物质(如过滤介质等)等,则需要考虑现有质量标准的检查方法是否可以检出新工艺所产生的杂质;其项目和限度是否需要修订等。若有新杂质产生或原有杂质量增加,则必须对新工艺产品进行安全性评价。

3. 生产用正式质量标准

生产用正式质量标准则应注重产品实测数据的积累,调整和完善检测项目。随着生产工艺的稳定、成熟,以及产品质量的提高,研发者应考虑:①不断地提高质量标准,使其更有效地控制产品的质量;②通过实践验证质量标准中所用检测方法的可行性和稳定性;③随着新技术的发展,不断地改进或优化检测方法;④通过较长时间对产品安全性的确认,应对质量标准进行修订。

六、参考文献

[1] 国家药典委员会. 中华人民共和国药典[M]. 2000 年版 一部. 北京:化学工业出版社,2000.

[2] 国家药典委员会. 中华人民共和国药典二部附录增修订内容汇编[M]. 2005 年版. 北京:化学工业出版社,2009.

[3] 郑筱萸. 化学药品和治疗用生物制品研究指导原则试行[M]. 北京:中国医药科技出版社,2002.

[4] Food and Drug Administration. Q3A(R) Impurities in New Drug Substances [EB/

OL〕. 2008. 6. https：//www. fda. gov/regulatory-information/search-fda-guidance-documents/q3ar-impurities-new-drug-substances.

［5］ Food and Drug Administration. Q3B（R）Impurities in New Drug Products（Revision2）〔EB/OL〕. 2006. 8. https：//www. fda. gov/regulatory-information/search-fda-guidance-documents/q3br-impurities-new-drug-products-revision-2.

［6］ Food and Drug Administration. ICH Q3C Maintenance Procedures for the Guidance for Industry Q3C Impurities：Residual Solvents〔EB/OL〕. 2017. 7. https：//www. fda. gov/regulatory-information/search-fda-guidance-documents/ich-q3c-maintenance-procedures-guidance-industry-q3c-impurities-residual-solvents.

［7］ EMEA：Position paper on specification for class 1 and class 2 residual solvents in active substances. 2003.

［8］ Food and Drug Administration. INDs for Phase 2 and Phase 3 Studies Chemistry，Manufacturing，and Controls Information，Guidance for Industry〔EB/OL〕. 2003. 5. https：//www. fda. gov/regulatory-information/search-fda-guidance-documents/inds-phase-2-and-phase-3-studies-chemistry-manufacturing-and-controls-information.

［9］ European Medicines Agency. ICH Q6A specifications：test procedures and acceptance criteria for new drug substances and new drug products：chemical substances〔EB/OL〕. 2000. 5. https：//www. ema. europa. eu/en/ich-q6a-specifications-test-procedures-acceptance-criteria-new-drug-substances-new-drug-products.

七、著者

"化学药物质量标准建立的规范化过程技术指导原则"课题研究组。

第四章　化学药物（原料药和制剂）稳定性研究技术指导原则

一、概述

　　原料药或制剂的稳定性是指其保持物理、化学、生物学和微生物学特性的能力。稳定性研究是基于对原料药或制剂及其生产工艺的系统研究和理解，通过设计试验获得原料药或制剂的质量特性在各种环境因素（如温度、湿度、光线照射等）的影响下随时间变化的规律，并据此为药品的处方、工艺、包装、贮藏条件和有效期/复检期的确定提供支持性信息。

　　稳定性研究始于药品研发的初期，并贯穿于药品研发的整个过程。本指导原则为原料药和制剂稳定性研究的一般性原则，其主要适用于新原料药、新制剂及仿制原料药、仿制制剂的上市申请（new drug application/abbreviated new drug application，NDA/ANDA）。其他如创新药（new chemical entity，NCE）的临床申请（investigational new drug application，IND）、上市后变更申请（variation application）等的稳定性研究，应遵循药物研发的规律，参照创新药不同临床阶段质量控制研究、上市后变更研究技术指导原则的具体要求进行。

　　本指导原则是基于目前认知的考虑，其他方法如经证明合理也可采用。

二、稳定性研究的基本思路

（一）稳定性研究的内容及试验设计

　　稳定性研究是原料药和制剂质量控制研究的重要组成部分，通过设计一系列的试验来揭示原料药和制剂的稳定性特征。稳定性试验通常包括影响因素试验、加速试验和长期试验等。影响因素试验主要是考察原料药和制剂对光、湿、热、酸、碱、氧化等的稳定性，了解其对光、湿、热、酸、碱、氧化等的敏感性，主要的降解途径及降解产物，并据此为进一步验证所用分析方法的专属性、确定加速试验的放置条件及选择合适的包装材料提供参考。加速试验是考察原料药和制剂在高于长期贮藏温度和湿度条件下的稳定性，为处方工艺设计、偏离实际贮藏条件是否依旧能保持质量稳定提供依据，并根据试验结果确定是否需要进行中间条件下的稳定性试验及确定长期试验的放置条件。长期试验则是考察原料药或制剂在拟定贮藏条件下的稳定性，为确认包装、贮藏条件及有效期/复检期提供数据支持。

对临用现配的制剂,或是多剂量包装开启后有一定的使用期限的制剂,还应根据其具体的临床使用情况,进行配伍稳定性试验或开启后使用的稳定性试验。

稳定性试验设计应围绕相应的试验目的进行。例如,影响因素试验的光照试验是要考察原料药或制剂对光的敏感性,通常应采用去除包装的样品进行试验;如试验结果显示其过度降解,首先要排除是否因光源照射时引起的周围环境温度升高造成的降解,故可增加避光的平行样品作对照,以消除光线照射之外其他因素对试验结果的影响。另外,还应采用有内包装(必要时,甚至是内包装加外包装)的样品进行试验,考察包装对光照的保护作用。

(二)稳定性试验样品的要求及考察项目设置的考虑

稳定性试验的样品应具有代表性。原料药及制剂注册稳定性试验通常应采用至少中试规模批次的样品进行,其合成路线、处方及生产工艺应与商业化生产的产品一致或与商业化生产产品的关键工艺步骤一致,试验样品的质量应与商业化生产产品的质量一致;包装容器应与商业化生产产品相同或相似。

影响因素试验通常只需 1 个批次的样品;若试验结果不明确,则应加试 2 个批次样品。加速试验和长期试验通常采用 3 个批次的样品进行。

稳定性试验的考察项目应能反映产品质量的变化情况,即在放置过程中易发生变化的,可能影响其质量、安全性和/或有效性的指标,并应涵盖物理、化学、生物学和微生物学特性。另外,还应根据高湿或高温/低湿等试验条件,增加吸湿增重或失水等项目。

原料药的考察项目通常包括性状(外观、旋光度或比旋度等)、酸碱度、溶液的澄清度与颜色、杂质(工艺杂质、降解产物等)、对映异构体、晶型、粒度、干燥失重/水分、含量等。另外,还应根据品种的具体情况,有针对性地设置考察项目,如聚合物的黏度、相对分子质量及相对分子质量分布等;无菌原料药的细菌内毒素/热原、无菌、可见异物等。

制剂的考察项目通常包括性状(外观)、杂质(降解产物等)、水分和含量等。另外,还应根据剂型的特点设置能够反映其质量特性的指标,如固体口服制剂的溶出度,缓释制剂、控释制剂、肠溶制剂、透皮贴剂的释放度,吸入制剂的雾滴(粒)分布,脂质体的包封率及泄漏率等。

另外,制剂与包装材料或容器相容性研究的迁移试验和吸附试验,通常是通过在加速和/或长期稳定性试验(注意药品应与包装材料充分接触)增加相应潜在目标浸出物、功能性辅料的含量等检测指标,获得药品中含有的浸出物及包装材料对药物成分的吸附数据。所以,高风险制剂(吸入制剂、注射剂、滴眼剂等)的稳定性试验应考虑与包装材料或容器的相容性试验一并设计。相容性研究的具体内容与试验方法,可参照药品与包装材料或容器相容性研究技术指导原则。

三、原料药的稳定性研究

(一)影响因素试验

影响因素试验是通过给予原料药较为剧烈的试验条件,如高温、高湿、光照、酸、碱、氧化等,考察其在相应条件下的降解情况,以了解试验原料药对光、湿、热、酸、碱、氧化等的敏感性、可能的降解途径及产生的降解产物，并为包装材料的选择提供参考信息。

影响因素试验通常只需 1 个批次的样品，试验条件应考虑原料药本身的物理、化学稳定性。高温试验一般高于加速试验温度 10 ℃以上（如 50 ℃、60 ℃等），高湿试验通常采用相对湿度 75％或更高（如 RH 92.5％等），光照试验的总照度不低于 1.2×10^6 lx·h，近紫外能量不低于 200 W·h/m^2。另外，还应评估原料药在溶液或混悬液状态、在较宽 pH 值范围内对水的敏感度（水解）。若试验结果不能明确该原料药对光、湿、热等的敏感性，则应加试 2 个批次样品进行相应条件的降解试验。

恒湿条件可采用恒温恒湿箱或通过在密闭容器下部放置饱和盐溶液来实现。根据不同的湿度要求，选择 NaCl 饱和溶液（15.5～60 ℃，RH 75％±1％）或 KNO$_3$ 饱和溶液（25 ℃，RH 92.5％）。

可采用任何输出相似于 D65/ID65 发射标准的光源，如具有可见-紫外输出的人造日光荧光灯、氙灯或金属卤化物灯。D65 是国际认可的室外日光标准（ISO 10977(1993)），ID65 相当于室内间接日光标准；应滤光除去低于 320 nm 的发射光。也可将样品同时暴露于冷白荧光灯和近紫外灯下。冷白荧光灯应具有 ISO 10977(1993) 所规定的类似输出功率。近紫外荧光灯应具有 320～400 nm 的光谱范围，并在 350～370 nm 有最大发射能量；在 320～360 nm 及 360～400 nm 两个谱带范围的紫外光均应占有显著的比例。

固体原料药样品应取适量放在适宜的开口容器中，分散放置，厚度不超过 3 mm（疏松原料药厚度可略高些）；必要时加透明盖子保护（如挥发、升华等）。液体原料药应放在化学惰性的透明容器中。

考察时间点应基于原料药本身的稳定性及影响因素试验条件下稳定性的变化趋势设置。高温、高湿试验，通常可设定为 0 天、5 天、10 天、30 天等。若样品在较高的试验条件下质量发生了显著变化，则可降低相应的试验条件。例如，温度由 50 ℃或 60 ℃降低为 40 ℃，湿度由 RH 92.5％降低为 RH 75％等。

（二）加速试验

加速试验及必要时进行的中间条件试验，主要用于评估短期偏离标签上的贮藏条件对原料药质量的影响（如在运输途中可能发生的情况），并为长期试验条件的设置及制剂的处方工艺设计提供依据和支持性信息。

加速试验通常采用 3 个批次的样品进行，放置在商业化生产产品相同或相似的包装容器中，试验条件为 40 ℃±2 ℃/RH 75％±5％，考察时间为 6 个月，检测至少包括初始和末次的 3 个时间点（如 0 月、3 月、6 月）。根据研发经验，预计加速试验结果可能会接近显著变化的限度，则应在试验设计中考虑增加检测时间点，如 1.5 月或 1 月、2 月。

如在 25 ℃±2 ℃/RH 60％±5％ 条件下进行长期试验，当加速试验 6 个月中任何时间点的质量发生了显著变化，则应进行中间条件试验。中间条件为 30 ℃±2 ℃/RH 65％±5％，建议的考察时间为 12 个月，应包括所有的考察项目，检测至少包括初始和末次的 4 个时间点（如 0 月、6 月、9 月、12 月）。

原料药如超出了质量标准的规定，即为质量发生了"显著变化"。

若长期试验的放置条件为 30 ℃±2 ℃/RH 65％±5％，则无需进行中间条件试验。

拟冷藏保存(5 ℃±3 ℃)的原料药,加速试验条件为 25 ℃±2 ℃/RH 60%±5%。

新原料药或仿制原料药在注册申报时均应包括至少 6 个月的试验数据。

另外,对拟冷藏保存的原料药,若在加速试验的前 3 个月内质量发生了显著变化,则应对短期偏离标签上的贮藏条件(如在运输途中或搬运过程中)对其质量的影响进行评估;必要时可加试 1 批样品进行少于 3 个月、增加取样检测频度的试验;若前 3 个月质量已经发生了显著变化,则可终止试验。

目前尚无针对冷冻保存(-20 ℃±5 ℃)原料药的加速试验的放置条件;研究者可取 1 批样品,在略高的温度(如 5 ℃±3 ℃或 25 ℃±2 ℃)条件下进行放置适当时间的试验,以了解短期偏离标签上的贮藏条件(如在运输途中或搬运过程中)对其质量的影响。

对拟在-20 ℃以下保存的原料药,可参考冷冻保存(-20 ℃±5 ℃)的原料药,酌情进行加速试验。

(三)长期试验

长期试验是考察原料药在拟定贮藏条件下的稳定性,为确认包装、贮藏条件及有效期(复检期)提供数据支持。

长期试验通常采用 3 个批次的样品进行,放置在商业化生产产品相同或相似的包装容器中,放置条件及考察时间要充分考虑贮藏和使用的整个过程。

长期试验的放置条件通常为 25 ℃±2 ℃/RH 60%±5%或 30 ℃±2 ℃/RH 65%±5%,考察时间点应能确定原料药的稳定性情况;如建议的有效期(复检期)为 12 个月以上,检测频率一般为第一年每 3 个月一次,第二年每 6 个月一次,以后每年一次,直至有效期(复检期)。

注册申报时,新原料药长期试验应包括至少 3 个注册批次、12 个月的试验数据,并应同时承诺继续考察足够的时间以涵盖其有效期(复检期)。仿制原料药长期试验应包括至少 3 个注册批次、6 个月的试验数据,并应同时承诺继续考察足够的时间以涵盖其有效期(复检期)。

拟冷藏保存原料药的长期试验条件为 5 ℃±3 ℃。对拟冷藏保存的原料药,若加速试验在 3 个月到 6 个月之间其质量发生了显著变化,则应根据长期试验条件下实际考察时间的稳定性数据确定有效期(复检期)。

拟冷冻保存原料药的长期试验条件为-20 ℃±5 ℃。对拟冷冻保存的原料药,应根据长期试验放置条件下实际考察时间的稳定性数据确定其有效期(复检期)。

对拟在-20 ℃以下保存的原料药,应在拟定的贮藏条件下进行试验,并根据长期试验放置条件下实际考察时间的稳定性数据确定其有效期(复检期)。

(四)分析方法及可接受限度

稳定性试验所用的分析方法均需经过方法学验证,各项考察指标的可接受限度应符合安全、有效及质量可控的要求。

安全性相关的质量指标的可接受限度应有毒理学试验或文献依据,并应能满足制剂工艺及关键质量属性的要求。

(五)结果的分析评估

稳定性研究的最终目的是通过对至少3个批次的原料药试验及稳定性资料的评估(包括物理、化学、生物学和微生物学等的试验结果),建立适用于将来所有在相似环境条件下生产和包装的所有批次原料药的有效期(复检期)。

如果稳定性数据表明试验原料药的降解与批次间的变异均非常小,从数据上即可明显看出所申请的有效期(复检期)是合理的,此时通常不必进行正式的统计分析,只需陈述省略统计分析的理由即可。如果稳定性数据显示试验原料药有降解趋势,且批次间有一定的变异,则建议通过统计分析的方法确定其有效期(复检期)。

对可能会随时间变化的定量指标(通常为活性成分的含量、降解产物的水平及其他相关的质量属性等)要进行统计分析,具体方法是:将平均曲线的95%单侧置信限与认可标准的相交点所对应的时间点作为有效期(复检期)。如果分析结果表明批次间的变异较小(对每批样品的回归曲线的斜率和截距进行统计检验),即 $P>0.25$(无显著性差异),最好将数据合并进行整体分析评估。如果批次间的变异较大($P \leqslant 0.25$),则不能合并分析,有效期(复检期)应依据其中最短批次的时间确定。

能否将数据转换为线性回归分析是由降解反应动力学的性质决定的。通常降解反应动力学可表示为数学的或对数的一次、二次或三次函数关系。各批次及合并批次(适当时)的数据与假定降解直线或曲线拟合程度的好坏,应该用统计方法进行检验。

原则上,原料药的有效期(复检期)应根据长期试验条件下实际考察时间的稳定性数据确定。如经证明合理,在注册申报时也可依据长期试验条件下获得的实测数据,有限外推得到超出实际观察时间范围外的有效期(复检期)。外推应基于对降解机制全面、准确的分析,包括加速试验的结果,数学模型的良好拟合及获得的批量规模的支持性稳定性数据等;因外推法假设建立的基础是确信"在观察范围外也存在着与已有数据相同的降解关系"。

(六)稳定性承诺

当申报注册的3个生产批次样品的长期稳定性数据已涵盖了建议的有效期(复检期),则认为无需进行批准后的稳定性承诺。但是,如有下列情况之一时应进行承诺:

(1)如果递交的资料包含了至少3个生产批次样品的稳定性试验数据,但尚未至有效期(复检期),则应承诺继续进行研究直到建议的有效期(复检期)。

(2)如果递交的资料包含的生产批次样品的稳定性试验数据少于3批,则应承诺继续进行研究直到建议的有效期(复检期),同时补充生产规模批次至少3批,并进行直到建议有效期(复检期)的长期稳定性研究。

(3)如果递交的资料未包含生产批次样品的稳定性试验数据(仅为注册批次样品的稳定性试验数据),则应承诺采用生产规模生产的前3批样品进行长期稳定性试验,直到建议的有效期(复检期)。

通常承诺批次的长期稳定性试验方案应与申报批次的方案相同。

（七）标签

应按照国家相关的管理规定，在标签上注明原料药的贮藏条件；表述内容应基于对该原料药稳定性信息的全面评估。对不能冷冻的原料药应有特殊的说明。应避免使用如"环境条件"或"室温"这类不确切的表述。

应在容器的标签上注明由稳定性研究得出的有效期（复检期）计算的失效日期（复检日期）。

四、制剂的稳定性研究

制剂的稳定性研究应基于对原料药特性的了解及由原料药的稳定性研究和临床处方研究中获得的试验结果进行设计，并应说明在贮藏过程中可能产生的变化情况及稳定性试验考察项目的设置考虑。

注册申报时应提供至少 3 个注册批次制剂正式的稳定性研究资料。注册批次制剂的处方和包装应与拟上市产品相同，生产工艺应与拟上市产品相似，质量应与拟上市产品一致，并应符合相同的质量标准。如证明合理，新制剂 3 个注册批次的其中 2 批必须在中试规模下生产，另 1 批可在较小规模下生产，但必须采用有代表性的关键生产步骤。仿制制剂 3 个注册批次均必须在中试规模下生产。在条件许可的情况下，生产不同批次的制剂应采用不同批次的原料药。

通常制剂的每一种规格和包装规格均应进行稳定性研究；如经评估认为可行，也可采用括号法或矩阵法稳定性试验设计；括号法或矩阵法建立的基础是试验点的数据可以代替省略点的数据。

另外，在注册申报时，除需递交正式的稳定性研究资料外，还要提供其他支持性的稳定性数据。

稳定性研究应考察在贮藏过程中易发生变化的，可能影响制剂质量、安全性和/或有效性的项目；内容应涵盖物理、化学、生物学、微生物学特性，以及稳定剂的含量（如抗氧剂、抑菌剂）和制剂功能性测试（如定量给药系统）等。所用分析方法应经过充分的验证，并能指示制剂的稳定性特征。若在稳定性研究过程中分析方法发生了变更，则应采用变更前后的两种方法对相同的试验样品进行测定，以确认该方法的变更是否会对稳定性试验结果产生影响。如果方法变更前后的测定结果一致，则可采用变更后的方法进行后续的稳定性试验；如果方法变更前后测定结果差异较大，则应考虑采用两种方法平行测定后续的时间点，并通过对两组试验数据的比较分析得出相应的结论；或是重复进行稳定性试验，获得包括前段时间点的完整的试验数据。

根据所有的稳定性信息确定制剂有效期标准的可接受限度。因为有效期标准的限度是在对贮藏期内制剂质量变化情况及所有稳定性信息评估的基础上确定的，所以有效期标准与放行标准存在一定的差异是合理的。例如，放行标准与有效期标准中抑菌剂含量限度的差异，是在药物研发阶段依据对拟上市的最终处方（除抑菌剂浓度外）中抑菌剂含量与其有效性之间关系的论证结果确定的。无论放行标准与有效期标准中抑菌剂的含量限度是否相同或不同，均应采用 1 批制剂样品进行初步的稳定性试验(增加抑菌剂含量检测),以确认目标有效期时抑菌剂的功效。

(一)光稳定性试验

制剂应完全暴露进行光稳定性试验。必要时,可以直接包装后进行试验;如再有必要,可以上市包装进行试验。试验一直做到能证明该制剂及其包装足以抵御光照为止。

可采用任何输出相似于 D65/ID65 发射标准的光源,如具有可见-紫外输出的人造日光荧光灯、氙灯或金属卤化物灯。D65 是国际认可的室外日光标准(ISO 10977(1993)),ID65 相当于室内间接日光标准;应滤光除去低于 320 nm 的发射光。也可将样品同时暴露于冷白荧光灯和近紫外灯下。冷白荧光灯应具有 ISO10977(1993)所规定的类似输出功率。近紫外荧光灯应具有 320~400 nm 的光谱范围,并在 350~370 nm 有最大发射能量;在 320~360 nm 及 360~400 nm 两个谱带范围的紫外光均应占有显著的比例。

至少应采用 1 个申报注册批次的样品进行试验。如果试验结果显示样品对光稳定或者不稳定,采用 1 个批次的样品进行试验即可;如果 1 个批次样品的研究结果尚不能确认其对光稳定或者不稳定,则应加试 2 个批次的样品进行试验。

有些制剂已经证明其内包装完全避光,如铝管或铝罐,一般只需进行制剂的直接暴露试验。有些制剂如输液、皮肤用霜剂等,还应证明其使用时的光稳定性试验。研究者可根据制剂的使用方式,自行考虑设计并进行光稳定性试验。

(二)放置条件

通常,应在一定的放置条件下(在适当的范围内)评估制剂的热稳定性。必要时,考察制剂对湿度的敏感性或潜在的溶剂损失。选择的放置条件和研究时间的长短应充分考虑制剂的贮藏、运输和使用的整个过程。

必要时,应对配制或稀释后使用的制剂进行稳定性研究,为说明书/标签上的配制、贮藏条件和配制或稀释后的使用期限提供依据。申报注册批次在长期试验开始和结束时,均应进行配制和稀释后建议的使用期限的稳定性试验,该试验作为正式稳定性试验的一部分。

对易发生相分离、黏度减小、沉淀或聚集的制剂,还应考虑进行低温或冻融试验。低温试验和冻融试验均应包括三次循环,低温试验的每次循环是先在 2~8 ℃放置 2 天,再在 40 ℃放置 2 天,取样检测。冻融试验的每次循环是先在 -20~-10 ℃放置 2 天,再在 40 ℃放置 2 天,取样检测。

加速试验的放置条件为 40 ℃±2 ℃/RH 75%±5%,考察时间为 6 个月,检测至少包括初始和末次的 3 个时间点(如 0 月、3 月、6 月)如表 4-1 所示。根据研发经验,预计加速试验结果可能会接近显著变化的限度,则应在试验设计中考虑增加检测时间点,如 1.5 月或 1 月、2 月。

如在 25 ℃±2 ℃/RH 60%±5% 条件下进行长期试验(见表 4-1),当加速试验 6 个月中任何时间点的质量发生了"显著变化",则应进行中间条件试验。中间条件为 30 ℃±2 ℃/RH 65%±5%,建议的考察时间为 12 个月,应包括所有的考察项目,检测至少包括初始和末次的 4 个时间点(如 0 月、6 月、9 月、12 月)。

表 4-1　加速及长期试验的放置条件

研　究　项　目	放　置　条　件	申报数据涵盖的 最短时间
长期试验	25 ℃±2 ℃/RH 60%±5% 或 30 ℃±2 ℃/RH 65%±5%	新制剂 12 个月 仿制制剂 6 个月
中间试验	30 ℃±2 ℃/RH 65%±5%	6 个月
加速试验	40 ℃±2 ℃/RH 75%±5%	6 个月

制剂质量的"显著变化"定义为：

(1)含量与初始值相差 5%，或用生物或免疫法测定时效价不符合规定。

(2)任何降解产物超出有效期标准规定的限度。

(3)外观、物理性质、功能性试验(如颜色、相分离、再分散性、沉淀或聚集、硬度、每撤剂量)不符合有效期标准的规定。一些物理性质(如栓剂变软、霜剂熔化)的变化可能会在加速试验条件下出现。

另外，对某些剂型，"显著变化"还包括：

(1)pH 值不符合规定；

(2)12 个剂量单位的溶出度不符合规定。

若长期试验的放置条件为 30 ℃±2 ℃/RH 65%±5%，则无需进行中间条件试验。

长期试验的放置条件通常为 25 ℃±2 ℃/RH 60%±5%或 30 ℃±2 ℃/RH 65%±5%；考察时间点应能确定制剂的稳定性情况。对建议的有效期至少为 12 个月的制剂，检测频率一般为第一年每 3 个月一次，第二年每 6 个月一次，以后每年一次，直到建议的有效期。

注册申报时，新制剂长期试验应包括至少 3 个注册批次、12 个月的试验数据，并应同时承诺继续考察足够的时间以涵盖其有效期。仿制制剂长期试验应包括至少 3 个注册批次、6 个月的试验数据，并应同时承诺继续考察足够的时间以涵盖其有效期。

(三)非渗透性或半渗透性容器包装的制剂

对采用非渗透性容器包装的药物制剂，可不考虑药物对湿度的敏感性或可能的溶剂损失，因为非渗透性容器具有防潮及溶剂通过的永久屏障。因此，包装在非渗透性容器中的制剂的稳定性研究可在任何湿度下进行。

对采用半渗透性容器包装的水溶液制剂，除评估该制剂的物理、化学、生物学和微生物学稳定性外，还应评估其潜在的失水性。失水性试验是将制剂样品放置在表 4-2 中低相对湿度条件下进行，以证明其可以放在低相对湿度的环境中。

对非水或溶剂型基质的药物，可建立其他可比的方法进行试验，并应说明所建方法的合理性。

表 4-2 非渗透性或半渗透性容器包装的制剂加速及长期试验的放置条件

研 究 项 目	放 置 条 件	申报数据涵盖的 最短时间
长期试验	25 ℃±2 ℃/RH 40%±5% 或 30 ℃±2 ℃/RH 35%±5%	新制剂 12 个月 仿制制剂 6 个月
中间试验	30 ℃±2 ℃/RH 65%±5%	6 个月
加速试验	40 ℃±2 ℃/不超过(NMT)RH 25%	6 个月

长期试验是在 25 ℃±2 ℃/RH 40%±5%或 30 ℃±2 ℃/RH 35%±5%条件下进行,由研究者自行决定。

如果以 30 ℃±2 ℃/RH 35%±5%为长期试验条件,则无需进行中间条件试验。

如果在 25 ℃±2 ℃/RH 40%±5%条件下进行长期试验,而在加速放置条件下 6 个月期间的任何时间点发生了除失水外的质量显著变化,则应进行中间条件试验,以评估 30 ℃温度对质量的影响。如果在加速试验放置条件下,仅失水一项发生了显著变化,则不必进行中间条件试验;但应有数据证明制剂在建议的有效期内贮藏于 25 ℃/RH 40%条件下无明显失水。

采用半渗透性容器包装的制剂,在 40 ℃、不超过 RH 25%条件下放置 3 个月,失水量与初始值相差 5%,即认为有显著变化。但对小容量(≤1 mL)或单剂量包装的制剂,在 40 ℃、不超过 RH 25%条件下放置 3 个月,失水 5%或以上是可以接受的。

另外,也可以采用另一种方法进行表 4-3 推荐的参比相对湿度条件下的失水研究(包括长期试验和加速试验)。即在高湿条件下进行稳定性试验,然后通过计算算出参比相对湿度时的失水率。具体方法就是通过试验测定包装容器的渗透因子,或如下例所示,由计算得到的同一温度下不同湿度的失水率之比得出包装容器的渗透因子。包装容器的渗透因子可由采用该包装的制剂在最差情况(如系列浓度中最稀的浓度规格)下的测定结果得出。

表 4-3 失水测定方法实例

实测时的相对湿度	参比相对湿度	特定温度下失水率之比
60%	25%	1.9
60%	40%	1.5
65%	35%	1.9
75%	25%	3.0

失水测定方法实例:

对于具有特定装置、大小尺寸和包装容器的制剂,计算其在参比相对湿度下失水率的方法:用在相同温度下和实测时的相对湿度下测得的失水率与表 4-3 中的失水率之比相乘。前提是应能证明在贮藏过程中实测时的相对湿度与失水率呈线性关系。

例如,计算在 40 ℃、不超过 RH 25%时的失水率,就是将 RH 75%时测得的失水率乘以 3(相应的失水率之比)。

除表 4-3 外其他相对湿度条件下的失水率之比,如有充分的证据,也可采用。

（四）拟冷藏的制剂

拟冷藏制剂如采用半渗透性容器包装，也应进行适当温度条件下的低湿试验，以评估其失水情况。

对拟冷藏保存的制剂，若在加速试验的前 3 个月内质量发生了显著变化，则应对短期偏离标签上的贮藏条件（如在运输途中或搬运过程中）对其质量的影响进行评估；必要时可加试 1 批制剂样品进行少于 3 个月、增加取样检测频度的试验；若前 3 个月质量已经发生了显著变化，则可终止试验，不必继续进行至 6 个月。

拟冷藏保存制剂的长期试验条件为 5 ℃±3 ℃（见表 4-4）。对拟冷藏保存的制剂，如加速试验在 3 个月到 6 个月之间其质量发生了显著变化，有效期应根据长期放置条件下实际考察时间的稳定性数据确定。

表 4-4 拟冷藏的制剂加速及长期试验的放置条件

研 究 项 目	放 置 条 件	申报数据涵盖的最短时间
长期试验	5 ℃±3 ℃	12 个月
加速试验	25 ℃±2 ℃/60％RH±5％RH	6 个月

（五）拟冷冻贮藏的制剂

拟冷冻保存制剂的长期试验条件为 －20 ℃±5 ℃（见表 4-5）。对拟冷冻贮藏的制剂，有效期应根据长期放置条件下实际试验时间的数据确定。虽然未规定拟冷冻贮藏制剂的加速试验条件，仍应对 1 批样品在略高的温度（如 5 ℃±3 ℃或 25 ℃±2 ℃）下进行放置适当时间的试验，以了解短期偏离说明书/标签上的贮藏条件对该制剂质量的影响。

对拟在 －20 ℃以下贮藏的制剂，可参考冷冻保存（－20 ℃±5 ℃）的制剂，酌情进行加速试验；其应在拟定的贮藏条件下进行长期试验，并根据长期放置实际考察时间的稳定性数据确定有效期。

表 4-5 拟冷冻的制剂加速及长期试验的放置条件

研 究 项 目	放 置 条 件	申报数据涵盖的最短时间
长期试验	－20 ℃±5 ℃	12 个月

（六）分析方法及可接受限度

稳定性试验所用的分析方法均需经过方法学验证，各项考察指标的可接受限度应符合安全、有效及质量可控的要求。

安全性指标的可接受限度应有毒理学试验或文献的依据，与剂型相关的关键质量指标的可接受限度应符合临床用药安全、有效的要求。

（七）结果的分析评估

注册申报时应系统陈述并评估制剂的稳定性信息，包括物理、化学、生物学和微生物学等的试验结果,以及制剂的特殊质量属性(如固体口服制剂的溶出度等)。

稳定性研究的最终目的是根据至少3个批次制剂的试验结果,确定将来所有在相似环境条件下生产和包装的制剂的有效期和说明书/标签上的贮藏说明。

因稳定性试验样品批次间数据的变异程度会影响将来生产产品在有效期内符合质量标准的把握度,故应依据试验样品的降解及批次间的变异程度,对稳定性试验结果进行分析评估。

如果稳定性数据表明试验制剂的降解与批次间的变异均非常小,从数据上即可明显看出所申请的有效期是合理的,此时通常不必进行正式的统计分析,只需陈述省略统计分析的理由即可。如果稳定性数据显示试验制剂有降解趋势,且批次间有一定的变异,则建议通过统计分析的方法确定其有效期。

对可能会随时间变化的定量指标进行统计分析,具体方法是:将平均曲线的95%单侧/双侧置信限与认可标准的相交点所对应的时间点作为有效期。如果分析结果表明批次间的变异较小(对每批样品的回归曲线的斜率和截距进行统计检验),即 $P>0.25$(无显著性差异),最好将数据合并进行整体分析评估。如果批次间的变异较大($P \leqslant 0.25$),则不能合并分析,有效期应依据其中最短批次的时间确定。

能否将数据转换为线性回归分析是由降解反应动力学的性质决定的。通常降解反应动力学可表示为数学的或对数的一次、二次或三次函数关系。各批次及合并批次(适当时)的数据与假定降解直线或曲线拟合程度的好坏,应该用统计方法进行检验。

原则上,制剂的有效期应根据长期试验条件下实际考察时间的稳定性数据确定。如经证明合理,在注册申报阶段也可依据长期试验条件下获得的实测数据,有限外推得到超出实际观察时间范围外的有效期。外推应基于对降解机制全面、准确的分析,包括加速试验的结果、数学模型的良好拟合及获得的批量规模的支持性稳定性数据等;因外推法假设建立的基础是确信"在观察范围外也存在着与已有数据相同的降解关系"。

进行评估的定量指标不仅应考虑活性成分的含量,还应考虑降解产物的水平和其他有关的质量属性。必要时,还应关注质量平衡情况、稳定性差异和降解特性。

(八)稳定性承诺

若申报注册的3个生产批次制剂的长期稳定性数据已涵盖了建议的有效期,则认为无需进行批准后的稳定性承诺。但是,如有下列情况之一时应进行承诺:

(1)如果递交的资料包含了至少3个生产批次样品的稳定性试验数据,但尚未至有效期,则应承诺继续进行研究直到建议的有效期。

(2)如果递交的资料包含的生产批次样品的稳定性试验数据少于3批,则应承诺继续进行现有批次样品的长期稳定性试验直到建议的有效期,同时补充生产规模批次至少3批,进行直到建议有效期的长期试验并进行6个月的加速试验。

(3)如果递交的资料未包含生产批次样品的稳定性试验数据(仅为注册批次样品的稳定性试验数据),则应承诺采用生产规模生产的前3批样品进行长期稳定性试验,直到建议的有效期并进行6个月的加速试验。

通常承诺批次的稳定性试验方案应与申报批次的方案相同。

此外,需注意:申报注册批次加速试验质量发生了显著变化需进行中间条件试验,承诺批次可进行中间条件试验,也可进行加速试验;然而,如果承诺批次加速试验质量发生了显著变化,还需进行中间条件试验。

(九)说明书/标签

应按照国家相关的管理规定,在说明书/标签上注明制剂的贮藏条件;表述内容应基于对该制剂稳定性信息的全面评估。对不能冷冻的制剂应有特殊的说明。应避免使用如"环境条件"或"室温"这类不确切的表述。

说明书/标签上的贮藏条件直接反映制剂的稳定性;失效日期应标注在标签上。

五、名词解释

1. 加速试验

加速试验(accelerated testing)是采用超出贮藏条件的试验设计来加速原料药或制剂的化学降解或物理变化的试验,是正式稳定性研究的一部分。

加速试验数据还可用于评估在非加速条件下更长时间的化学变化,以及在短期偏离标签上注明的贮藏条件时(如运输过程中)对质量产生的影响。但是,加速试验结果有时不能预测物理变化。

2. 中间试验或中间条件试验

中间试验(intermediate testing)是为拟在 25 ℃下长期贮藏的原料药或制剂设计的在 30 ℃/RH 65%条件下进行的试验,目的是适当加速原料药或制剂的化学降解或物理变化。

3. 长期试验

长期试验(long-term testing)是为确定在标签上建议(或批准)的有效期(复检期)进行的,在拟定贮藏条件下的稳定性研究。

4. 正式的稳定性研究

正式的稳定性研究(formal stability studies)是用申报注册和/或承诺批次按照递交的稳定性方案进行的长期和加速(或中间)试验,目的是建立或确定原料药和制剂的有效期(复检期)。

5. 括号法

括号法(bracketing)是一种稳定性试验方案的简略设计方法,它仅对某些处于设计因素极端点的样品(如规格、包装规格等)进行所有时间点的完整试验。此设计假定极端样品的稳定性可以代表中间样品的稳定性。当进行试验的是一系列规格的制剂,如果各个规格的组成相同或非常相近(将相似的颗粒压成不同片重的系列规格片剂,或将相同组分填充于不同体积的空胶囊中的不同填充量的系列规格胶囊剂),即可采用括号法设计。括号法还适用于装在不同大小的容器中或容器大小相同装量不同的系列制剂。

6. 矩阵法

矩阵法(matrixing)是一种稳定性试验方案的简略设计方法,是在指定的取样时间点,只需从所有因子组合的总样品数中取出一组进行测定;在随后的取样时间点,则测定所有因子组合的总样品中的另一组样品。此设计假定在特定时间点被测定的每一组样品的稳定性均具有代表性。矩阵法设计应考虑相同制剂样品间的各种差异,如不同批次、不同规格、材质相同大小不同的包装容器,某些情况下可能是包装容器不同。

7. 气候带

依据 W. Grimm 提出的概念(Drugs Made in Germany,28:196-202,1985 and 29:39-47.1986),根据年度气候条件,将全球分为 4 个气候带(climatic zones)。

气候带Ⅰ:温带,平均温度为 21 ℃,平均湿度为 RH 45%;

气候带Ⅱ:亚热带,平均温度为 25 ℃,平均湿度为 RH 60%;

气候带Ⅲ:干热,平均温度为 30 ℃,平均湿度为 RH 35%;

气候带ⅣA:湿热,平均温度为 30 ℃,平均湿度为 RH 65%;

气候带ⅣB:非常湿热,平均温度为 30 ℃,平均湿度为 RH 75%。

因人用药品注册技术要求国际协调会议(ICH)三个地区仅包含了气候带Ⅰ和气候带Ⅱ,故在 1993 年 10 月协调的稳定性研究指导原则中设定长期试验的放置条件为 25 ℃±2 ℃/RH 60%±5%;后因 ICH 国家/地区的药品生产企业的产品普遍在全球多种气候的国家或地区上市,ICH 于 2003 年 2 月修订了稳定性研究指导原则(Q1A/R2)中长期试验的放置条件,由 25 ℃±2 ℃/RH 60%±5%调整为 25 ℃±2 ℃/RH 60%±5%或 30 ℃±2 ℃/RH 65%±5%。

8. 中试规模批次

按照模拟生产规模生产的原料药或制剂批次,对固体口服制剂,中试规模批次(pilot scale batch)一般至少是生产规模的十分之一。

9. 注册批次

用于正式稳定性研究的原料药或制剂批次,其稳定性数据在注册申报时可分别用于建立原料药和制剂的有效期(复检期)。原料药申报批次均至少是中试规模;新制剂 3 个批次中至少 2 个批次是中试规模,另 1 个批次的规模可小一些,但必须采用有代表性的关键生产步骤;仿制制剂申报批次均至少是中试规模。注册批次(primary batch)也可以是生产批次。

10. 生产批次

生产批次(production batch)是指使用申报时确认的生产厂房及生产设备,以生产规模生产的原料药或制剂批次。

11. 承诺批次

承诺批次(commitment batch)是指注册申报时承诺的在获得批准后开始进行或继续完成稳定性研究的原料药或制剂的生产规模批次。

12. 包装容器系统

包装容器系统(container closure system)是指用于盛装和保护制剂的包装总和,包括内包装(初级包装)和外包装(次级包装);外包装是为给制剂提供进一步的保护。包装系统(packaging system)相当于包装容器系统。

13. 非渗透性容器

非渗透性容器(impermeable container)是指对气体或溶剂通过具有永久性屏障的容器,如半固体(制剂)的密封铝管、溶液剂的密封玻璃安瓿等。

14. 半渗透性容器

半渗透性容器(semi-permeable container)是指可防止溶质损失,但允许溶剂尤其是水通过的容器。溶剂的渗透机制是溶剂被容器的内侧表面吸收,然后扩散进入容器材料,再从外侧表面解吸附;渗透是通过分压梯度完成的。半渗透性容器包括塑料软袋和半刚性塑料袋、低密度聚乙烯(LDPE)大容量非肠道制剂袋(LVPs),以及低密度聚乙烯安瓿、瓶、小瓶等。

15. 有效期

在此期间内,只要原料药或制剂在容器标签规定的条件下保存,就能符合批准的有效期(expiration dating period)标准。

16. 失效日期

通常失效日期(expiration date)是制剂容器标签上注明的日期,含义是在此日期前,该制剂只要放置在规定的条件下,其质量将保持并符合批准的有效期标准;但在此日期后,药品将不能使用。失效日期为生产日期与有效期的加和。例如,有效期为 2 年,生产日期为 2011 年 1 月 10 日,失效日期即为 2013 年 1 月 10 日。

17. 复检期

通常对多数已知不稳定的生物技术/生物原料药和某些抗生素,建立确认的是有效期,而对多数较稳定的化学原料药,建立确认的实为复检期(re-test period)。复检期是在此期间内,只要原料药保存于规定的条件下,就认为其符合质量标准,并可用于生产相应的制剂;而在此期限后,如果用该批原料药生产制剂,则必须进行质量符合性复检;若复检结果显示其质量仍符合质量标准,则应立即使用;1 批原料药可以进行多次复检,且每次复检后可以使用其中的一部分,只要其质量一直符合质量标准即可。

18. 复检日期

复检日期(re-test date)是指在这一天之后必须对原料药进行复检,以保证其仍符合质量标准并适用于生产规定的制剂。复检日期为生产日期与复检期的加和。例如,复检期为 2 年,生产日期为 2011 年 1 月 10 日,复检日期即为 2013 年 1 月 10 日。

19. 放行标准

放行标准(specification-release)包括物理、化学、生物学、微生物学试验及规定的限度,用于判定放行时制剂是否合格。

20. 有效期标准(也称货架期标准)

有效期标准(specification-Shelf life)包括物理、化学、生物学、微生物学试验及可接受的限度,用于判定原料药在复检期(有效期)内是否合格,或在有效期内制剂必须符合其规定。

21. 影响因素试验(原料药)

影响因素试验(原料药)(stress testing(drug substance))是指为揭示原料药内在的稳定性而进行的研究。该试验是开发研究的一部分,通常在比加速试验更为剧烈的条件下进行,如光照、高温、高湿等。

22. 影响因素试验(制剂)

影响因素试验(制剂)(stress testing(drug product))是指为评估剧烈条件对制剂质量的影响而进行的研究。该试验包括光稳定性试验和对某些制剂(如定量吸入制剂、乳膏剂、乳剂和需冷藏的水性液体制剂)的特定试验。

23. 质量平衡

质量平衡（mass balance）是指在充分考虑了分析方法误差的情况下，将含量和降解产物测定值相加与初始值 100% 的接近程度。

24. 支持性数据

除正式稳定性研究外，其他支持分析方法、建议的有效期（复检期），以及标签上贮藏条件的资料。支持性数据（supporting data）包括早期合成路线原料药批次、小试规模原料药批次、非上市的研究性处方、相关的其他处方及非市售容器包装样品的稳定性研究数据等。

五、参考文献

[1] Food and Drug Administration. Q1A(R2) Stability Testing of New Drug Substances and Products [EB/OL]. 2003. 11. https://www. fda. gov/regulatory-information/search-fda-guidance-documents/q1ar2-stability-testing-new-drug-substances-and-products.

[2] Food and Drug Administration. Q1B Photostability Testing of New Drug Substances and Products [EB/OL]. 1996. 3. https://www. fda. gov/regulatory-information/search-fda-guidance -documents/ q1b-photostability-testing-new-drug-substances-and-products.

[3] Food and Drug Administration. Q1C Stability Testing for New Dosage Forms [EB/OL]. 1997. 5. https://www. fda. gov/regulatory-information/search-fda-guidance-documents/q1c -stability-testing-new-dosage-forms.

[4] Food and Drug Administration. Q1D Bracketing and Matrixing Designs for Stability Testing of New Drug Substances and Products [EB/OL]. 2003. 1. https://www. fda. gov/regulatory-information/search-fda-guidance-documents/q1d-bracketing-and-matrixing-designs-stability-testing-new-drug-substances-and-products.

[5] Food and Drug Administration. Q1E Evaluation of Stability Data [EB/OL]. 2004. 6. https://www. fda. gov/regulatory-information/search-fda-guidance-documents/q1e-evaluation-stability-data. ICH Q5C Stability testing of biotechnological/biological products.

[6] European Medicines Agency. Q5C Stability testing of biotechnological/biological products[EB/OL]. 1996. 7. https://www. ema. europa. eu/en/ich-q5c-stability-testing-biotechnologicalbiological-products.

[7] Food and Drug Administration. Q6A Specifications：Test Procedures and Acceptance Criteria for New Drug Substances and New Drug Products：Chemical Substances[EB/OL]. 1999. 8. https://www. fda. gov/regulatory-information/search-fda-guidance-documents/q6a-specifications-test-procedures-and-acceptance-criteria-new-drug-substances-and-new -drug-products.

[8] Food and Drug Administration. Q6B Specifications：Test Procedures and Acceptance Criteria for Biotechnological/Biological Products [EB/OL]. 1999. 8. https://www. fda. gov/regulatory-

information/search-fda-guidance-documents/q6b-specifications-test-procedures-and-acceptance-criteria-biotechnologicalbiological-products.

[9] 　Food and Drug Administration. ANDAs：Stability Testing of Drug Substances and Products[EB/OL]2013. 6.. https：//www. fda. gov/regulatory-information/search-fda-guidance-documents/andas-stability-testing-drug-substances-and-products.

第五章 人用药物注册申请通用技术文档撰写要求

一、背景

为提高我国药物研发的质量和水平，逐步实现与国际接轨，国家药品监督管理局在研究人用药品注册技术要求时，参考国际协调会（ICH）通用技术文档（common technical document，CTD）的基础上，结合我国药物研发的实际情况，组织制定了《人用药物注册申请通用技术文档撰写要求》。通用技术文档适用于化学药品、生物制品的注册申报。

二、药品电子通用技术文档的内容

通用技术文档可以按五个模块进行组织。模块 1 为区域性要求，模块 2、3、4 和 5 则为统一性要求。遵守本指导原则应该能够确保这四个模块的格式都能为各监管机构所接受。

模块 1　行政管理信息

本模块为各地区的相关文件，如申请表或者在该地区拟使用的说明书。本模块的内容和格式由相应的监管机构规定。

模块 2　通用技术文档总结

模块 2 的前言部分应该是药物的一般性介绍，包括药物分类、作用模式及拟定的临床用途。一般来说，前言应不超过一页。

模块 2 应按顺序包含下列 7 个章节：

●CTD 目录；

●前言；

●质量综述；

●非临床综述；

●临床综述；

●非临床文字总结和列表总结；

●临床总结。

这些总结的组织格式在 ICH 发布的 M4Q、M4S 和 M4E 指导原则中有详述。

模块 3　质量研究信息

应该按 M4Q 指导原则所述的结构格式提供质量研究信息。

模块 4 非临床试验报告

应该按 M4S 指导原则所述的顺序提供非临床试验报告。

模块 5 临床研究报告

应该按 M4E 指导原则所述的顺序提供人体研究报告和相关信息。

ICH CTD 通用技术文档的组织的图示说明如图 5-1 所示。

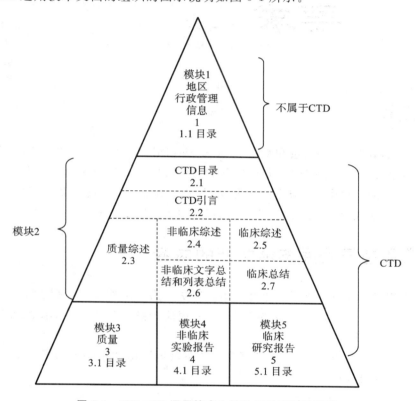

图 5-1 ICH CTD 通用技术文档的组织的图示说明

三、药品电子通用技术文档结构

模块 1 行政管理信息

  1.1 模块 1 所提交文件的目录

  1.2 各地区的相关文件(如申请表、处方信息)

模块 2 通用技术文档总结

  2.1 通用技术文档目录

  2.2 CTD 前言

  2.3 质量综述

  2.4 非临床综述

四、CTD 格式申报资料撰写要求（制剂）

（一）目录

　　3.2.P.2.3　生产工艺的开发

　　3.2.P.2.4　包装材料/容器

　　3.2.P.2.5　相容性

3.2.P.3　生产

　　3.2.P.3.1　生产商

　　3.2.P.3.2　批处方

　　3.2.P.3.3　生产工艺和工艺控制

　　3.2.P.3.4　关键步骤和中间体的控制

　　3.2.P.3.5　工艺验证和评价

3.2.P.4　原辅料的控制

3.2.P.5　制剂的质量控制

　　3.2.P.5.1　质量标准

　　3.2.P.5.2　分析方法

　　3.2.P.5.3　分析方法的验证

　　3.2.P.5.4　批检验报告

　　3.2.P.5.5　杂质分析

　　3.2.P.5.6　质量标准制定依据

3.2.P.6　对照品

3.2.P.7　稳定性

　　3.2.P.7.1　稳定性总结

　　3.2.P.7.2　上市后的稳定性研究方案及承诺

　　3.2.P.7.3　稳定性数据

(二)申报资料正文及撰写要求

3.2.P.1　剂型及产品组成

(1)说明具体的剂型,并以表格的方式列出单位剂量产品的处方组成,列明各成分在处方中的作用,执行的标准,如表5-1所示。若有过量加入的情况,则需给予说明。对于处方中用到但最终需去除的溶剂也应列出。

表5-1　产品组成

成　　分	用　　量	过量加入	作　　用	执行标准
工艺中使用到并最终去除的溶剂				

(2)如附带专用溶剂,参照以上表格方式列出专用溶剂的处方。

(3)说明产品所使用的包装材料及容器。

3.2.P.2　产品开发

提供相关的研究资料或文献资料来论证剂型、处方组成、生产工艺、包装材料选择和确定的合理性,具体如下。

3.2.P.2.1　处方组成

3.2.P.2.1.1　原料药

参照《化学药物制剂研究的技术指导原则》,提供资料说明原料药和辅料的相容性,分析与制剂生产及制剂性能相关的原料药的关键理化特性(如晶型、溶解性、粒度分布等)。

3.2.P.2.1.2　辅料

说明辅料种类和用量选择的依据,分析辅料用量是否在常规用量范围内,是否适合所用的给药途径,并结合辅料在处方中的作用分析辅料的哪些性质会影响制剂特性。

3.2.P.2.2　制剂研究

3.2.P.2.2.1　处方开发过程

参照《化学药物制剂研究的技术指导原则》,提供处方的研究开发过程和确定依据,包括文献信息(如对照药品的处方信息)、研究信息(包括处方设计、处方筛选和优化、处方确定等研究内容)以及与对照药品的质量特性对比研究结果(需说明对照药品的来源、批次和有效期、自研样品批次、对比项目、采用方法),并重点说明在药品开发阶段中处方组成的主要变更、原因以及支持变化的验证研究。

如生产中存在过量投料的问题,应说明并分析过量投料的必要性和合理性。

3.2.P.2.2.2　制剂相关特性

对与制剂性能相关的理化性质,如 pH 值、离子强度、溶出度、再分散性、复溶、粒径分布、聚合、多晶型、流变学等进行分析。提供自研产品与对照药品在处方开发过程中进行的质量特性对比研究结果,如有关物质等。如为口服固体制剂,需提供详细的自研产品与对照药品在不同溶出条件下的溶出曲线比较研究结果,推荐采用 f2 相似因子的比较方式。

3.2.P.2.3　生产工艺的开发

简述生产工艺的选择和优化过程,重点描述工艺研究的主要变更(包括批量、设备、工艺参数等的变化)及相关的支持性验证研究。

汇总研发过程中代表性批次(应包括但不限于临床研究批、中试放大批、生产现场检查批、工艺验证批等)的样品情况,包括:批号、生产时间及地点、批规模、用途(如用于稳定性试验和生物等效性试验等)、分析结果(如有关物质、溶出度以及其他主要质量指标)。示例如表 5-2 所示。

表 5-2　批分析汇总

批号	生产日期	生产地点	规模	收率	样品用途	样品质量		
						含量	杂质	其他指标

3.2.P.2.4 包装材料/容器

（1）包材类型、来源及相关证明文件如表 5-3 所示。

表 5-3 包材类型、来源及相关证明文件

项　目	包装容器	配件[2]
包材类型[1]		
包材生产商		
包材注册证号		
包材注册证有效期		
包材质量标准编号		

1：关于包材类型，需写明结构材料、规格等。

2：表中的配件一栏应包括所有使用的直接接触药品的包材配件，如塑料输液容器用组合盖、塑料输液容器用接口等。

　　例如，五层共挤膜输液袋，规格为内层：改性乙烯/丙烯聚合物，第二层：聚乙烯，第三层：聚乙烯，第四层：乙烯甲基丙烯酸酯聚合物，第五层：多酯共聚物；聚丙烯输液瓶，规格为 250 mL。

　　铝塑泡罩包装，组成为：PVC/铝、PVC/PE/PVDC/铝、PVC/PVDC/铝。

　　复合膜袋包装，组成为：聚酯/铝/聚乙烯复合膜袋、聚酯/低密度聚乙烯复合膜袋。

　　提供包材的检验报告（可来自包材生产商或供应商）。

　　（2）阐述包材的选择依据。

　　（3）描述针对所选用包材进行的支持性研究。

　　在常规制剂稳定性考察基础上，需考虑必要的相容性研究，特别是含有有机溶剂的液体制剂或半固体制剂。一方面可以根据迁移试验结果，考察包装材料中的成分（尤其是包材的添加剂成分）是否会渗出至药品中，引起产品质量的变化；另一方面可以根据吸附试验结果，考察是否会由于包材的吸附/渗出而导致药品浓度的改变、产生沉淀等，从而引起安全性担忧。

3.2.P.2.5 相容性

提供研究资料说明制剂和附带溶剂或者给药装置的相容性。

3.2.P.3 生产

3.2.P.3.1 生产商

生产商的名称（一定要写全称）、地址、电话、传真，以及生产场所的地址、电话、传真等。

3.2.P.3.2 批处方

以表格的方式列出生产规模产品的批处方组成，列明各成分执行的标准。若有过量加入的情况，则需给予说明并论证合理性。对于处方中用到但最终需去除的溶剂也应列出。

表 5-4 批处方组成

成　分	用　量	过量加入	执行标准
工艺中使用到并最终去除的溶剂			

3.2.P.3.3 生产工艺和工艺控制

(1)工艺流程图:以单元操作为依据,提供完整、直观、简洁的工艺流程图,其中应涵盖工艺步骤,各物料的加入顺序,指出关键步骤以及进行中间体检测的环节。

(2)工艺描述:以注册批为代表,按单元操作过程描述工艺(包括包装步骤),明确操作流程、工艺参数和范围。在描述各单元操作时,应结合不同剂型的特点关注各关键步骤与参数。如大输液品种的原辅料的预处理,直接接触药品的内包装材料等的清洗、灭菌、去热原等;原辅料的投料量(投料比),配液的方式、温度和时间,各环节溶液的 pH 值范围;活性炭的处理、用量,吸附时浓度、温度、搅拌或混合方式、速度和时间;初滤及精滤的滤材种类和孔径、过滤方式、滤液的温度与流速;中间体质控的检测项目及限度,药液允许的放置时间;灌装时药液的流速,压塞的压力;灭菌温度、灭菌时间和目标 F0 值。

生产工艺表述的详略程度应能使本专业的技术人员根据申报的生产工艺可以完整地重复生产过程,并制得符合标准的产品。

(3)主要的生产设备:如输液制剂生产中的灭菌柜型号、生产厂、关键技术参数;轧盖机类型、生产厂、关键技术参数;过滤器的种类和孔径;配液、灌装容器规格等。

(4)拟定的大生产规模:如对于口服制剂而言,大生产规模不得超过注册批生产规模的 10 倍。

3.2.P.3.4 关键步骤和中间体的控制

列出所有关键步骤及其工艺参数控制范围。提供研究结果支持关键步骤确定的合理性以及工艺参数控制范围的合理性。

列出中间体的质量控制标准,包括项目、方法和限度,并提供必要的方法学验证资料。

3.2.P.3.5 工艺验证和评价

对无菌制剂和采用特殊工艺的制剂提供工艺验证资料,包括工艺验证方案和验证报告,工艺必须在预定的参数范围内进行。工艺验证内容包括批号、批量、设备的选择和评估、工艺条件/工艺参数及工艺参数的可接受范围、分析方法、抽样方法及计划、工艺步骤的评估、可能影响产品质量的工艺步骤及可接受的操作范围等。研究中可采取挑战试验(参数接近可接受限度)验证工艺的可行性。

其余制剂可提交上述资料,也可在申报时仅提供工艺验证方案和批生产记录样稿,但应同时提交上市后对前三批商业生产批进行验证的承诺书。

验证方案、验证报告、批生产纪录等应有编号及版本号,且由合适人员(如 QA、QC、质量及生产负责人等)签署。

3.2.P.4 原辅料的控制

提供原辅料的来源、相关证明文件以及执行标准,如表5-5所示。

表 5-5 原辅料的控制

成　　分	生　产　商	批　准　文　号	执　行　标　准

成　　分	生　产　商	批准文号	执行标准
工艺过程中溶剂的使用与去除			

　　如所用原辅料系在已上市原辅料基础上根据制剂给药途径的需要精制而得,如精制为注射给药途径用,需提供精制工艺选择依据、详细的精制工艺及其验证资料、精制前后的质量对比研究资料、精制产品的注射用内控标准及其起草依据。

　　如制剂生产商对原料药、辅料制定了内控标准,应分别提供制剂生产商的内控标准以及原料药/辅料生产商的质量标准。

　　提供原料药、辅料生产商的检验报告以及制剂生产商对所用原料药、辅料的检验报告。

　　3.2.P.5　制剂的质量控制

　　3.2.P.5.1　质量标准

　　按表格方式提供质量标准,如表 5-6 所示。如具有放行标准和货架期标准,应分别进行说明。

表 5-6　质量标准

检查项目	方法(列明方法编号)	放行标准限度	货架期标准限度
性状			
鉴别			
降解产物			
溶出度			
含量均匀度/装量差异			
残留溶剂			
水分			
粒度分布			
无菌			
细菌内毒素			
其他			
含量			

3.2.P.5.2　分析方法

列明质量标准中各项目的检查方法。

3.2.P.5.3　分析方法的验证

按照《化学药物质量控制分析方法验证技术指导原则》《化学药物质量标准建立的规范化过程技术指导原则》《化学药物杂质研究技术指导原则》《化学药物残留溶剂研究的技术指导原则》以及现行版《中华人民共和国药典》附录中有关的指导原则提供方法学验证资料,逐项提供,以表格形式整理验证结果,并提供相关验证数据和图谱。示例如表 5-7 所示。

表 5-7　有关物质方法学验证结果

项　　目	验　证　结　果
专属性	辅料干扰情况;已知杂质分离;难分离物质分离度试验;强制降解试验;……
线性和范围	针对已知杂质进行
定量限、检测限	
准确度	针对已知杂质进行
精密度	重复性、中间精密度、重现性等
溶液稳定性	
耐用性	色谱系统耐用性、萃取(提取)稳健性

3.2.P.5.4　批检验报告

提供不少于连续三批产品的检验报告。

3.2.P.5.5　杂质分析

以列表的方式列明产品中可能含有的杂质,分析杂质的产生来源,结合相关指导原则要求,对于已知杂质给出化学结构并提供结构确证资料,并提供控制限度。可以表格形式整理,示例如表 5-8 所示。

表 5-8　杂质情况分析

杂 质 名 称	杂 质 结 构	杂 质 来 源	杂质控制限度	是否定入质量标准

对于最终质量标准中是否进行控制以及控制的限度,应提供依据。

3.2.P.5.6　质量标准制定依据

说明各项目设定的考虑,总结分析各检查方法选择以及限度确定的依据。

3.2.P.6　对照品

在药品研制过程中,如果使用了药典对照品,则应说明来源并提供说明书和批号。

在药品研制过程中,如果使用了自制对照品,则应提供详细的含量和纯度标定过程。

3.2.P.7 稳定性

3.2.P.7.1 稳定性总结

总结所进行的稳定性研究的样品情况、考察条件、考察指标和考察结果,并提出贮藏条件和有效期。示例如下:

(1)试验样品如表5-9所示。

表 5-9 试验样品

批　　号			
规　　格			
原料药来源及批号			
生产日期			
生产地点			
批　　量[1]			
内包装材料			

注1:稳定性研究需采用中试或者中试以上规模的样品进行研究。

(2)研究内容。

常规稳定性考察结果如表5-10所示。

表 5-10 常规稳定性考察结果

项目		放置条件	考察时间	考察项目	分析方法及其验证
影响因素试验	高温				
	高湿				
	光照				
	其他				
	结论				
加速试验					
中间条件试验					
长期试验					
其他试验					
结论					

填表说明:

①影响因素试验中,尚需将样品对光、湿、热之外的酸、碱、氧化和金属离子等因素的敏感

程度进行概述,可根据分析方法研究中获得的相关信息,从产品稳定性角度,在影响因素试验的"其他"项下简述;影响因素试验的"结论"项中需概述样品对光照、温度、湿度等哪些因素比较敏感,哪些因素较为稳定,作为评价贮藏条件合理性的依据之一。

②稳定性研究内容包括影响因素试验、加速试验和长期试验,根据加速试验的结果,必要时应当增加中间条件试验。建议长期试验同时采用 30 ℃±2 ℃/RH 65%±5% 的条件进行,如长期试验采用 30 ℃±2 ℃/RH 65%±5% 的条件,则可不再进行中间条件试验。提交申报资料时至少需包括 6 个月的加速试验和 6 个月的长期试验数据,样品的有效期和贮藏条件将根据长期稳定性研究的情况最终确定。

"其他试验"是指根据样品具体特点而进行的相关稳定性研究,如液体挥发油类原料药进行的低温试验,注射剂进行的容器密封性试验。

③"分析方法及其验证"项需说明采用的方法是否为已验证并列入质量标准的方法。如所用方法和质量标准中所列方法不同,或质量标准中未包括该项目,应在表 5-10 中明确方法验证资料在申报资料中的位置。

使用中产品稳定性研究结果如表 5-11 所示。

表 5-11　使用中产品稳定性研究结果

项　　　目	放置条件	考察时间	考察项目	分析方法及其验证	研究结果
配伍稳定性					
多剂量包装产品开启后稳定性					
制剂与用药器具的相容性试验					
其他试验					

(3)研究结论如表 5-12 所示。

表 5-12　研究结论

内包材	
贮藏条件	
有效期	
对说明书中相关内容的提示	

3.2.P.7.2　上市后的稳定性研究方案及承诺

应承诺对上市后生产的前 3 批产品进行长期留样稳定性考察,并对每年生产的至少 1 批产品进行长期留样稳定性考察,如有异常情况应及时通知管理机构。

提供后续稳定性研究方案。

3.2.P.7.3　稳定性数据

以表格形式提供稳定性研究的具体结果,并将稳定性研究中的相关图谱作为附件。

(1)影响因素试验如表 5-13 所示。

表 5-13 影响因素试验

批号:(一批样品)   批量: 规格:

考察项目	限度要求	光照试验 4500 lx(天)			高温试验 60 ℃(天)			高湿试验 RH 90%(天)		
		0	5	10	0	5	10	0	5	10
性状										
单一杂质 A										
单一杂质 B										
总杂质										
含量										
其他项目										

(2)加速试验如表 5-14 所示。

表 5-14 加速试验

批号 1:(三批样品)批量: 规格: 包装: 考察条件:

考察项目	限度要求	时间(月)				
		0	1	2	3	6
性状						
单一杂质 A						
单一杂质 B						
总杂质						
含量						
其他项目						

(3)长期试验如表 5-15 所示。

表 5-15 长期试验

批号 1:(三批样品)批量: 规格: 包装: 考察条件:

考察项目	限度要求 (低/高)	时间(月)							
		0	3	6	9	12	18	24	36
性状									
单一杂质 A									
单一杂质 B									

续表

考察项目	限度要求	时间（月）					
总杂质							
含量							
其他项目							

附：

色谱数据和图谱提交要求

药品注册申报资料所附的色谱数据和图谱的纸面文件可参照国家食品药品监督管理局药品审评中心发布的《药品研究色谱数据工作站及色谱数据管理要求（一）》的相关内容准备，建议对每项申报资料所附图谱前建立交叉索引表，说明图谱编号、申报资料中所在页码、图谱的试验内容。

用于准备药品注册申报资料的色谱数据的纸面文件应采用色谱数据工作站自动形成的输出文件形式，内容应包括如下相关信息：

（1）标明使用的色谱数据工作站，并保留色谱数据工作站固有的色谱图谱头信息，包括实验者、试验内容、进样时间、运行时间等，进样时间（injection time）精确到秒，对于软件本身使用"acquired time""作样时间""试验时间"等含糊表述的，需说明是否就是进样时间。

（2）应带有存盘路径的数据文件名。这是原始性、追溯性的关键信息，文件夹和文件名的命名应合理、规范和便于图谱的整理查阅。

（3）色谱峰参数应有保留时间（保留到小数点后 3 位）、峰高、峰面积、定量结果、积分标记线、理论板数等。

申报资料的色谱数据的纸面文件还应包括色谱数据的审计追踪信息（如色谱数据的修改删除记录及原因）。

说明：对于选用 CTD 格式提交申报资料的申请人，应按照本要求整理、提交药学部分的研究资料和图谱。申报资料的格式、目录及项目编号不能改变。即使对应项目无相关信息或研究资料，项目编号和名称也应保留，可在项下注明"无相关研究内容"或"不适用"。对于以附件形式提交的资料，应在相应项下注明"参见附件（注明申报资料中的页码）"。

五、参考文献

［1］ 国家食品药品监督管理局. 化学药药学资料 CTD 格式电子文档标准（试行）［S］. 2011-6-11.

［2］ 化学仿制药电子通用技术文档申报指导原则（征求意见稿），国家食品药品监督管理总局，2017 年 10 月 17 日.

［3］ 药品电子通用技术文档结构（征求意见稿），国家食品药品监督管理总局，2017 年 10 月 17 日.

［4］ Food and Drug Administration. M4 Organization of the Common Technical Document for the Registration of Pharmaceuticals for Human Use Guidance for Industry［EB/

OL]. 2017. 10. https：//www. fda. gov/regulatory-information/search-fda-guidance-documents/m4-organization-common-technical-document-registration-pharmaceuticals-human-use-guidance-industry.

[5] European Medicines Agency. ICH M4Q Common technical document for the registration of pharmaceuticals for human use - quality [EB/OL]. 2003. 6. https：//www. ema. europa. eu/en/ich-m4q-common-technical-document-registration-pharmaceuticals-human-use-quality.

[6] European Medicines Agency. ICH M4S Common technical document for the registration of pharmaceuticals for human use - safety [EB/OL]. 2003. 7. https：//www. ema. europa. eu/en/ich-m4s-common-technical-document-registration-pharmaceuticals-human-use-safety.

[7] Food and Drug Administration. M4E（R2）：The CTD - Efficacy [EB/OL]. 2017. 7. https：//www. fda. gov/regulatory-information/search-fda-guidance-documents/m4er2-ctd-efficacy.

第六章　化学药品注册分类及申报资料要求

一、化学药品注册分类

化学药品注册分类分为创新药、改良型新药、仿制药、境外已上市境内未上市化学药品,分为以下 5 个类别。

1 类:境内外均未上市的创新药,指含有新的结构明确的、具有药理作用的化合物,且具有临床价值的药品。

2 类:境内外均未上市的改良型新药,指在已知活性成分的基础上,对其结构、剂型、处方工艺、给药途径、适应证等进行优化,且具有明显临床优势的药品。

含有用拆分或者合成等方法制得的已知活性成分的光学异构体,或者对已知活性成分成酯,或者对已知活性成分成盐(包括含有氢键或配位键的盐),或者改变已知盐类活性成分的酸根、碱基或金属元素,或者形成其他非共价键衍生物(如络合物、螯合物或包合物),且具有明显临床优势的药品。

含有已知活性成分的新剂型(包括新的给药系统)、新处方工艺、新给药途径,且具有明显临床优势的药品。

含有已知活性成分的新复方制剂,且具有明显临床优势。

含有已知活性成分的新适应证的药品。

3 类:境内申请人仿制境外上市但境内未上市原研药品的药品。该类药品应与参比制剂的质量和疗效一致。

4 类:境内申请人仿制已在境内上市原研药品的药品。该类药品应与参比制剂的质量和疗效一致。

5 类:境外上市的药品申请在境内上市。

境外上市的原研药品和改良型药品申请在境内上市。改良型药品应具有明显临床优势。

境外上市的仿制药申请在境内上市。

原研药品是指境内外首个获准上市,且具有完整和充分的安全性、有效性数据作为上市依据的药品。

参比制剂是指经国家药品监管部门评估确认的仿制药研制使用的对照药品。参比制剂的遴选与公布按照国家药品监管部门相关规定执行。

二、相关注册管理要求

(1)化学药品 1 类为创新药,应含有新的结构明确的、具有药理作用的化合物,且具有临床价值,不包括改良型新药中 2.1 类的药品。含有新的结构明确的、具有药理作用的化合物的新复方制剂,应按照化学药品 1 类申报。

(2)化学药品 2 类为改良型新药,在已知活性成分基础上进行优化,应比改良前具有明显的临床优势。已知活性成分指境内或境外已上市药品的活性成分。该类药品同时符合多个情形要求的,须在申报时一并予以说明。

(3)化学药品 3 类为境内生产的仿制境外已上市境内未上市原研药品的药品,具有与参比制剂相同的活性成分、剂型、规格、适应证、给药途径和用法用量,并证明质量和疗效与参比制剂一致。

有充分研究数据证明合理性的情况下,规格和用法用量可以与参比制剂不一致。

(4)化学药品 4 类为境内生产的仿制境内已上市原研药品的药品,具有与参比制剂相同的活性成分、剂型、规格、适应证、给药途径和用法用量,并证明质量和疗效与参比制剂一致。

(5)化学药品 5 类为境外上市的药品申请在境内上市,包括境内外生产的药品。其中化学药品 5.1 类为原研药品和改良型药品,改良型药品在已知活性成分基础上进行优化,应比改良前具有明显临床优势;化学药品 5.2 类为仿制药,应证明与参比制剂质量和疗效一致,技术要求与化学药品 3 类、4 类相同。境内外同步研发的境外生产仿制药,应按照化学药品 5.2 类申报,如申报临床试验,不要求提供允许药品上市销售证明文件。

(6)已上市药品增加境外已批准境内未批准的适应证按照药物临床试验和上市许可申请通道进行申报。

(7)药品上市申请审评、审批期间,药品注册分类和技术要求不因相同活性成分的制剂在境内外获准上市而发生变化。药品注册分类在提出上市申请时确定。

三、申报资料要求

(1)申请人提出药物临床试验、药品上市注册及化学原料药申请,应按照国家药品监管部门公布的相关技术指导原则的有关要求开展研究,并按照现行版《M4:人用药物注册申请通用技术文档(CTD)》(以下简称 CTD)格式编号及项目顺序整理并提交申报资料。不适用的项目可合理缺项,但应标明不适用并说明理由。

(2)申请人在完成临床试验提出药品上市注册申请时,应在 CTD 基础上提交电子临床试验数据库。数据库格式以及相关文件等具体要求见临床试验数据递交相关指导原则。

(3)国家药品监督管理局药审中心将根据药品审评工作需要,结合 ICH 技术指导原则修订情况,及时更新 CTD 文件并在中心网站发布。

第七章　生物制品注册分类及申报资料要求

生物制品是指以微生物、细胞、动物或人源组织和体液等为起始原材料,用生物学技术制成,用于预防、治疗和诊断人类疾病的制剂。为规范生物制品注册申报和管理,将生物制品分为预防用生物制品、治疗用生物制品和按照生物制品管理的体外诊断试剂。

预防用生物制品是指为预防、控制疾病的发生、流行,用于人体免疫接种的疫苗类生物制品,包括免疫规划疫苗和非免疫规划疫苗。

治疗用生物制品是指用于人类疾病治疗的生物制品,如采用不同表达系统的工程细胞(如细菌、酵母、昆虫、植物和哺乳动物细胞)所制备的蛋白质、多肽及其衍生物;细胞治疗和基因治疗产品;变态反应原制品;微生态制品;人或动物组织和体液提取或者通过发酵制备的具有生物活性的制品等。生物制品类体内诊断试剂按照治疗用生物制品管理。

按照生物制品管理的体外诊断试剂包括用于血源筛查的体外诊断试剂、采用放射性核素标记的体外诊断试剂等。

药品注册分类在提出上市申请时确定,审评过程中不因其他药品在境内外上市而变更。

第一部分　预防用生物制品

一、注册分类

1类:创新型疫苗,是指境内外均未上市的疫苗。

(1)无有效预防手段疾病的疫苗。

(2)在已上市疫苗基础上开发的新抗原形式,如新基因重组疫苗、新核酸疫苗、已上市多糖疫苗基础上制备的新的结合疫苗等。

(3)含新佐剂或新佐剂系统的疫苗。

(4)含新抗原或新抗原形式的多联/多价疫苗。

2类:改良型疫苗是指对境内或境外已上市疫苗产品进行改良,使新产品的安全性、有效性、质量可控性有所改进,且具有明显优势的疫苗。

(1)在境内或境外已上市产品基础上改变抗原谱或型别,且具有明显临床优势的疫苗。

(2)具有重大技术改进的疫苗,包括对疫苗菌毒种/细胞基质/生产工艺/剂型等的改进(如更换为其他表达体系或细胞基质的疫苗;更换菌毒株或对已上市菌毒株进行改造;对已上市细胞基质或目的基因进行改造;非纯化疫苗改进为纯化疫苗;全细胞疫苗改进为组分疫苗等)。

(3)已有同类产品上市的疫苗组成的新的多联/多价疫苗。

(4)改变给药途径,且具有明显临床优势的疫苗。

(5)改变免疫剂量或免疫程序,且新免疫剂量或免疫程序具有明显临床优势的疫苗。

(6)改变适用人群的疫苗。

3 类:境内或境外已上市的疫苗。

(1)境外生产的境外已上市、境内未上市的疫苗申报上市。

(2)境外已上市、境内未上市的疫苗申报在境内生产上市。

(3)境内已上市疫苗。

二、申报资料要求

证明性文件参考相关受理审查指南。

对疫苗临床试验申请及上市注册申请,申请人应当按照《M4:人用药物注册申请通用技术文档(CTD)》(以下简称 CTD)撰写申报资料。区域性信息 3.2.R 要求见附件。

申报资料具体内容除应符合 CTD 格式要求外,还应符合不断更新的相关法规及技术指导原则的要求。根据药品的研发规律,在申报的不同阶段,药学研究包括工艺和质控是逐步递进和完善的过程。不同生物制品也各有其药学特点。如果申请人认为不必提交申报资料要求的某项或某些研究,则应标明不适用,并提出充分依据。

ICH M4 中对生物制品的要求主要针对基因工程重组产品,根据疫苗研究的特点,还需要考虑以下几方面。

1. 药学方面

(1)不同种类疫苗药学资料的考虑。

在 ICH M4 基本框架的基础上,应根据疫苗特点提交生产用菌(毒)种、工艺开发、工艺描述、质量特性研究等资料。

(2)种子批及细胞基质的考虑。

对于涉及病毒毒种的疫苗申报资料,应在 3.2.S.2.3 部分提交生产用毒种资料。

在 3.2.S.2.3 提供生产用菌(毒)种种子批和生产用细胞基质种子批时,需提供中检院或相关药品监管机构认可的第三方检定机构复核检定报告。

(3)佐剂。

佐剂相关研究资料提交以下两个部分:在 3.2.P 提交佐剂的概述;在 3.2.A.3 提交完整的药学研究信息,包括原材料、工艺、质量属性、检测方法、稳定性等。

(4)外源因子安全性评价。

应按照相关技术指南进行外源因子安全性系统分析。整体上,传统疫苗参照疫苗相关要求,重组疫苗可参照重组治疗用生物制品相关要求。

目标病毒灭活验证资料在"3.2.S.2.5 工艺验证"部分提交。

非目标病毒的去除/灭活验证研究在"3.2.A.2 外源因子安全性评价"部分提交。

（5）多联/多价疫苗。

对于多价疫苗，根据各型组分生产工艺和质量控制的差异情况考虑申报资料的组织方式，如果较为相似，可在同一 3.2.S 章节中描述，如果差异较大，可分别提交单独的 3.2.S 章节。

当产品含有多种组分时（如联合疫苗，或附带稀释剂），可为每个组分分别提供一个完整的原液和/或制剂章节。

2. 非临床研究方面

（1）佐剂。

对于佐剂，如有药代、毒理学研究，按照 ICH M4 基本框架在相应部分提交；使用佐剂类型、添加佐剂必要性及佐剂/抗原配比合理性、佐剂机制等研究内容在"4.2.1.1 主要药效学"部分提交。

（2）多联/多价疫苗。

多联/多价疫苗抗原配比合理性、多价疫苗抗体交叉保护活性研究内容在"4.2.1.1 主要药效学"部分提交。

（3）其他。

除常规安全性研究外，其他安全性研究可在"4.2.3.7 其他毒性研究"部分提交。

3. 临床试验方面

"试验用药物检验报告书及试验用药物试制记录（包括安慰剂）"应归入"E3:9.4.2 研究性产品的标识"，具体资料在"16.附录"的"16.1.6 如使用 1 批以上药物，接受特定批次试验药品/研究性产品的患者列表"中提交。

申请人在完成临床试验提出药品上市注册申请时，应在 CTD 基础上以光盘形式提交临床试验数据库。数据库格式及相关文件等具体要求见临床试验数据递交相关指导原则。

境外申请人申请在境内开展未成年人用疫苗临床试验的，应至少取得境外含目标人群的 I 期临床试验数据。为应对重大突发公共卫生事件急需的疫苗或者国务院卫生健康主管部门认定急需的疫苗除外。

第二部分 治疗用生物制品

一、注册分类

1 类：创新型生物制品是指境内外均未上市的治疗用生物制品。

2 类：改良型生物制品是指对境内或境外已上市制品进行改良，使新产品的安全性、有效性、质量可控性有改进，且具有明显优势的治疗用生物制品。

（1）在已上市制品基础上，对其剂型、给药途径等进行优化，且具有明显临床优势的生物制品。

（2）增加境内外均未获批的新适应证和/或改变用药人群。

（3）已有同类制品上市的生物制品组成新的复方制品。

（4）在已上市制品基础上，具有重大技术改进的生物制品，如重组技术替代生物组织提取技术;较已上市制品改变氨基酸位点或表达系统、宿主细胞后具有明显临床优势等。

3 类:境内或境外已上市生物制品。

(1)境外生产的境外已上市、境内未上市的生物制品申报上市。

(2)境外已上市、境内未上市的生物制品申报在境内生产上市。

(3)生物类似药。

(4)其他生物制品。

二、申报资料要求

(1)对于治疗用生物制品临床试验申请及上市注册申请,申请人应当按照《M4:人用药物注册申请通用技术文档(CTD)》(以下简称 CTD)撰写申报资料。区域性信息 3.2.R 要求见附件。

(2)申报资料具体内容除应符合 CTD 格式要求外,还应符合不断更新的相关法规及技术指导原则的要求。根据药品的研发规律,在申报的不同阶段,药学研究包括工艺和质控是逐步递进和完善的过程。不同生物制品也各有其药学特点。如果申请人认为不必提交申报资料要求的某项或某些研究,则应标明不适用,并提出充分依据。

(3)对于生物类似药,质量相似性评价部分的内容可在"3.2.R.6 其他文件"中提交。

(4)对于抗体药物偶联物或修饰类制品,小分子药物药学研究资料可按照 CTD 格式和内容的要求单独提交整套研究资料,也可在"3.2.S.2.3 物料控制"中提交所有的药学研究资料。

(5)对于复方制品或多组分产品,可为每个组分分别提交一个完整的原液和/或制剂章节。

(6)对于细胞和基因治疗产品,可根据产品特点,在原液和/或制剂相应部分提交药学研究资料,对于不适用的项目,可注明"不适用"。例如,关键原材料中的质粒和病毒载体的药学研究资料,可参照 CTD 格式和内容的要求在"3.2.S.2.3 物料控制"部分提交完整的药学研究资料。

(7)申请人在完成临床试验提出药品上市注册申请时,应在 CTD 基础上以光盘形式提交临床试验数据库。数据库格式及相关文件等具体要求见临床试验数据递交相关指导原则。

(8)按规定免做临床试验的肌肉注射的普通或者特异性人免疫球蛋白、人血白蛋白等,可以直接提出上市申请。

(9)生物制品类体内诊断试剂按照 CTD 撰写申报资料。

第三部分　按生物制品管理的体外诊断试剂

一、注册分类

1 类:创新型体外诊断试剂。

2 类:境内外已上市的体外诊断试剂。

二、申报资料要求

体外诊断试剂可以直接提出上市申请。

(一)概要

(1)产品名称。

(2)证明性文件。

(3)专利情况及其权属状态说明。

(4)立题目的与依据。

(5)自评估报告。

(6)产品说明书及起草说明。

(7)包装、标签设计样稿。

(8)药品通用名称核定申请材料(如适用)。

(二)主要研究信息汇总表

(9)产品基本信息。

(10)分析性能信息汇总。

(11)临床试验信息汇总。

(三)研究资料

(12)主要原材料的研究资料。

(13)主要工艺过程及试验方法的研究资料。

(14)参考值(范围)确定资料。

(15)分析性能评估资料。

(16)稳定性研究资料。

(17)制造和检定记录,生产工艺(即制造及检定规程)。

(18)临床试验资料。

三、申报资料项目说明

(一)概要部分

(1)产品名称:可同时包括通用名称、商品名称和英文名称。通用名称应当符合《中华人民共和国药典》等有关的命名原则。

(2)证明性文件:按照《体外诊断试剂受理审查指南要求》提交证明文件。

(3)专利情况及其权属状态说明,以及对他人的专利不构成侵权的声明。

(4)立题目的与依据:包括国内外有关该品研发、生产、使用情况及相关文献资料。

(5)自评估报告。

①产品的预期用途:产品的预期用途,以及与预期用途相关的临床适应证背景情况,如临床适应证的发生率、易感人群等,相关的临床或实验室诊断方法等。

②产品描述:产品名称、包装规格、所采用的方法、检测所用仪器等;产品主要研究结果的总结和评价。

③有关生物安全性方面的说明:由于体外诊断试剂中的主要原材料可能是由各种动物、病原体、人源的组织、体液或放射性同位素等材料经处理或添加某些物质制备而成,为保证产品在运输、使用过程中使用者和环境的安全,研究者应对上述原材料所采用的保护性措施进行说明。

④其他:包括同类产品在国内外批准上市的情况。相关产品所采用的技术方法及临床应用情况,申请注册产品与国内外同类产品的异同等。对于创新型诊断试剂产品,需提供被测物与预期适用的临床适应证之间关系的文献资料。申请人应建立科学委员会,对品种研发过程及结果等进行全面审核,保障数据的科学性、完整性和真实性。申请人应一并提交对研究资料的自查报告。

(6)产品说明书及起草说明:产品说明书应当符合有关要求并参考有关技术指导原则编写。

(7)包装、标签设计样稿:产品外包装上的标签应当包括通用名称、上市许可持有人、生产企业名称、产品批号、注意事项等。可同时标注产品的通用名称、商品名称和英文名。

对于体外诊断试剂产品中的各种组分如校准品、质控品、清洗液等,其包装、标签上应当标注该组分的中文名称和批号。如果同批号产品、不同批号的各种组分不能替换,则既要注明产品批号,也应注明各种组分的批号。

(8)药品通用名称核定申请材料(如适用)。

(二)主要研究信息汇总

(9)产品基本信息:申请人、上市许可持有人、生产地址、包装地址等;试验方法、检测所用仪器等。

(10)分析性能信息汇总:主要分析性能指标包括最低检出限、分析特异性、检测范围、测定准确性(定量测定产品)、批内精密性、批间精密性、保存条件及有效期等。

(11)临床试验信息汇总:包括临床试验机构、临床研究方案、总样本数、各临床单位临床研究样本数、样本信息、临床研究结果,采用的其他试验方法或其他诊断试剂产品的基本信息等。

(三)研究资料

(12)主要原材料的研究资料。

①放射性核素标记产品:固相载体、抗原、抗体、放射性核素、质控品、标准品(校准品)及企业参考品等。应提供来源、制备及其质量控制方面的研究资料。对于质控品、标准品(校准品)、企业参考品,还应提供定值或溯源的研究资料等。

②基于免疫学方法产品:固相载体、显色系统、抗原、抗体、质控品及企业参考品等,应提供来源、制备及其质量控制方面的研究资料。对于质控品、标准品(校准品)、企业参考品,还应提

供定值或溯源的研究资料等。

③病原微生物核酸检测试剂盒：引物、探针、酶、dNTP、核酸提取分离/纯化系统、显色系统、质控品、内标及企业参考品等。应提供来源、制备及质量控制等的研究资料。对于质控品、内标、企业参考品还应提供定值或溯源的试验资料等。

（13）主要工艺过程及试验方法的研究资料。

①放射性核素标记产品：包括固相载体的包被、放射性核素的标记、样本采集及处理、反应体系的建立、质控方法的研究等。

②基于免疫学方法产品：包括固相载体的包被、显色系统、样本采集及处理、反应体系的建立、质控方法的研究等。

③病原微生物核酸检测试剂盒：包括样本处理、样本用量、试剂用量、核酸分离/纯化工艺、反应体系的建立、质控方法的研究，对于不同适用机型试验方法的研究。

（14）参考值（范围）确定资料：对阴性样本、最低检出限样本等进行测定，对测定结果进行统计分析后确定参考值（范围），说明把握度及可信区间。

（15）分析性能评估资料。

①包括最低检出限、分析特异性（包括抗凝剂的选择、内源性干扰物质的干扰、相关疾病样本的干扰）、检测范围、测定准确性、批内精密性、批间精密性、与已批准注册产品的对比研究等项目。对于病原微生物核酸检测产品还应考虑对国内主要亚型或基因型样本的测定。对于最低检出限，应说明把握度及可信区间。

②应当采用多批产品进行上述等项目的性能评估。通过对多批产品性能评估结果进行统计分析拟定产品标准，以有效地控制产品生产工艺及产品质量的稳定。

③注册申请中包括不同的包装规格，或该产品适用不同机型，则需要采用每个包装规格产品，或在不同机型上进行上述项目评估的试验资料。若不同包装规格仅在装量上不同，则不需要提供上述项目的评估资料。

④对于病原微生物核酸检测产品，如采用混合样本进行检测，应对单份测定样本和混合测定样本分别进行分析性能的评估。

⑤说明质量标准及其确定依据。

（16）稳定性研究资料：包括至少三批样品在实际储存条件下和开瓶状态下，保存至有效期后的稳定性研究资料，必要时应当提供加速破坏性试验资料。

（17）制造和检定记录，制造及检定规程。

至少连续三批产品生产及自检记录的复印件。

制造及检定规程参考现行版《中华人民共和国药典》。

（18）临床试验资料。

①至少在3家境内临床机构完成临床试验，提供临床试验协议及临床试验方案。

②提供完整的临床试验报告。

③临床试验的详细资料，包括所有临床样本的试验资料，采用的其他试验方法或其他诊断试剂产品的基本信息，如试验方法、诊断试剂产品来源、产品说明书及注册批准情况等。

④临床研究总样本数。

放射性核素标记产品：至少为500例。

基于免疫学方法产品：至少为 10000 例。

病原微生物核酸检测产品：至少为 10 万例。

⑤在采用已上市产品进行对比研究时，对与测定结果不符的样本需采用第三方产品进一步确认。

⑥对于病原微生物核酸检测产品：如采用混合样本进行检测，应分别对单份样本检测和混样检测的结果进行统计分析。

⑦境外申请人应提供在境外完成的临床试验资料、境外临床使用情况的总结报告和在中国境内完成的临床试验资料。

附件

M4：人用药物注册申请通用

技术文档（CTD）区域性信息

3.2.R　区域性信息

3.2.R.1　工艺验证

提供工艺验证方案和报告。

3.2.R.2　批记录

临床试验申请时，提供代表临床试验用样品工艺的批生产、检验记录；

上市申请时，提供关键临床代表性批次和至少连续三批拟上市规模验证批的批生产、检验记录；

提供上述批次的检验报告。

3.2.R.3　分析方法验证报告

提供分析方法验证报告，包含典型图谱。

3.2.R.4　稳定性图谱

提供稳定性研究的典型图谱。

3.2.R.5　可比性方案（如适用）

3.2.R.6　其他

第八章 中药注册分类及申报资料要求

一、中药注册分类

中药是指在我国中医药理论指导下使用的药用物质及其制剂。

1. 中药创新药

中药创新药是指处方未在国家药品标准、药品注册标准及国家中医药主管部门发布的《古代经典名方目录》中收载,具有临床价值,且未在境外上市的中药新处方制剂。一般包含以下情形:

(1)中药复方制剂,系指由多味饮片、提取物等在中医药理论指导下组方而成的制剂。

(2)从单一植物、动物、矿物等物质中提取得到的提取物及其制剂。

(3)新药材及其制剂,即未被国家药品标准、药品注册标准以及省、自治区、直辖市药材标准收载的药材及其制剂,以及具有上述标准药材的原动、植物新的药用部位及其制剂。

2. 中药改良型新药

中药改良型新药是指改变已上市中药的给药途径、剂型,且具有临床应用优势和特点,或增加功能主治等的制剂。一般包含以下情形:

(1)改变已上市中药给药途径的制剂,即不同给药途径或不同吸收部位之间相互改变的制剂。

(2)改变已上市中药剂型的制剂,即在给药途径不变的情况下改变剂型的制剂。

(3)中药增加功能主治。

(4)已上市中药生产工艺或辅料等改变引起药用物质基础或药物吸收、利用明显改变的。

3. 古代经典名方中药复方制剂

古代经典名方是指符合《中华人民共和国中医药法》规定的,至今仍广泛应用、疗效确切、具有明显特色与优势的古代中医典籍所记载的方剂。古代经典名方中药复方制剂是指来源于古代经典名方的中药复方制剂。包含以下情形:

(1)按《古代经典名方目录》管理的中药复方制剂。

(2)其他来源于古代经典名方的中药复方制剂。包括未按古代经典名方目录管理的古代经典名方中药复方制剂和基于古代经典名方加减化裁的中药复方制剂。

4. 同名同方药

同名同方药是指通用名称、处方、剂型、功能主治、用法及日用饮片量与已上市中药相同,且在安全性、有效性、质量可控性方面不低于该已上市中药的制剂。

天然药物是指在现代医药理论指导下使用的天然药用物质及其制剂。天然药物参照中药注册分类。

其他情形，主要指境外已上市境内未上市的中药、天然药物制剂。

二、中药注册申报资料要求

本申报资料项目及要求适用于中药创新药、改良型新药、古代经典名方中药复方制剂以及同名同方药。申请人需要基于不同注册分类、不同申报阶段以及中药注册受理审查指南的要求提供相应资料。申报资料应按照项目编号提供，对应项目无相关信息或研究资料，项目编号和名称也应保留，可在项下注明"无相关研究内容"或"不适用"。如果申请人要求减免资料，应当充分说明理由。申报资料的撰写还应参考相关法规、技术要求及技术指导原则的相关规定。境外生产药品提供的境外药品管理机构证明文件及全部技术资料应当是中文翻译文本并附原文。

天然药物制剂申报资料项目按照本文件要求，技术要求按照天然药物研究技术要求。天然药物的用途以适应证表述。

境外已上市境内未上市的中药、天然药物制剂参照中药创新药提供相关研究资料。

（一）行政文件和药品信息

1.0 说明函（详见附：说明函）
主要对于本次申请关键信息的概括与说明。
1.1 目录
按照不同章节分别提交申报资料目录。
1.2 申请表
主要包括产品名称、剂型、规格、注册类别、申请事项等产品基本信息。
1.3 产品信息相关材料
1.3.1 说明书
1.3.1.1 研究药物说明书及修订说明（适用于临床试验申请）
1.3.1.2 上市药品说明书及修订说明（适用于上市许可申请）
应按照有关规定起草药品说明书样稿，撰写说明书各项内容的起草说明，并提供有关安全性和有效性等方面的最新文献。

境外已上市药品尚需提供境外上市国家或地区药品管理机构核准的原文说明书，并附中文译文。

1.3.2 包装标签
1.3.2.1 研究药物包装标签（适用于临床试验申请）
1.3.2.2 上市药品包装标签（适用于上市许可申请）
境外已上市药品尚需提供境外上市国家或地区使用的包装标签实样。
1.3.3 产品质量标准和生产工艺

产品质量标准参照《中华人民共和国药典》格式和内容撰写。

生产工艺资料(适用于上市许可申请)参照相关格式和内容撰写要求撰写。

1.3.4 古代经典名方关键信息

古代经典名方中药复方制剂应提供古代经典名方的处方、药材基原、药用部位、炮制方法、剂量、用法用量、功能主治等关键信息。按《古代经典名方目录》管理的中药复方制剂应与国家发布的相关信息一致。

1.3.5 药品通用名称核准申请材料

未列入国家药品标准或者药品注册标准的,申请上市许可时应提交药品通用名称核准申请材料。

1.3.6 检查相关信息(适用于上市许可申请)

包括药品研制情况信息表、药品生产情况信息表、现场主文件清单、药品注册临床试验研究信息表、临床试验信息表以及检验报告。

1.3.7 产品相关证明性文件

1.3.7.1 药材/饮片、提取物等处方药味,药用辅料及药包材证明文件

药材/饮片、提取物等处方药味来源证明文件。

药用辅料及药包材合法来源证明文件,包括供货协议、发票等(适用于制剂未选用已登记原辅包情形)。

药用辅料及药包材的授权使用书(适用于制剂选用已登记原辅包情形)。

1.3.7.2 专利信息及证明文件

申请的药物或者使用的处方、工艺、用途等专利情况及其权属状态说明,以及对他人的专利不构成侵权的声明,并提供相关证明性资料和文件。

1.3.7.3 特殊药品研制立项批准文件

麻醉药品和精神药品需提供研制立项批复文件复印件。

1.3.7.4 对照药来源证明文件

1.3.7.5 药物临床试验相关证明文件(适用于上市许可申请)

《药物临床试验批件》/临床试验通知书、临床试验用药质量标准及临床试验登记号(内部核查)。

1.3.7.6 研究机构资质证明文件

非临床研究安全性评价机构应提供药品监督管理部门出具的符合《药物非临床研究质量管理规范》(简称 GLP)的批准证明或检查报告等证明性文件。临床研究机构应提供备案证明。

1.3.7.7 允许药品上市销售证明文件(适用于境外已上市的药品)

境外药品管理机构出具的允许药品上市销售证明文件、公证认证文书及中文译文。出口国或地区物种主管当局同意出口的证明。

1.3.8 其他产品信息相关材料

1.4 申请状态(如适用)

1.4.1 既往批准情况

提供该品种相关的历次申请情况说明及批准/未批准证明文件(内部核查)。

1.4.2 申请调整临床试验方案、暂停或者终止临床试验

1.4.3 暂停后申请恢复临床试验

1.4.4 终止后重新申请临床试验

1.4.5 申请撤回尚未批准的药物临床试验申请、上市注册许可申请

1.4.6 申请上市注册审评期间变更仅包括申请人更名、变更注册地址名称等不涉及技术审评内容的变更

1.4.7 申请注销药品注册证书

1.5 加快上市注册程序申请（如适用）

1.5.1 加快上市注册程序申请

包括突破性治疗药物程序、附条件批准程序、优先审评审批程序及特别审批程序

1.5.2 加快上市注册程序终止申请

1.5.3 其他加快注册程序申请

1.6 沟通交流会议（如适用）

1.6.1 会议申请

1.6.2 会议背景资料

1.6.3 会议相关信函、会议纪要以及答复

1.7 临床试验过程管理信息（如适用）

1.7.1 临床试验期间增加功能主治

1.7.2 临床试验方案变更、非临床或者药学的变化或者新发现等可能增加受试者安全性风险的

1.7.3 要求申办者调整临床试验方案、暂停或终止药物临床试验

1.8 药物警戒与风险管理（如适用）

1.8.1 研发期间安全性更新报告及附件

1.8.1.1 研发期间安全性更新报告

1.8.1.2 严重不良反应累计汇总表

1.8.1.3 报告周期内境内死亡受试者列表

1.8.1.4 报告周期内境内因任何不良事件而退出临床试验的受试者列表

1.8.1.5 报告周期内发生的药物临床试验方案变更或者临床方面的新发现、非临床或者药学的变化或者新发现总结表

1.8.1.6 下一报告周期内总体研究计划概要

1.8.2 其他潜在的严重安全性风险信息

1.8.3 风险管理计划

包括药物警戒活动计划和风险最小化措施等。

1.9 上市后研究（如适用）

包括Ⅳ期和有特定研究目的的研究等。

1.10 申请人/生产企业证明性文件

1.10.1 境内生产药品申请人/生产企业资质证明文件

申请人/生产企业机构合法登记证明文件（营业执照等）。申请上市许可时，申请人和生产

企业应当已取得相应的《药品生产许可证》及变更记录页（内部核查）。

申请临床试验的，应提供临床试验用药物在符合药品生产质量管理规范的条件下制备的情况说明。

1.10.2 境外生产药品申请人/生产企业资质证明文件

生产厂和包装厂符合药品生产质量管理规范的证明文件、公证认证文书及中文译文。

申请临床试验的，应提供临床试验用药物在符合药品生产质量管理规范的条件下制备的情况说明。

1.10.3 注册代理机构证明文件

境外申请人指定中国境内的企业法人办理相关药品注册事项的，应当提供委托文书、公证文书及其中文译文，以及注册代理机构的营业执照复印件。

1.11 小微企业证明文件（如适用）

说明：（1）标注"如适用"的文件是申请人按照所申报药品特点、所申报的申请事项并结合药品全生命周期管理要求选择适用的文件提交；（2）标注"内部核查"的文件是指监管部门需要审核的文件，不强制申请人提交；（3）境外生产的药品所提交的境外药品监督管理机构或地区出具的证明文件（包括允许药品上市销售证明文件、GMP 证明文件以及允许药品变更证明文件等）符合世界卫生组织推荐的统一格式原件的，可不经所在国公证机构公证及驻所在国中国使领馆认证。

附：说明函

关于 XX 公司申报的 XX 产品的 XX 申请

1. 简要说明

包括但不限于：产品名称（拟定）、功能主治、用法用量、剂型、规格。

2. 背景信息

简要说明该产品注册分类及依据、申请事项及相关支持性研究。

加快上市注册程序申请（包括突破性治疗药物程序、附条件批准程序、优先审评审批程序及特别审批程序等）及其依据（如适用）。

附加申请事项，如减免临床、非处方药或儿童用药等（如适用）。

3. 其他需特别说明的相关信息

（二）概要

2.1 品种概况

简述药品名称和注册分类，申请阶段。

简述处方、辅料、制成总量、规格、申请的功能主治、拟定用法用量（包括剂量和持续用药时间信息），人日用量（需明确制剂量、饮片量）。

简述立题依据、处方来源、人用经验等。改良型新药应提供原制剂的相关信息（如上市许可持有人、药品批准文号、执行标准等），简述与原制剂在处方、工艺以及质量标准等方面的异同。同名同方药应提供同名同方的已上市中药的相关信息（如上市许可持有人、药品批准文号、执行标准等）以及选择依据，简述与同名同方的已上市中药在处方、工艺以及质量控制等方面的对比情况，并说明是否一致。

申请临床试验时,应简要介绍申请临床试验前沟通交流情况。

申请上市许可时,应简要介绍与国家药品监督管理局药品审评中心的沟通交流情况;说明临床试验批件/临床试验通知书情况,并简述临床试验批件/临床试验通知书中要求完成的研究内容及相关工作完成情况;临床试验期间发生改变的,应说明改变的情况,是否按照有关法规要求进行了申报及批准情况。

申请古代经典名方中药复方制剂,应简述古代经典名方的处方、药材基原、药用部位、炮制方法、剂量、用法用量、功能主治等关键信息。按古代经典名方目录管理的中药复方制剂,应说明与国家发布信息的一致性。

2.2 药学研究资料总结报告

药学研究资料总结报告是申请人对所进行的药学研究结果的总结、分析与评价,各项内容和数据应与相应的药学研究资料保持一致,并基于不同申报阶段撰写相应的药学研究资料总结报告。

2.2.1 药学主要研究结果总结

(1)临床试验期间补充完善的药学研究(适用于上市许可申请)。

简述临床试验期间补充完善的药学研究情况及结果。

(2)处方药味及药材资源评估。

说明处方药味质量标准出处。简述处方药味新建立的质量控制方法及限度。未被国家药品标准、药品注册标准以及省、自治区、直辖市药材标准收载的处方药味,应说明是否按照相关技术要求进行了研究或申报,简述结果。

简述药材资源评估情况。

(3)饮片炮制。

简述饮片炮制方法。申请上市许可时,应明确药物研发各阶段饮片炮制方法的一致性。若有改变,则应说明相关情况。

(4)生产工艺。

简述处方和制法。若为改良型新药或同名同方药,还需简述工艺的变化情况。

简述剂型选择及规格确定的依据。

简述制备工艺路线、工艺参数及确定依据。说明是否建立了中间体的相关质量控制方法,简述检测结果。

申请临床试验时,应简述中试研究结果和质量检测结果,评价工艺的合理性,分析工艺的可行性。申请上市许可时,应简述放大生产样品及商业化生产的批次、规模、质量检测结果等,说明工艺是否稳定、可行。

说明辅料执行标准情况。申请上市许可时,还应说明辅料与药品关联审评审批情况。

(5)质量标准。

简述质量标准的主要内容及其制定依据、对照品来源、样品的自检结果。

申请上市许可时,简述质量标准变化情况。

(6)稳定性研究。

简述稳定性考察条件及结果,评价样品的稳定性,拟定有效期及贮藏条件。

明确直接接触药品的包装材料和容器及其执行标准情况。申请上市许可时,还应说明包材与药品关联审评审批情况。

2.2.2 药学研究结果分析与评价

对处方药味研究、药材资源评估、剂型选择、工艺研究、质量控制研究、稳定性考察的结果进行总结,综合分析、评价产品质量控制情况。申请临床试验时,应结合临床应用背景、药理毒理研究结果及相关文献等,分析药学研究结果与药品的安全性、有效性之间的相关性,评价工艺合理性、质量可控性,初步判断稳定性。申请上市许可时,应结合临床试验结果等,分析药学研究结果与药品的安全性、有效性之间的相关性,评价工艺可行性、质量可控性和药品稳定性。

按《古代经典名方目录》管理的中药复方制剂应说明药材、饮片、按照国家发布的古代经典名方关键信息及古籍记载制备的样品、中间体、制剂之间质量的相关性。

2.2.3 参考文献

提供有关的参考文献,必要时应提供全文。

2.3 药理毒理研究资料总结报告

药理毒理研究资料总结报告应是对药理学、药代动力学、毒理学研究的综合性和关键性评价。应对药理毒理试验策略进行讨论并说明理由。应说明所提交试验的 GLP 依从性。

对于申请临床试验的药物,需综合现有药理毒理研究资料,分析说明是否支持所申请进行的临床试验。在临床试验过程中,若为支持相应临床试验阶段或开发进程进行了药理毒理研究,则需及时更新药理毒理研究资料,提供相关研究试验报告。临床试验期间若进行了变更(如工艺变更),则需根据变更情况确定所需要进行的药理毒理研究,并提供相关试验报告。对于申请上市许可的药物,需说明临床试验期间进行的药理毒理研究,并综合分析现有药理毒理研究资料是否支持本品上市申请。

撰写按照以下顺序:药理毒理试验策略概述、药理学研究总结、药代动力学研究总结、毒理学研究总结、综合评估和结论、参考文献。

对于申请上市许可的药物,说明书样稿中【药理毒理】项应根据所进行的药理毒理研究资料进行撰写,并提供撰写说明及支持依据。

2.3.1 药理毒理试验策略概述

结合申请类别、处方来源或人用经验资料、所申请的功能主治等,介绍药理毒理试验的研究思路及策略。

2.3.2 药理学研究总结

简要概括药理学研究内容。按以下顺序进行撰写:概要、主要药效学、次要药效学、安全药理学、药效学药物相互作用、讨论和结论,并附列表总结。

应对主要药效学试验进行总结和评价。如果进行了次要药效学研究,应按照器官系统/试验类型进行总结并评价。应对安全药理学试验进行总结和评价。如果进行了药效学药物相互作用研究,则在此部分进行简要总结。

2.3.3 药代动力学研究总结

简要概括药代动力学研究内容,按以下顺序进行撰写:概要、分析方法、吸收、分布、代谢、排泄、药代动力学药物相互作用、其他药代动力学试验、讨论和结论,并附列表总结。

2.3.4 毒理学研究总结

简要概括毒理学试验结果,并说明试验的 GLP 依从性,说明毒理学试验受试物情况。

按以下顺序进行撰写：概要、单次给药毒性试验、重复给药毒性试验、遗传毒性试验、致癌性试验、生殖毒性试验、制剂安全性试验（刺激性、溶血性、过敏性试验等）、其他毒性试验、讨论和结论，并附列表总结。

2.3.5 综合分析与评价

对药理学、药代动力学、毒理学研究进行综合分析与评价。

分析主要药效学试验的量效关系（如起效剂量、有效剂量范围等）及时效关系（如起效时间、药效持续时间或最佳作用时间等），并对药理作用特点及其与拟定功能主治的相关性和支持程度进行综合评价。

安全药理学试验属于非临床安全性评价的一部分，可结合毒理学部分的毒理学试验结果进行综合评价。

综合各项药代动力学试验，分析其吸收、分布、代谢、排泄、药物相互作用特征。包括受试物和/或其活性代谢物的药代动力学特征，如吸收程度和速率、动力学参数、分布的主要组织、与血浆蛋白的结合程度、代谢产物和可能的代谢途径、排泄途径和程度等。需关注药代研究结果是否支持毒理学试验动物种属的选择。分析各项毒理学试验结果，综合分析及评价各项试验结果之间的相关性，种属和性别之间的差异性等。

分析药理学、药代动力学与毒理学结果之间的相关性。

结合药学、临床资料进行综合分析与评价。

2.3.6 参考文献

提供有关的参考文献，必要时应提供全文。

2.4 临床研究资料总结报告

2.4.1 中医药理论或研究背景

根据注册分类提供相应的简要中医药理论或研究背景。如为古代经典名方中药复方制剂的，还应简要说明处方来源、功能主治、用法用量等关键信息及其依据等。

2.4.2 人用经验

如有人用经验的，需提供简要人用经验概述，并分析说明人用经验对于拟定功能主治或后续所需开展临床试验的支持情况。

2.4.3 临床试验资料综述

可参照《中药、天然药物综述资料撰写的格式和内容的技术指导原则——临床试验资料综述》的相关要求撰写。

2.4.4 临床价值评估

基于风险获益评估，结合注册分类，对临床价值进行简要评估。

2.4.5 参考文献

提供有关的参考文献，必要时应提供全文。

2.5 综合分析与评价

根据研究结果，结合立题依据，对安全性、有效性、质量可控性及研究工作的科学性、规范性和完整性进行综合分析与评价。

申请临床试验时，应根据研究结果评估申报品种对拟选适应病症的有效性和临床应用的安全性，综合分析研究结果之间的相互关联，权衡临床试验的风险/获益情况，为是否或如何进行临床试验提供支持和依据。

申请上市许可时,应在完整地了解药品研究结果的基础上,对所选适用人群的获益情况及临床应用后可能存在的问题或风险作出综合评估。

(三)药学研究资料

申请人应基于不同申报阶段的要求提供相应药学研究资料。相应技术要求见相关中药药学研究技术指导原则。

3.1 处方药味及药材资源评估

3.1.1 处方药味

中药处方药味包括饮片、提取物等。

3.1.1.1 处方药味的相关信息

提供处方中各药味的来源(包括生产商/供货商等)、执行标准以及相关证明性信息。

饮片:应提供药材的基原(包括科名、中文名、拉丁学名)、药用部位(矿物药注明类、族、矿石名或岩石名、主要成分)、药材产地、采收期、饮片炮制方法、药材是否种植养殖(人工生产)或来源于野生资源等信息。对于药材基原易混淆品种,需提供药材基原鉴定报告。多基原的药材除必须符合质量标准的要求外,还要固定基原,并提供基原选用的依据。药材应固定产地。涉及濒危物种的药材应符合国家的有关规定,保证可持续利用,并特别注意来源的合法性。

按《古代经典名方目录》管理的中药复方制剂所用饮片的药材基原、药用部位、炮制方法等应与国家发布的古代经典名方关键信息一致。应提供产地选择的依据,尽可能选择道地药材和/或主产区的药材。

提取物:外购提取物应提供其相关批准(备案)情况、制备方法及生产商/供应商等信息。自制提取物应提供所用饮片的相关信息,提供详细制备工艺及其工艺研究资料(具体要求同"3.3 制备工艺"部分)。

3.1.1.2 处方药味的质量研究

提供处方药味的检验报告。

自拟质量标准或在原质量标准基础上进行完善的,应提供相关研究资料(相关要求参照"3.4 制剂质量与质量标准研究"),提供质量标准草案及起草说明、药品标准物质及有关资料等。

按《古代经典名方目录》管理的中药复方制剂还应提供多批药材/饮片的质量研究资料。

3.1.1.3 药材生态环境、形态描述、生长特征、种植养殖(人工生产)技术等

申报新药材的需提供。

3.1.1.4 植物、动物、矿物标本,植物标本应当包括全部器官,如花、果实、种子等

申报新药材的需提供。

3.1.2 药材资源评估

药材资源评估内容及其评估结论的有关要求见相关技术指导原则。

3.1.3 参考文献

提供有关的参考文献,必要时应提供全文。

3.2 饮片炮制

3.2.1 饮片炮制方法

明确饮片炮制方法,提供饮片炮制加工依据及详细工艺参数。按《古代经典名方目录》管理的中药复方制剂所用饮片的炮制方法应与国家发布的古代经典名方关键信息一致。

申请上市许可时,应说明药物研发各阶段饮片炮制方法的一致性,必要时提供相关研究资料。

3.2.2 参考文献

提供有关的参考文献,必要时应提供全文。

3.3 制备工艺

3.3.1 处方

提供 1000 个制剂单位的处方组成。

3.3.2 制法

3.3.2.1 制备工艺流程图

按照制备工艺步骤提供完整、直观、简洁的工艺流程图,应涵盖所有的工艺步骤,标明主要工艺参数和所用提取溶剂等。

3.3.2.2 详细描述制备方法

对工艺过程进行规范描述(包括包装步骤),明确操作流程、工艺参数和范围。

3.3.3 剂型及原辅料情况

(1)说明具体的剂型和规格。以表格的方式列出单位剂量产品的处方组成,列明各药味(如饮片、提取物)及辅料在处方中的作用,执行的标准,如表 8-1 所示。对于制剂工艺中使用到但最终去除的溶剂也应列出。

表 8-1   具体剂型和规格

药味及辅料	用 量	作 用	执 行 标 准
制剂工艺中使用到并最终去除的溶剂			

(2)说明产品所使用的包装材料及容器。

3.3.4 制备工艺研究资料

3.3.4.1 制备工艺路线筛选

提供制备工艺路线筛选研究资料,说明制备工艺路线选择的合理性。处方来源于医院制剂、临床验方或具有人用经验的,应详细说明在临床应用时的具体使用情况(如工艺、剂型、用量、规格等)。

改良型新药还应说明与原制剂生产工艺的异同及参数的变化情况。

按《古代经典名方目录》管理的中药复方制剂应提供按照国家发布的古代经典名方关键信息及古籍记载进行研究的工艺资料。

同名同方药还应说明与同名同方的已上市中药生产工艺的对比情况,并说明是否一致。

3.3.4.2 剂型选择

提供剂型选择依据。

按《古代经典名方目录》管理的中药复方制剂应提供剂型（汤剂可制成颗粒剂）与古籍记载一致性的说明资料。

3.3.4.3 处方药味前处理工艺

提供处方药味的前处理工艺及具体工艺参数。申请上市许可时，还应明确关键工艺参数控制点。

3.3.4.4 提取、纯化工艺研究

描述提取纯化工艺流程、主要工艺参数及范围等。

提供提取纯化工艺方法、主要工艺参数的确定依据。生产工艺参数范围的确定应有相关研究数据支持。申请上市许可时，还应明确关键工艺参数控制点。

3.3.4.5 浓缩工艺

描述浓缩工艺方法、主要工艺参数及范围、生产设备等。

提供浓缩工艺方法、主要工艺参数的确定依据。生产工艺参数范围的确定应有相关研究数据支持。申请上市许可时，还应明确关键工艺参数控制点。

3.3.4.6 干燥工艺

描述干燥工艺方法、主要工艺参数及范围、生产设备等。

提供干燥工艺方法以及主要工艺参数的确定依据。生产工艺参数范围的确定应有相关研究数据支持。申请上市许可时，还应明确关键工艺参数控制点。

3.3.4.7 制剂成型工艺

描述制剂成型工艺流程、主要工艺参数及范围等。

提供中间体、辅料研究以及制剂处方筛选研究资料，明确所用辅料的种类、级别、用量等。

提供成型工艺方法、主要工艺参数的确定依据。生产工艺参数范围的确定应有相关研究数据支持。对与制剂性能相关的理化性质进行分析。申请上市许可时，还应明确关键工艺参数控制点。

3.3.5 中试和生产工艺验证

3.3.5.1 样品生产企业信息

申请临床试验时，根据实际情况填写。如不适用，可不填。

申请上市许可时，需提供样品生产企业的名称、生产场所的地址等。提供样品生产企业合法登记证明文件、《药品生产许可证》复印件。

3.3.5.2 批处方

以表格的方式列出（申请临床试验时，以中试放大规模；申请上市许可时，以商业规模）产品的批处方组成，列明各药味（如饮片、提取物）及辅料执行的标准，对于制剂工艺中使用到但最终去除的溶剂也应列出，如表8-2所示。

表8-2 批处方

药味及辅料	用 量	执 行 标 准

续表

药味及辅料	用　　量	执 行 标 准
制剂工艺中使用到并最终去除的溶剂		

3.3.5.3 工艺描述

按单元操作过程描述(申请临床试验时,以中试批次;申请上市许可时,以商业化规模生产工艺验证批次)样品的工艺(包括包装步骤),明确操作流程、工艺参数和范围。

3.3.5.4 辅料、生产过程中所用材料

提供所用辅料、生产过程中所用材料的级别、生产商/供应商、执行的标准以及相关证明文件等。如对辅料建立了内控标准,应提供。提供辅料、生产过程中所用材料的检验报告。

如所用辅料需要精制的,提供精制工艺研究资料、内控标准及其起草说明。

申请上市许可时,应说明辅料与药品关联审评审批情况。

3.3.5.5 主要生产设备

提供中试(适用临床试验申请)或工艺验证(适用上市许可申请)过程中所用主要生产设备的信息。申请上市许可时,需关注生产设备的选择应符合生产工艺的要求。

3.3.5.6 关键步骤和中间体的控制

列出所有关键步骤及其工艺参数控制范围。提供研究结果支持关键步骤确定的合理性以及工艺参数控制范围的合理性。申请上市许可时,还应明确关键工艺参数控制点。

列出中间体的质量控制标准,包括项目、方法和限度,必要时提供方法学验证资料。明确中间体(如浸膏等)的得率范围。

3.3.5.7 生产数据和工艺验证资料

提供研发过程中代表性批次(申请临床试验时,包括但不限于中试放大批等;申请上市许可时,应包括但不限于中试放大批、临床试验批、商业规模生产工艺验证批等)的样品情况汇总资料,包括:批号、生产时间及地点、生产数据、批规模、用途(如用于稳定性试验等)、质量检测结果(如含量及其他主要质量指标)。申请上市许可时,提供商业规模生产工艺验证资料,包括工艺验证方案和验证报告,工艺必须在预定的参数范围内进行。

生产工艺研究应注意实验室条件与中试和生产的衔接,考虑大生产设备的可行性、适应性。生产工艺进行优化的,应重点描述工艺研究的主要变更(包括批量、设备、工艺参数等的变化)及相关的支持性验证研究。

按《古代经典名方目录》管理的中药复方制剂应提供按照国家发布的古代经典名方关键信息及古籍记载制备的样品、中试样品和商业规模样品的相关性研究资料。

临床试验期间,如药品规格、制备工艺等发生改变的,应根据实际变化情况,参照相关技术指导原则开展研究工作,属重大变更以及引起药用物质或制剂吸收、利用明显改变的,应提出补充申请。申请上市许可时,应详细描述改变情况(包括设备、工艺参数等的变化)、改变原因、改变时间以及相关改变是否获得国家药品监督管理部门的批准等内容,并提供相关研究资料。

3.3.6 试验用样品制备情况

3.3.6.1 毒理试验用样品

应提供毒理试验用样品制备信息。一般应包括：

（1）毒理试验用样品的生产数据汇总，包括批号、投料量、样品的量、用途等。毒理学试验样品应采用中试及中试以上规模的样品。

（2）制备毒理试验用样品所用处方药味的来源、批号以及自检报告等。

（3）制备毒理试验用样品所用主要生产设备的信息。

（4）毒理试验用样品的质量标准、自检报告及相关图谱等。

3.3.6.2 临床试验用药品（适用于上市许可申请）

申请上市许可时，应提供用于临床试验的试验药物和安慰剂（如适用）的制备信息。

（1）用于临床试验的试验药物。

提供用于临床试验的试验药物的批生产记录复印件。批生产记录中需明确生产厂房/车间和生产线。

提供用于临床试验的试验药物所用处方药味的基原、产地信息及自检报告。

提供生产过程中使用的主要设备等情况。

提供用于临床试验的试验药物的自检报告及相关图谱。

（2）安慰剂。

提供临床试验用安慰剂的批生产记录复印件。

提供临床试验用安慰剂的配方，以及配方组成成分的来源、执行标准等信息。

提供安慰剂与试验样品的性味对比研究资料，说明安慰剂与试验样品在外观、大小、色泽、重量、味道和气味等方面的一致性情况。

3.3.7 "生产工艺"资料（适用于上市许可申请）

申请上市许可的药物，应参照中药相关生产工艺格式和内容撰写要求提供"生产工艺"资料。

3.3.8 参考文献

提供有关的参考文献，必要时应提供全文。

3.4 制剂质量与质量标准研究

3.4.1 化学成分研究

提供化学成分研究的文献资料或试验资料。

3.4.2 质量研究

提供质量研究工作的试验资料及文献资料。

按《古代经典名方目录》管理的中药复方制剂应提供药材、饮片按照国家发布的古代经典名方关键信息及古籍记载制备的样品、中间体、制剂的质量相关性研究资料。

同名同方药应提供与同名同方的已上市中药的质量对比研究结果。

3.4.3 质量标准

提供药品质量标准草案及起草说明，并提供药品标准物质及有关资料。对于药品研制过程中使用的对照品，应说明其来源并提供说明书和批号。对于非法定来源的对照品，申请临床试验时，应说明是否按照相关技术要求进行研究，提供相关研究资料；申请上市许可时，应说明非法定来源的对照品是否经法定部门进行标定，提供相关证明性文件。

境外生产药品提供的质量标准的中文文本须按照中国国家药品标准或药品注册标准的格

式整理报送。

3.4.4 样品检验报告

申请临床试验时,提供至少 1 批样品的自检报告。

申请上市许可时,提供连续 3 批样品的自检及复核检验报告。

3.4.5 参考文献

提供有关的参考文献,必要时应提供全文。

3.5 稳定性

3.5.1 稳定性总结

总结稳定性研究的样品情况、考察条件、考察指标和考察结果,并拟定贮存条件和有效期。

3.5.2 稳定性研究数据

提供稳定性研究数据及图谱。

3.5.3 直接接触药品的包装材料和容器的选择

阐述选择依据。提供包装材料和容器执行标准、检验报告、生产商/供货商及相关证明文件等。提供针对所选用包装材料和容器进行的相容性等研究资料(如适用)。

申请上市许可时,应说明包装材料和容器与药品关联审评审批情况。

3.5.4 上市后的稳定性研究方案及承诺(适用于上市许可申请)

申请药品上市许可时,应承诺对上市后生产的前三批产品进行长期稳定性考察,并对每年生产的至少一批产品进行长期稳定性考察,如有异常情况应及时通知药品监督管理部门。

提供后续稳定性研究方案。

3.5.5 参考文献

提供有关的参考文献,必要时应提供全文。

(四)药理毒理研究资料

申请人应基于不同申报阶段的要求提供相应药理毒理研究资料。相应要求详见相关技术指导原则。

非临床安全性评价研究应当在经过 GLP 认证的机构开展。

天然药物的药理毒理研究参考相应研究技术要求进行。

4.1 药理学研究资料

药理学研究是通过动物或体外、离体试验来获得非临床有效性信息,包括药效学作用及其特点、药物作用机制等。药理学申报资料应列出试验设计思路、试验实施过程、试验结果及评价。

中药创新药,应提供主要药效学试验资料,为进入临床试验提供试验证据。药物进入临床试验的有效性证据包括中医药理论、临床人用经验和药效学研究。根据处方来源及制备工艺等不同,以上证据所占有权重不同,进行试验时应予综合考虑。

药效学试验设计时应考虑中医药特点,根据受试物拟定的功能主治,选择合适的试验项目。

提取物及其制剂,提取物纯化的程度应经筛选研究确定,筛选试验应与拟定的功能主治具有相关性,筛选过程中所进行的药理毒理研究应体现在药理毒理申报资料中。若有同类成分的提取物及其制剂上市,则应当与其进行药效学及其他方面的比较,以证明其优势和特点。

中药复方制剂,根据处方来源和组成、临床人用经验及制备工艺情况等可适当减免药效学试验。

具有人用经验的中药复方制剂,可根据人用经验对药物有效性的支持程度,适当减免药效学试验;若人用经验对有效性具有一定支撑作用,处方组成、工艺路线、临床定位、用法用量等与既往临床应用基本一致的,则可不提供药效学试验资料。

依据现代药理研究组方的中药复方制剂,需采用试验研究的方式来说明组方的合理性,并通过药效学试验来提供非临床有效性信息。

中药改良型新药,应根据其改良目的、变更的具体内容来确定药效学资料的要求。若改良目的在于或包含提高有效性,则应提供相应的对比性药效学研究资料,以说明改良的优势。中药增加功能主治,应提供支持新功能主治的药效学试验资料,可根据人用经验对药物有效性的支持程度,适当减免药效学试验。

安全药理学试验属于非临床安全性评价的一部分,其要求见"4.3 毒理学研究资料"。

药理学研究报告应按照以下顺序提交:

4.1.1 主要药效学

4.1.2 次要药效学

4.1.3 安全药理学

4.1.4 药效学药物相互作用

4.2 药代动力学研究资料

非临床药代动力学研究是通过体外和动物体内的研究方法,揭示药物在体内的动态变化规律,获得药物的基本药代动力学参数,阐明药物的吸收、分布、代谢和排泄的过程和特征。

对于提取的单一成分制剂,参考化学药物非临床药代动力学研究要求。

其他制剂,视情况(如安全性风险程度)进行药代动力学研究或药代动力学探索性研究。

缓释制剂、控释制剂,临床前应进行非临床药代动力学研究,以说明其缓、控释特征;若为改剂型品种,则应与原剂型进行药代动力学比较研究;若为同名同方药的缓释制剂、控释制剂,则应进行非临床药代动力学比较研究。

在进行中药非临床药代动力学研究时,应充分考虑其成分的复杂性,结合其特点选择适宜的方法开展体内过程或活性代谢产物的研究,为后续研发提供参考。

若拟进行的临床试验中涉及与其他药物(特别是化学药)联合应用,应考虑通过体外、体内试验来考察可能的药物相互作用。

药代动力学研究报告应按照以下顺序提交:

4.2.1 分析方法及验证报告

4.2.2 吸收

4.2.3 分布(血浆蛋白结合率、组织分布等)

4.2.4 代谢(体外代谢、体内代谢、可能的代谢途径、药物代谢酶的诱导或抑制等)

4.2.5 排泄

4.2.6 药代动力学药物相互作用(非临床)

4.2.7 其他药代试验

4.3 毒理学研究资料

毒理学研究包括：单次给药毒性试验，重复给药毒性试验，遗传毒性试验，生殖毒性试验，致癌性试验，依赖性试验，刺激性、过敏性、溶血性等与局部、全身给药相关的制剂安全性试验，其他毒性试验等。

中药创新药，应尽可能获取更多的安全性信息，以便于对其安全性风险进行评价。根据其品种特点，对其安全性的认知不同，毒理学试验要求会有所差异。

新药材及其制剂，应进行全面的毒理学研究，包括安全药理学试验、单次给药毒性试验、重复给药毒性试验、遗传毒性试验、生殖毒性试验等，根据给药途径、制剂情况可能需要进行相应的制剂安全性试验，其余试验根据品种具体情况确定。

提取物及其制剂，根据其临床应用情况，以及可获取的安全性信息情况，确定其毒理学试验要求。若提取物立题来自于试验研究，缺乏对其安全性的认知，则应进行全面的毒理学试验。若提取物立题来自于传统应用，生产工艺与传统应用基本一致，则一般应进行安全药理学试验、单次给药毒性试验、重复给药毒性试验，以及必要时其他可能需要进行的试验。

中药复方制剂，根据其处方来源及组成、人用安全性经验、安全性风险程度的不同，提供相应的毒理学试验资料，若减免部分试验项目，应提供充分的理由。

对于采用传统工艺，具有人用经验的，一般应提供单次给药毒性试验、重复给药毒性试验资料。

对于采用非传统工艺，但具有可参考的临床应用资料的，一般应提供安全药理学、单次给药毒性试验、重复给药毒性试验资料。

对于采用非传统工艺，且无人用经验的，一般应进行全面的毒理学试验。

临床试验中发现非预期不良反应时，或毒理学试验中发现非预期毒性时，应考虑进行追加试验。

中药改良型新药，根据变更情况提供相应的毒理学试验资料。若改良目的在于或包含提高安全性的，应进行毒理学对比研究，设置原剂型/原给药途径/原工艺进行对比，以说明改良的优势。

中药增加功能主治，需延长用药周期或者增加剂量者，应说明原毒理学试验资料是否可以支持延长周期或增加剂量，否则应提供支持用药周期延长或剂量增加的毒理学研究资料。

一般情况下，安全药理学、单次给药毒性、支持相应临床试验周期的重复给药毒性、遗传毒性试验资料、过敏性、刺激性、溶血性试验资料或文献资料应在申请临床试验时提供。后续需根据临床试验进程提供支持不同临床试验给药期限或支持上市的重复给药毒性试验。生殖毒性试验根据风险程度在不同的临床试验开发阶段提供。致癌性试验资料一般可在申请上市时提供。

药物研发的过程中，若受试物的工艺发生可能影响其安全性的变化，则应进行相应的毒理学研究。

毒理学研究资料应列出试验设计思路、试验实施过程、试验结果及评价。

毒理学研究报告应按照以下顺序提交：

4.3.1 单次给药毒性试验

4.3.2 重复给药毒性试验

4.3.3 遗传毒性试验

4.3.4 致癌性试验

4.3.5 生殖毒性试验

4.3.6 制剂安全性试验(刺激性、溶血性、过敏性试验等)

4.3.7 其他毒性试验

(五)临床研究资料

5.1 中药创新药

5.1.1 处方组成符合中医药理论、具有人用经验的创新药

5.1.1.1 中医药理论

5.1.1.1.1 处方组成,功能、主治病证

5.1.1.1.2 中医药理论对主治病症的基本认识

5.1.1.1.3 拟定处方的中医药理论

5.1.1.1.4 处方合理性评价

5.1.1.1.5 处方安全性分析

5.1.1.1.6 和已有国家标准或药品注册标准的同类品种的比较

5.1.1.2 人用经验

5.1.1.2.1 证明性文件

5.1.1.2.2 既往临床应用情况概述

5.1.1.2.3 文献综述

5.1.1.2.4 既往临床应用总结报告

5.1.1.2.5 拟定主治概要、现有治疗手段、未解决的临床需求

5.1.1.2.6 人用经验对拟定功能主治的支持情况评价

中医药理论和人用经验部分的具体撰写要求,可参考相关技术要求、技术指导原则。

5.1.1.3 临床试验

需开展临床试验的,应提交以下资料:

5.1.1.3.1 临床试验计划与方案及其附件

5.1.1.3.1.1 临床试验计划和方案

5.1.1.3.1.2 知情同意书样稿

5.1.1.3.1.3 研究者手册

5.1.1.3.1.4 统计分析计划

5.1.1.3.2 临床试验报告及其附件(完成临床试验后提交)

5.1.1.3.2.1 临床试验报告

5.1.1.3.2.2 病例报告表样稿、患者日志等

5.1.1.3.2.3 与临床试验主要有效性、安全性数据相关的关键标准操作规程

5.1.1.3.2.4 临床试验方案变更情况说明

5.1.1.3.2.5 伦理委员会批准件

5.1.1.3.2.6 统计分析计划

5.1.1.3.2.7临床试验数据库电子文件

申请人在完成临床试验提出药品上市许可申请时,应以光盘形式提交临床试验数据库。数据库格式以及相关文件等具体要求见临床试验数据递交相关技术指导原则。

5.1.1.3.3 参考文献

提供有关的参考文献全文,外文文献还应同时提供摘要和引用部分的中文译文。

5.1.1.4 临床价值评估

基于风险获益评估,结合中医药理论、人用经验和临床试验,评估本品的临床价值及申报资料对于拟定功能主治的支持情况。

说明:

申请人可基于中医药理论和人用经验,在提交临床试验申请前,就临床试验要求与药审中心进行沟通交流。

5.1.2 其他来源的创新药

5.1.2.1 研究背景

5.1.2.1.1 拟定功能主治及临床定位

应根据研发情况和处方所依据的理论,说明拟定功能主治及临床定位的确定依据,包括但不限于文献分析、药理研究等。

5.1.2.1.2 疾病概要、现有治疗手段、未解决的临床需求

说明拟定适应病症的基本情况、国内外现有治疗手段研究和相关药物上市情况,现有治疗存在的主要问题和未被满足的临床需求,以及说明本品预期的安全性、有效性特点和拟解决的问题。

5.1.2.2 临床试验

应按照"5.1.1.3 临床试验"项下的相关要求提交资料。

5.1.2.3 临床价值评估

基于风险获益评估,结合研究背景和临床试验,评估本品的临床价值及申报资料对于拟定功能主治的支持情况。

说明:

申请人可基于处方组成、给药途径和非临床安全性评价结果等,在提交临床试验申请前,就临床试验要求与药审中心进行沟通交流。

5.2 中药改良型新药

5.2.1 研究背景

应说明改变的目的和依据。如有人用经验,可参照"5.1.1.2 人用经验"项下的相关要求提交资料。

5.2.2 临床试验

应按照"5.1.1.3 临床试验"项下的相关要求提交资料。

5.2.3 临床价值评估

结合改变的目的和临床试验,评估本品的临床价值及申报资料对于拟定改变的支持情况。

说明:

申请人可参照中药创新药的相关要求,在提交临床试验申请前,就临床试验要求与药审中

心进行沟通交流。

5.3 古代经典名方中药复方制剂

5.3.1 按《古代经典名方目录》管理的中药复方制剂

提供药品说明书起草说明及依据，说明药品说明书中临床相关项草拟的内容及其依据。

5.3.2 其他来源于古代经典名方的中药复方制剂

5.3.2.1 古代经典名方的处方来源及历史沿革、处方组成、功能主治、用法用量、中医药理论论述

5.3.2.2 基于古代经典名方加减化裁的中药复方制剂，还应提供加减化裁的理由及依据、处方合理性评价、处方安全性分析。

5.3.2.3 人用经验

5.3.2.3.1 证明性文件

5.3.2.3.2 既往临床实践情况概述

5.3.2.3.3 文献综述

5.3.2.3.4 既往临床实践总结报告

5.3.2.3.5 人用经验对拟定功能主治的支持情况评价

5.3.2.4 临床价值评估

基于风险获益评估，结合中医药理论、处方来源及其加减化裁、人用经验，评估本品的临床价值及申报资料对于拟定功能主治的支持情况。

5.3.2.5 药品说明书起草说明及依据

说明药品说明书中临床相关项草拟的内容及其依据。

中医药理论、人用经验部分以及药品说明书的具体撰写要求，可参考相关技术要求、技术指导原则。

说明：

此类中药的注册申请、审评审批、上市监管等实施细则和技术要求另行制定。

5.4 同名同方药

5.4.1 研究背景

提供对照同名同方药选择的合理性依据。

5.4.2 临床试验

需开展临床试验的，应按照"5.1.1.3 临床试验"项下的相关要求提交资料。

5.5 临床试验期间的变更（如适用）

获准开展临床试验的药物拟增加适用人群范围（如增加儿童人群）、变更用法用量（如增加剂量或延长疗程）等，应根据变更事项提供相应的立题目的和依据、临床试验计划与方案及其附件；药物临床试验期间，发生药物临床试验方案变更、非临床或者药学的变化或者有新发现，需按照补充申请申报的，临床方面应提供方案变更的详细对比与说明，以及变更的理由和依据。

同时，还需要对已有人用经验和临床试验数据进行分析整理，为变更提供依据，重点关注变更对受试者有效性及安全性风险的影响。

第二篇
药物制剂新技术

第九章 药物制剂专利保护

第一节 药物专利的价值属性

一、专利基础知识

1474年3月19日,威尼斯共和国颁布了世界上第一部专利法《威尼斯专利法》,该法令可谓是现代专利法的基本典范,具有划时代的里程碑意义。目前世界上绝大多数国家都实行了专利制度,尤其是WTO成员方,必须履行与贸易有关的知识产权协定(trade-related aspects of intellectual property rights,TRIPS协议)。

《中华人民共和国专利法》(以下简称《专利法》)于1984年3月12日人大常委会通过,自1985年4月1日起施行。1992年9月4日人大常委会通过《专利法》第一次修正,自1993年1月1日起施行。2000年8月25日人大常委会通过《专利法》第二次修正,自2001年7月1日起施行。2008年6月5日,国务院发布《国家知识产权战略纲要》,标志着我国知识产权保护迎来全新的发展阶段。2008年12月27日人大常委会通过《专利法》第三次修正,自2009年10月1日起施行(中华人民共和国主席令第八号)。时隔十二年后,《专利法》迎来第四次修正。2020年10月17日,《全国人民代表大会常务委员会关于修改＜中华人民共和国专利法＞的决定》由中华人民共和国第十三届全国人民代表大会常务委员会第二十二次会议通过,《中华人民共和国专利法》(中华人民共和国主席令第五十五号)自2021年6月1日起施行。在生物医药及健康领域,我国1985年的《专利法》不保护药品和用化学方法获得的物质以及动植物品种及疾病的诊断和治疗方法,仅保护这些产品的制备方法;1993年的《专利法》开放了药品和化学物质的产品专利保护;2008年增加了关于遗传资源保护的内容、涉及公共健康的强制许可制度以及药品和医疗器械的Bolar例外,其中我国专利法规定的"Bolar例外"规则为:为了提供行政审批所需要的信息,制造、使用、进口专利药品或者专利医疗器械的,以及专门为其制造、进口专利药品或者专利医疗器械的,不视为侵权。2020年的《专利法》增加并修改了关于专利期补偿制度,具体为:为补偿新药上市审评审批占用的时间,对在中国获得上市许可的新药发明专利,国务院专利行政部门可以应专利权人的请求给予专利期限补偿。补偿期限不超过五年,新药批准上市后总有效专利权期限不超过十四年。

即将于 2021 年 6 月 1 日起施行的《专利法》是为了保护专利权人的合法权益,鼓励发明创造,推动发明创造的应用,提高创新能力,促进科学技术进步和经济社会发展而得以制定颁布的。《专利法》第二条所称的发明创造是指发明、实用新型和外观设计这三种类型。其中,发明是指对产品、方法或者其改进所提出的新的技术方案;实用新型是指对产品的形状、构造或者其结合所提出的适于实用的新的技术方案;外观设计是指对产品的整体或者局部的形状、图案或者其结合以及色彩与形状、图案的结合所作出的富有美感并适于工业应用的新设计。《专利法》第二十五条规定了不授予专利权的几种情形,包括:①科学发现;②智力活动的规则和方法;③疾病的诊断和治疗方法;④动物和植物品种;⑤原子核变换方法以及用原子核变换方法获得的物质;⑥对平面印刷品的图案、色彩或者二者的结合作出的主要起标识作用的设计;此外还包括对违反法律、社会公德或者妨害公共利益的发明创造,对违反法律、行政法规的规定获取或者利用遗传资源,并依赖该遗传资源完成的发明创造。

关于专利申请的审查和批准,在《专利法》第四章中有明确的规定。一项专利申请经过国务院专利行政部门审查后,如果没有发现驳回理由的,则会被作出授予专利权的决定,发给专利权人专利证书,同时予以登记和公告,专利权自公告之日起生效。在中国,发明专利权的期限为二十年,实用新型专利权的期限为十年,外观设计专利权的期限为十五年,均自申请日起开始计算。《专利法》第十一条规定:发明和实用新型专利权被授予后,除本法另有规定的以外,任何单位或者个人未经专利权人许可,都不得实施其专利,即不得为生产经营目的制造、使用、许诺销售、销售、进口其专利产品,或者使用其专利方法以及使用、许诺销售、销售、进口依照该专利方法直接获得的产品。外观设计专利权被授予后,任何单位或者个人未经专利权人许可,都不得实施其专利,即不得为生产经营目的制造、许诺销售、销售、进口其外观设计专利产品。从狭义上讲,专利权是受国家法律保护的知识产权(即无形资产),未经专利权人许可,任何单位或者个人不得为生产经营目的而实施其专利,否则就算是侵犯了专利权人的专利权。

作为知识产权领域的核心板块内容之一,专利权是一项具有排他效力的垄断权,意在维护一项发明创造的首创者所拥有的受保护的独享权益,并体现了权利资产的价值。除排他性外,专利权还具有时间性、地域性和公开性,从而对专利权人因技术公开所换来的"排他权"进行必要限制,使得专利权人和公众权利之间的利益得以平衡。在时间性上,专利权人只有在法律规定的有效期内才享有专利权,在规定的期限届满后,专利权人即失去权利,该项发明自然地为社会公众所公有,任何人均可无偿使用。在地域性上,专利权具有极严格的地域性,一个国家的专利局依照本国的专利法授予的专利权,只在本国法律管辖范围内有效,在其他国家或地区是无效的。在公开性上,专利权人必须在其专利申请中,充分公开其发明技术内容或技术情报。为此,制药企业需要根据专利的特性进行指定国家的专利布局,而第三方在评估专利侵权风险时,需要考虑到这两个特性。通常专利技术自由实施(FTO)调查需要结合专利的当时法律状态进行深入评估。

二、药物专利的重要性及特殊性

生物医药产业作为一种知识密集、前景广阔的战略新兴产业,其行业准入门槛高,如需要通过国家药监部门注册批准后产品方能上市销售,且具有难度大、投资大、周期长、风险高、回报高等特点,在目前所有的技术领域内,生物医药行业对知识产权的依存度是最高的,国内外生物医药企业对医药知识产权的保护也贯穿于整个药物研究与开发全过程中。因此,生物医药企业需要将知识产权作为保护工具,通过技术壁垒和专利独占来获得市场盈利。在药物研发的全过程中强调专利需要并行甚至先行。

生物医药在国家知识产权局印发的《知识产权重点支持产业目录》(2018 年)中作为支持对象,其中第 9 类健康产业关于生物医药方面包括了"9.1 重大新药创制(9.1.1 生物药、化学药新品种;9.1.2 重大疫苗、抗体药物;9.1.3 长效、缓控释、靶向等新型制剂;9.1.4 新型辅料包材和制药设备;9.1.5 手性合成、酶催化、结晶控制等化学药制备技术;9.1.6 大规模细胞培养及纯化、抗体偶联、无血清无蛋白培养基培养等生物技术)",以及"9.4 中医药现代化(9.4.1 现代中药提取纯化技术;9.4.2 粘膜给药等制剂技术)"。

药品从研发到获准上市,需要经过各国药监系统的严格审评与审批,其准入门槛高,所涉及节点繁杂,从靶点探寻、先导化合物优化,到筛选获得候选化合物进行临床前研究和临床试验,获批上市后还需要开展上市后再评价,其研发投入大、成功率低、周期长,而知识产权保护可有效规避投资和研究风险。药物专利的类型也分为发明专利、实用新型专利以及外观设计专利。因此在药物研发的不同阶段,申请人需要根据专利布局策略和进展成果,申请不同类型的生物医药类专利,具体为:在靶点或靶标筛选阶段,可申请相关受体、基因或 DNA 片段、蛋白结构、抗原表位等核心发明专利;在活性化合物发现阶段,申请通式化合物及其用途、具体化合物及其用途等核心发明专利,也可申请制备工艺等外围发明专利;在药理活性评价阶段,申请盐型、晶型、酯、水合物、溶剂化物、光学异构体、药效模型建立等发明专利,也可结合药理毒理及药代动力学,布局活性代谢产物、前药、氘代物等发明专利;在药学研究阶段,申请原料药制备工艺、制剂处方、制剂工艺、药物组合物、分析检测方法等发明专利;在临床试验阶段,申请用途、用法用量、联合给药等发明专利;甚至在产品生产上市后可以继续申请药物新用途、药物新剂型、新的药物组合物、联合给药、原料药和/或制剂的新制备方法、生产装置/制药设备等发明专利,或涉及生产装置/制药设备等实用新型专利,或涉及药品包装盒、包装袋、药瓶、药片等外观设计专利。涉及不同的专利布局类型与时机需要根据项目具体情况适时调整,以便形成高质量的专利组合,通过专利网络增强对药品的专利保护效力。在生物医药行业中,可以通过合理的专利布局与保护,尽可能延长药品的专利保护时间,维持药品市场回报率,使对药品的创新实现价值最大化。

从单一项目调研获取的专利信息来看,化合物专利或抗原表位专利或现代中药组方专利虽均属最基础专利类型,对药物起核心保护作用,但其件数远低于外围专利件数。一方面,研发中能找到一种有较好临床价值的活性化合物十分不易,难度高且投入大,产品经历较长的研究历程,待其上市后,留给销售品种的专利保护期常常所剩不多,若不通过其他类型的、后续的外围专利进行保护期延长,将导致很多原研药品种因为没有后续相关专利保护,将面临较大的仿制药企业竞争,从而无法获得市场回报,这对鼓励创新不利。另一方面,不少研发人员将精力聚焦在药物制剂研发上,以期对制剂的优化,进一步提高原药物中活性成分的药效、生物利用度、产品质量稳定性,降低毒副作用等,此过程中所涉及的药物制剂技术,既可以降低药品研发的成本与周期,又能推出改良型新药的品种以更好地适应临床需求,而且可以通过相应的发明专利布局与保护,延长该药物的专利生命保护周期,更大程度上实现药品价值。

三、制剂专利在高价值专利中的实现维度

有观点认为,新药品的价值体现在未来的盈利能力上。通过在专利保护期内生产和销售的排他权,使得专利权人能够获得巨额经济回报,从而收回药品研发阶段所投入的大量资金与成本,并获得充足的资金来进行下一个新药的研发。专利价值的本质源于专利权人实施专利的专有排他权,这是进行专利开发、诉讼等活动的前提,并由此在一定程度上体现了药品专利所具有的高法律价值。

专利本身也具有一定的技术价值。一个药物的成功上市,凝聚了多项专利技术,使得药品体现出其在专利技术上的高价值。该技术价值通常取决于药品的性能及其创新程度,即药品是否具有优异的医疗价值,其相对于同类药品技术优越性是否明显,特别是在有大量创新的细分药物治疗领域能否脱颖而出;是否在技术上有质的飞跃和突破使技术的更新换代不可避免;是否缺乏可替代技术方案以致无法规避该药品专利;是否有可能据此形成药品标准。作为医药行业特色,疗效好于现有技术或者毒性/副作用较低的药物将具有较高的专利技术价值。在具体实践中,企业技术研发和专利人员通过对专利制度的熟悉、掌握与灵活运用,可将专利制度与药品的技术创新进行有效衔接,并切实提高产品附加值和企业技术创新水平,提升专利药品的技术价值。

药品经济价值的高低,一方面取决于该品种客观的独立价值,也取决于主观的商业运作与技巧。在医药领域,年度销售额超过 10 亿美元的药物称为"重磅炸弹"药物,年度销售额超过 20 亿美元的药物称为"超级重磅炸弹"药物。该类药物取得的市场成功与多方因素有关,而专利保护对其维持高价垄断起到了非常关键的作用。所有的"重磅炸弹"药物在上市之前都申请了专利,确定其能够获得市场垄断。在拥有核心专利技术之后,为了延长这类市场前景广阔、临床应用潜力巨大、对公司业绩贡献巨大的重磅药物品种的生命周期,制药企业往往都会想方设法地从多角度、长时间地利用专利对其加以保护,以延缓潜在的仿制药竞争者在其核心专利保护到期时进入市场的速度,尽量维护其占有的高市场份额。为此,从新药发现直到上市后的各阶段,原研企业必须在核心专利的基础上,继续抢先开发外围专利技术(如药物新剂型、新适应证、复方制剂等),逐步形成严密的专利网,防止其他医药创新主体率先申请外围专利,从而丧失相应的专利排他权和市场占有权。

化学药物中,除了其他注册分类均涉及适用于各自类别含义的原料药与制剂外,对于第 2 类的境内外均未上市的改良型新药,其中 2.2 类为含有已知活性成分的新剂型(包括新的给药系统)、新处方工艺、新给药途径,且具有明显临床优势的药品;2.3 类为含有已知活性成分的新复方制剂,且具有明显临床优势;2.4 类为含有已知活性成分的新适应证的制剂。在行政保护上,对第 2.2 类和 2.3 类设立 4 年的新药监测期,对 2.4 类设立 3 年的监测期。鉴于此期限

并不长,需要通过专利保护来实现制剂产品的有效保护。

除上述药物制剂的新剂型(包括新的给药系统)、新处方工艺、新给药途径外,制药企业通常经过改进药物制剂中的药用辅料的组成,以规避原研药的专利侵权风险,并可针对辅料体系布局相关专利。亦有部分辅料企业,经过自主知识产权创新,掌握制剂辅料的核心或关键专利技术,从而垄断一定的辅料市场。特殊剂型品种为了使药物具有控制释放速度的功能,其通过辅料应用技术在靶向给药、透皮吸收等方面应用逐步成熟,推动制剂行业发展。制剂辅料专利因而产生应用价值。

药物制剂专利保护可以为制剂研发带来动力,为制剂行业的引资提供保障,并为该行业的发展壮大创造市场环境。通过对药物新剂型、新给药系统、制剂新处方及工艺、新给药途径、关键辅料及制备、药物制剂组合物等进行专利保护、运用、转化和运营,可以实现产品价值与专利价值。

第二节　药物制剂的剂型专利保护

一、药物制剂专利保护

制药企业在开发药物制剂时,将制剂生产技术现代化作为目标,以药物传递系统作为代表,通过制剂技术来满足目标产品的安全、有效和质量可控的需求。

制剂研发大致包括 4 个阶段:实验性可行性实验、实验室小试、中试放大、生产。在处方前研究、处方工艺开发和工艺放大过程中,因涉及不同的研究内容,研究者们可以根据相应的研究重点申请不同内容的制剂专利。制剂技术涉及的方面有制剂开发、制剂工艺改进、制剂升级等,其通过对已知的药物活性成分进行制剂设计,以达到某种给药或临床治疗效果。制剂专利是基于化合物结构基础进行的剂型改进专利,其一般不涉及活性成分本身的创新,主要的创新点在于和制剂有关的一些特征的组合。这些特征包括:剂型特征如片剂、乳剂、注射剂;宏观结构特征如多层片剂中的缓释层结构;成分特征如所用的制剂处方、特定辅料或其含量等;制剂工艺的技术创新。《专利法》规定,对药物制备方法可授予发明专利权,并禁止以盈利为目的的侵权专利权人的权益。该专利权的保护可以延及依据此方法所制备的产品。

在制剂研究中,制剂工作者会在综合考虑化合物的各种性质基础上,开发出最合理的产品剂型如片剂、胶囊、颗粒、注射液等,涉及制剂工艺如干法制粒、湿法制粒、粉末直接压片等,以及涉及制剂在车间的生产工艺改进等。通常创新药物是先以常释剂型的片剂、胶囊或注射剂形式上市,但是,随着药物核心专利失效日的来临,药物的研发公司会寻求开发出新的剂型以满足不同的市场范围和不同患者人群的需求。对现有药物进行的剂型改良,如由常释剂型转变为高端剂型(如缓释制剂、控释制剂、皮下植入剂、纳米混悬剂等),然后针对新剂型进行工艺的二次开发,并申请专利,可有效拓展现有药物的使用范围,延长专利保护期。例如,新型药物释放系统早已成为药剂学科的重点发展方向之一,在该领域的专利申请与布局涉及缓释制剂、控释制剂、择时与定位释药制剂、靶向给药制剂、长效制剂、黏膜给药及皮肤给药制剂等。本节从药物制剂的剂型出发,逐一对各种不同剂型的药物制剂专利进行举例并分析,专利文献及数据均来源于中国国家知识产权局(CNIPA)专利数据库以及欧洲专利局(EPO)Espacenet 数据库的内容,本文在此不单独将下述专利内容作为参考文献。

二、固体制剂

(一)片剂

片剂以口服用片剂为主,另有口腔用片剂、外用片剂等。其中口服用片剂包含片剂、糖衣片、薄膜衣片、肠溶衣片、泡腾片、咀嚼片、分散片、缓释片、控释片、多层片、口腔速崩片等。口腔用片剂包含舌下片、含片及口腔贴片。外用片剂包含可溶片、阴道片及阴道泡腾片。

目前,已获批在国内外上市的国产或进口的片剂或复方片剂有阿哌沙班片、替格瑞洛片、奥拉帕利片、曲美替尼片、达可替尼片、他达拉非片、奥氮平片、波生坦片、复方丹参片、泊沙康唑肠溶片、阿司匹林肠溶片、美沙拉嗪肠溶片、奥美拉唑镁肠溶片、艾司奥美拉唑镁肠溶片、泮托拉唑钠肠溶片、丁二磺酸腺苷蛋氨酸肠溶片、盐酸帕罗西汀肠溶缓释片、米拉贝隆缓释片、硫酸吗啡缓释片、帕利哌酮缓释片、盐酸二甲双胍缓释片、富马酸喹硫平缓释片、盐酸普拉克索缓释片、盐酸罗匹尼罗缓释片、琥珀酸美托洛尔缓释片、盐酸羟考酮缓释片、盐酸坦索罗辛口崩缓释片、沙格列汀二甲双胍缓释片、卡左双多巴缓释片、格列吡嗪控释片、硝苯地平控释片、氯诺昔康速释片、孟鲁司特钠咀嚼片、阿司匹林咀嚼片、拉莫三嗪分散片、地拉罗司分散片、罗红霉素分散片、盐酸氟西汀分散片、阿奇霉素分散片、维生素 C 泡腾片、乙酰半胱氨酸泡腾片、阿司匹林维生素 C 泡腾片等。下面以部分药物的片剂制剂专利进行举例说明。

举例 1:阿哌沙班片

阿哌沙班(Apixaban,商品名为 Eliquis、艾乐妥)是一种供口服的、选择性的活化 X 因子抑制剂,其原研及联合开发公司为美国辉瑞与百时美施贵宝,规格为 2.5 mg 和 5 mg 的阿哌沙班片于 2012 年 12 月被美国 FDA 批准上市,用于治疗成年患者髋关节或膝关节择期置换术以及预防静脉血栓栓塞。目前该产品已在多个国家和地区上市,其在 2018 年度全球销售额达到 98.72 亿美元,成为当年全球销售额排名第二的"重磅炸弹"药物。2019 年 12 月 31 日,原研公司的阿哌沙班化合物专利权在中国被宣告全部无效,国内正大天晴药业等企业的阿哌沙班片仿制药于 2019 年在国内合法上市。

在该药物制剂专利申请方面,2011 年 2 月 24 日,原研公司百时美施贵宝和美国辉瑞有 PCT 同族 WO2011106478 以及美国专利同族 US9326945B2,其在中国的同族专利申请为 CN201180011229.X,发明名称:阿哌沙班制剂,该申请涉及包含具有≤89 μm 平均粒度的阿哌沙班晶状颗粒及其药物组合物,该组合物的阿哌沙班片剂的制备方法具体包含如下步骤。

(1)在制粒之前使含黏合剂、崩解剂、润滑剂和至少一种填充剂与受控粒度的阿哌沙班共混形成混合物 1;

(2)加入经筛或研磨机磨碎的润滑剂再混合以便形成混合物 2,得到的混合物 2 为密度压缩至 1.1～1.2 g/cc 的带状物,使用干法制粒对混合物 2 进行制粒;

（3）使步骤（2）的颗粒与颗粒外崩解剂在搅拌器中进行共混，加入经筛或研磨机磨碎的润滑剂，再进行混合得到共混物3；

（4）将步骤（3）的共混物3进行压片；

（5）对步骤（4）的片剂的薄膜进行包衣。CN201810769647.9和CN201811354155.X均是上述CN201180011229.X的分案申请，目前这3个专利申请仍都处于实质审查中，还未获得专利授权。

国内江苏豪森药业的阿哌沙班片作为首仿药在2019年1月9日被NMPA批准上市。在制剂专利申请方面，该公司在2019年1月9日提交了专利申请（CN201910018674.7），该申请目前处于实质审查中。该申请具体涉及阿哌沙班包衣片的新制剂处方及制备工艺，其处方包含崩解剂、乳糖、微晶纤维素、润滑剂，其中优选乳糖与微晶纤维素的重量比例为（4～5）：1，优选阿哌沙班的粒度$d(0.9) \leqslant 25~\mu m$；该制备方法采用将中间体物料进行干法制粒，并与润滑剂混合，将所得混合物料加入压片机中压片，控制素片硬度为$3.00～10.00~kg/cm^2$；再将素片加入包衣锅中进行包衣，控制片床温度为35～45 ℃，包衣增重至2％～4％停止。从技术效果上来看，所得阿哌沙班制剂不仅稳定好、脆碎度小、溶出度高、体内生物利用度高、各批次间溶出差异小、表面活性剂用量少，而且在制备过程也无团聚和黏冲现象，适合工业化生产。

2019年12月31日，常州恒邦药业、江苏豪森药业作为共同申请人提交了专利申请（CN201911408280.9），该申请目前处于实质审查中。该申请具体涉及一种阿哌沙班口服片剂及其制备方法，所述片剂包括阿哌沙班以及辅料如稀释剂、崩解剂、预胶化淀粉、助流剂、矫味剂和润滑剂，所述预胶化淀粉按重量比计算，优选为35％～60％。该片剂的制备方法为：

（1）称取处方量的阿哌沙班、预胶化淀粉和交联羧甲基纤维素钠混合均匀，整粒，备用；

（2）称取处方量的乳糖、酒石酸、羧甲淀粉钠和山嵛酸甘油酯混合均匀，加入步骤（1）得到的混合物中，再次整粒；

（3）将硬脂酸镁加入步骤（2）得到的混合物，进行总混，直接压片。

该阿哌沙班口服片剂制备方法简单，安全无毒、稳定性好、溶出度快，且服用后可以快速崩解，口感良好。

举例2：奥拉帕利片

奥拉帕利（Olaparib，别名：奥拉帕尼）是全球首个上市的PARP抑制剂。奥拉帕利最先由英国库多斯（KuDOS）公司开发，2005年12月阿斯利康收购KuDOS后获得其开发权。阿斯利康的奥拉帕利胶囊（商品名Lynparza，规格50 mg）于2014年12月16日在欧盟获准上市，同年12月19日又在美国获准上市，用于治疗带有BRCA基因突变的晚期卵巢癌，其疗效显著，不良反应少，患者短期耐受性良好。2017年8月17日，美国FDA又批准了规格为100 mg和150 mg的奥拉帕利片剂上市，用于复发性上皮性卵巢癌、输卵管癌或原发性腹膜癌的治疗；2018年1月12日，FDA批准奥拉帕利用于gBRCA突变的乳腺癌患者。根据科睿唯安Cortellis数据库，阿斯利康的奥拉帕利在2019年度的销售额为11.98亿美元，预测其2025年的销售额为63.78亿美元。

阿斯利康的奥拉帕利片于2018年8月22日被NMPA批准上市，商品名：利普卓。口服奥拉帕利片含有100 mg或150 mg的奥拉帕利。片芯中的非活性成分为：共聚维酮、甘露醇、胶体二氧化硅和富马酸硬脂酸钠。片剂包衣由羟丙甲纤维素、聚乙二醇400、二氧化钛、氧化铁黄和氧化铁(仅 150 mg 片剂)组成。阿斯利康(英国)有限公司于 2009 年 10 月 5 日提交了奥拉帕利制剂的 PCT 申请 WO2010041051,其中国同族专利为 CN200980150172.4,发明名称:药物制剂 514,该专利在 2014 年 10 月 29 日获得中国授权。该专利保护含奥拉帕利的一种固体分散体配方及制备方法,该固体分散体制备的关键辅料为由乙酸乙烯酯和 1-乙烯基-2-吡咯烷酮组成的共聚维酮,所得的固体分散体再与合适的药用辅料制备成胶囊剂或片剂。在本发明的制剂中,至少一部分奥拉帕利可能以非晶形式存在于含基质聚合物的固体分散体中,其可以通过常规热分析或 X 射线粉末衍射来测定奥拉帕利是否以非晶形式存在。以非晶形式提供的奥拉帕利进一步提高了药物的溶解度和溶出率,由此增强了奥拉帕利的临床治疗效果。

国内企业有江苏豪森药业等提交了涉及奥拉帕利新的制剂处方及制备方法的专利申请。例如,申请人江苏豪森药业在 2015 年 3 月 30 日提交了专利申请(CN201510143738.8),该申请目前仍处于实质审查阶段。该专利的制剂组方中以总重量计,奥拉帕利的量优选为 20% ~ 30%;载体的量优选为 50% ~ 60%,优选载体为聚维酮 12PF。所述奥拉帕利或其盐与载体以固体分散体的形式包含在所述药物组合物处方中,处方中的药用辅料还包含赋形剂、助流剂、润滑剂和/或薄膜包衣预混剂、着色剂或矫味剂。所述固体分散体的制备方法优选为热熔挤出。该发明提供的奥拉帕利组合物制剂安全稳定、体外溶出效果优异。

举例 3:米拉贝隆缓释片

米拉贝隆(Mirabegron)由日本安斯泰来制药研发,是一种 β3 肾上腺素受体激动剂。规格为 25 mg 和 50 mg 的米拉贝隆缓释片于 2011 年 9 月首次在日本获批上市,用于成年人膀胱过度活动症(OAB)患者尿急、尿频和/或急迫性尿失禁的对症治疗。该产品 2012 年 6 月被美国 FDA 批准上市,2017 年获批在中国上市,商品名:贝坦利(BETMIGA)。根据科睿唯安 Cortellis 数据库,米拉贝隆缓释片在 2019 年全球销售额为 13.48 亿美元。

安斯泰来制药申请的专利号 WO2010038690A1,其提供一种米拉贝隆的控释药物组合物,其处方含有:①米拉贝隆;②一种以上用于使水渗入制剂内部的添加剂(优选自由聚乙二醇、聚乙烯吡咯烷酮、D-甘露醇、乳糖、白糖、氯化钠和聚氧乙烯聚氧丙烯二醇醚组成的组中的一种或两种以上),添加剂的量相对于制剂整体重量的比例为 5% ~ 70%;③能形成水凝胶的聚合物(优选自由聚环氧乙烷、羟丙基甲基纤维素和羟丙基纤维素组成的组中的一种或两种以上),聚合物的量相对于制剂整体重量的比例为 1% ~ 70%;④抗氧化剂丁基羟基甲苯,其相对于制剂整体重量的比例为 0.025% ~ 0.25%;⑤稳定剂(优选自氧化铁黄和/或氧化铁红),其相对于制剂整体重量的比例为 0.05% ~ 1%。通过制备成米拉贝隆缓释片,与禁食时相比,缓释片饭后的 C_{max} 的降低率为 42%(而米拉贝隆普通片对禁食时相比饭后的 C_{max} 的降低率为 67%),因此米拉贝隆缓释片对食物摄入没有限制,其通过控制有效成分的释放速度,减弱了普通片受常见的食物影响的问题,能够显著地改善由食物引起的 C_{max} 降低。该申请有中国同族 CN200980138691.9(已失效)及其分案申请 CN201510642287.2(处于实质审查中)。

举例 4:盐酸帕罗西汀肠溶缓释片

关于肠溶缓释片这种剂型,目前在 NMPA 数据库里只有 2 种药物(盐酸帕罗西汀肠溶缓释片、阿司匹林肠溶缓释片)被批准上市,其中盐酸帕罗西汀肠溶缓释片为葛兰素史克(GSK)的进口注册产品,阿司匹林肠溶缓释片为山东新华制药的国产上市药品。根据科睿唯安

Cortellis 数据库,GSK 的盐酸帕罗西汀产品在 2019 年全球销售额为 6.62 亿美元。此处,我们研究一下原研公司关于盐酸帕罗西汀肠溶缓释片的制剂专利情况。

史密丝克莱恩比彻姆(SMITHKLINE BEECHAM)公司在所申请专利(WO1997003670A1)公开了适于或用于口服的含有帕罗西汀或其药学上适用的盐的控释和延时释放制剂,所述制剂被配制使得帕罗西汀的控制释放在口服后被延迟,以使所述的控制释放主要在小肠内发生。所述制剂包括盐酸帕罗西汀肠溶包衣的缓释片剂。帕罗西汀盐酸盐的控释和延释体系具体含有:①沉积片芯,其含有 28.61 mg 盐酸帕罗西汀、18.75 mg Methocel K4M、79.14 mg 乳糖一水合物、2.50 mg 聚乙烯吡咯烷酮、1.25 mg 硬脂酸镁以及 0.50 mg Syloid 244;②应用于所述沉积片芯的承载座,所述承载座含有 15.04 mg Compritol 888、30.50 mg 乳糖一水合物、4.00 mg 聚乙烯吡咯烷酮、0.80 mg 硬脂酸镁、29.32 mg methocel E5、0.32 mg Syloid 244,以及 0.02 mg 氧化铁;③肠溶包衣,其含有 13.27 mg Eudragit、3.31 mg 滑石,以及 1.33 mg 柠檬酸三乙酯。WO1997003670A1 的中国同族专利为 CN96196819.2 以及分案专利 CN03149046.8,目前这 2 个中国专利均已届满失效。

举例 5:孟鲁司特钠咀嚼片

孟鲁司特钠咀嚼片是一种强效、选择性的白三烯受体拮抗剂,原研为 Merck Sharp & Dohme(默沙东)公司。本品 1997 年首次在欧盟上市,1998 年获得美国 FDA 批准上市,1999 年在中国上市。5 mg(以孟鲁司特计)为粉红色圆形片,4 mg(以孟鲁司特计)为粉红色椭圆形片,临床适用于 2 岁至 14 岁儿童哮喘的预防和长期治疗,以及减轻过敏性鼻炎引起的症状。该药物能够显著改善炎症指标和肺功能,减少哮喘和过敏性鼻炎发作频率,改善呼吸及生活质量,同时能减少每天激素使用剂量,从而降低激素副作用。孟鲁司特钠咀嚼片目前在国内有 Merck Sharp & Dohme 的进口注册产品,以及国内多家公司如鲁南贝特制药、杭州民生滨江制药等孟鲁司特钠咀嚼片上市。目前,该产品已被纳入国家第三批集采目录中,最高有效申报价是 5.418 元(4 mg)、6.4273 元(5 mg)。

关于国产已上市的孟鲁司特钠咀嚼片仿制药有多个专利申请,例如,鲁南贝特制药的孟鲁司特钠咀嚼片产品批准文号为国药准字 H20083330。申请人鲁南制药集团在 2010 年 1 月 9 日提交了申请专利(CN201010003886.7),该专利已获得授权,授权公告号为 CN101773481B。该发明涉及一种孟鲁司特钠咀嚼片的处方,其由以下质量份数的组分组成:4.5~5.8 份的孟鲁司特钠、10~40 份的微晶纤维素、60~65 份的甘露醇、35~45 份的 4% PVPK30 乙醇溶液、0.5~2 份的硬脂酸锌和 0.5~3 份的遮光剂;其中,所述的遮光剂为氧化铁红、氧化铁黄或二氧化钛。该发明的有益效果为:由于目前孟鲁司特钠咀嚼片生产过程需要避光操作,给批量生产带来不便,并且孟鲁司特钠咀嚼片存在稳定性较差的缺陷,该发明在孟鲁司特咀嚼片辅料中加入硬脂酸锌和遮光剂氧化铁红、氧化铁黄、二氧化钛,有效降低了有关物质的含量,以及提高了咀嚼片的稳定性。

扬子江药业集团南京海陵药业的孟鲁司特钠咀嚼片产品批准文号为国药准字 H20203347。申请人扬子江药业集团有限公司在 2017 年 11 月 29 日提交了专利申请(CN201711227149.3),该专利申请目前处于实质审查中。该专利申请公开了一种稳定的孟鲁司特钠咀嚼片,该咀嚼片处方包含孟鲁司特钠和黏合剂羟丙基纤维素,此外,处方中还包含选自填充剂、崩解剂、润湿剂、润滑剂、甜味剂、矫味剂、着色剂中的至少一种。该咀嚼片的具体制备方法:取孟鲁司特钠和羟丙基纤维素分别配制成水溶液,混合后备用,将除硬脂酸镁后的剩余药用辅料进行混合均匀,加入流化床中,喷入孟鲁司特钠与羟丙基纤维素的水溶液制粒并干燥至水分重量百分比为 0.5%~1.5%,整粒,加入硬脂酸镁总混,压片。利用该发明所制得的孟鲁司特钠咀嚼片外观色泽均匀、批间差异小、体外溶出释放稳定,且制备方法简单可控、易放大、重现性好。

举例 6:地拉罗司分散片

地拉罗司分散片(Deferasirox dispersible tablets)是由瑞士诺华制药研究开发的铁螯合剂产品,2005 年 11 月在美国首次上市,是美国 FDA 批准的第一个能够常规使用的口服驱铁剂,获准在年龄大于 2 岁(含 2 岁)、输血造成的慢性铁负荷过多的患者中使用,在欧洲它被推荐作为 6 岁以上地中海贫血铁过载患者的一线用药。地拉罗司分散片已通过进口注册在中国上市,商品名:Exjade、恩瑞格。

原研瑞士诺华制药于 2006 年 10 月 17 日在中国提交包含地拉罗司的分散片专利申请(CN200680038655.1),该申请现已失效。该分散片涉及包含:①基于片剂的总重计算,以 42%~65%的量存在的地拉罗司游离碱;②至少一种可药用赋形剂。其中所述的可药用赋形剂是:①基于片剂的总重计算,以 35%~45%的量存在的至少一种填充剂,如乳糖和/或微晶纤维素;②基于片剂的总重计算,以 2%~8%的量存在的至少一种崩解剂,如交联聚乙烯吡咯烷酮;③基于片剂的总重计算,以 1%~5%的量存在的至少一种黏合剂,如 PVP K30;④基于片剂的总重计算,以 0.01%~1%的量存在的至少一种表面活性剂,如十二烷基硫酸钠;⑤基于片剂的总重计算,以 0.1%~5%的量存在的至少一种助流剂,如胶体二氧化硅;⑥基于片剂的总重计算,以 0.45%~0.85%的量存在的润滑剂,如硬脂酸镁。其分散片的崩解时限为 5 min 或更短时间。

因为地拉罗司的酸度和药物含量的局部累积,导致当前患者在地拉罗司疗法下会发生胃出血的严重副作用,因此,业内期望重新配制地拉罗司可分散制剂以限制药物化合物与胃黏膜的直接接触,提供没有食物效应的高载量地拉罗司制剂,如呈肠溶包衣形式或较快自胃排空的剂型的多微粒形式。因此,原研诺华制药于 2014 年 3 月 6 日在中国提交了地拉罗司的口服制剂专利申请(CN201480012815.X),该专利现已获得授权,授权公告号为 CN105025886B。该申请有 PCT 同族 WO2014136079A1 以及美国专利同族 US9283209B2。该口服片剂的处方为:包括地拉罗司或其药学上可接受的盐,其基于该片剂的总重量以 45%~60%的量存在,其中该片剂含有 90 mg、180 mg 或 360 mg 的地拉罗司或其药学上可接受的盐。其中,该片剂进一步包括:①至少一种填充剂,其总量为基于该片剂总重量的 10%~40%,其中该填充剂是微晶纤维素;②至少一种崩解剂,其总量为基于该片剂总重量的 1%~10%,其中该崩解剂是交联聚乙烯基吡咯烷酮(交联聚维酮);③至少一种黏合剂,其总量为基于该片剂总重量的 1%~5%,其中该黏合剂是聚乙烯基吡咯烷酮(PVP);④至少一种表面活性剂,其总量为基于该片剂总重量的 0.0%~2%,其中该表面活性剂是泊洛沙姆;⑤至少一种助流剂,其总量为基于该片剂总重量的 0.1%~1%,其中该助流剂为胶质二氧化硅;⑥至少一种润滑剂,其总量小于基于该片剂总重量的 0.1%~2%,其中该润滑剂是硬脂酸镁;⑦包衣,其中该包衣包括功能性或非功能性聚合物。该制剂专利技术在胃环境下释放减少,但其在接近中性 pH 或处于中性 pH 下可实现快速释放,当通过标准 USP 测试测量时具有 5~10 min 的崩解时间,且防止了胃肠刺激和不具食物效应,改良了患者吞咽药物的顺从性,同时达到与市售地拉罗司分散片剂(Exjade)相当的治疗效果。

举例7:中药片剂

申请人武汉健民中药工程有限责任公司在 2003 年 12 月 4 日提交专利申请(CN200310111519.9),已获得授权。该专利涉及一种养阴清热、解毒杀虫、可用于龋齿的预防和治疗的中药口含片及其制备方法。其成分由女贞子、金银花、甘草三味中药材组成。其制备方法包括药材提取、药液浓缩或干燥、制颗粒、压片成型几个步骤。

申请人广东天之骄生命科技、天津天士力制药在 2004 年 6 月 1 日提交专利申请(CN200410046127.3),已获得授权。该专利涉及一种复方丹参口腔崩解片及其制备方法,其特征在于从中药丹参、三七中得到的提取物与冰片包合物、药用辅料混合,制备成口腔崩解片。该发明采用超声振荡提取法和旋转刮膜法,将丹参纯化,得到有效部位丹参总酚酸,提高了其在制剂中的含量,其制备得到的复方丹参口腔崩解片具有显效迅速、药理作用好的特点。申请人天津天士力制药在 2004 年 11 月 26 日提交专利申请(CN200410072942.7),已获得授权。该专利涉及一种复方丹参片的制备方法,它以丹参、三七和冰片为原料药制成,其制备工艺步骤为:①将丹参或者丹参和三七混合或单独制成水提液或醇提液;②对所述的提取液进行初步澄清处理;③进一步对提取液进行超滤处理;④将超滤液浓缩,按常规方法制成片剂。

申请人广东东阳光药业在 2014 年 12 月 31 日提交专利申请(CN201410856144.7),涉及一种不添加任何辅料的冬虫夏草复方中药片剂及其制备方法,该专利已授权。该片剂由含水量不超过 7% 的中药微粉糊化物组成,其中中药微粉糊化物是由中药粉末和溶剂混合后经糊化干燥而成,具体包括以下步骤:①称取 1 份中药微粉,加入 7~10 份的溶剂,搅拌均匀;②温度为 20~100 ℃下糊化;③冷冻干燥后粉碎;④粉末压片即得。所述中药为冬虫夏草、虫草菌丝体、红景天、玛卡、西洋参、黑枸杞、石斛、灵芝或其组合。含水量为 3%~5%,溶剂为水、乙醇或其组合,所述中药微粉的粒径为 1~150 μm,糊化的温度为 50~80 ℃,糊化的时间为 1~4 h。该发明提供了一种中药片剂无辅料压片且有效成分溶出高效快速的制备方法,整个过程不添加任何药用辅料,且有效成分溶出快,一次压片即得,片形外观好,硬度、崩解度和脆碎度均符合片剂质量要求。

(二)胶囊剂

根据胶囊剂的溶解与释放特性,胶囊剂可分为硬胶囊(通称为胶囊)、软胶囊(胶丸)、缓释胶囊、控释胶囊、肠溶胶囊,胶囊剂主要供口服用。各类型的载药胶囊的主要区别在于胶囊中除主药外,其余各辅料的成分和配比也不一样,其制备方法也自然不同。

目前,已获批在国内外上市的国产或进口的胶囊剂有利那洛肽胶囊、克唑替尼胶囊、哌柏西利胶囊、他克莫司胶囊、来那度胺胶囊、伊布替尼胶囊、阿莫西林胶囊、盐酸氨基葡萄糖胶囊、黄柏胶囊、甜梦胶囊、鞘蕊苏胶囊、舒筋除湿胶囊、疏肝益阳胶囊、缬草提取物胶囊、前列舒胶囊、复方益肝灵胶囊、二十五味驴血胶囊、双歧杆菌三联活菌胶囊、地衣芽孢杆菌活菌胶囊、乙磺酸尼达尼布软胶囊、环孢素软胶囊、硝酸咪康唑阴道软胶囊、阿法骨化醇软胶囊、硝呋太尔制霉菌素阴道软胶囊、盐酸度洛西汀肠溶胶囊、兰索拉唑肠溶胶囊、奥美拉唑肠溶胶囊、枯草杆菌二联活菌肠溶胶囊、重组 B 亚单位/菌体霍乱疫苗(肠溶胶囊)、双氯芬酸钠双释放肠溶胶囊、盐酸文拉法辛缓释胶囊、盐酸巴尼地平缓释胶囊、他克莫司缓释胶囊、酒石酸托特罗定缓释胶囊、阿司匹林双嘧达莫缓释胶囊、单硝酸异山梨酯缓释胶囊、重组人干扰素 α2b 阴道泡腾胶囊等。下面以部分药物的胶囊剂制剂专利进行举例说明。

举例 1：克唑替尼胶囊

美国辉瑞研发的克唑替尼（Crizotinib）是一种 ALK 抑制剂，其原料药几乎不溶于水，克唑替尼胶囊在 2011 年 8 月被美国 FDA 批准上市，规格为 200 mg 和 250 mg，商品名：XALKORI，该产品是第一个用于 ALK 阳性非小细胞肺癌的一线治疗药物。目前美国辉瑞的克唑替尼胶囊已在中国上市，商品名：赛可瑞。根据科睿唯安 Cortellis 数据库，克唑替尼胶囊在 2019 年全球销售额为 5.30 亿美元。

申请人刘小斌、吴鹏程在 2014 年 4 月 11 日提交了专利申请（CN201410154688.9），涉及一种克唑替尼胶囊及制备方法，该申请目前处于实质审查中。该申请所述的克唑替尼胶囊规格为 200 mg 和 250 mg：每粒胶囊的辅料用量分别为羧甲淀粉钠 20～50 mg、无水磷酸氢钙 50～200 mg、微晶纤维素 30～100 mg、硬脂酸镁 1～10 mg、微粉硅胶 5～25 mg。制备方法为：流化床一步制粒、混合、灌装胶囊，润湿剂采用 80% 乙醇液。该发明解决了克唑替尼胶囊颗粒流动性差、装量差异较大、溶出度较低、稳定性较差的问题，提高了克唑替尼胶囊的生物利用度和疗效，具有更理想的治疗效果。

申请人正大天晴药业在 2017 年 4 月 25 日提交了专利申请（CN201710275327.3），涉及克唑替尼药物组合物及其制备方法，该申请处于实质审查中。在该药物组合物中，赋形剂药物组合物的重量百分比为 15%～40%。其中，填充剂占药物组合物重量百分比为 10%～35%；崩解剂占药物组合物重量百分比为 1%～10%；润滑剂占药物组合物重量百分比为 2%～6%；所述克唑替尼的粒度分布满足 $X_{50} \leqslant 6 \ \mu m$，$X_{90} \leqslant 26 \ \mu m$，优选粒度分布满足 $X_{10} = 0.7 \sim 1.4 \ \mu m$，$X_{50} = 3.9 \sim 6 \ \mu m$，$X_{90} = 10.7 \sim 25 \ \mu m$。该制备方法包括如下步骤：①克唑替尼原料药气流粉碎，测定并控制粒度分布满足 $X_{50} \leqslant 6 \ \mu m$，$X_{90} \leqslant 26 \ \mu m$；②将气流粉碎后的克唑替尼原料药与填充剂 A 和润滑剂 A 混合后，过粉碎整粒机，再加入填充剂 B 和崩解剂，充分混合，过粉碎整粒机，加入润滑剂 B，充分混合；③将步骤②得到的混合物干法制粒；整粒；④加入润滑剂 C，总混，制备得到克唑替尼药物组合物。其中，填充剂 A 选自乳糖、甘露醇、淀粉或无水磷酸氢钙；填充剂 B 选自微晶纤维素或无水磷酸氢钙；崩解剂选自羧甲淀粉钠、交联羧甲基纤维素钠或交联聚乙烯吡咯烷酮；润滑剂 A 为二氧化硅；润滑剂 B 为硬脂酸镁；润滑剂 C 为硬脂酸镁。该申请的技术效果体现在：该药物组合物降低了辅料用量，便于服用，有利于提高患者顺应性；且药物组合物安全稳定，具有良好的溶出度；该发明所提供的克唑替尼药物组合物的制备方法操作简便、无溶剂残留、适合工业化生产。

举例 2：来那度胺胶囊

来那度胺（Lenalidomide）是由美国 Celgene 公司研发的一种免疫调节药。来那度胺胶囊在 2005 年 12 月被美国 FDA 批准上市，目前规格有 2.5 mg、5 mg、10 mg、15 mg、20 mg、25 mg，商品名：REVLIMID。来那度胺胶囊关于骨髓增生异常综合征、多发性骨髓瘤、套细胞淋巴瘤、成人 T 细胞淋巴瘤、滤泡中心淋巴瘤、边缘区 B 细胞淋巴瘤的适应证均已被批准上市。目前 Celgene 公司的来那度胺胶囊已在中国上市，商品名：瑞复美。国内有北京双鹭药业、正大天晴药业、扬子江药业集团、齐鲁制药 4 家企业已获批来那度胺胶囊仿制药上市。根据科睿唯安 Cortellis 数据库,原研公司的来那度胺胶囊在 2019 年全球销售额为 93.78 亿美元。

Celgene 公司提交的专利申请(WO2004043377),公开了作为治疗多发性骨髓瘤的来那度胺的用途及其给药方法和制剂,其中国同族专利申请为 CN03816899.5(已失效)及其分案 CN201110256158.1(已失效)、CN201310344594.3(已授权)、CN201410690665.X(已失效)等,涉及来那度胺化合物在 1~25 mg 的胶囊中施用,该胶囊包含来那度胺、无水乳糖、微晶纤维素、交联羧甲基纤维素钠和硬脂酸镁。

北京双鹭药业与南京卡文迪许生物工程技术有限公司合作研发的来那度胺胶囊于 2017 年取得国内首仿药上市。申请人南京卡文迪许生物工程技术有限公司、严荣在 2010 年 4 月 7 日提交了专利申请(CN201010139836.1),已获得授权。该专利涉及一种稳定的来那度胺口服固体制剂,其处方为:以 10000 个固体制剂单元计,是由下列组分制备而成:来那度胺 10~500 g、交联羧甲基纤维素钠 50~200 g、硬脂酸镁 1~50 g、预混粉 300~1200 g(预混粉的组成为重量比为 2:3 的乳糖与微晶纤维素混合物)、10% 重量体积百分比聚维酮无水乙醇溶液 100~500 mL。制剂的制备方法包括:①将聚维酮溶解于无水乙醇中得到黏合剂,备用;②取乳糖和微晶纤维素,分别粉碎后过 100 目筛,按比例混合均匀,得预混粉,备用;取交联羧甲基纤维素钠,粉碎后过 100 目筛,备用;取来那度胺,粉碎后过 100 目筛,备用;③将预混粉、交联羧甲基纤维素钠和来那度胺混合均匀,得含药混合粉末,备用;④向含药混合粉末加入黏合剂,制 16 目湿颗粒,40 ℃干燥,得干颗粒;⑤干颗粒过 18 目筛整粒后加入硬脂酸镁,与干颗粒混匀,得中间体颗粒,再进一步制备成为片剂、胶囊剂或颗粒剂。该发明所提供的来那度胺口服固体制剂具有长期留样质量稳定以及在较短时间内释放完全易于被人体吸收的优点。

举例 3:乙磺酸尼达尼布软胶囊(Nintedanib esilate soft capsules)

乙磺酸尼达尼布由勃林格殷格翰开发、生产和销售,乙磺酸尼达尼布软胶囊于 2014 年 10 月 15 日被美国 FDA 批准上市,规格有 100 mg 和 150 mg,商品名:Ofev,临床用于治疗特发性肺纤维化(IPF)和非小细胞肺癌(NSCLS)。乙磺酸尼达尼布软胶囊已于 2017 年 9 月在中国获批上市,商品名:维加特。

申请人贝林格尔·英格海姆国际有限公司(勃林格殷格翰公司)在 2009 年 6 月 4 日提交了乙磺酸尼达尼布制剂专利申请(CN200980121067.8),发明名称:含有吲哚满酮衍生物悬浮液制剂的胶囊药物剂型,该专利涉及含有活性物质乙磺酸尼达尼布的悬浮液制剂、含有该悬浮液制剂的胶囊药物剂型、制备该悬浮液制剂的方法、制备包含该悬浮液制剂的胶囊的方法以及用于最终胶囊的包装材料。其中,所述制剂组成中,乙磺酸尼达尼布分散在重量百分比为 10%~70% 的中链甘油三酯、重量百分比为 10%~30% 的硬脂和重量百分比为 0.25%~2.5% 的卵磷脂中,形成乙磺酸尼达尼布的黏稠悬浮液。该制剂还包含聚乙二醇甘油羟基硬脂酸酯或聚乙二醇甘油蓖麻醇酸酯,所述胶囊为软明胶胶囊,所述胶囊壳包含甘油作为增塑剂。CN200980121067.8 及其分案申请 201510660732.8 均已获得专利授权。

举例 4:盐酸度洛西汀肠溶胶囊

盐酸度洛西汀肠溶胶囊临床用于治疗抑郁症,规格有 20 mg、30 mg、60 mg。上海上药中西制药有限公司拥有盐酸度洛西汀肠溶胶囊的批准文号:国药准字 H20061263。申请人上海上药中西制药有限公司在 2008 年 12 月 26 日提交专利申请(CN200810207877.2),已获得授权。该专利涉及一种度洛西汀肠溶制剂及其芯材和制备方法。该度洛西汀肠溶制剂包括芯材、隔离层、肠溶层、修饰层。其中芯材由盐酸度洛西汀和药用辅料组成,盐酸度洛西汀的含量为 15％～60％,药用辅料中含有的水溶性热熔材料的含量为 10％～40％,其余为其他药用辅料,所述的百分比为其占芯材总量的质量百分比。所述的水溶性热熔材料为选自聚乙二醇、泊洛沙姆和硬脂酸聚烃氧(40)酯中的一种或多种,其软化或熔融温度为 40～65 ℃;所述的其他药学上可接受的辅料为选自填充剂、崩解剂、润滑剂和表面活性剂中的任何一种或几种。所述的芯材还包括占芯材质量 0.1％～1.5％的表面活性剂(选自吐温-80、聚氧乙烯蓖麻油和十二烷基硫酸钠)。该度洛西汀肠溶制剂的芯材的制备方法为:将盐酸度洛西汀、水溶性热熔材料和药学上可接受的辅料混合,之后加热至水溶性热熔材料软化或熔融,在水溶性热熔材料软化或熔融状态下制粒(采用热熔搅拌制粒、热熔流化制粒或热熔挤压制粒),然后冷却,即得。该度洛西汀肠溶制剂采用本领域常规的制备工艺,对芯材包被隔离层;采用本领域常规的制备工艺包被肠溶层、包被修饰层。该发明采用热熔工艺制备度洛西汀或其盐的肠溶制剂的芯材,简化了制备工艺步骤,避免了制备过程中水分或有机溶剂的引入,减少了溶剂残留和主药的降解,提高了肠溶制剂在制备和贮藏过程中的稳定性;主药含量高,溶出度好。

举例 5:盐酸文拉法辛缓释胶囊

盐酸文拉法辛是一种抗抑郁药物,盐酸文拉法辛缓释胶囊(规格有 75 mg、150 mg)在临床上适用于治疗各种类型抑郁症(包括伴有焦虑的抑郁症)及广泛性焦虑症。

申请人乐普药业股份有限公司在 2012 年 8 月 16 日提交了专利申请(CN201210291863. X),涉及一种盐酸文拉法辛缓释胶囊及其制备方法,该专利已获得授权。该缓释胶囊的内容物为缓释微丸,缓释微丸由内至外依次为丸芯、隔离层、缓释层,其中丸芯由下述重量百分含量的成分制成:盐酸文拉法辛 45％～48％、填充剂 15％～18％、崩解剂 3％～3.5％、聚维酮 K30 4％～6％、无水乙醇 24％～26％,余量为水;隔离层由下述重量百分含量的成分制成:聚维酮 K30 11％～13％、无水乙醇 83％～86％,余量为滑石粉;缓释层由下述重量百分含量的成分制成:乙基纤维素混悬液 38％～42％、聚乙二醇 6000 0.1％～1.0％,余量为水,乙基纤维素混悬液的乙基纤维素质量含量为 20％～30％。该发明经制备丸芯、包隔离层、包缓释层、填充胶囊后获得盐酸文拉法辛缓释胶囊,采用的乙基纤维素可燃性低、吸湿性小、具有良好的成膜性,材质稳定、容易控制,更安全和环保。

申请人石药集团中奇制药技术(石家庄)有限公司在 2012 年 12 月 31 日提交专利申请(CN201210583848.2),涉及一种盐酸文拉法辛缓释胶囊,该专利已获得授权。该发明制备的缓释胶囊内容物为缓释微丸。该微丸由含药丸芯以及缓释衣膜组成,含药丸芯含有盐酸文拉法辛、羟丙甲基纤维素和微晶纤维素,微丸平均粒径为 0.7～1.0 mm。含药丸芯由以下质量百分含量的组分组成:盐酸文拉法辛 33％～40％,羟丙甲基纤维素 1％,微晶纤维素 59％～66％;缓释衣膜由以下质量百分含量的组分组成:Kollicoat SR30D 以固体质量计 66.6％,滑石粉 26.7％,柠檬酸三乙酯 6.7％;其中包衣质量为丸芯的 13％～17％。该盐酸文拉法辛缓释胶囊的制备方法为:①将处方量的盐酸文拉法辛、羟丙甲基纤维素、微晶纤维素混合均匀,以水作为润湿剂制备软材;②将软材置于挤出机中挤出,挤出物置于滚圆机中滚圆制成丸芯,烘干;③将处方量的滑石粉、柠檬酸三乙酯加入水中混匀,再加入处方量的 Kollicoat SR30D,搅拌使之分散均匀,即得包衣液;④取 10～40 目丸芯置于流化床中,采用底喷方式包衣,热处理即得盐酸文拉法辛缓释微丸;⑤将所得缓释微丸装入明胶硬胶囊中,制得盐酸文拉法辛缓释胶囊。利用该发明制备的盐酸文拉法辛缓释胶囊释药平稳,无有机溶剂残留问题,产品服用安全,生产环境友好,成本低,易于产业化生产。

举例6:中药胶囊剂

CN03143211.5是石家庄以岭药业畅销产品连花清瘟胶囊的核心专利,发明名称:一种抗病毒中药组合物及制备方法,申请日:2003年7月1日,授权日:2005年3月30日,授权公告号:CN1194752C。该中药组合物以清瘟解毒、宣肺泄热为原则,适当配伍芳香辟秽、益气扶正,制备这种抗病毒中药组合物有效成分的原料药包括(按重量份计):连翘255,金银花255,板蓝根255,苦杏仁85,薄荷脑7.5,鱼腥草255,大黄51,广藿香85,绵马贯众255,红景天85,麻黄85,甘草85,石膏255。制备方法为:①按照上述各原料药重量比例称取中药材,净选;②广藿香碎断,加8~10倍量水提取挥发油,提油时间4 h,收集挥发油,提取液过滤后备用,残渣弃去;③连翘、麻黄、鱼腥草、大黄,用6~10倍量50%~90%的乙醇提取2次,第一次2 h,第二次1.5 h,提取液过滤,滤液合并,回收乙醇,备用;④金银花、石膏、板蓝根、绵马贯众、甘草、红景天,加7~11倍量水煎煮至沸,加入苦杏仁,煎煮2次,第一次1.5 h,第二次1 h,提取液过滤,滤液合并同时加入广藿香提油后的水溶液,浓缩成相对密度1.10~1.15清膏,加95%乙醇,边加边搅拌,至醇浓度70%,冷藏放置24 h,过滤,滤液回收乙醇至无醇味,与醇提液合并,浓缩至相对密度1.15~1.20清膏,45~80 ℃喷雾干燥,即得干膏粉;⑤按照干膏粉:辅料=1:(0.5~1.0)的比例加入85%的乙醇制粒;⑥将薄荷脑、广藿香挥发油加入乙醇溶解后喷入制粒细粉中,与颗粒混匀,用于临床上制备胶囊。

申请人山东罗欣药业在2015年8月10日提交专利申请(CN201510486577.2),已获得授权。该专利涉及一种治疗感冒的中药组合物软胶囊。该软胶囊的囊液中各组分的配比为:中药提取物30%~50%、分散剂40%~70%、助悬剂0~6%、润湿剂0~4%;所述中药提取物包括由以下重量份的中药原料经提取制备而得的干膏和挥发油:连翘50~200份、羌活50~200份、薄荷20~150份、穿心莲50~200份、天花粉20~150份、鸭跖草40~200份。该发明采用逆流提取工艺提取后制成软胶囊,提取效率高、节约能耗,制成的软胶囊密封性好,掩盖了药物的不良气味;药物稳定性好,不易吸潮;同时具有崩解速度快,生物利用度高等优点。该软胶囊对病毒性感冒的治疗效果显著优于抗病毒颗粒,还优于传统的水提制剂。

申请人青岛益青药用胶囊有限公司在2013年4月27日提交专利申请(CN201310151330.6),已获得授权。该专利涉及一种适合中药充填用的空心胶囊配方,所述空心胶囊包括以下质量百分比的成分:明胶49.73%~89.9%,琼脂10%~50%,增塑剂0.05%~0.25%,脱模剂0.001%~0.02%,色素0%~0.002%,其余为水分。该空心胶囊具备低含水量的特点,适用于所有胶囊剂型,尤其适合于中药充填用。

(三)颗粒剂

颗粒剂有可溶性颗粒、混悬性颗粒、泡腾性颗粒、肠溶颗粒、缓释颗粒、控释颗粒等类型。颗粒剂主要用于口服,可直接吞服或者冲入水中随水一起饮用。目前,已获批在国内外上市的国产或进口的颗粒剂或复方颗粒剂有孟鲁司特钠颗粒、阿莫西林颗粒、龙牡壮骨颗粒、板蓝根颗粒、养血清脑颗粒、生脉颗粒、健脾颗粒、厄贝沙坦颗粒、磷霉素氨丁三醇颗粒、小儿法罗培南钠颗粒、小儿碳酸钙D3颗粒、枯草杆菌二联活菌颗粒、奥美拉唑肠溶颗粒、辛伐他汀无润滑剂颗粒、克拉霉素包衣颗粒、头孢托仑匹酯颗粒、中药制剂颗粒等。下面以部分药物的颗粒剂专利进行举例说明。

举例1：孟鲁司特钠颗粒

国内孟鲁司特钠颗粒（规格0.5 g∶4 mg（以孟鲁司特计））获批上市的企业为长春海悦药业（国药准字H20183273）和江苏正大丰海制药（国药准字H20203044）。申请人江苏正大丰海制药在2015年11月20日提交专利申请（CN201510811443.3），涉及一种孟鲁司特钠药物组合物，该专利已授权。该组合物颗粒剂处方中含有质量百分比为0.7%～1.2%的孟鲁司特钠、质量百分比为0.5%～2.0%的羟丙基纤维素、质量百分比为0.001%～0.01%的甲基丙烯酸氨烷基酯共聚物E型以及适量的甘露醇160C。该孟鲁司特钠颗粒的制备方法为：①将羟丙基纤维素、甲基丙烯酸氨烷基酯共聚物E型，置于无水乙醇或含水乙醇中，制得混合液I；②避光环境下将孟鲁司特钠置于混合液I中，制得混合液II；③向甘露醇中加入混合液II搅拌均匀；④制粒，干燥，整粒，筛分，分装。该组合物专利的技术效果为：可降低孟鲁司特钠降解产物亚砜等杂质的增长，显著提高孟鲁司特钠稳定性。同时该方法制备工艺简单、方便可行、重复性好、成本低，适于工业化大生产。

举例2：克拉霉素颗粒

新华制药（高密）有限公司拥有规格为0.125 g和0.25 g的克拉霉素颗粒批准文号（国药准字H20010616和H20010698）。申请人新华制药（高密）有限公司在2013年6月21日提交专利申请（CN201310251593.4），该专利已获得授权。该专利涉及一种甜味克拉霉素颗粒剂的制备方法。该方法包括以下步骤：①制备克拉霉素掩味粉末。具体将制剂组分中质量百分含量为58.82%的分散剂单硬脂酸甘油酯与制剂组分中质量百分含量为11.77%的包衣材料聚丙烯酸树脂Ⅳ加热形成共融物；再将制剂组分中质量百分含量为29.41%的克拉霉素加入共融物中，搅拌，冷却；粉碎、过筛、整粒制得克拉霉素掩味粉末。②制软材、制粒、干燥、整粒：先将羧甲淀粉钠、甜味剂（为甜蜜素、糖精钠、安赛蜜、甜菊糖苷或三氯蔗糖中的两种、三种或四种）、pH调节剂（为碳酸钠、枸橼酸钠、碳酸氢钠或磷酸氢二钠中的一种）、羟丙纤维素、克拉霉素掩味粉末投入制粒机混合均匀后，再将甘露醇投入制粒机混合均匀；最后再将纯化水加入混合，制得软材；经制粒、干燥、整粒，整粒过程喷入矫味剂，分装即可制得甜味克拉霉素颗粒剂。该方法通过热熔、包衣、制粒得到甜味克拉霉素颗粒剂，具有操作过程简单、辅料使用较少、便于生产操作的特点，很好地控制了产品质量。

举例3：中药颗粒

申请人中山市中智中药饮片有限公司在2009年11月6日提交专利申请（CN200910211420.3），涉及一种中药组合物颗粒剂及其制备方法，该专利已获得授权。该中药组合物颗粒剂包括如下重量组分的破壁粉体：西洋参破壁粉体3～18份、三七破壁粉体1～24份、石斛破壁粉体6～36份、丹参破壁粉体9～45份，所述破壁粉体的粒度为D90（5～75 μm）。制备该中药组合物颗粒剂的方法为：取D90西洋参破壁粉体、三七破壁粉体、石斛破壁粉体、丹参破壁粉体，混匀，采用浓度大于20 vol%的含水乙醇制成软材，经10～30目筛的制粒机制粒后烘干、整粒即得。

申请人江阴天江药业有限公司在2006年4月3日提交专利申请（CN200610039286.X），涉及一种中药配方颗粒的包衣防潮方法，该专利已获得授权。该方法包括以下过程：将中药配方颗粒、山嵛酸甘油酯和微粉硅胶充分混合,置于均质乳化机中,在 75～80 ℃温度和 180～210 r/min 转速下,搅拌 15～20 min,制成防潮包衣中药配方颗粒,其中所述各原料成分的重量份为:中药配方颗粒 100 份、山嵛酸甘油酯 1～5 份、微粉硅胶 0.1～1 份。将山嵛酸甘油酯作为中药配方颗粒的包衣材料,熔点低,易于用热水冲服,再加上微粉硅胶,可增加颗粒的流动性,促进颗粒崩解。两者的协同作用使得山嵛酸甘油酯适用于做中药配方颗粒的包衣材料。另外采用热熔包衣,包衣材料用量小。

(四)散剂

散剂(powders)是指药物于适宜的辅料经粉碎、均匀混合制成的干燥粉末状制剂。散剂是古老的传统剂型,在化学药中应用不是特别多,主要在中药制剂中较为广泛应用。

目前,已获批在国内外上市的国产或进口的散剂或复方散剂化学药有阿司匹林散、阿咖酚散、阿奇霉素散剂、枸橼酸铁铵泡腾散剂、龙胆碳酸氢钠散、鞣柳硼三酸散、醋酸氯己定散、酪酸梭菌活菌散、赖氨匹林散、谷氨酰胺散、蒙脱石散、葡萄糖酸钙维 D2 散、精氨酸布洛芬散、磷霉素氨丁三醇散、硝酸咪康唑散、盐酸特比萘芬散等。下面以阿奇霉素散剂专利进行举例说明。

申请人安徽安科生物工程(集团)股份有限公司在 2010 年 8 月 20 日提交专利申请(CN201010264167.0),涉及一种阿奇霉素散剂组合物及其制备方法,该专利已获得授权。该阿奇霉素散剂按重量比的原料组成为:阿奇霉素:十六醇:羧甲淀粉钠:蔗糖:甜蜜素:糖精钠:谷氨酸钠:甜橙＝1:0.5:0.6:5.44:0.4:0.02:0.04:0.02。该散剂的制备方法为:①按照上述重量配比进行配料,分别将各原料粉碎后过 120 目筛,备用;②将上述备用的阿奇霉素和十六醇置于反应锅内加热,待阿奇霉素和十六醇熔化后加入上述备用蔗糖和羧甲淀粉钠,混匀后冷却至室温,粉碎过 100 目筛得第一混合物备用;③将上述备用的甜蜜素、谷氨酸钠、糖精钠和矫味剂甜橙与第一混合物混合至少 10 min,即得阿奇霉素散剂。该发明主要增加了甜橙作为矫味剂,同时阿奇霉素散剂组合物口感好、在人体内吸收快、生物利用度高,改变了传统的阿奇霉素散剂组合物味苦难以下咽的弊端。

申请人青岛康地恩药业股份有限公司、菏泽普恩药业有限公司在 2012 年 1 月 19 日提交专利申请(CN201210016596.5),涉及一种治疗鸡肾型传染性支气管炎的中药组合物散剂,该专利已获得授权。所述散剂的制备方法为:①将中药组合物各原料组分用水洗干净,捞出晾干;②将黄芩、金银花、板蓝根和石膏分别放入砂锅炒成炭,用粉碎机分别将其粉碎成细末,过筛,将干燥后的竹茹、桑叶、桑白皮、山豆根、白术和百合分别送入切片机中切成小薄片,再送入粉碎机粉碎成细末,过筛;③将上述步骤所得过筛后的细粉投入混合搅拌机充分混匀,获得散剂,随后用小瓶或包装盒分装。

(五)滴丸剂

滴丸剂主要供口服使用。目前,已获批在国内外上市的国产或进口的滴丸剂有辛伐他汀滴丸、联苯双酯滴丸、磷酸川芎嗪滴丸、硝苯地平滴丸、氯烯雌醚滴丸、格列美脲滴丸、复方丹参滴丸、左炔诺孕酮滴丸、吲达帕胺滴丸、马来酸氯苯那敏滴丸、卡托普利滴丸、盐酸多奈哌齐滴丸、盐酸特拉唑嗪滴丸等。下面以复方丹参滴丸的制剂专利进行举例说明。

申请人天津天士力制药集团股份有限公司在 2004 年 11 月 26 日提交专利申请

（CN200410072941.2），该专利已获得授权。该专利涉及一种复方丹参滴丸的制备工艺，它以丹参、三七和冰片为原料药，各重量百分配比为：丹参 20％～97％，三七 2％～79％，冰片 0.2％～3％。其制备的工艺步骤为：①取经粗粉碎的丹参、三七药材至提取罐中，加入适量碳酸氢钠，加水煎煮二次，滤过，滤渣弃去，合并滤液，得提取液；②对提取液进行初步澄清处理，所述的初步澄清处理为粗滤-吸附澄清、吸附澄清-高速离心、粗滤-微滤或粗滤-醇沉；③进一步对提取液进行超滤处理；④将超滤液浓缩，将所得浸膏与冰片及辅料混合均匀后，制成滴丸。所述超滤处理的操作工艺条件如下：超滤的进液口压力为 0.1～0.5 MPa，超滤的出液口压力比进液口压力低 0.25～0.5 kPa；料液温度为 15～50 ℃；料液的 pH 值控制在 5～9；当料液原液被浓缩 1/15～1/5 时，再加水或稀醇溶液超滤 1～2 次。在超滤的过程中单独或者联合采用下述方法：周期性压力波动、周期性流量波动、间歇地通入惰性气体；其中周期性压力波动的压力波动差为 0.1～0.2 Mpa，周期性流量波动的流速波动差为 1.0～2.0 m/s，间歇地通入惰性气体为 0.5～2 h 通气一次，每次 1 min。

　　申请人天津天士力医药集团股份有限公司在 2014 年 7 月 11 日提交专利申请（CN201410330969.5），该专利已获得授权。该专利涉及振动法制备复方丹参滴丸，该方法可用于制备高载药量滴丸、包衣滴丸以及滴丸胶囊。所述复方丹参活性成分是由原药材按重量份，即丹参 75～90 份、三七 10～25 份、冰片 0.1～4.0 份制成。该制备方法为：①物料预混，即将复方丹参活性成分浸膏或粉末加水后，于 30～80 ℃搅拌 10 min 以上，得到药物预混料；②化料，即将重量比为（1∶5）～（5∶1）的复方丹参活性成分与滴丸基质投入均质机中以 1000～5000 r/m 转速均质混合，时间为 1～200 min，然后以 3000～10000 r/m 转速均质化料，时间 1～100 min，温度 60～100 ℃，得中间体料液；③滴制，即中间体料液经滴头振动滴制，振动频率为 50～300 Hz，加速度 1～15 G，滴制压力为 0.5～4.0 Bar（1 Bar＝0.1 MPa），滴头温度 70～200 ℃，滴制速度与化料的速度匹配；④冷凝，即滴出的药滴在冷却气体中快速冷却，凝固成直径为 0.2～4.0 mm 的滴丸素丸，所述的冷却气体温度为 -150～0 ℃；⑤干燥，即采用梯度升温干燥法，流化干燥设备干燥，在 -20～90 ℃下干燥 1～4 h，得干燥滴丸素丸；⑥包衣，即所述的干燥素丸在流化床中包衣，包衣材料与素丸重量比为（1∶50）～（1∶10），包衣液浓度为 5％～25％，在温度 30～65 ℃下包衣即得包衣滴丸。

（六）中药丸剂

　　申请人上海雷允上药业有限公司在 2000 年 4 月 21 日提交专利申请（CN00115424.9），该专利目前已失效。该专利涉及含冰片的中药丸剂的制备方法，通过将冰片粉碎、过筛，以 1 份冰片加 0.01～1 份处方药物粉末和 0.05～1 份药用辅料的比例混合均匀，用乙醇润湿制粒，待干燥后制成 10～40 目的颗粒，然后压制成丸心，使每粒丸心中冰片的含量符合成品丸药中冰片的含量；以该丸心为基丸，将剩余的处方量药物粉末与赋形剂按常规制丸方法泛制成丸。该发明既解决了含冰片中药丸剂中冰片的含量稳定，又减少了冰片溶出对胃部的刺激，提高了含冰片中药丸剂的质量稳定性。

（七）膜剂

　　膜剂是在 20 世纪 60 年代开始研究并应用的一种药物剂型，其可供口服、口含、舌下给药，也可用于阴道内,或者用作皮肤或黏膜创伤或炎症表面覆盖。膜剂适合于小剂量的药物,载药量小。采用不同的成膜材料,可制备成不同释药速度的膜剂,既可制备成速释膜剂,也可制备成缓控释膜剂。目前,已获批在国内外上市的国产或进口的膜剂或复方膜剂化学药有地西泮膜、壬苯醇醚膜、克霉唑药膜、诺氟沙星药膜、鞣酸小檗碱膜、盐酸克仑特罗膜、复方庆大霉素膜、三维樟柳碱膜、谷固醇达克罗宁膜、复方麻黄碱色甘酸钠膜、复方氯己定地塞米松膜等。下面以壬苯醇醚膜的制剂专利进行举例说明。

　　CN201110035738.8公开一种缓溶性外用避孕的壬苯醇醚膜,其处方是由下列重量份的原料构成:壬苯醇醚 0.05~1.5,超级羧甲基淀粉钠 0.3~2,羟丙甲基纤维素 0.3~3,聚丙烯酸树脂膜剂为聚丙烯酸树脂膜剂 0.1~1.0,聚乙二醇 0.3~8,润滑剂 2~10。其中,处方中所述的聚丙烯酸树脂膜剂为聚丙烯酸树脂和聚丙烯酸树脂乳胶液中的一种,或者用其中两种混合使用。其实施例1的具体制备方法为:精确量取壬苯醇醚 0.06 g、羟丙甲基纤维素 0.3 g、聚丙烯酸树脂 0.2 g、聚乙二醇 1 g、超级羧甲基淀粉钠 0.5 g、丙二醇 2 g;首先将羟丙甲基纤维素制备成水溶液,用乙醇将聚丙烯酸树脂制备成醇溶液,分别将上述溶液加入壬苯醇醚、超级羧甲基淀粉钠、聚乙二醇和丙二醇混合物内,充分混合均匀,注入模具内和/或涂布于平板上,待成膜后取出和/或切割成各种形状,包装,每片含壬苯醇醚约 50 mg。使用该发明处方及工艺所制得的壬苯醇醚避孕膜具有缓慢溶解性能,药物溶出度提高,吸收精液和杀灭精子作用,且用膜材与阴道黏膜有较好的相容性、抗过敏性,柔韧舒适,可消除壬苯醇醚对皮肤黏膜的刺激作用。该专利申请日为 2011 年 1 月 27 日,已获得授权。

三、液体制剂

(一)注射液

举例1:莫西沙星注射液

莫西沙星(moxifloxacin)的原研及开发公司为德国拜耳公司,其为第四代喹诺酮类广谱抗菌药,广泛用于治疗成人上呼吸道和下呼吸道感染以及皮肤和软组织感染。莫西沙星片 1999 年在美国上市,2001 年 11 月盐酸莫西沙星氯化钠注射液被 FDA 批准上市,2004 年在中国以商品名拜复乐上市。

拜耳医药保健股份公司申请的莫西沙星注射液的剂型专利为 WO2001010465,其有全球专利布局,其中进入中国的专利同族为 CN00811427.7,发明名称:莫西沙星/氯化钠制剂,申请日:2000 年 7 月 25 日,授权公告号 CN1246039C,目前该专利因有效期届满已失效。该专利涉及含有莫西沙星盐酸盐和氯化钠的水性组合物、作为药物的所述组合物制剂和所述组合物在生产用于治疗或预防人或动物细菌感染的药物中的应用。其中用作药物的水制剂,其含有基于莫西沙星的量为0.04%~0.4%(W/V)的莫西沙星盐酸盐和 0.4%~0.9%(W/V)的氯化钠。制备莫西沙星盐酸盐水制剂的方法为:首先制备莫西沙星盐酸盐的水溶液,然后把氯化钠加入其中,并使其溶解。更具体为:把基于莫西沙星的量的莫西沙星盐酸盐浓度为从大于0.4%(W/V)至 2.4%(W/V)的莫西沙星盐酸盐水溶液与含有氯化钠的水溶液相混合。2015 年 5 月,国内企业挑战拜耳公司的 CN1246039C 专利成功,从而使国内仿制药制剂提前上市。

举例 2：氟维司群注射液

氟维司群（Fulvestrant）是一类新的雌激素受体拮抗剂——雌激素受体下调剂类抗乳腺癌治疗药物，原研及开发公司为阿斯利康。2002 年 4 月 25 日美国 FDA 批准阿斯利康的氟维司群注射液上市，规格为 50 mg/mL，商品名：Faslodex。氟维司群注射液已被中国批准上市，商品名：芙仕得，规格：5 mL：0.25 g，临床用于抗雌激素疗法治疗后无效、病情进展或激素受体呈阳性的绝经后妇女转移性晚期乳腺癌的治疗，该药物已被列入中国抗癌协会乳腺癌诊治指南与规范（2019 年版）推荐用药。氟维司群注射液是一种长效缓释注射液，其用于肌肉注射，每月注射 1 次，每次 250 mg，可单次注射 5 mL 或分 2 次注射（1 次 2.5 mL）。根据 Cortellis 数据库，2018 年度氟维司群全球销售额为 10.28 亿元。

原研阿斯特拉曾尼卡（阿斯利康）有限公司申请了氟维司群注射液的制剂专利 WO2001051056，有全球专利布局，其美国专利同族为 US6774122B2，进入中国的专利同族为 CN01803546.9，发明名称：FULVESTRANT 制剂，申请日：2001 年 1 月 8 日，授权公告号 CN1222292C，该专利目前已失效。该专利涉及一种含有氟维司群的适合注射给药的新型缓释药用制剂，更具体地说，涉及一种适合肌内注射的药用制剂，它的处方中含有氟维司群、每体积制剂含有 30%（重量）或更少的药学上可接受的醇、每体积制剂含至少 1%（重量）的混溶于蓖麻油酸酯赋形剂的药学上可接受的非水性酯溶剂以及足够量的蓖麻油酸酯赋形剂，以便制得制剂的氟维司群含量至少为 45 mg/mL，所述药学上可接受的非水性酯溶剂选自苯甲酸苄酯、油酸乙酯、十四酸异丙酯、棕榈酸异丙酯或它们的任何混合物。

举例 3：信迪利单抗注射液

信迪利单抗注射液（Sintilimab，商品名：达伯舒）是礼来和信达生物共同开发的创新 PD-1 抑制剂，于 2018 年 12 月 24 日正式获得 NMPA 批准上市，用于至少经过二线系统化疗的复发或难治性经典型霍奇金淋巴瘤的治疗。2019 年 11 月，达伯舒通过医保谈判成功纳入新版医保目录乙类范围，成为唯一通过医保谈判成功列入国家医保目录的 PD-1 单抗药物。达伯舒在 2020 年上半年累计销售收入达到 9 亿元。

信迪利单抗注射液制剂专利的申请人为信达生物制药（苏州）有限公司，发明名称：PD-1 抗体制剂，申请号 201780049042.6，申请日：2017 年 7 月 17 日，目前处于实质审查中，还未授权。信达生物制药（苏州）有限公司发现信迪利单抗在长期储存和各种环境条件下易于发生化学不稳定，包括氧化。因此，需要制备 PD-1 抗体的药物制剂，其可避免当前制剂不稳定（包括易氧化）的问题，并且还证明在延长的保质期期间的稳定性。该专利申请提供了抗 PD-1 抗体信迪利单抗的药物制剂及其制备方法，其中信迪利单抗注射液的药物制剂处方为：抗 PD-1 抗体的浓度约为 10 mg/mL，柠檬酸盐浓度约为 20 mM，组氨酸浓度约为 25 mM，甘露醇的浓度约为 140 mM，氯化钠的浓度约为 50 mM，乙二胺四乙酸盐的浓度约为 0.02 mM，聚山梨酯 80 的浓度约为 0.02%，且 pH 值约为 6.0。

案例 4：生脉注射液

申请人常熟雷允上制药有限公司在 2013 年 7 月 29 日提交专利申请（CN201310322222.0），现已授权，其涉及一种大容量生脉注射液及其制备方法，该大容量生脉注射液是由红参、麦冬、五味子为原料，经过现代提取、纯化方法制备得到有效成分含量高、杂质成分含量低的活性部位，再加入葡萄糖或者氯化钠，用注射用水稀释成 100～500 mL 规格的注射液制剂。制备方法:将制备得到的人参总皂苷提取物、五味子总木脂素提取物和麦冬总皂苷提取物,加入 2~6 份聚山梨酯 80,混合均匀,滤过,加葡萄糖 200~1250 份或氯化钠 36~225 份,加入注射用水 4000~25000 份,调节药液 pH 值至 7.5,滤过,灌装,灭菌,即得。

举例 5:丁酸氯维地平的脂微球注射液

申请人武汉武药科技有限公司在 2010 年 3 月 30 日提交专利申请(CN201010137082.6),现已授权,其涉及一种丁酸氯维地平的脂微球注射液及其制备方法。其处方组成为:丁酸氯维地平 0.07%、鱼油 15%、大豆卵磷脂 1.8%、PEG 衍生化磷脂酰乙醇胺 0.3%、Poloxamer 188 (1.2%)、甘油 2.4%,余量为注射用水,各原料均按重量百分比计算。其制备方法包括以下步骤:①把丁酸氯维地平、大豆卵磷脂和 PEG 衍生化磷脂酰乙醇胺加入鱼油中,35~80 ℃下搅拌溶解,混合均匀得到油相;②将 Poloxamer 188、甘油加入注射用水中,20~80 ℃下搅拌溶解,得水相;③在 30~75 ℃下,将水相和油相混合剪切形成初乳;④将此初乳通过高压均质机,压力调整为 500~1000 bar,在高压下均质 5~15 遍得到脂微球注射液;⑤用孔径为 0.45~2.0 μm 的微孔滤膜过滤;⑥充氮灌装,灭菌,即得丁酸氯维地平的脂微球注射液,平均粒径为 202.7±16.1 nm,多分散系数为 0.094。该脂微球注射液在保证疗效的同时,能够有效控制药物释放,降低不良反应发生率。

(二)注射用粉针

举例 1:注射用硼替佐米

硼替佐米(Bortezomib)是一种二肽硼酸盐,属可逆性蛋白酶体抑制剂的抗肿瘤药物,由日本武田制药和美国强生联合开发。注射用硼替佐米(Bortezomib for injection,3.5 mg/瓶)于 2003 年 5 月获 FDA 批准用于治疗复发、难治性多发性骨髓瘤,商品名:velcade(万珂),目前已在包括中国在内的 100 余国家上市。后又用于治疗复发或难治性套细胞淋巴瘤、非初治的套细胞淋巴瘤等。

申请人山东新时代药业在 2013 年 8 月 28 日提交专利申请(CN201310383198.1),涉及一种硼替佐米冻干粉针剂及其制备方法,该专利已获得授权。该硼替佐米冻干粉针剂含硼替佐米和甘露醇,不含有机溶剂,所述硼替佐米与甘露醇的重量比为 1:(8~12)。其制备方法为:硼替佐米溶解在甲醇中,加入甘露醇,分散均匀,干燥除去甲醇,得到硼替佐米甘露醇混合物;将此混合物加入注射用水中,搅拌完全溶解,氢氧化钠调节药液 pH 值至 4.0~7.0;配制好的溶液经 0.22 μm 的微孔滤膜过滤,得滤液;将滤液装入注射剂瓶中,冷冻干燥,压塞,轧盖,包装,得到冻干粉针剂。其中冷冻干燥包括如下三个阶段:①预冻阶段:将搁板温度降至 -50 ℃,迅速放入制品,待制品温度达 -30 ℃后,继续保温 6 h,保持箱内真空度为 7 Pa;②一次干燥阶段:保持箱内真空度为 7 Pa;以 0.1~0.15 ℃/min 的升温速度将搁板温度缓慢升至 -6 ℃,保温待制品冰晶完全消失后,继续保温 6~8 h;③二次干燥阶段:以 0.1~0.2 ℃/min 的升温速度将搁板温度缓慢升至 25 ℃,保温 2 h,再以 0.8~1 ℃/min 的升温速度升温,待制品温度达 40 ℃后,继续保温 4 h。该发明将甘露醇加入硼替佐米的甲醇溶液中,使硼替佐米与甘露醇充分反应,完全形成复合物,大大提高了硼替佐米的溶解度,缩短了配药时间,且产品复溶迅速。

举例 2：参芪扶正冻干粉针

申请人天津天士力制药在 2003 年 11 月 7 日提交专利申请(CN200310113944.1)，现已授权，其涉及一种注射用参芪扶正冻干粉针剂，其特征在于它是由党参和黄芪的有效部位组成的中药注射制剂；同时公开了该制剂的制备方法，其特征是分别采用醇提法和水提法提取党参和黄芪中的有效成分，醇沉后用活性炭脱色、中空纤维柱超滤，干燥得固体醇提取物和水提取物，将二者配成溶液，加适量赋形剂，经分装、低温冷冻干燥得注射用参芪扶正冻干粉针剂。

（三）溶液剂

目前，已获批在国内上市的国产或进口的溶液剂或口服溶液有乳果糖口服溶液、去铁酮口服溶液、银杏叶口服溶液、氨酚右敏口服溶液、左卡尼汀口服溶液、蛋白琥珀酸铁口服溶液、盐酸氨溴索口服溶液、盐酸托莫西汀口服溶液、左乙拉西坦口服溶液、复方福尔可定口服溶液、硫酸阿巴卡韦口服溶液、西罗莫司口服溶液、复方磷酸可待因口服溶液、联苯苄唑溶液、硝酸咪康唑溶液、曲安奈德氯霉素溶液、哈西奈德溶液、齐多夫定口服溶液、阿立哌唑口服溶液、利培酮口服溶液、环孢素口服溶液、洛匹那韦/利托那韦口服溶液等。下面以部分药物相关的制剂专利进行举例说明。

阿立哌唑（英文名称 Aripiprazole，英文别名 Abilify）是一种神经系统药物，百时美施贵宝公司的阿立哌唑片在 2002 年 11 月获美国 FDA 许可上市，用于治疗精神分裂症。2005 年 1月，百时美施贵宝公司研制的阿立哌唑口服溶液获美国 FDA 许可上市。原研百时美施贵宝公司在 2002 年 4 月 24 日提交了一种适于口服给药的阿立哌唑口服溶液制剂专利申请，专利申请号为 WO2002085366，并进入中国，其中国同族为 CN02811214.8。该阿立哌唑口服溶液包含阿立哌唑、适宜的药用溶剂系统、一种或多种味道增强/掩蔽剂和一种或多种选自乳酸、醋酸、酒石酸和枸橼酸的物质，其中所说的溶液的 pH 值为 2.5～4.5。其中阿立哌唑以 0.75～1.5 mg/mL 的浓度范围存在；乳酸是以 5.4～9 mg/mL 的浓度范围存在；适宜的药用溶剂系统由一种或多种选自水、表面活性剂、水可混溶的溶剂和增溶剂的物质所组成，表面活性剂是具有等于或高于 15 的亲水-亲油平衡值的可药用的表面活性剂，水可混溶的溶剂选自乙醇、甘油、丙二醇、山梨醇、聚乙二醇、聚乙烯吡咯烷酮和苄醇，增溶剂选自聚维酮和环糊精。该专利现已被宣告无效而导致权利丧失。

洛匹那韦/利托那韦口服复方制剂的原研公司为艾伯维（AbbVie）。2000 年 9 月 15 日，FDA 批准艾伯维的洛匹那韦/利托那韦胶囊以及洛匹那韦/利托那韦口服溶液上市，商品名：克力芝（Kaletra），该药物与其他抗反转录病毒药物联合用于治疗成人和出生 14 天及以上的儿科患者的 HIV-1 感染。目前已有进口的洛匹那韦/利托那韦片和洛匹那韦/利托那韦口服溶液在中国市场销售。洛匹那韦/利托那韦制剂在 2019 年全球销售额为 2.83 亿美元。涉及洛匹那韦/利托那韦口服溶液的专利有 US6911214、US8501219（均无中国同族）。其中，US6911214 授权保护了一种含洛匹那韦或其衍生物、利托那韦或其衍生物或其混合物的液体药物组合物中使用的调味的处方系统，所述处方系统包括：①氯化钠，重量约 0.35%；②柠檬酸钠，重量约 0.20%；③糖精钠，重量约 0.40%；④乙酰磺胺酸钾，重量约 0.40%；⑤柠檬酸，重量约 0.11%；⑥薄荷醇晶体，重量约 0.05%；⑦高果糖玉米糖浆，重量约 16.6%；⑦薄荷油，重量约 0.30%；⑧香草香精，重量约 1.25%；⑨棉花糖香精，重量约 1.0%；⑩甘草酸单铵盐，重量约 0.58％；⑪至少约 5.5％（重量）且不大于 8.5％（重量）的甘油；其量是基于药物组合物总重量的。US8501219 则授权保护了洛匹那韦/利托那韦的液体药物组合物新配方，其中根据药物组合物的总重量，组以下重量百分比存在：①柠檬酸：0.10～0.25 重量百分比；②柠檬酸钠：不大于 0.25 重量百分比；③氯化钠：不大于 0.40 重量百分比；④薄荷醇调味成分：0.03～0.25 重量百分比；⑤薄荷味成分：约 0.40 重量百分比；⑥香草调味成分：0.70～1.5 重量百分比；⑦棉糖调味成分：0.55～1.10 重量百分比；⑧甘油：5～30 重量百分比；⑨甘草酸单铵：0.35～0.65 重量百分比；⑩糖精钠：0.05～0.85 重量百分比；⑪安赛蜜钾：0.35～0.85 重量百分比；⑫高果糖玉米糖浆：14.5～33.6 重量百分比。

（四）糖浆剂

目前，已获批在国内上市的国产或进口的糖浆剂有齐多夫定糖浆、氯雷他定糖浆、美芬那敏铵糖浆、硫酸锌糖浆、浓维磷糖浆、布洛芬糖浆、阿奇霉素糖浆、磷酸可待因糖浆、硫酸亚铁糖浆、盐酸麻黄碱糖浆、盐酸氨溴索糖浆、氨酚麻美糖浆、丙戊酸钠糖浆、葡萄糖酸亚铁糖浆、苯海拉明薄荷脑糖浆、盐酸雷尼替丁糖浆、盐酸金刚烷胺糖浆、氢溴酸右美沙芬糖浆等。下面以部分药物的溶液剂专利进行举例说明。

申请人勃林格殷格翰在 2015 年 5 月 19 日提交专利申请（CN201580026553.7），涉及含有盐酸氨溴索的咳嗽糖浆，其特征在于其基本上无甘油、无糖醇。该糖浆由以下组分组成：①盐酸氨溴索，其量为 0.1～1.0 g；②增稠剂，其量为 0.01～1.0 g；③甜味剂，其量为 0.01～10 g；④防腐剂，其量为 0～1.0 g；⑤矫味剂，其量为 0～10 g；⑥水，加至 100 mL。结果表明，该咳嗽糖浆相对于含有氨溴索的市售组合物具有特别低的盐酸氨溴索的降解率。目前该专利仍处于实质审查中。

申请人广东华润顺峰药业有限公司在 2015 年 6 月 1 日提交专利申请（CN201510291917.6），已获得授权。该专利涉及一种氯雷他定糖浆剂及其制备方法，其中糖浆剂以氯雷他定为主药，以 β-环糊精或 γ-环糊精为包合剂，以枸橼酸或枸橼酸钠为 pH 调节剂，以西柚香精或香橙香精为矫味剂，其中，以重量份数计，每 100 份主药配比 800～1200 份包合剂、150～250 份 pH 调节剂以及 90～100 份矫味剂。该发明通过调整组分之间的合理配比，解决了氯雷他定在液体制剂中溶解性的问题，并保证其物理性质及化学性质的稳定性，特别适用于儿童患者和吞咽困难患者，提供用药依从性和生物利用度。

（五）混悬剂

目前，已获批在国内上市的国产或进口的混悬剂有磷酸奥司他韦干混悬剂、吸入用布地奈德混悬液、肠内营养混悬液、铝镁混悬液、夫西地酸口服混悬液、奥卡西平口服混悬液、泊沙康唑口服混悬液、丙酸氟替卡松雾化吸入用混悬液、奈韦拉平口服混悬液、吸入用丙酸倍氯米松混悬液、布洛芬混悬液、布洛芬缓释混悬液、布洛伪麻混悬液、布洛伪麻那敏混悬液、多潘立酮混悬液、硫糖铝口服混悬液、富马酸亚铁混悬液、右美沙芬缓释混悬液等。下面以泊沙康唑口服混悬液的制剂专利进行举例说明。

泊沙康唑口服混悬液的原研申请人德国先灵公司，在 2002 年 4 月 1 日提交专利申请（WO02080678A1），其进入中国的同族专利申请为 CN02807740.7，发明名称：生物利用度提高的抗真菌组合物,并获得专利授权。该制剂专利即为泊沙康唑的液体混悬剂。该制剂组成中含有抗真菌有效量的微粉化的泊沙康唑、至少一种增稠剂、非离子表面活性剂和一种药学上可接受的液体载体。

申请人上海美悦生物科技发展有限公司、武汉启瑞药业有限公司等在 2015 年 7 月 10 日提交专利申请(CN201510404873.3),已获得专利授权。该专利涉及一种泊沙康唑液体混悬剂及其制备方法,其原料包括:泊沙康唑、微晶纤维素-羧甲基纤维素钠复合物、非离子表面活性剂、缓冲溶液、二甲硅油、苯甲酸钠、二氧化钛、果葡糖浆以及液体辅料(纯净水和甘油)。该专利提供的泊沙康唑液体混悬剂稳定性高、各批次之间重现性好、不易沉降,且制备工艺简单,易于工业化。

(六)乳剂

目前,已获批在国内上市的国产或进口的乳剂有肠内营养乳剂、西甲硅油乳剂、阿苯达唑口服乳剂、注射用前列地尔乳剂、西咪替丁口服乳、鱼肝油乳、葡萄糖鱼肝油乳、胆维丁乳、氟尿嘧啶口服乳、榄香烯口服乳、月见草油乳、三维鱼肝油乳等。下面以部分药物的制剂专利进行举例说明。

申请人浙江大学在 2008 年 8 月 25 日提交专利申请(CN200810120308.4),其涉及一种注射用二氢青蒿素乳剂或冻干乳剂。以乳剂总体积计,由下列重量/体积百分比的原料组成:二氢青蒿素 0.05%～0.3%,注射用油 5%～30%,乳化剂 0.5%～10%,稳定剂 0.1%～3%,等渗调节剂 0.5%～5%,余量为注射用水;其稳定剂由胆酸钠、脱氧胆酸钠、油酸、油酸钠、胆固醇中的一种或多种硬脂酸甘油酯组成。可在乳剂中加入冻干保护剂后冷冻干燥制成冻干乳剂。该专利还公开了上述乳剂及其冻干乳剂的制备方法。此专利制备的注射用二氢青蒿素乳剂使二氢青蒿素稳定地存在于乳剂的油相中,制剂长期稳定性好、疗效好,生物利用度高,符合静脉注射标准;冻干乳剂便于携带、储存并进一步增加药物的稳定性。该专利在获得授权后,因未缴纳专利年费而导致专利失效。

(七)涂膜剂

目前,已获批在国内上市的国产或进口的涂膜剂有盐酸特比萘芬涂膜剂、痤疮涂膜剂、骨刺消痛涂膜剂、疏痛安涂膜剂、哈西奈德涂膜剂、雪山金罗汉止痛涂膜剂、联苯苄唑涂膜剂、复方醋酸曲安奈德涂膜剂、克霉唑涂膜剂等。下面以部分药物的制剂专利进行举例说明。

申请人北京扬新科技有限公司在 2004 年 5 月 10 日提交专利申请(CN200410037730.5),涉及一种透明、隐形的外用药物涂膜剂,用于治疗皮肤疾病和美容保健。特别是一种包含有效药物浓度的凝胶状涂膜剂,其特征在于其包含有效药物浓度的活性成分、成膜材料、卡波姆和水,其中载药可以包括如盐酸特比萘芬、哈西奈德或曲安奈德等,成膜材料选自 PVA124、PVA04-86、PVA05-88、PVA07-88、PVA17-88 或其混合物。该涂膜剂还包含挥发性溶剂和增塑剂。该涂膜剂为凝胶状,在涂敷到皮肤上 2～5 min 后便会自行干燥,形成均匀的无色透明的隐形膜并开始释放药物。隐形涂膜剂有良好的皮肤黏附性、耐摩擦性、透气性和隔离性,它可延长药物的疗效,避免患病肌肤与衣物的摩擦,避免交叉感染。该专利已授权,在 2024 年 5 月 9 日专利过期。

（八）滴鼻剂

申请人深圳市海王英特龙生物公司在 2004 年 4 月 28 日提交专利申请（CN200410036734.1），涉及重组人干扰素 α-2b 滴鼻剂及其制备方法，该专利已授权。该滴鼻剂处方中的药用重组人干扰素 α-2b 含量在 10 万～300 万 IU/mL，保护液中人血白蛋白重量百分比在 0.5%～2%，羟苯乙酯重量百分比在 0.01%～0.05%。上述组分先用生理盐水配制成羟苯乙酯和人血白蛋白保护液，再将重组人干扰素 α-2b 溶于保护液中，使其浓度为 10 万～300 万 IU/mL，然后经 0.22 μm 滤膜过滤除菌，最后分装。

申请人陕西慧康生物科技有限责任公司在 2017 年 12 月 30 日提交专利申请（CN201711485228.4），涉及一种治疗 II 型糖尿病的利拉鲁肽滴鼻剂，该专利已授权。该滴鼻剂是由利拉鲁肽、Solutol HS15 按常规制剂方法制成。该专利与利拉鲁肽进行了对比药效实验，证明小鼠的血糖下降率为 76.7%，本专利的鼻腔给药降糖效果明显优于利拉鲁肽，并且能够长期使用，安全、有效、使用方便，能减少病人痛苦，可用于治疗 II 型糖尿病，适合长期给药。

（九）滴耳剂

申请人王廷春在 2006 年 9 月 7 日提交专利申请（CN200610037557.8），涉及一种甲磺酸帕珠沙星耳用凝胶滴耳剂，该专利已授权。该滴耳剂按各组分的重量百分数含量为：甲磺酸帕珠沙星 0.05%～0.7%、卡波姆 0.1%～1.0%、氢氧化钠 0.04%～0.4%、丙二醇 3.0%～8.0%、甘油 20.0%～30.0%，余量为灭菌注射用水或纯化水或蒸馏水。该滴耳剂的制备具体步骤为：①将卡波姆与甘油混合，搅拌使其溶解；②氢氧化钠用蒸馏水溶解；③将所配制的氢氧化钠溶液加入卡波姆甘油溶液，边加边搅拌，搅拌均匀后即得透明凝胶基质；④取甲磺酸帕珠沙星，用蒸馏水溶解，再加入丙二醇，搅拌使其混合均匀，制成混合液；⑤将甲磺酸帕珠沙星溶液与凝胶基质混合研磨至均匀，蒸馏水加至全量；⑥调节 pH 值至 5.5～6.5；⑦用微孔滤膜抽滤；⑧将上述抽滤后的液体进行含量测定，合格后，再进行灌装即得滴耳剂。该滴耳剂生物利用度高，在临床应用中可以减少用药量，延长投药间隔，减少全身吸收带来的全身不良反应，有利于提高患者的用药依从性。

（十）滴眼剂

申请人无锡济民可信山禾药业股份有限公司（现为无锡济煜山禾药业股份有限公司）、江西济民可信集团有限公司在 2011 年 12 月 21 日提交专利申请（CN201110431897.X），该专利已授权，涉及一种复方环丙沙星滴眼液的配方及制备方法，该制剂以环丙沙星、冰片为基础成分，辅以增溶剂、增稠剂、防腐剂、等渗调节剂、pH 调节剂、灭菌注射用水而形成一种眼用制剂。该眼用制剂是在环丙沙星的眼用制剂的基础上增加了冰片，是一种既能抗菌消炎，又能消肿止痛、清凉止痒的多用滴眼剂。该专利已授权。

申请人日本千寿制药株式会社在 2014 年 3 月 18 日提交专利申请（CN201480016576.5），涉及含有角鲨烷的二层分离型滴眼液。该二层分离型滴眼液中，通过在滴眼前进行振荡，在抑制起泡的状态下该含油分层能够均匀分散于该水层，至少能够直至滴眼时稳定地维持其均匀的分散状态。在含有角鲨烷和水的二层分离型滴眼液中，通过含有透明质酸和/或其盐与聚乙烯醇,并且将聚乙烯醇的含量设定为 0.025%～0.1%(W/V),通过在滴眼前进行振荡,在抑制起泡的状态下该含油分层能够均匀分散于该水层,至少能够直至滴眼时稳定地维持其均匀的分散状态。

(十一)中药汤剂

申请人富阳原野生物科技有限公司(现为杭州富阳原野生物科技有限公司)在 2012 年 6 月 28 日提交专利申请(CN201210245410.3),该专利已授权,其涉及一种治疗痰热蕴肺型急性支气管炎的中药汤剂。其汤剂是由下述原料制成的:桑白皮、川贝母各 9～12 g,大肺筋草、打火草各 13～15 g,山蟹 8～10 g,炙甘草 4～5 g。它具有成本低、制备易、毒副作用小、疗效较好的特点。

申请人王青妍在 2012 年 8 月 10 日提交专利申请(CN201210300676.3),该专利已授权,涉及一种治疗失眠的中药汤剂,其特征是原料药组成以重量份计为:党参 13～18,炒白术 13～18,炒苍术 17～23,茯苓 17～23,佩兰 12～16,荜茇 3～7,白果仁 3～7,酸枣核 18～25,柏子仁 13～17,夜交藤 28～34,合欢花 10～14,郁金 14～16,虎杖 14～16,苦杏仁 8～11,白蔻 10～13,薏仁 28～34,法半夏 8～12,厚朴 8～12,莲子肉 13～17,远志 16～20,麦冬 7～10,将上述 21 味原料药混合后用水浸泡,煎熬后去渣得滤液。该专利配方用于治疗失眠,成本低、没有明显毒副作用,治疗有效率较高。

四、半固体制剂

(一)软膏剂

申请人人福医药集团在 2016 年 4 月 8 日提交专利申请(CN201610216951.1),涉及他克莫司软膏及其制备方法,该专利已获得授权。该他克莫司软膏包括:软膏基质和药物液滴。所述制备他克莫司软膏的方法包括:将他克莫司与碳酸丙烯酯进行第一次混合,得到第一溶液;将软膏基质原料进行第二次混合及第一次均质处理,并将所得到的第一次均质处理产物进行冷却,以便得到第二溶液,其中,所述软膏基质含有液体石蜡、白蜂蜡、石蜡和白凡士林;以及将所述第一溶液与第二溶液进行混合及第二次均质处理;所述药物液滴分散在所述软膏基质中,并且所述药物液滴是由含有他克莫司的碳酸丙烯酯溶液形成的,并且所述药物液滴的粒径不超过 25 μm,以便得到所述他克莫司软膏。利用该发明的方法得到的他克莫司软膏细腻、含量均匀度好、稳定性好、疗效好。其专利所对应的他克莫司软膏产品也已被 NMPA 获批上市,批准文号为国药准字 H20183376 和 H20183377,该专利也获得了 2019 年湖北省高价值专利大赛银奖。

(二)凝胶剂

申请人武汉科福新药有限责任公司在 2015 年 4 月 3 日提交专利申请(CN201510158251.7),涉及一种盐酸普萘洛尔外用凝胶制剂及其制备方法和用途,该专利已获得授权。该外用凝胶制剂包含:重量百分比为 6%～14%的盐酸普萘洛尔;重量百分比为 14%～23%的凝胶基质泊洛沙姆;重量百分比为 4%～10% 的透皮促渗剂,所述透皮促渗剂为选自月桂氮卓酮、肉豆蔻酸异丙酯、薄荷脑中的至少一种;重量百分比为 6%～10% 的保湿剂丙二醇;重量百分比为 0.04%～0.1% 的抑菌剂山梨酸;以及余量的水。所述盐酸普萘洛尔外用凝胶制剂稀释 100 倍后的液滴具有 200～700 nm 的平均粒径,pH 值为 4.0～6.5。该盐酸普萘洛尔外用凝胶制剂的制备方法为:将盐酸普萘洛尔、抑菌剂和水混合后进行加热,以便得到溶解液;向所得溶解液中加入凝胶基质并搅拌至溶胀,以便得到第一混合物;将透皮促渗剂和保湿剂混合,以便得到第二混合物;将第二混合物与第一混合物混合后进行搅拌,以便获得盐酸普萘洛尔外用凝胶制剂。所述搅拌是在 100～6000 r/min 的搅拌速度下进行 6～15 min。该盐酸普萘洛尔外用凝胶制剂具有良好的稳定性和透皮性,对治疗和预防位于皮下不同深度的婴幼儿血管瘤具有显著疗效。

(三)眼膏剂

申请人刘继东在 2002 年 12 月 2 日提交专利申请(CN02153593.0),涉及一种凝胶型氧氟沙星眼膏。该眼膏处方为:每 100 g 凝胶型氧氟沙星眼膏含有氧氟沙星 0.3 g,氯化钠 0.5 g,氢化硬化蓖麻油 1.0 g,丙二醇 1.0 g,卡泊姆 0.6 g,硼酸 1.0 g,羟苯乙酯 0.025 g,透明质酸钠 0.05 g。制备方法为:将氧氟沙星在 pH 值为 5.0～6.5 的酸性条件下与适量注射用水混合,分别与氯化钠、氢化硬化蓖麻油、羟苯乙酯、丙二醇一起搅拌均匀,加水,加热温度为 60～80 ℃,使之全部溶解;将卡泊姆溶胀成 1.5%～3.0% 水溶液,加硼酸制成透明乳膏,加入上述氧氟沙星水溶液中,降温,加入透明质酸钠溶液。该发明首次将氧氟沙星制成凝胶型眼膏,不仅解决了滴眼液易被泪液稀释、眼内停留时间短的问题,还解决了全身给药治疗效果不理想的问题。该专利的权利已转移给沈阳兴齐眼药股份有限公司。

(四)栓剂

申请人哈尔滨欧替药业股份有限公司在 2004 年 12 月 28 日提交专利申请(CN200410104481.7),该专利已授权,涉及一种双唑泰栓剂及其制备工艺,所述栓剂的栓体包括 100～300 g 甲硝唑、100～300 g 克霉唑、6～10 mg 醋酸氯己定,以及栓剂常用基质,所述栓剂内还包埋有一棉栓,该棉栓的表面或表面及其内部被栓剂常用基质饱和。所用的模具由 PVC、PE 塑料板材吹塑成一定形状的栓带。由于所述双唑泰栓剂半埋置并固定有经过处理的卫生棉栓,能保持药物的有效浓度和用药量,并可促进药物吸收、作用时间长,使用携带方便,同时可以防止制栓时出现不成形的现象。

申请人广州医药工业研究院、广州白云山明兴制药有限公司在 2007 年 12 月 7 日提交专利申请(CN200710032294.6),该专利已授权,涉及一种用于直肠给药的清开灵组合物栓剂,该清开灵组合物由胆酸、猪去氧胆酸、黄芩苷和水牛角、珍珠母水解物和栀子、板蓝根、金银花提取物组成,该栓剂是由以下重量份原辅料组成:每枚栓剂重 1～3 g,清开灵组合物 8～13 份,栓剂基质 5～50 份,表面活性剂 0.1～5 份,吸收促进剂 0.05～3 份,附加剂 0～3 份。该专利的清开灵栓剂,不仅可以弥补口服制剂起效慢、注射剂毒性大的缺点,还可以提高药物作用的持续时间,为临床和患者提供更多的选择;生产工艺简单,适合工业化批量生产;适合小儿用药。

五、气雾剂、喷雾剂与粉雾剂

目前,已获批在国内外上市的国产或进口的气雾剂有布地奈德吸入气雾剂、布地格福吸入气雾剂、异丙托溴铵吸入气雾剂、格隆溴铵福莫特罗吸入气雾剂、沙美特罗替卡松吸入气雾剂、硫酸沙丁胺醇吸入气雾剂、丙酸氟替卡松吸入气雾剂、倍氯米松福莫特罗吸入气雾剂等。已获批在国内外上市的国产或进口的喷雾剂有硝酸甘油喷雾剂、噻托溴铵喷雾剂、盐酸特比萘芬喷雾剂、布地奈德鼻喷雾剂、依托芬那酯喷雾剂、鲑降钙素鼻喷雾剂、硝酸异山梨酯喷雾剂、糠酸莫米松鼻喷雾剂、糠酸氟替卡松鼻用喷雾剂、奥达特罗吸入喷雾剂、盐酸氮卓斯汀鼻喷雾剂、盐酸赛洛唑啉鼻用喷雾剂、噻托溴铵奥达特罗吸入喷雾剂、盐酸左卡巴斯汀鼻喷雾剂等。已获批在国内外上市的国产或进口的粉雾剂有氟替美维吸入粉雾剂、乌美溴铵吸入粉雾剂、布地奈德吸入粉雾剂、扎那米韦吸入粉雾剂、沙美特罗替卡松吸入粉雾剂、布地奈德福莫特罗吸入粉雾剂、马来酸茚达特罗吸入粉雾剂、硫酸沙丁胺醇吸入粉雾剂、糠酸氟替卡松维兰特罗吸入粉雾剂、富马酸福莫特罗吸入粉雾剂、乌美溴铵维兰特罗吸入粉雾剂等。下面以部分药物的制剂专利进行举例说明。

格隆溴铵福莫特罗吸入气雾剂是由 Pearl Therapeutics 公司发明,由阿斯利康开发。美国 FDA 在 2016 年 4 月 25 日批准阿斯利康的格隆溴铵福莫特罗吸入气雾剂上市,商品名:Bevespi。2020 年 5 月 14 日,阿斯利康的格隆溴铵福莫特罗吸入气雾剂(规格:每罐 120 揿,每揿含格隆铵 7.2 μg 和富马酸福莫特罗(以$(C_{19}H_{24}N_2O_4)_2 \cdot C_4H_4O_4 \cdot 2H_2O$ 计)5.0 μg)获得 NMPA 批准上市,用于治疗慢性阻塞性肺病(COPD)。根据科睿唯安 Cortellis 数据库,阿斯利康的格隆溴铵福莫特罗吸入气雾剂在 2019 年全球销售额为 4200 万美元,预测 2024 年销售额为 2.02 亿美元。

关于格隆溴铵福莫特罗的药物组合物及吸入气雾剂专利,有 Pearl Therapeutics 公司的 WO2010138862、WO2010138868、WO2010138884,其进入中国的同族专利为 CN201080033311.8(发明名称:经肺递送长效毒蕈碱拮抗剂及长效 β2 肾上腺素能受体激动剂的组合物及相关方法与系统,申请日 2010 年 5 月 28 日,已授权,授权公告号 CN102458364B,其分案 CN201610862606.5 目前处于实质审查中)、CN201080033310.3(发明名称:经呼吸递送活性剂的组合物及相关方法和系统,申请日 2010 年 5 月 28 日,已授权,授权公告号 CN102596176B,其分案 CN201710722981.4 也获得授权,授权公告号 CN107669664B)、CN201080033312.2(发明名称:活性剂的呼吸递送,申请日 2010 年 5 月 28 日,已授权,授权公告号 CN102753152B,其分案 CN201510450391.1 也获得授权,授权公告号 CN105193773B)。该制剂专利提供了通过定量吸入器经肺递送长效毒蕈碱拮抗剂及长效 β2 肾上腺素能受体激动剂的组合物、方法及系统。具体涉及通过定量吸入器递送的药物组合物,包含:含有药学上可接受的推进剂的悬浮介质;多种含有活性剂的活性剂颗粒,该活性剂选自长效毒蕈碱拮抗剂(LAMA)活性剂,如甘罗溴铵(格隆溴铵)以及长效 β2 肾上腺素能受体激动剂(LABA)活性剂(如福莫特罗);以及多种可吸入的悬浮颗粒,其中所述多种活性剂颗粒与多种悬浮颗粒发生缔合以形成共悬浮液。其中,所述活性剂颗粒包含晶体状的甘罗溴铵和福莫特罗,以体积计至少 50% 的甘罗溴铵活性剂颗粒具有 5 μm 或更小的光学直径,福莫特罗活性剂颗粒具有 2 μm 或更小的光学直径,其悬浮颗粒包含多孔微观结构,其中多孔微观结构通过喷雾干燥乳液得到,该乳液包含分散在水中的全氟溴辛烷、DSPC 和氯化钙。该药物组合物中的推进剂包含选自 HFA 推进剂、PFC 推进剂及其组合的推进剂,并且所述的推进剂基本上不含有其他组分。在特定实施例中,组合物包含悬浮介质、活性剂颗粒以及悬浮颗粒,其中活性剂颗粒与悬浮颗粒在悬浮介质中形成共悬浮液。

噻托溴铵奥达特罗吸入喷雾剂由德国勃林格股格翰原研和开发。目前已在美国、中国等国家上市,适应症为用于慢性阻塞性肺疾病(COPD,包括慢性支气管炎和肺气肿)患者的长期维持治疗,以缓解症状。关于上述噻托溴铵奥达特罗吸入喷雾剂的制剂专利,除原研专利 WO0236104、WO2007042468、WO2008020057 外,还有申请人墨西哥氟石股份公司在 2017 年 9 月 18 日提交专利申请(WO2018051132),其中国同族为 CN201780057113.7,目前处于实质审查中,该申请涉及噻托溴铵和奥达特罗的药物组合物,具体涉及活性成分、药物推进剂 1、1 二氟乙烷(HFA152a)以及表面活性剂组分。所述活性成分噻托溴铵及奥达特罗化合物呈微粉化形式,所述药物组合物的总重量中,所述组合物含有大于 0.5 ppm,如大于 1 ppm 的氧,至少重量百分比为 99% 的推进剂组分是 1,1-二氟乙烷(HFA-152a)。所述表面活性剂组分包括选自聚乙烯吡咯烷酮、聚乙二醇表面活性剂、油酸和卵磷脂的至少一种表面活性剂化合物。所述药物组合物不含有孔微结构,不含酸性稳定剂。所述制剂呈悬浮液或溶液的形式。所述的密封容器是未涂覆的铝罐,用于与计量剂量吸入器(MDI)一起使用的加压气雾剂容器。

申请人重庆和平制药有限公司在 2014 年 9 月 2 日提交专利申请(CN201410444218.6),涉及一种制备盐酸克仑特罗吸入粉雾剂的方法,该方法先将一部分盐酸克仑特罗,按递加稀释法与 200 目乳糖或甘露醇充分混合,过 60 目筛,混合均匀;再将另一部分盐酸克仑特罗,按递加稀释法与 60 目乳糖或甘露醇充分混合,然后再总混,装入 3 号胶囊中即得盐酸克仑特罗吸入粉雾剂。该方法改善了现有技术的休止角、含量均匀度和沉积率等质量参数。该专利已授权。

六、其他剂型

(一)固体分散体

申请人日本信越化学工业株式会社在 2007 年 8 月 8 日提交专利申请(CN200710140178.6),该专利已授权,涉及一种使得制剂中的药物快速溶出而不会削弱固体分散体溶解度的含有肠溶固体分散体的固体制剂,以及制备该制剂的方法。更具体而言,本专利提供一种含有肠溶固体分散体的固体制剂,所述分散体含有溶解性差的药物、肠溶聚合物和崩解剂,其中所述崩解剂是平均粒径为 $10\sim100\ \mu m$ 和通过 BET 法测量的比表面积至少为 $1.0\ m^2/g$ 的低取代羟丙基纤维素。该肠溶固体分散体的固体制剂的方法为:在作为崩解剂的平均粒径为 $10\sim100\ \mu m$ 和通过 BET 法测量的比表面积至少为 $1.0\ m^2/g$ 的低取代羟丙基纤维素粉末上喷射一种分散或溶解有溶解性差的药物的肠溶聚合物溶液;使生成物造粒,并干燥。

申请人日本大同化成工业株式会社、日新化成株式会社在 2008 年 4 月 15 日提交 PCT 国际专利申请(WO2008133102A1),其进入中国的专利同族为 CN200880012243.X,该专利已授权,涉及新型干式固体分散体用基剂、含有该基剂的固体分散体以及含有该分散体的组合物。通过将作为固体分散体用基剂的聚乙烯醇系共聚物与难溶性成分混合及加热来制造固体分散体,由此可以得到难溶性成分的溶解性非常优异的固体分散体。

申请人深圳信立泰药业股份有限公司在 2015 年 6 月 16 日提交专利申请(CN201510334498.X),该专利已授权,涉及一种阿利沙坦酯固体分散体及含有该固体分散体的药物组合物。该高负载的阿利沙坦酯固体分散体,在保证制剂稳定性及溶出度的前提下,通过加入表面活性剂,有效提高了有效成分在固体分散体中的含量,该固体分散体的药物负载量高于现有技术。含有该固体分散体的药物组合物具有溶出性能好、稳定性好等特点,符合临床用药的要求,并提高了患者用药依从性。

(二)包合物

申请人桂林南药股份有限公司在 2010 年 9 月 16 日提交专利申请(CN201010284207.8),该专利已授权,涉及一种双氢青蒿素 β-环糊精包合物及其制备方法和含有该包合物的抗疟疾药物。所述双氢青蒿素 β-环糊精包合物含有双氢青蒿素和 β-环糊精,两者的重量比为 1∶(5～80)。其制备方法为:将双氢青蒿素溶于乙醇或丙酮中,所得溶液备用,再配制 β-环糊精饱和水溶液;在搅拌条件下加入双氢青蒿素乙醇或丙酮溶液,继续搅拌或超声波辐射 1～4 h,静置过夜,挥去乙醇或丙酮,过滤,滤液冷冻干燥或减压低温干燥,即得双氢青蒿素 β-环糊精包合物。与现有技术相比,该专利通过将双氢青蒿素与 β-环糊精形成包合物,使双氢青蒿素在水中的溶解度大大提高,同时也提高了双氢青蒿素的稳定性,更有利于其在制药中的后序操作。

申请人郑州后羿制药有限公司在 2009 年 11 月 10 日提交专利申请(CN200910309523.3),该专利已授权,涉及一种中药挥发油包合物及其制备方法,该中药挥发油包合物为金银花挥发油、莪术挥发油和鱼腥草挥发油的 β-环糊精包合物,其中金银花挥发油、莪术挥发油、鱼腥草挥发油和 β-环糊精的重量配比为:金银花挥发油 2～4 份;莪术挥发油 2～6 份;鱼腥草挥发油 1～2 份;β-环糊精 20～100 份。该专利采用饱和水溶液法,用 β-环糊精进行包合,制备的包合物降低了金银花挥发油、莪术挥发油和鱼腥草挥发油的挥发性,提高了其稳定性,且易溶于水,生物利用度高,还掩盖了药物的不良气味。该专利提供的包合物为固体粉末,可以制成多种剂型,扩大了金银花挥发油、莪术挥发油和鱼腥草挥发油的使用范围。

(三)纳米制剂

申请人厦门大学附属第一医院在 2012 年 11 月 28 日提交专利申请(CN201210495674.4),该专利已授权,涉及一种盐酸小檗碱固体脂质纳米制剂及其制备方法。按质量比的原材料组成为:盐酸小檗碱 1;固体脂质 5～15;乳化剂 5～15;表面活性剂 1～3。将固体脂质和乳化剂加入有机溶剂,待固体脂质完全溶解后加入盐酸小檗碱,溶解后得油相;所得的油相加入含表面活性剂的水相中,搅拌至有机溶剂完全除去;所得的物料采用探头超声波辐射,冷却后,采用微孔滤膜过滤,即得盐酸小檗碱固体脂质纳米粒混悬液;所得盐酸小檗碱固体脂质纳米粒混悬液加入冻干保护剂,冷冻干燥即得盐酸小檗碱固体脂质纳米制剂,呈纳米粒冻干粉。

申请人青岛东辉医药科技发展有限公司在 2013 年 8 月 27 日提交专利申请(CN201310376983.4),该专利已授权,涉及一种注射用多西他赛纳米粒及其制备方法,步骤是：将油相和水相混合后，用高速匀浆机匀浆后，用高压均质机均质，均质完成后将所得纳米乳加入冻干支架剂（甘露醇和/或海藻糖）中，用旋转蒸发仪除去有机溶剂，浓缩后，过滤，冷冻干燥，制备出稳定性好，毒副作用低，适合注射用的粒径在 $10\sim100$ nm 范围内的冻干纳米粒。该专利制备方法简单、易操作；水溶性高和分散性好，且避免了用吐温-80 作为增溶解剂的毒副作用，所制的纳米粒将多西他赛包裹在脂质体中，制成 O/W 脂质纳米粒，增加了药物的溶解度，延长多西他赛在体内的滞留时间，减少了作为普通注射剂的毒副作用。

（四）脂质体

目前，已在国内上市的脂质体药物只有注射用紫杉醇脂质体、盐酸多柔比星脂质体注射液、注射用两性霉素 B 脂质体三种。

石药集团欧意药业有限公司拥有规格为 10 mL:20 mg 和 5 mL:10 mg 的盐酸多柔比星脂质体注射液，批准文号分别为"国药准字 H20113320"和"国药准字 H20163178"。申请人石药集团中奇制药技术（石家庄）有限公司在 2009 年 5 月 26 日提交专利申请（CN200910074450.4），该专利已授权，涉及一种盐酸多柔比星脂质体注射剂及其制备工艺，其中各组分的重量百分含量为：盐酸多柔比星 $0.05\%\sim0.5\%$；氢化大豆卵磷脂 $0.025\%\sim3\%$；胆固醇 $0.001\%\sim1.5\%$；聚乙二醇化脂 $0.01\%\sim1\%$；有机酸或硫酸铵 $0.0025\%\sim2.5\%$；糖 $2.8\%\sim20\%$；缓冲剂 $0.1\%\sim10\%$；其余为注射用水。其制备工艺包括以下步骤：①脂相冻干：将氢化大豆卵磷脂/胆固醇/聚乙二醇化脂溶于乙醇/叔丁醇混合溶剂中，冻干，除去有机溶剂，得到疏松的脂相混合物 a，乙醇与叔丁醇的体积比大于 0，小于或等于 1:9；②脂相水化：配制 $0.01\sim1$ M 的硫酸铵水溶液，加到冻干后的脂相混合物 a 中，在 $40\sim70$ ℃的水浴中保温振荡进行水化，得到粒度不均匀的脂质体 b；③脂质体整粒：将 b 用微射流进行整粒，控制整粒遍数和操作压力在 $7000\sim20000$ psi(1 psi $=6.895$ kPa)，得到平均粒度为 $80\sim150$ nm 的脂质体 c；④制造磷脂膜内外跨膜梯度：以柱层析方法，用 $250\sim300$ mM 的糖溶液，加入缓冲剂调节 pH 值至 $5\sim8$，作为外相溶液，置换原脂质体外相的硫酸铵溶液，得到空白脂质体 d；⑤脂质体载药：将盐酸多柔比星溶于注射水或脂质体外相溶液中，配制浓度为 $5\%\sim20\%$的溶液，将该溶液和空白脂质体 d 混合，在 $40\sim70$ ℃保温一定时间，得盐酸多柔比星脂质体混悬液 e；⑥除菌、分装、保存：将 e 于室温下采用 0.22 μm 微孔滤膜过滤除菌，分装，即可得到盐酸多柔比星脂质体注射剂。成品可在 $2\sim8$ ℃条件下保存。该专利的优点为：①采用乙醇/叔丁醇混合溶剂（乙醇与叔丁醇的体积比大于 0，小于或等于 1:9）溶解脂相成分，操作时混合溶剂保持液体状态，有利于脂相成分的溶解，所得溶液澄明，基本无黏性，有利于后续操作；②采用微射流对脂质体进行整粒，通过控制操作压力和整粒遍数得到所需粒度的脂质体，均匀度好，且微射流整粒在整粒过程中物料暴露点少，时间短，有利于无菌保证，适合产业化；③将盐酸多柔比星脂质体粒度控制在 $80\sim150$ nm，解决了现有技术（如 WO2008080367A1）中，小粒度（60 nm）盐酸多柔比星释放过快的问题。

申请人南京振中生物工程有限公司在 2000 年 10 月 19 日提交专利申请（CN00119039.3），该专利已授权，在 2020 年 10 月 18 日专利过期，涉及具有良好抗癌作用的紫杉醇脂质体制剂。该紫杉醇脂质体制剂是以下重量配比药物为原料：紫杉醇 $2\sim5$ 份；磷脂 $20\sim200$ 份；胆固醇 $2\sim30$ 份；氨基酸 $0.4\sim4$ 份；甘露醇或葡萄糖 $10\sim75$ 份。其中所述氨基酸可以是赖氨酸、苏氨酸或蛋氨酸;所述磷脂是卵磷脂或大豆磷脂。其制备方法为:将紫杉醇、磷脂、胆固醇按上述比例溶于异丙醇或乙醇中,在 50～60 ℃恒温下除去溶剂,加入溶有按上述比例计算的氨基酸和甘露醇或葡萄糖的水溶液,溶解后,分装入容器内,冷冻干燥,然后通入氮气、氦气或氩气,得紫杉醇脂质体制剂。

(五)透皮贴剂

下面以芬太尼透皮给药的制剂专利为例进行说明。

申请人美国 3M 公司在 2001 年 9 月 27 日提交 PCT 国际专利申请(PCT/US2001/031052),其中国的同族专利为 CN01816472.2,该中国专利已授权,涉及用于经皮传递芬太尼的组合物及装置。该组合物包括:①共聚物,其包含 A 单体丙烯酸异辛酯和 B 单体丙烯酸 2-羟乙基酯,该 B 单体可与 A 单体共聚;②按重量计 8%～30%芬太尼和其中所述组合物不含未溶解的芬太尼。其中所述共聚物包含按重量计 5%～45%丙烯酸 2-羟乙基酯,该共聚物进一步包含官能终止的聚甲基丙烯酸甲酯大分子单体。该组合物还包含透皮增强剂四氢糠基醇聚乙二醇醚和/或月桂酸甲酯。其中所述共聚物包含按重量计 52%～60%丙烯酸异辛酯、35%～40%丙烯酸 2-羟乙基酯、1%～4%大分子单体和 0%～10%乙酸乙烯酯。所述芬太尼浓度是按重量计 12%～22%,其中所述组合物还包含按重量计 15%～35%的渗透增强剂,所述渗透增强剂选自月桂酸甲酯、四氢糠基醇聚乙二醇醚和其混合物。一种经皮传递芬太尼的装置,包括背衬和如上所述的组合物,所述组合物被黏附于背衬的一个表面上。更具体地,一种经皮传递芬太尼的装置包括:①药物存储层,其包含如上所述的组合物;②控速膜,该膜附着于药物存储层的一个表面上;③接触皮肤的压敏黏合剂层,该黏合剂层附着于与接触存储层的膜表面相反的膜表面上。

申请人德国拉伯泰克技术研发有限公司在 2003 年 5 月 20 日提交 PCT 国际专利申请(PCT/DE2003/001635),其进入中国的同族专利为 CN03811998.6,已获得授权,涉及一种含有芬太尼的贴剂。该透皮治疗系统包括覆盖层、含有芬太尼作为活性成分的黏合剂基质以及可剥离的保护层,其特征在于丙烯酸酯共聚物黏合剂基质不含渗透加速剂,而且该黏合剂基质是由 Durotak 387-2510 和 Durotak 87-4098 在丙烯酸 2-羟基乙基酯与醋酸乙烯酯的比例为 1∶2.2 的条件下得到的,其中所述比例为摩尔比或重量比。以含有活性成分的黏合剂基质重量计,芬太尼的含量为重量百分比为 5%～18%,芬太尼溶剂乙醇的残留含量小于重量百分比0.25%。所述黏合剂基质的层厚为 20～500 μm,所述覆盖层基于聚丙烯,是双轴定向的、纵向和横向制作的聚丙烯膜,所述覆盖层构成基质载体。

申请人美国阿尔扎公司在 2008 年 10 月 15 日提交 PCT 国际专利申请(PCT/US2008/080029),其进入中国的同族专利为 CN200880122166.3,已获得授权,涉及芬太尼的一天更换一次透皮施用。该芬太尼的透皮贴剂包含:衬垫层;配置在衬垫层上的存储层,所述存储层的皮肤接触表面是黏合性的;所述存储层包含聚合物组合物,所述聚合物组合物含有的量足以在人中诱导并维持镇痛一天而不是三天的芬太尼,其中在皮肤上每日更换一个贴剂。更具体的所述透皮贴剂涉及包含在衬垫层上的芬太尼存储层,所述存储层包含含有聚丙烯酸酯的聚合物组合物和芬太尼碱,对于每天而不是三天使用一个贴剂,该芬太尼碱在人体内诱导并维持镇痛,其中在皮肤上的每日更换施用获得 15～60 ng/mL(mg/h)的稳态归一化 C_{max} 和 10～55

ng/mL(mg/h)的归一化 $C_{\min}$，其中所述芬太尼碱在存储层中具有至少 4 wt％的溶解度；所述存储层具有 0.0125～0.0375 mm(1.5 密耳)的厚度；存储层含有的量足以诱导并维持镇痛仅一天的芬太尼，在使用一天之后，所述贴剂中芬太尼碱的利用率至少为 35 wt％。CN200880122166.3 的分案申请 CN201410557858.8 也已获得专利授权。

申请人日本祐德药品工业株式会社在 2009 年 6 月 29 日提交 PCT 国际专利申请(WO2009157586A1)，其中国的同族专利为 CN200980124613.3，已获得授权，涉及含芬太尼的经皮吸收型贴剂。该经皮吸收型贴剂包含支持体、含芬太尼的黏合剂层及剥离衬垫，在含芬太尼的黏合剂层中含有受阻酚系抗氧化剂以及相对于经皮吸收型贴剂全体为重量百分比 0.01％～0.5％的 L-抗坏血酸棕榈酸酯。其黏合剂层中所含有的黏合基剂为橡胶系黏合基剂。该专利提供了一种不会降低皮肤黏附性、具有药物稳定性，并且可抑制芬太尼晶体经时析出且皮肤刺激性低、芬太尼的透皮性非常好的含芬太尼的经皮吸收型贴剂。

（六）体内植入剂

申请人山东省眼科研究所在 2006 年 8 月 23 日提交专利申请(CN200610068571.4)，该专利已授权，涉及一种眼内植入缓释药物。其处方含有免疫抑制剂他克莫司、吸收促进/保护剂几丁聚糖类化合物和自行生物降解的药物载体；三者的重量比为 1：(0.05～1.5)：(0.25～4)。所述的几丁聚糖类化合物包括：三甲基几丁聚糖谷氨酸盐，其化学通式为 $(C_{14}H_{27}O_7N_2)_n$，其中 n 为 10～20；几丁聚糖的盐酸盐，其化学通式为 $(C_6H_{10}O_3NCl)_n$，其中 n 为 10～20；几丁聚糖谷氨酸盐，其化学通式为 $(C_{11}H_{18}O_7N_2)_n$，其中 n 为 10～20。所述的自行生物降解的药物载体包括：乳酸/乙醇酸共聚物、聚 DL-乳酸、乙醇酸/乳酸/己内酯三元共聚物，聚己内酯/聚醚嵌段共聚物和聚 L-乳酸，选择其中的一种或几种作为药物载体。该专利的药物释放系统在三者之间的相互作用下药物释放，能够穿透眼屏障，达到有效眼内药物浓度和药物强度并在体内的生理条件下可以自然降解，从而被吸收并通过代谢排出体外，既不会成为异物对机体产生刺激，也不会产生异物反应，因此不需要进行二次手术将其取出。

申请人安徽中人科技有限责任公司在 2015 年 8 月 21 日提交专利申请(CN201510516802.2)，该专利已授权，涉及一种持续长时间释放阿霉素的植入剂及其制备方法。该植入剂由盐酸阿霉素、乙交酯丙交酯共聚物、聚乙二醇组成；用熔融法制成为直径 0.3～1.6 mm、长 0.8～5 mm 的圆柱体植入剂，体内 1 天释药 5％～21％、5 天释药 25％～51％、10 天释药 35％～63％、30 天释药 80％～100％；植入剂表面光洁，可通过植药针经皮穿刺植入肿瘤内或肿瘤瘤周或需要给药的部位，适用实体肿瘤的治疗。

第三节　制剂专利的授权与确权

医药产业技术创新过程具有周期长、难度高、投入高、风险高等特性，知识产权作为保护创新者利益的重要机制，在医药产业发挥着至关重要的作用，知识产权保护是获得市场回报的关键。医药企业一直是加强知识产权保护和运用的主要推动者，也是专利诉讼的常客。

一、制剂专利申请文件的撰写

（一）专利申请文件的组成部分

根据《专利法》第二十六条第一款的规定，一件发明专利申请应当有说明书（必要时应当有附图）及其摘要和权利要求书；一件实用新型专利申请应当有说明书（包括附图）及其摘要和权利要求书。

1. 说明书摘要

说明书摘要主要是简要概括专利的主要技术方案及有益效果，但是需要注意的是，摘要内容不属于专利原始记载的内容，不具有法律效力，不能作为以后修改说明书或者权利要求书的根据，不能用来解释专利权的保护范围。

说明书摘要应当满足以下要求：

（1）摘要文字部分（包括标点符号）不得超过 300 个字，并且不得使用商业性宣传用语。

（2）有说明书附图的专利申请，应当指定一幅最能反映该专利技术方案的主要技术特征的附图作为摘要附图，并且应当是说明书附图中的一幅。

（3）附图应当清楚，该图缩小到 4 cm×6 cm 时，仍能清楚地分辨出图中的各个细节。

2. 权利要求书

1）权利要求应满足的要求

权利要求书是实质审查的主要对象，用于表述要求专利保护的范围，授权后用于确定专利权受法律保护的范围，起到"跑马圈地"的作用，因此权利要求书的撰写非常重要。

权利要求书应当满足以下要求：

（1）《专利法》第二十六条：权利要求书应当以说明书为依据，清楚、简要地限定要求专利保护的范围。

（2）《中华人民共和国专利法实施细则》（以下简称《专利法实施细则》，2010 年修订）第十九条：权利要求书应当记载发明或者实用新型的技术特征。

（3）清楚——权利要求的主题和保护范围应当清楚，不得使用含义不确定或模糊的用语，避免出现"厚""薄""强""弱""高温""高压""约""等"或"接近"等词语，也不得出现"最好""尤其是""优选"等词语，使得权利要求同时出现上位和下位概念的词语造成权利要求的不清楚。

简要——权利要求的用词要简要，除记载技术特征外，在权利要求中不应写有发明原理、目的等内容，不得使用商业性宣传用语。

以说明书为依据——权利要求的概括应当适当，秉承"等价原则"，权利要求所要求保护的技术方案应当是所属技术领域的技术人员能够从说明书充分公开的内容中得到或概括得出的技术方案。如果权利要求的概括包含申请人推测的内容，而其效果又难以预先确定和评价，应当认为这种概括超出了说明书公开的范围。

技术特征——权利要求保护的是一个或多个技术方案，而技术方案则是由一个个技术特征组成，因此技术特征是构成技术方案的基本元素。以制剂产品为例，技术特征可以包括以下几个方面：

（1）原料药，制剂产品的主要成分；

（2）剂型，制剂产品的呈现形式；

（3）功能辅料，除原料药外，制剂产品的组成部分；

（4）含量，各组分的重量比；

（5）原辅料的性质，原料药和辅料的具体理化参数。

2）权利要求的组成部分

权利要求分为独立权利要求和从属权利要求，从属权利要求是对独立权利要求的进一步限定，因此独立权利要求保护范围最大。对于一件专利来说，必须有独立权利要求，但不一定有从属权利要求，并且应当只有一项独立权利要求。基于二者的主从关系，独立权利要求应要写在从属权利要求之前。

根据《专利法实施细则》第二十一条的规定，独立权利要求应当包括前序部分和特征部分，按照下列规定撰写。

（1）前序部分：写明要求专利保护的发明或者实用新型技术方案的主题名称和发明或者实用新型主题与最接近的现有技术的必要技术特征；

（2）特征部分：使用"其特征是……"或者类似的用语，写明发明或者实用新型区别于最接近的现有技术的技术特征。这些特征和前序部分写明的特征合在一起，限定发明或者实用新型要求保护的范围。

根据权利要求主题的不同，权利要求的类型可以分为产品权利要求和方法权利要求，如"一种通式Ⅰ化合物""X 化合物的药物组合物"等为产品权利要求，"X 化合物的制备方法""X 片剂的制备工艺"等为方法权利要求。

根据《专利法实施细则》第二十二条的规定，从属权利要求应当包括引用部分和限定部分，按照下列规定撰写。

（1）引用部分：写明引用的权利要求的编号及其主题名称；

（2）限定部分：写明发明或者实用新型附加的技术特征。

示例：

（1）一种 X 产品的药物组合物（前序部分），其特征是，包含 $1\%\sim5\%$ 的碳酸钙（特征部分）。

（2）根据权利要求（1）所述的药物组合物（引用部分），其特征是包含 $1\%\sim2\%$ 的碳酸钙（特征部分）。

（3）根据权利要求（2）所述的药物组合物（引用部分），其特征是还包含 $2\%\sim20\%$ 的预胶化淀粉（特征部分）。

3. 说明书

1）说明书应满足的要求

说明书用于充分公开发明或者实用新型的内容，是权利要求的依据，必要时对权利要求作出解释。

说明书应当满足以下要求。

（1）《专利法》第二十六条：说明书应当对发明或者实用新型作出清楚、完整的说明，以所属技术领域的技术人员能够实现为准。

（2）清楚——主题明确、用词准确，不能有模棱两可或相互矛盾的表述。

（3）完整——帮助理解发明不可缺少的内容，如发明目的、解决技术问题的方案、有益效果等，凡是所属技术领域的技术人员不能从现有技术中直接、唯一地得出的有关内容，均应在说明书中描述。

（4）能够实现——所属技术领域的技术人员按照说明书记载的内容，就能够实现该发明或者实用新型的技术方案，解决其技术问题，并且产生预期的技术效果。

2）说明书的组成部分

根据《专利法实施细则》第十七条的规定，说明书包括发明名称、技术领域、背景技术、发明内容、附图说明（有附图的）、具体实施方式、说明书附图（有附图的）共七个部分。

（1）发明名称：由技术领域中的内容或要求保护的主题概括，一般不得超过 25 个字，化学领域的申请，最多 40 个字。

（2）技术领域：技术方案所属或者直接应用的具体技术领域，而不是上位的或者相邻的技术领域，也不是专利本身。通常的格式语句是：本发明涉及……，特别是涉及一种……（进一步的细化描述）。例如，一件关于 X 药物的口服片剂，可以写为"本发明涉及药物制剂领域，具体涉及一种 X 药物的口服片剂及其制备方法"。

（3）背景技术：基于发明名称所限定的主题和所属领域的范围，着重介绍该发明主题下的现有技术的发展状况是怎样的，特别是与本发明最接近的现有技术是怎样的，客观指出现有技术的缺点。一般来说，现有技术可能有许多方面的缺点，没有必要全面分析指出，只需指出拟改进的缺点，其他缺点可以不谈。

（4）发明内容：包括要解决的技术问题、技术方案和有益效果三个部分，对"要做什么""怎样做"和"做得怎么样"进行展开描述。通常的格式语句是：本发明旨在解决……的技术问题，是通过……技术方案来解决的，取得了……的技术效果。

（5）附图说明：说明书有附图的，应当写明各幅附图的图名，并且对图示的内容作简要说明。例如，图 1 是 X 制剂在 pH 值为 6.8 介质下的溶出图。

（6）具体实施方式：对于充分公开、理解和实现专利，支持和解释权利要求都是极为重要的。具体实施方式应当体现申请中解决技术问题所采用的技术方案，并应当对权利要求的技术特征给予详细说明，列出与专利要点相关的参数与条件，可以列举多个实施例，以支持权利要求。

（7）附图：附图的作用在于用图形补充说明书文字部分的描述，是说明书的组成部分。根据内容需要，可以有附图，也可以没有附图。

（二）制剂专利撰写要点和案例解析

1. 权利要求书

权利要求的表述形式：

（1）用组分和/或含量表示。

其中，含量的表述方式：

· 百分比表示法，可以是重量百分比、体积百分比或摩尔百分比；

· 份数表示法，重量或体积份数；

- 余量表示法,用基本组分补足 100%;
- 其他表示法,如摩尔浓度。

〔例 1〕　一种包含依鲁替尼的药物组合物,其中,该药物组合物包含该药物组合物的总重量的至少 60%w/w 的依鲁替尼,以及包括 4%～7%w/w 的甘露醇和 13%～16%w/w 的交聚维酮的赋形剂。

〔例 2〕　一种含有枸橼酸西地那非的药物组合物,按重量份计,包含枸橼酸西地那非-介孔分子筛复合物 280 份、填充剂 150～250 份、黏合剂 1～10 份、崩解剂 10～50 份、矫味剂 1～10 份、润滑剂 2～10 份和着色剂 0.1～1 份。

〔例 3〕　一种三环唑水悬浮剂组合物,其特征在于,以质量百分数计含有三环唑原药 40%～70%、润湿分散剂 2%～10%、结晶抑制剂 0.3%～1.0%,去离子水补足至 100%。

另外,百分数表示需注意以下问题:

① 各组分的含量之和应等于或小于 100%;

② 不能用"<"或"小于"来定义必要组分的含量;

③ 不能用">"或"大于"来定义任何组分的含量;

④ 当用百分数的范围表示各组分的含量时,要求组合物中几种组分的百分含量范围应当符合以下条件:

$$某一组分的上限值+其他组分的下限值≤100\%$$
$$某一组分的下限值+其他组分的上限值≥100\%$$

(2)用性能参数表示。

如组合物,包含具有等于或小于约 89 μm 的平均粒度的晶状阿哌沙班颗粒以及药用稀释剂或载体。

(3)用制备方法表示。

如一种米诺膦酸片剂,其具体制备方法如下:将米诺膦酸溶解在碱性溶液中;然后加入酸,搅拌均匀;米诺膦酸析出,过滤,干燥,然后再与药学上可接受的辅料组成混合均匀,压片而成。

权利要求的表达方式:组合物权利要求分为开放式和封闭式两种表达方式。开放式表示组合物中并不排除权利要求中未指出的组分;封闭式则表示组合物中仅包括所指出的组分而排除所有其他组分。

① 开放式,如"含有""包括""主要由……组成"等,范围宽。

② 封闭式,如"由……组成""组成为""余量为"等,范围窄。

2. 说明书

(1)清楚地写明制剂的组分和含量,以及制剂所具有的性质和用途。

对于组合物,说明书应当记载组合物的组分、各组分的化学和/或物理状态、各组分可选择的范围、各组分的含量范围及其对组合物性能的影响等。对于制剂的性质和用途,不但要有定性的描述,还要以试验方法做出定量的说明。

(2)说明制剂的制备方法。

说明书中应当记载至少一种制备该制剂的方法,说明实施所述方法所用的原料物质、工艺步骤和条件、专用设备等,使本领域的技术人员能够实施。

(3)必要时说明各组分的来源或制备方法。

如果制剂处方中的某组分并非本领域技术人员所熟知的,还要记载该组分的来源及其制备方法。

(4)正确选用各组分的名称。

对于各组分的名称,要选择国际公认的或本领域技术人员所熟知的名称。

3.案例解析

1)权利要求得不到说明书支持

涉案专利申请号为 95117811.3,其公开文本的权利要求(1)和(2)如下:

(1)一种防治钙质缺损的药物,其特征在于,它是由下述重量配比的原料制成的药剂:可溶性钙剂 4～8 份;葡萄糖酸锌或硫酸锌 0.1～0.4 份;谷氨酰胺或谷氨酸 0.8～1.2 份。

(2)如权利要求(1)所述的一种防治钙质缺损的药物,其特征在于所述的可溶性钙剂是葡萄糖酸钙、氯化钙、乳酸钙、碳酸钙或活性钙。

在第一次审查意见中,审查员指出权利要求(2)使用的上位概念"可溶性钙剂"包括了各种可溶性的含钙物质,它概括了一个较宽的保护范围,而申请人在说明书中仅对其中的"葡萄糖酸钙"和"活性钙"提供了配制药物的实施例,对于其他可溶性钙剂没有提供配制的配方和效果实施例,所属技术领域的技术人员难以预见其他可溶性钙剂按本发明进行配方是否也能在人体中发挥相同的作用,因此权利要求(1)和(2)得不到说明书的支持。

2)权利要求概括范围过小

涉案专利申请号为 201410446016.5,其公开文本的权利要求(1)如下:一种克拉霉素离子对脂质体注射液,其特征在于,按 100 mL 计,其包含:克拉霉素 0.05～0.8 g;胆固醇琥珀酸单酯 0.3～1.0 g;蛋黄卵磷脂 PC-98T 0.8～5 g;MPEG-DSPE 0.05～0.5 g;$Na_2HPO_4 \cdot 12H_2O$ 0.2～0.4 g;$NaH_2PO_4 \cdot 2H_2O$ 0.1～0.2 g;KH_2PO_4 0.01～0.03 g;NaCl 0.7～0.9 g;KCl 0.01～0.03 g;注射用水 70～90 g。

其中,MPEG-DSPE 是二硬脂酰磷脂酰乙醇胺的聚乙二醇化衍生物——甲氧基封端,使用 PEG 修饰的磷脂制备的脂质体可以显著提高脂质体的空间稳定性,延长体内循环时间;蛋黄卵磷脂 PC-98T 为高纯蛋黄卵磷脂,PC 含量大于 98%,能够充分保证克拉霉素离子对载在脂质体的磷脂膜上;克拉霉素与胆固醇琥珀酸单酯的质量比为 1:1～1:3。

上述案例中,独立权利要求(1)中包含了脂质体注射液的全部组分及其含量,权利要求的保护范围被限定为由这些具体组分和用量的原辅料制成的脂质体注射液。然而,通过阅读本案的说明书可以发现,本案的发明构思主要是通过离子对载药技术,解决克拉霉素注射制剂溶解度和刺激性的问题。目前权利要求(1)的撰写方式无法充分体现出其发明构思。申请文件撰写过程中,如果申请人能够根据本案的发明构思将注射液中的辅料成分进行适当分类,将与发明构思相关程度较小的辅料成分进行适当省略或上位概括,无疑将扩大权利要求的保护范围。

通过上述两个案例,可以得出的是,权利要求的概括要得当,既要表述清楚、简要、能得到说明书的支持,也要学会适当的概括,不宜将具体的实施方案写入独立权利要求中,不然导致专利的保护范围过小。

3)说明书的记载公开不充分

涉案专利申请号为 200910159953.1,其授权文本的权利要求(1)如下:一种片剂,含有索非那新或其盐的晶体、无定形的索非那新或其盐以及赋形剂,其中无定形物的含量处于对产品的稳定性没有影响的范围内,并且所述无定形物的含量为77％或更低,索非那新的主要降解产物的量与索非那新或其盐的晶体和无定形的索非那新或其盐以及它们的降解产物的总量之比为0.4％或更低。

根据说明书记载,本专利目的在于提供稳定的琥珀酸索非那新制剂,用本领域常用的一般药物制造方法难以获得药学上十分稳定的索非那新制剂,而将琥珀酸索非那新主要降解产物的生成量与索非那新或其盐及其降解产物的总量之比抑制在0.4％以下(含0.4％),研制出随着时间的推移而保持稳定的索非那新或其盐的固体制剂。

根据上述记载可知,"主要降解产物"是本专利的组合物和制备方法的控制目标,"主要降解产物"的含量是衡量本专利的组合物和制备方法能否实现发明目的的关键指标。但是本专利申请文件中并未记载"主要降解产物"的结构、组成,也没有证据显示"主要降解产物"为何物质。对本领域技术人员而言,"主要降解产物"是不清楚的,根据说明书记载的内容无法具体实施。因此,本专利说明书没有充分公开权利要求(1)的技术方案,不符合《专利法》第二十六条的规定。

4)说明书缺少证明技术效果的试验方法和数据

涉案专利申请号为201110029600.7,其授权文本的权利要求(1)如下:一种药物组合物,其包含AT1-拮抗剂缬沙坦或其可药用盐和N-(3-羧基-1-氧代丙基)-(4S)-对-苯基苯基甲基-4-氨基-2R-甲基丁酸乙酯或N-(3-羧基-1-氧代丙基)-(4S)-对-苯基苯基甲基-4-氨基-2R-甲基丁酸或其可药用盐以及可药用载体。

本专利保护的是缬沙坦与NEP抑制剂的复方制剂,但说明书以"断言式结论"的方式记载了上述两种药物可以产生协同作用,并未披露和记载实验方法,缺乏用来证明两种药物之间存在协同作用的实验证据。

对于制剂专利而言,由于其活性成分一般为已知物质,而已知物质的效果是现有技术公开的,在无相反证据下,本领域技术人员能够预期以该活性物质制备的制剂能够具有活性物质本身所具有的效果,即使未记载技术效果,一般不会以公开不充分驳回。但是如果说明书没有记载针对本专利的技术方案(如特定处方、药物复方)所带来的技术效果的定量描述,即未记载技术效果的试验方法和数据,而对于化学领域而言,该效果往往是本领域技术人员无法预期的,则认为未能解决专利所声称的技术问题,创造性很难得到认可,专利也会难以授权。因此,对于制剂专利而言,记载技术效果的试验方法和数据是非常必要的。

二、制剂专利的审查与答复

发明专利申请要想获得授权,必须经过实质审查,没有发现驳回理由的,专利局应当作出授予发明专利权的决定,而实质审查的过程主要体现在专利局向申请人传送的审查意见通知书以及申请人为了克服通知书中指出的缺陷所进行的修改与答复上。

根据《专利法》第三十五条的规定,专利行政部门对发明专利申请进行实质审查。其目的在于确定发明专利是否应当被授予专利权,特别是确定其是否符合《专利法》有关新颖性、创造性的规定。

有权对发明专利申请进行实质审查的主体虽然是专利行政部门,但真正的执行主体是专利审查员,专利审查员对专利申请进行实质审查后,通常以审查意见通知书的形式将审查的意见和倾向性结论通知申请人。一般情况下,审查的倾向性结论分为两种:一种是存在实质性缺陷而无授权前景;另一种是存在实质性和/或形式缺陷而有授权前景,但需修改后才能授权。其中,实质性缺陷主要包括专利申请不具备新颖性、创造性和/或公开不充分等,形式缺陷主要包括专利申请得不到说明书支持、不清楚等。下面将以《专利法》为基础,针对制剂专利,介绍如何答复并克服审查意见通知书中经常提出的实质性和/或形式缺陷,使得制剂专利尽可能获得授权。

(一)答复新颖性缺陷的基本思路

根据《专利法》第二十二条的规定,新颖性,是指发明或者实用新型不属于现有技术,也没有任何单位或者个人就同样的发明或者实用新型在申请日以前向国务院专利行政部门提出过申请,并记载在申请日以后公布的专利申请文件或者公告的专利文件中。

根据《专利法》第二十二条的规定,现有技术是指申请日(有优先权的,指优先权日)以前在国内外为公众所知的技术。现有技术包括在申请日以前在国内外出版物上公开发表、在国内外公开使用或者以其他方式为公众所知的技术。优先权分为外国优先权和本国优先权,外国优先权是指,申请人就相同主题的发明或者实用新型在外国第一次提出专利申请之日起十二个月内,又在中国提出申请的,依照该国同中国签订的协议或者共同参加的国际条约,或者依照相互承认优先权的原则,可以享有优先权。本国优先权是指,申请人就相同主题的发明或者实用新型在中国第一次提出专利申请之日起十二个月内,又以该发明专利申请为基础向专利行政部门提出发明专利申请或者实用新型专利申请的,或者又以该实用新型专利为基础向专利行政部门提出实用新型专利申请或发明专利申请的,可以享有优先权。

审查意见通知书中经常会指出,发明要求保护的技术方案相较于现有技术(对比文件)不具备新颖性,得出不具备新颖性结论的基础通常是审查员认定现有技术中已经存在与发明要求保护的技术方案实质上相同的技术方案,审查员比较的对象为发明要求保护的技术方案与现有技术。发明要求保护的技术方案通常是指权利要求中要求保护的方案,现有技术通常是指审查员通过检索等手段获得的在发明申请日以前公开的技术方案,现有技术可能是专利文献、科技杂志、科技书籍、学术论文、教科书、技术手册报纸、产品目录、产品说明书、广告宣传册、电影、电视、广播等。当发明要求保护的技术方案在现有技术中已经出现,则发明不具备新颖性。新颖性需要关注的重点是公开是否在申请日以前以及技术方案是否实质上相同。下面通过具体案例,介绍三类涉及新颖性缺陷的基本答复思路。

1. 技术方案中技术特征完全相同的新颖性缺陷答复思路

《专利审查指南》(2010 年版)第二部分第 3.2.1 节指出,如果要求保护的发明或者实用新型与对比文件所公开的技术内容完全相同,或者仅仅是简单的文字变换,则该发明或者实用新型不具备新颖性。

案例 1

制剂专利申请:申请日为 2019 年 1 月 1 日,其要求保护的权利要求(1)如下:一种泡腾片,其特征在于,由维生素 C、甘露醇、碱式碳酸氢钠、柠檬酸、聚维酮和硬脂酸镁组成。

现有技术:某学术论文发表日为 2018 年 5 月 1 日,公开了一种泡腾片,其成分为维生素 C、甘露醇、碱式碳酸氢钠、柠檬酸、聚维酮和硬脂酸镁。

审查意见通知书指出:"本申请权利要求(1)要求保护一种泡腾片,由维生素 C、甘露醇、碱式碳酸氢钠、柠檬酸、聚维酮和硬脂酸镁组成,现有技术公开了一种泡腾片,其同样由维生素 C、甘露醇、碱式碳酸氢钠、柠檬酸、聚维酮和硬脂酸镁组成,且公开日为 2018 年 5 月 1 日,在本申请的申请日之前,现有技术已经公开了包含权利要求(1)全部特征的技术方案,即现有技术公开的技术方案与本申请权利要求(1)要求保护的技术方案实质上相同,且属于相同的技术领域,能解决相同的技术问题,达到相同的技术效果,因此,本申请权利要求(1)不具备新颖性。"

针对这一类技术内容与现有技术完全相同的技术方案,通常采用添加技术特征的方式将本申请与现有技术区分开,进而克服新颖性缺陷。例如,该制剂专利申请的说明书中还记载了泡腾片可以包含蔗糖,则可将蔗糖的特征加入权利要求(1)中,在此基础上,权利要求(1)的技术方案转变为:"一种泡腾片,其特征在于,由维生素 C、甘露醇、蔗糖、碱式碳酸氢钠、柠檬酸、聚维酮和硬脂酸镁组成",新权利要求(1)的技术方案由于包含了蔗糖的技术特征,因而与现有技术实质上并不相同,也就克服了新颖性的缺陷。

2. 技术方案中技术特征为上下位概念的新颖性缺陷答复思路

《专利审查指南》第二部分第 3.2.2 节指出,如果要求保护的发明或者实用新型与对比文件相比,其区别仅在于前者采用一般(上位)概念,而后者采用具体(下位)概念限定同类性质的技术特征,则具体(下位)概念的公开使采用一般(上位)概念限定的发明或者实用新型丧失新颖性。

案例 2

制剂专利申请:申请日为 2019 年 1 月 1 日,其要求保护的权利要求(1)如下:一种泡腾片,其特征在于,由维生素 C、甘露醇、碱式碳酸氢钠、有机酸、聚维酮和硬脂酸镁组成。

现有技术:某学术论文发表日为 2018 年 5 月 1 日,公开了一种泡腾片,其成分为维生素 C、甘露醇、碱式碳酸氢钠、柠檬酸、聚维酮和硬脂酸镁。

审查意见通知书记载:"本申请权利要求(1)要求保护一种泡腾片,由维生素 C、甘露醇、碱式碳酸氢钠、有机酸、聚维酮和硬脂酸镁组成,现有技术公开了一种泡腾片,其由维生素 C、甘露醇、碱式碳酸氢钠、柠檬酸、聚维酮和硬脂酸镁组成,且公开日为 2018 年 5 月 1 日,由于柠檬酸属于有机酸的一种,即柠檬酸是有机酸的下位概念,因此,本申请权利要求(1)中有机酸的特征同样被现有技术公开,现有技术已经公开了包含权利要求(1)全部特征的技术方案,即现有技术公开的技术方案与本申请权利要求(1)要求保护的技术方案实质上相同,且属于相同的技术领域,能解决相同的技术问题,达到相同的技术效果,因此,本申请权利要求(1)不具备新颖性。"

针对这一类具体(下位)概念的公开使采用一般(上位)概念限定的技术方案丧失新颖性的情况,通常采用具体化一般(上位)概念的方式将本申请与现有技术区分开,进而克服新颖性缺陷。例如,该制剂专利申请的说明书中还记载了有机酸可以是酒石酸,则可利用酒石酸的特征代替本申请权利要求(1)中的有机酸,在此基础上,权利要求(1)的技术方案转变为:"一种泡腾片,其特征在于,由维生素 C、甘露醇、碱式碳酸氢钠、酒石酸、聚维酮和硬脂酸镁",新权利要求(1)的泡腾片由于包含了酒石酸,因而与现有技术公开的包含柠檬酸的泡腾片实质上并不相同,此时也就克服了新颖性的缺陷。

3. 技术方案中技术特征为数值和数值范围的新颖性缺陷答复思路

《专利审查指南》第二部分第 3.2.4 节指出,如果要求保护的发明或者实用新型中存在以数值或者连续变化的数值范围限定的技术特征,如部件的尺寸、温度、压力以及组合物的组分含量,而其余技术特征与对比文件相同,则其新颖性的判断应当依照以下各项规定:

(1)对比文件公开的数值或者数值范围落在上述限定的技术特征范围内(类似于前述的上、下位概念),将破坏要求保护的发明或者实用新型的新颖性。

案例 3

制剂专利申请:申请日为 2019 年 1 月 1 日,其要求保护的权利要求(1)如下:一种泡腾片,其特征在于,由 0.5~1 mg 的维生素 C 和 5~10 mg 的甘露醇组成。

现有技术:某学术论文发表日为 2018 年 5 月 1 日,公开了一种泡腾片,其由 0.8 mg 维生素 C 和 6 mg 甘露醇组成。

审查意见通知书指出:"现有技术公开了一种泡腾片,由 0.8 mg 维生素 C 和 6 mg 甘露醇组成,且公开日为 2018 年 5 月 1 日,在本申请的申请日之前,由于 0.8 mg 和 6 mg 分别落入本申请的 0.5~1 mg 和 5~10 mg 范围内,因此,本申请权利要求(1)不具备新颖性。"

针对这一类现有技术的数值落入要求保护的数值范围内的情况,通常采用缩小数值范围的方式将现有技术的数值排除在保护范围以外,进而克服新颖性缺陷。例如,该制剂专利申请的说明书中还记载了维生素 C 可以为 0.7 mg,甘露醇可以为 7 mg,则可将维生素 C 的范围缩小至 0.5~0.7 mg,甘露醇的范围缩小至 7~10 mg;在此基础上,权利要求(1)的技术方案转变为:"一种泡腾片,其特征在于,由 0.5~0.7 mg 维生素 C 和 7~10 mg 甘露醇组成",现有技术的泡腾片中,0.8 mg 维生素和 6 mg 甘露醇由于并未落入本申请 0.5~0.7 mg 和 7~10 mg 的范围内,此时也就克服了新颖性的缺陷。另外,范围缩小的端点值必须在原说明书和权利要求书中有记载,否则会存在修改超范围的问题,换句话说,可以由 0.5~1 mg 的维生素 C 和 5~10 mg 的甘露醇修改为 0.5~0.7 mg 的维生素 C 和 7~10 mg 的甘露醇,是因为 0.5 mg、0.7 mg 的维生素 C 点值和 7 mg、10 mg 的甘露醇点值在原说明书或权利要求书中有记载,在此基础上,排除式的缩小范围并没有超出原申请文件的记载,不会存在修改超范围的问题。

(2)对比文件公开的数值范围与上述限定的技术特征的数值范围部分重叠或者有一个共同的端点,将破坏要求保护的发明或者实用新型的新颖性。

案例 4

制剂专利申请:申请日为 2019 年 1 月 1 日,其要求保护的权利要求内容如下:一种泡腾片特征在于,由 0.5~1 mg 的维生素 C 和 5~10 mg 的甘露醇组成。

现有技术:某学术论文发表日为 2018 年 5 月 1 日,公开了一种泡腾片,其由 0.8~1.5 mg 维生素 C 和 4~6 mg 甘露醇组成。

审查意见通知书指出:"现有技术公开了一种泡腾片,由 0.8~1.5 mg 维生素 C 和 4~6 mg 甘露醇组成,且公开日为 2018 年 5 月 1 日,在本申请的申请日之前,由于 0.8~1.5 mg 和 4~6 mg 与本申请的 0.5~1 mg 和 5~10 mg 存在部分重叠,因此,本申请权利要求(1)不具备新颖性。"

针对这一类现有技术的数值与要求保护的数值范围部分重叠的情况,同样可采用缩小数值范围的方式将重叠部分排除在保护范围以外,进而克服新颖性缺陷。在此不再赘述,另外,范围缩小的端点值同样必须在原说明书和权利要求书中有记载。

(3)对比文件公开的数值范围的两个端点将破坏上述限定的技术特征为离散数值并且具有该两端点中任一个的发明或者实用新型的新颖性,但不破坏上述限定的技术特征为该两端点之间任一数值的发明或者实用新型的新颖性。

案例5

制剂专利申请:申请日为2019年1月1日,其要求保护的权利要求(1)如下:一种泡腾片,其特征在于,包含0.5 mg、0.7 mg、0.9 mg或1 mg的维生素C。

现有技术:某学术论文发表日为2018年5月1日,公开了一种泡腾片,包含0.5~1 mg维生素C。

审查意见通知书指出:"现有技术公开了一种泡腾片,包含0.5~1 mg维生素C,由于现有技术公开的范围0.5~1 mg包含0.5 mg及1 mg的端点值,因此,现有技术破坏0.5 mg及1 mg这两个端点值的新颖性。"

针对这一类现有技术公开范围的端点与要求保护的点值部分相同的情况,删除0.5 mg及1 mg的端点值,保留未公开的0.7 mg及0.9 mg即可克服新颖性缺陷。

(二)答复创造性缺陷的基本思路

根据《专利法》第二十二条的规定,创造性,是指与现有技术相比,该发明具有突出的实质性特点和显著的进步,该实用新型具有实质性特点和进步。

发明具有突出的实质性特点,是指对所属技术领域的技术人员来说,发明相对于现有技术是非显而易见的。如果发明是所属技术领域的技术人员在现有技术的基础上仅仅通过合乎逻辑的分析、推理或者有限的试验可以得到的,则该发明是显而易见的,也就不具备突出的实质性特点。发明具有显著的进步,是指发明与现有技术相比能够产生有益的技术效果。

审查员在判断创造性时,通常遵循以下步骤:先理解发明的技术方案,然后进行现有技术的检索,基于检索结果选择最接近的现有技术,确定发明与最接近现有技术的区别,基于区别所能达到的技术效果确定发明实际解决的技术问题,从技术问题出发判断发明对本领域技术人员来说是否显而易见。判断过程要确定现有技术整体上是否存在某种技术启示,这种启示会使本领域技术人员在面对所述技术问题时有动机改进该最接近的现有技术并获得要求保护的发明。其中,最接近现有技术,是指现有技术中与要求保护的发明最密切相关的一个技术方案,可以是与要求保护的发明技术领域相同,所要解决的技术问题、技术效果或者用途最接近和/或公开了发明的技术特征最多的现有技术,或者虽然与发明的技术领域不同,但是能够实现发明的功能,并且公开发明的技术特征最多的现有技术。由于需要从本领域技术人员的角度出发判断发明的显而易见性,这就要求审查员不能带有主观色彩,而应做到客观判断。但由前述的判断过程可知,审查员均是在阅读完发明专利申请后才进行创造性的检索判断,存在带入主观判断的可能,可能主观弱化技术启示而直接认定方案容易实现,进而导致发明专利申请授权困难。作为发明专利的申请人,也可以遵循审查员判断发明是否具备创造性的思路,寻找审查员判断过程中的不合理之处,减少审查员可能出现的不客观判断,降低专利申请驳回风险,保证自身的合法权益。通常情况下,制剂专利的创新不在于活性成分或剂型,其所用剂型的宏观结构和辅料大多是现有技术中已知的,技术人员也常根据溶出等效果调整成分含量,再加上现有技术并不存在将多数特征组合起来的障碍,这就使得制剂发明的审查员倾向于认为制剂是显而易见的,进而否定制剂发明的创造性。面对该特殊情况,下面将结合具体案例,介绍制剂专利创造性缺陷的基本答复思路。

案例 6

制剂专利申请:申请日为 2009 年 06 月 04 日,发明名称为"含有吲哚满酮衍生物悬浮液制剂的胶囊药物剂型",其要求保护的权利要求(1)如下:活性物质 3-Z-[1-(4-(N-((4-甲基-哌嗪-1-基)-甲羰基)-N-甲基-氨基)-苯胺基)-1-苯基-亚甲基]-6-甲氧羰基-2-吲哚满酮-单乙磺酸盐的制剂,所述制剂包含 3-Z-[1-(4-(N-((4-甲基-哌嗪-1-基)-甲羰基)-N-甲基-氨基)-苯胺基)-1-苯基-亚甲基]-6-甲氧羰基-2-吲哚满酮-单乙磺酸盐在中链甘油三酯、硬脂和卵磷脂中的黏稠悬浮液。

说明书中还记载如下内容:

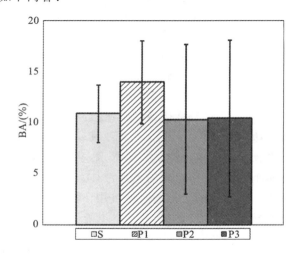

权利要求(1)的制剂 P1 的生物利用度高于 P2 和 P3 的载体体系。其中 P1 属于本申请权利要求(1)所述的制剂,而 P2 另外含有表面活性剂 Cremophor,P3 缺少增稠剂硬脂及脂质载体中链甘油三酯。从上图可以看出,权利要求(1)的制剂生物利用度接近 15%,而相较于权利要求(1)多了表面活性剂以及缺少脂质载体、增稠剂的制剂生物利用度只有约 10%。

现有技术:专利文献 WO2007/054551A1,公开日:2007 年 05 月 18 日,公开了一种包含 150 mg 活性成分作为液体填充的硬胶囊,胶囊中含有:活性物质 150.0 mg,花生油 300.0 mg,胶体二氧化硅 10.0 mg,其活性成分可以是 3-Z-[1-(4-(N-((4-甲基-哌嗪-1-基)-甲羰基)-N-甲基-氨基)-苯胺基)-1-苯基-亚甲基]-6-甲氧羰基-2-吲哚满酮-单乙磺酸盐(参见说明书实施例 12,第 21 页第 16～20 行);药物组合物中活性化合物的量足以产生所需的药理作用;合适的赋形剂可以是植物来源的油、乳化剂、润滑剂等(参见说明书第 51 页第 3～19 行),以及活性成分可以与水或油性介质,如花生油、液体石蜡、中链甘油三酯或橄榄油混合后加入软明胶胶囊中(参见说明书第 53 页第 1～3 行)。

审查意见通知书指出:对比文件 1(WO2007/054551A1,公开日:2007 年 05 月 18 日)公开了一种包含 150 mg 活性成分作为液体填充的硬胶囊，胶囊中含有：活性物质 150.0 mg，花生油 300.0 mg（一种脂质载体），胶体二氧化硅（一种增稠剂）10.0 mg，共 460.0 毫克；制备方法：通过高速搅拌器将活性成分溶解于赋形剂，加入胶体二氧化硅调节其黏度，将制备好的混合物装入 1 号硬明胶胶囊。其活性成分可以是 3-Z-[1-(4-(N-((4-甲基-哌嗪-1-基)-甲羰基)-N-甲基-氨基)-苯胺基)-1-苯基-亚甲基]-6-甲氧羰基-2-吲哚满酮-单乙磺酸盐（参见说明书实施例 12，第 21 页第 16～20 行）。权利要求（1）与对比文件 1 的区别为：权利要求（1）限定了活性成分，以及本申请所述的具体脂质载体、增稠剂不同，并含有卵磷脂作为助流剂/增溶剂。解决的技术问题是：提供一种 3-Z-[1-(4-(N-((4-甲基-哌嗪-1-基)-甲羰基)-N-甲基-氨基)-苯胺基)-1-苯基-亚甲基]-6-甲氧羰基-2-吲哚满酮-单乙磺酸盐的脂质悬浮液。然而对比文件 1 公开了制剂的活性成分可以是 3-Z-[1-(4-(N-((4-甲基-哌嗪-1-基)-甲羰基)-N-甲基-氨基)-苯胺基)-1-苯基-亚甲基]-6-甲氧羰基-2-吲哚满酮-单乙磺酸盐，说明书中还指出了：药物组合物中活性化合物的量足以产生所需的药理作用；合适的赋形剂可以是植物来源的油、乳化剂、润滑剂等（参见说明书第 51 页第 3～19 行），以及活性成分可以与水或油性介质，如花生油、液体石蜡、中链甘油三酯或橄榄油混合后加入软明胶胶囊中（参见说明书第 53 页第 1～3 行）。在此启示下，本领域技术人员有动机选择中链甘油三酯替换对比文件 1 实施例 12 中的花生油作为脂质载体，并且也能够根据其技术启示进一步在实施例 12 中公开的油悬浮剂中加入乳化剂，以实现对悬浮液的乳化作用，并同时客观上起到助流剂/增溶剂的效果；而卵磷脂是一种常规应用的表面活性剂和乳化剂（王建明等主编，《分散体系理论在制剂学中的应用》，北京医科大学、中国协和医科大学联合出版社出版，1995 年 4 月第 1 版第 1 次印刷，第 252～253 页），表面活性剂或乳化剂能够实现对难溶药物增溶的效果也是公知常识，并且在对比文件 1 教导了使用胶体二氧化硅以用于增稠的启示下，为了获得稳定的悬浮液体系、避免分散体系的沉积，本领域技术人员能够容易地想到采用其他常规的增稠剂同样可用于稳定所述悬浮液，而本申请所述的硬脂是所属领域中已知的常规增稠剂/增黏剂，其在本申请说明书中也是作为与胶态二氧化硅的等同可替换的选择，本申请对于硬脂的选择也是常规的，因此，权利要求（1）不具备《专利法》第二十二条规定的创造性。

从上述内容可知，审查员选择了专利文献 WO2007/054551A1 作为最接近的现有技术，将制剂专利与该最接近现有技术进行对比确定区别特征，基于区别特征确定实际解决的技术问题，进一步认为最接近的现有技术已经给出了活性成分的启示，且给出了活性成分可以与中链甘油三酯混合的技术启示，用硬脂替换胶态二氧化硅作为增稠剂是常规选择，卵磷脂是一种常规应用的表面活性剂和乳化剂，表面活性剂或乳化剂能够实现对难溶药物增溶的效果也是公知常识，因此，制剂方案是显而易见的。本节在前述内容中已经提到，可以遵循审查员判断发明是否具备创造性的思路，寻找审查员判断过程中的不合理之处，减少审查员可能出现的不客观判断，增加专利申请授权的可能性。首先，答复审查意见通知书时应当注意，审查员基于其选取的最接近现有技术认定的区别特征是否妥当，这也是反驳审查员做出不具备创造性判断的关键一步，区别特征认定的不同可能会导致实际解决的技术问题不同，回到案例 6 本身，案例 6 中关于区别特征的认定并无不妥；在此基础上，进一步判断审查员认定的技术问题是否准确，技术问题是基于区别特征所能达到的技术效果进行认定的，案例 6 中，审查员认定的技术问题是提供一种包含活性成分的脂质悬浮液，答复审查意见通知书时应当注意，区别特征实际能达到的效果是否如审查员所说仅仅是为了提供一种脂质悬浮液,分析说明书记载的内容,本申请说明书图4已经能够说明,采用中链甘油三酯、硬脂以及卵磷脂能够提高活性成分的溶出,因此,实际解决的技术问题是如何增加活性成分的溶出;最后,判断现有技术中是否存在技术启示,使得本领域技术人员有动机对最接近的现有技术进行改进,进而获得要求保护的发明。就案例6而言,需要判断现有技术中是否存在将专利文献WO2007/054551A1中的花生油替换为中链甘油三酯,将胶态二氧化硅替换为硬脂,并添加卵磷脂以增加活性成分溶出的技术启示,分析专利文献WO2007/054551A1以及审查员提供的公知常识书籍内容可知,专利文献并没有提到硬脂和卵磷脂这两种物质,其所列举的增稠剂、乳化剂等辅剂中均没有给出可使用硬脂和卵磷脂以替代专利文献中所述辅剂的技术启示,公知常识虽然指出卵磷脂是一种常规应用的表面活性剂和乳化剂,但是并没有给出权利要求(1)所涉及的赋形剂与活性成分的组合方式,本领域技术人员也不可能想到在众多的赋形剂中选择卵磷脂与中链甘油三酯、硬脂进行组合以解决增溶技术问题的启示,结合说明书中公开的图可知,相同的药物,在赋形剂的数量及类型发生变化时呈现了不同的生物利用度,而本申请权利要求(1)的特定赋形剂和活性成分的组合方式具有较高的生物利用度,获得了有益的技术效果。因此,权利要求(1)的技术方案相对于现有技术是非显而易见的,具有《专利法》第二十二条规定的创造性。

(三)答复公开不充分缺陷的基本思路

专利制度的一个基本原则是公开换保护,通过向公众公开技术内容来换取一定时间内独占市场的权利。前述制剂专利申请文件的撰写章节已经介绍了关于公开充分的条款,即《专利法》第二十六条,其规定了说明书对技术内容的公开所需达到的程度,即需达到所属技术领域的技术人员按照说明书记载的内容,不付出创造性劳动就能够实现该技术方案,解决其技术问题,并且产生预期的技术效果的程度。当说明书公开不充分的时候,主要的原因是说明书就发明创造没有做出清楚、完整的说明,导致所属的技术领域的技术人员无法实施或者不能解决技术问题。下面将结合具体案例,介绍两类制剂专利公开不充分缺陷的基本答复思路。

1. 技术手段含糊不清

案例7(同制剂专利申请文件的撰写章节中涉及公开不充分的例3)

对于"主要降解产物"无法确定的问题,由于"主要降解产物"是衡量本专利的组合物和制备方法能否实现发明目的的关键指标,但是专利申请文件中并未记载"主要降解产物"的结构、组成,也没有证据显示"主要降解产物"为何物质。对本领域技术人员而言,"主要降解产物"是不清楚的,根据说明书记载的内容无法具体实施。因此,本专利说明书没有充分公开权利要求(1)的技术方案,不符合《专利法》第二十六条的规定。

针对这一类问题,申请人可以提供在申请日之前就公开的多篇专利文献或者书籍证据,证实索非那新的"主要降解产物"在申请日之前对本领域技术人员来说结构、组成等是已知的,否则,其他方式的修改(如添加该"主要降解产物"的结构、组成等信息)均无法克服公开不充分的问题。

2. 没有实验数据支撑

案例8(同制剂专利申请文件的撰写章节中涉及公开不充分的例4)

本案例主要涉及三种药物组分组成的药物组合物,该专利申请的说明书强调了组合物通过增强功效产生更有效的抗高血压及其他相关疾病治疗的效果,但并未给实验数据证实这一观点,因而引发了对公开不充分的质疑。

针对这一类问题,申请人可以从本领域技术人员的角度出发,通过理论分析或者根据现有技术,以说明书的记载为基础,结合书籍或其他文献公开的内容,充分阐述这三种药物组分之间具体的作用原理,证实三种组分能够增强功效产生更有效的抗高血压及其他相关疾病治疗的效果。

值得注意的是,申请人一旦通过说理的方式克服了公开不充分的问题,说明现有技术方案的技术效果对本领域技术人员来说是可以预期的,进一步地也将面临审查员对于创造性的质疑,对于发明核心的技术方案而言,建议在专利撰写时就要保证方案清楚、完整,否则,专利申请在授权的道路上将面临重重困难。

关于原研药专利中实验数据的缺失,其背后的原因可能是:① 原研药企早期必要的验证实验并未完成,但为了赶早抢占专利申请日,所以无法在申请提交的同时提供相关的实验数据,仅仅提供了一般的实验方法;② 不排除原研药企有意不提供实验数据,从而使竞争对手,特别是那些希望做 Me-too 或 Me-better 产品的企业,无法及时准确地跟踪原研药相关专利信息,这样原研药专利达到既保护了在研产品,又"合法"隐藏了目标药物的目的。原研药企寄希望通过补交实验数据来弥补专利申请文本的不足,是一种打擦边球的做法。对于修改的《专利审查指南》中提及的对于申请日之后补交实验数据的内容,我们理解是:① 审查员不得拒绝补交实验数据这一行为,对于补交的实验数据应当予以审查;② 要求了专利申请公开的内容要达到一定的水准,补交实验数据所证明的技术效果应当是所属技术领域的技术人员能够"直接、毫无疑义地"得到的。

(四)答复不支持缺陷的基本思路

根据《专利法》第二十六条的规定,权利要求书应当以说明书为依据,清楚、简要地限定要求专利保护的范围。即权利要求应当得到说明书的支持,权利要求所要求保护的技术方案应当是所属技术领域的技术人员能够从说明书充分公开的内容中得到或概括得出的,并且不得超出说明书公开的范围。

不支持的立法本义是为了平衡申请人与公众的利益关系,防止申请人通过过度概括获得不正当的权利,这也是审查意见通知书中常见的缺陷。下面将结合案例,介绍不支持缺陷的答复思路。

案例 9(同制剂专利申请文件的撰写章节中涉及不支持的例 1)

该案例主要涉及权利要求中的可溶性钙剂概括较宽的问题,审查员指出上位概念"可溶性钙剂"包括了各种可溶性的含钙物质,它概括了一个较宽的保护范围,而申请人在说明书中仅对其中的"葡萄糖酸钙"和"活性钙"提供了配制药物的实施例,对于其他可溶性钙剂没有提供配制的配方和效果实施例,所属技术领域的技术人员难以预见其他可溶性钙剂按本发明进行配方是否也能在人体中发挥相同的作用,因此权利要求(1)和(2)得不到说明书的支持。

针对这一类问题,申请人可以将说明书中记载的"葡萄糖酸钙"和"活性钙"作为新的特征添加到权利要求(1)中,此时即可克服不支持的缺陷。另外,若申请人能够提供证据证实其他与"葡萄糖酸钙"和"活性钙"性质、结构类似的"可溶性钙剂"具有相同的技术效果,同时,说明书中对应的存在定性描述,则也可将权利要求的范围概括在一个更宽的范围,只要技术方案能够从原申请文件中得出即可。

总之,审查员并非站在申请人的对立面,其发出审查意见通知书的目的是为了规范申请,使申请人获得稳定的合法权益。由于专利申请的撰写要求一定的专业性,申请人在撰写新申请时要做到面面俱到具有一定困难,常会存在一些缺陷,因此,能否对审查意见通知书进行及时有效的修改和答复是专利申请授权快慢的关键。本节主要介绍了制剂专利审查意见通知书中常见的实质和形式缺陷,并提供克服常见缺陷的基本答复思路,希望能为制剂专利的审查意见答复提供一定的借鉴。

三、制剂专利复审与无效

(一)专利复审无效概述

国家知识产权局复审和无效审理部(原专利复审委员会)于1985年4月5日成立,主要负责对复审请求和专利权无效宣告请求进行审查,以及出庭应诉。

复审程序是指专利申请人对国务院专利行政部门驳回申请的决定不服的,可以自收到通知之日起三个月内,向复审和无效审理部请求复审,复审和无效审理部对复审请求进行受理和审查,并作出决定。

无效宣告程序是指国务院专利行政部门公告授予专利权之日起,任何单位或者个人认为该专利权的授予不符合本法有关规定的,可以请求复审和无效审理部宣告该专利权无效,复审和无效审理部对专利权无效宣告请求进行受理和审查,并作出决定。

(二)专利复审

复审程序是因申请人对驳回决定不服而启动的救济程序,同时也是专利审批程序的延续。因此,一方面,复审和无效审理部一般仅针对驳回决定所依据的理由和证据进行审查,不承担对专利申请全面审查的义务;另一方面,为了提高专利授权的质量,避免不合理地延长审批程序,复审和无效审理部可以依职权对驳回决定未提及的明显实质性缺陷进行审查。

1. 申请文本的修改

在提出复审请求、答复复审通知书(包括复审请求口头审理通知书)或者参加口头审理时,复审请求人可以对申请文件进行修改。但是,所作修改应当不得超出原说明书和权利要求书记载的范围,并且修改应当仅限于消除驳回决定或者合议组指出的缺陷。

下列情形通常不符合上述规定:

(1)修改后的权利要求相对于驳回决定针对的权利要求扩大了保护范围;

(2)将与驳回决定针对的权利要求所限定的技术方案缺乏单一性的技术方案作为修改后的权利要求;

(3)改变权利要求的类型或者增加权利要求;

(4)针对驳回决定指出的缺陷未涉及的权利要求或者说明书进行修改。但修改明显文字错误,或者修改与驳回决定所指出缺陷性质相同的缺陷的情形除外。

2. 复审请求审查决定的类型

复审请求审查决定一般分为下列三种类型：

(1)复审请求不成立,维持驳回决定;

(2)复审请求成立,撤销驳回决定;

(3)专利申请文件经复审请求人修改,克服了驳回决定所指出的缺陷,在修改文本的基础上撤销驳回决定。

3. 复审案例

大冢制药"注射剂"案。

【案情回顾】

涉案专利为日本大塚制药株式会社于 2013 年 4 月 23 日申请的申请号为 201380021612. 2、名称为"环状蛋白酪氨酸激酶抑制剂"的发明专利,保护一种包含 7-[4-(4-苯并[b]噻吩-4-基-哌嗪-1-基)丁氧基]-1H-喹啉-2-酮(依匹哌唑)或其盐作为活性成分的特定组合物的注射剂,该注射剂不会形成硬饼,通过使用简单操作(如温和搅拌)能够很容易地再分散,并具有持续释放治疗有效量的依匹哌唑至少一周的效果。经实质审查,国家知识产权局原审查部门认为权利要求(1)～(13)相对于对比文件 1 及公知常识不具备《专利法》第二十二条规定的创造性,并于 2017 年 5 月 2 日作出驳回决定。2017 年 8 月 17 日,专利申请人向复审和无效审理部会提出了复审请求,且未修改申请文件。复审和无效审理部于 2019 年 01 月 14 日维持驳回决定。

【涉案专利情况】

驳回决定所针对的权利要求书如下:

(1)一种注射制剂,其包含 7-[4-(4-苯并[b]噻吩-4-基-哌嗪-1-基)丁氧基]-1H-喹啉-2-酮或其盐、颗粒黏合剂和注射用水,所述颗粒黏合剂为氯化钠,以及选自聚氧乙烯脱水山梨醇脂肪酸酯和聚乙二醇中的至少一种成分。

(2)根据权利要求(1)所述的注射制剂,其中,所述颗粒黏合剂是氯化钠和聚乙二醇。

(3)根据权利要求(2)所述的注射制剂,其中,所述聚乙二醇是聚乙二醇 400 或者聚乙二醇 4000。

(4)根据权利要求(2)或(3)所述的注射制剂,其进一步包括聚氧乙烯脱水山梨醇脂肪酸酯。

(5)根据权利要求(4)所述的注射制剂,其中,所述聚氧乙烯脱水山梨醇脂肪酸酯是聚氧乙烯(20)脱水山梨醇油酸酯。

(6)根据权利要求(1)～(5)中任一项所述的注射制剂,其中,通过 7-[4-(4-苯并[b]噻吩-4-基-哌嗪-1-基)丁氧基]-1H-喹啉-2-酮或其盐的颗粒(初级颗粒)的聚集形成次级颗粒,且所述次级颗粒具有 $4\sim17\ \mu m$ 的平均颗粒直径(平均次级颗粒直径)。

(7)根据权利要求(6)所述的注射制剂,其中,7-[4-(4-苯并[b]噻吩-4-基-哌嗪-1-基)丁氧基]-1H-喹啉-2-酮或其盐的颗粒具有 $1\sim10\ \mu m$ 的平均初级颗粒直径。

(8)根据权利要求(1)～(7)中任一项所述的注射制剂,其 pH 值为 5～8。

(9)根据权利要求(1)～(8)中任一项所述的注射制剂,其中,所述制剂以这样的方式释放活性成分:其治疗有效的血药浓度维持至少一周。

(10)根据权利要求(1)~(9)中任一项所述的注射制剂,其中,所述 7-[4-(4-苯并[b]噻吩-4-基-哌嗪-1-基)丁氧基]-1H-喹啉-2-酮或其盐是 7-[4-(4-苯并[b]噻吩-4-基-哌嗪-1-基)丁氧基]-1H-喹啉-2-酮的二水合物。

(11)根据权利要求(1)~(10)中任一项所述的注射制剂,其用于治疗或预防精神分裂症、双相型障碍或抑郁症的复发。

(12)根据权利要求(1)~(11)中任一项所述的注射制剂,其中,所述制剂是肌肉给药或皮下给药。

(13)一种预装注射器,其预充有根据权利要求(1)~(12)中任一项所述的注射制剂。

【案例评析】

评价一项发明是否具备创造性时,应将其与最接近的现有技术比较以确定区别技术特征和实际解决的技术问题,然后考察现有技术整体上是否给出了将上述区别特征应用到该最接近的现有技术中以解决上述技术问题的启示。如果现有技术中存在这种启示,并且所获得的发明的技术效果是可以预料的,则该发明不具备创造性。

在实质审查过程中,审查员引用了以下两篇对比文件。

(1)对比文件1(WO2012/026562A1,公开日 2012 年 3 月 1 日)公开了一种悬浮液,所述悬浮液的分散介质中含有活性成分、硅油和/或硅油衍生物;所述活性成分是选自由阿立哌唑和依匹哌唑中的至少一种。所述活性成分是平均初级粒径为 0.1 μm 或以上且小于 200 μm 的颗粒形式;并且,在悬浮液中含有相对于 100 重量份所述活性成分为 0.001~0.2 重量份的硅油和/或硅油衍生物。

对比文件2(CN101528229A,公开日 2009 年 9 月 9 日)公开了一种含有瑞巴派特的药物水悬浮液,其可通过简单的方法来制备并且保持瑞巴派特的稳定的分散细粒状态而不会使细粒胶结。并且还公开了为了保持水悬浮液中瑞巴派特的稳定分散状态,需要在水悬浮液中加入氯化钠和聚乙烯醇。

对比文件1与本专利属于相同的技术领域,且公开的技术特征最多,属于本专利最接近的现有技术。

权利要求(1)与对比文件1相比,区别特征为:①权利要求(1)限定了剂型为注射制剂,包含注射用水;②权利要求(1)限定了制剂中还包含颗粒黏合剂,以及颗粒黏合剂的具体物质种类。基于以上区别技术特征,权利要求(1)请求保护的技术方案实际解决的技术问题是如何使水悬浮液中的水难溶性化合物保持稳定分散状态。

对于区别特征①,对比文件1还公开了以依匹哌唑作为活性成分的悬浮液可合适地用于制备注射剂,用于悬浮液的分散介质是水或含水和有机溶剂的水性溶剂。本领域技术人员在对比文件1的启示下有动机将所述包含依匹哌唑的悬浮液制成注射剂,并基于常规技术手段选择分散介质,包含注射用水。

对于区别特征②,根据本领域公知常识的教导,混悬剂均为动力学和热力学不稳定体系,微粒间由于强有力的吸引而聚结成饼块,不易再分散,导致混悬剂彻底破坏。因而本领域技术人员有动机采用各种常规手段改善包含依匹哌唑的混悬型注射剂的稳定性,防止混悬剂聚结成饼块。而本领域还公知的是,混悬剂的主要稳定措施为加入稳定剂,包括加入助悬剂、润湿剂、絮凝剂。如絮凝剂,可使混悬剂处于絮凝状态,具有以下特征:微粒沉降速度快,但沉降物较疏松,有明显的沉降面,沉降体积大,使用时经振摇又可迅速恢复成均匀的混悬状态。在上述公知常识的启示下,本领域技术人员容易在常规用于混悬剂稳定化的助悬剂、润湿剂、絮凝剂中选择其中的一种或几种,如选择氯化钠以及聚乙二醇、聚氧乙烯脱水山梨醇脂肪酸酯中的至少一种,并容易预期上述物质的加入有利于混悬型注射液的稳定。

尽管权利要求(1)还限定上述物质为颗粒黏合剂,即对其在制剂中的功能进行了限定,但在混悬型注射液中起到使之稳定并避免其胶结的作用,因而该限定不能使上述物质区别于本领域公知的助悬剂、润湿剂或絮凝剂。同时,根据本申请说明书记载的内容,也无法看出权利要求(1)中限定的具体颗粒黏合剂带来了预料不到的技术效果。

综上所述,本领域技术人员在对比文件1的基础上结合本领域公知常识获得权利要求(1)请求保护的技术方案是显而易见的,因此权利要求(1)不具有突出的实质性特点和显著的进步,因而不具备创造性,不符合《专利法》第二十二条的规定。权利要求(2)~(13)的附加技术特征被对比文件1或现有技术公开或教导,或是常规选择,或者不具备限定作用,在其所引用的权利要求不具备创造性的基础上,权利要求(2)~(13)也不具备《专利法》第二十二条规定的创造性。

(三)专利无效

无效宣告程序是专利公告授权后依当事人请求而启动的、通常为双方当事人参加的程序,无效程序属于专利确权程序。

1. 无效宣告请求范围以及理由和证据

无效宣告请求书中应当明确无效宣告请求范围,无效宣告理由仅限于以下条款:被授予专利的发明创造不符合专利法第二条、第二十条、第二十二条、第二十三条、第二十六条、第二十七条、第三十三条或者《专利法实施细则》第二十条、第四十三条的规定,或者属于《专利法》第五条、第二十五条的规定,或者依照《专利法》第九条规定不能取得专利权。无效宣告理由应当以《专利法》及《专利法实施细则》中有关的条、款、项作为独立的理由提出。

请求人应当具体说明无效宣告理由,提交有证据的,应当结合提交的所有证据具体说明。对于发明或者实用新型专利需要进行技术方案对比的,应当具体描述涉案专利和对比文件中相关的技术方案,并进行比较分析。例如,请求人针对《专利法》第二十二条的无效宣告理由提交多篇对比文件的,应当指明与请求宣告无效的专利最接近的对比文件进行单独对比还是结合对比,具体描述涉案专利和对比文件的技术方案,并进行比较分析。如果是结合对比,则存在两种或者两种以上的结合方式,应当指明具体的结合方式。对于不同的独立权利要求,可以分别指明最接近的对比文件。

2. 专利文本的修改

专利无效宣告程序中,专利权人可以对权利要求书进行修改,其修改原则为:

(1)不得改变原权利要求的主题名称;

(2)与授权的权利要求相比,不得扩大原专利的保护范围;

(3)不得超出原说明书和权利要求书记载的范围;

(4)一般不得增加未包含在授权的权利要求书中的技术特征。

在满足上述修改原则的前提下,修改权利要求书的具体方式一般限于权利要求的删除、技术方案的删除、权利要求的进一步限定、明显错误的修正。权利要求的删除是指从权利要求书中去掉某项或者某些项权利要求,如独立权利要求或者从属权利要求。

技术方案的删除是指从同一权利要求中并列的两种以上技术方案中删除一种或者一种以上技术方案。

权利要求的进一步限定是指在权利要求中补入其他权利要求中记载的一个或者多个技术特征,以缩小保护范围。

3. 审查决定的类型

无效宣告请求审查决定分为下列三种类型:

(1)宣告专利权全部无效;

(2)宣告专利权部分无效;

(3)维持专利权有效。

一项专利被宣告部分无效后,被宣告无效的部分应视为自始即不存在,但是被维持的部分(包括修改后的权利要求)也同时应视为自始即存在。

4. 无效案例——诺华 LCZ696 药物组合物案

【案情回顾】

涉案专利为诺华股份有限公司于 2003 年 1 月 16 日申请的专利号为 ZL201110029600.7、名称为"含有缬沙坦和 NEP 抑制剂的药物组合物"的发明专利,保护一种药物组合物,其包含 AT1-拮抗剂缬沙坦或其可药用盐和 N-(3-羧基-1-氧代丙基)-(4S)-对-苯基苯基甲基-4-氨基-2R-甲基丁酸乙酯或其可药用盐以及可药用载体,该组合物的两种活性成分在抗高血压方面具有协同作用。请求人戴锦良于 2017 年 4 月 5 日向复审和无效审理部提出了无效宣告请求,其理由是:涉案专利说明书公开不充分,不符合《专利法》第二十六条的规定;权利要求(1)~(4)得不到说明书的支持,不符合《专利法》第二十六条的规定;权利要求(1)~(4)的保护范围不清楚,不符合《专利法实施细则》第二十条的规定;权利要求(1)~(4)不具备创造性,不符合《专利法》第二十二条的规定,请求宣告本专利权利要求(1)~(4)全部无效,2017 年 12 月 27 日,复审和无效审理部以涉案专利不具有创造性宣告专利权全部无效。

【涉案专利情况】

本专利授权公告的权利要求书如下:

(1)一种药物组合物,其包含 AT1-拮抗剂缬沙坦或其可药用盐和 N-(3-羧基-1-氧代丙基)-(4S)-对-苯基苯基甲基-4-氨基-2R-甲基丁酸乙酯或 N-(3-羧基-1-氧代丙基)-(4S)-对-苯基苯基甲基-4-氨基-2R-甲基丁酸或其可药用盐以及可药用载体。

(2)如权利要求(1)所述的药物组合物,其中 N-(3-羧基-1-氧代丙基)-(4S)-对-苯基苯基甲基-4-氨基-2R-甲基丁酸乙酯是其三乙醇胺盐或其三(羟基甲基)氨基甲烷盐。

(3)如权利要求(1)所述的药物组合物,其还包含利尿剂。

(4)一种药物包,其在独立的容器中包含单包装的药物组合物,其在一个容器中包含有 N-(3-羧基-1-氧代丙基)-(4S)-对-苯基苯基甲基-4-氨基-2R-甲基丁酸乙酯或 N-(3-羧基-1-氧代丙基)-(4S)-对-苯基苯基甲基-4-氨基-2R-甲基丁酸的药物组合物,在第二个容器中包含有缬沙坦的药物组合物。

2017 年 6 月 5 日,专利权人对权利要求书进行了修改,删除了权利要求(2)和(3),以及权利要求(1)和(4)中涉及"N-(3-羧基-1-氧代丙基)-(4S)-对-苯基苯基甲基-4-氨基-2R-甲基丁酸或其可药用盐"的技术方案。

修改后的权利要求书如下:

(1)一种药物组合物,其包含 AT1-拮抗剂缬沙坦或其可药用盐和 N-(3-羧基-1-氧代丙基)-(4S)-对-苯基苯基甲基-4-氨基-2R-甲基丁酸乙酯或其可药用盐以及可药用载体。

(2)一种药物包,其在独立的容器中包含单包装的药物组合物,其在一个容器中包含有 N-(3-羧基-1-氧代丙基)-(4S)-对-苯基苯基甲基-4-氨基-2R-甲基丁酸乙酯的药物组合物,在第二个容器中包含有缬沙坦的药物组合物。

【案例评析】

(1)涉案专利是否符合《专利法》第二十六条的规定。

《专利法》第二十六条规定:说明书应当对发明或者实用新型作出清楚、完整的说明,以所属技术领域的技术人员能够实现为准。

判断本专利说明书是否公开充分的关键在于认定本专利所要解决的技术问题以及上述技术方案能否解决该技术问题,本领域技术人员能否预期其技术效果,是否需要实验结果加以证实。

本领域技术人员基于说明书记载的内容可以判断本专利所要解决的技术问题至少包括提供"一种有效治疗高血压的药物组合物""一种具有协同作用的治疗高血压的组合物"。如果一项发明存在多个要解决的技术问题,并不要求其必须解决说明书记载的所有要解决的技术问题,只要其解决了所保护的技术方案要解决的其中一个技术问题,对该技术方案而言就达到了充分公开的要求。

本专利说明书已经记载了缬沙坦和 N-(3-羧基-1-氧代丙基)-(4S)-对-苯基苯基甲基-4-氨基-2R-甲基丁酸乙酯为已知化合物,并且分别具有降血压作用。同时,本专利说明书也公开了缬沙坦和 N-(3-羧基-1-氧代丙基)-(4S)-对-苯基苯基甲基-4-氨基-2R-甲基丁酸乙酯联合应用的技术方案。对本领域技术人员而言,两种分别具有降血压作用的化合物——缬沙坦和 N-(3-羧基-1-氧代丙基)-(4S)-对-苯基苯基甲基-4-氨基-2R-甲基丁酸乙酯组合之后仍然能够发挥一定的降血压作用具有可行性和合理性。在没有相反证据的情况下,可初步判断权利要求(1)~(2)保护的技术方案能够实现治疗高血压的技术效果。因此,说明书符合充分公开的要求。

(2)涉案专利是否符合《专利法》第二十二条的规定。

关于《专利法》第二十二条,通常按照创造性判断的三步法进行评价。

(1)确定最接近的现有技术。

就本案而言,对比文件1(EP0498361,公开日:1992年2月4日)公开了一种用于高血压和充血性心力衰竭的药物组合物,包括有效量的一种 NEP 抑制剂、一种肾素抑制剂或一种AⅡ拮抗剂,以及药学上可接受的载体。请求人和专利权人对以对比文件1作为涉案专利最接近的现有技术均没有异议。

(2)确定发明的区别特征和发明实际解决的技术问题。

首先应当分析要求保护的发明与最接近的现有技术相比有哪些区别特征,然后根据该区别特征所能达到的技术效果确定发明实际解决的技术问题。

就本案而言,权利要求(1)与对比文件1之间的区别在于,权利要求1具体限定了 AII拮抗剂是缬沙坦,NEP抑制剂是 N-(3-羧基-1-氧代丙基)-(4S)-对-苯基苯基甲基-4-氨基-2R-甲基丁酸乙酯,但根据这两种具体化合物组合后所能达到的技术效果确定本发明实际解决的技术问题是本案的关键所在。

现有技术已公开了缬沙坦是血管紧张素II受体拮抗剂,N-(3-羧基-1-氧代丙基)-(4S)-对-苯基苯基甲基-4-氨基-2R-甲基丁酸乙酯或 N-(3-羧基-1-氧代丙基)-(4S)-对-苯基苯基甲基-4-氨基-2R-甲基丁酸属于 NEP抑制剂。但是血管紧张素II受体阻滞剂与 NEP抑制剂的组合是否具有协同作用的效果不在公知常识范围内,本领域技术人员无法预期二者具有协同作用。所以专利权人声称缬沙坦和 N-(3-羧基-1-氧代丙基)-(4S)-对-苯基苯基甲基-4-氨基-2R-甲基丁酸乙酯组成的组合物在降血压方面具有协同作用,需要药效实验加以证实。

药效实验通常包括实验方法、实验数据和结果、实验结论等,其中实验方法相对容易获得,例如,可以借鉴已知的实验方法,实验数据和结果对于证明药物效果发挥着决定性作用,实验结论则建立在实验数据的统计分析结果基础之上。本专利说明书第 0047~0062 段公开了动物模型、给药方法、每日剂量、检测指标等实验方法,本专利说明书第 0063 段公开的"所获得的结果表明本发明的组合具有意想不到的治疗作用"属于实验结论,但说明书并没有公开具体的实验数据或结果。在本领域技术人员无法预期协同效果的前提下,没有实验数据和结果为基础的实验结论不能使本领域技术人员确认药物的协同效果。

因此,不能认可缬沙坦和 N-(3-羧基-1-氧代丙基)-(4S)-对-苯基苯基甲基-4-氨基-2R-甲基丁酸乙酯在降血压方面产生了协同作用,权利要求(1)中两种化合物在组合物中各自发挥其降血压的作用,从而使组合物整体上呈现出一定的降血压效果,进一步得出权利要求(1)相对于对比文件1实际解决的技术问题是提供一种具体的治疗高血压的组合物。

(3)判断要求保护的发明对本领域的技术人员来说是否显而易见。

从最接近的现有技术和发明实际解决的技术问题出发,判断要求保护的发明对本领域的技术人员来说是否显而易见。

就本案而言,对比文件1教导了包含 NEP抑制剂和 AII拮抗剂的组合物,现有技术中已知属于 NEP抑制剂和血管紧张素II受体拮抗剂降血压的具体化合物,本领域技术人员有动机将现有技术公开的缬沙坦和 N-(3-羧基-1-氧代丙基)-(4S)-对-苯基苯基甲基-4-氨基-2R-甲基丁酸乙酯进行组合,并且其组合所得药物组合物的降血压效果也是可以预期的,因此,权利要求(1)不具备创造性。

权利要求(2)保护一种药物包,其在独立的容器中包含单包装的药物组合物,其在一个容器中包含有 N-(3-羧基-1-氧代丙基)-(4S)-对-苯基苯基甲基-4-氨基-2R-甲基丁酸乙酯的药物组合物,在第二个容器中包含有缬沙坦的药物组合物。基于与权利要求(1)不具备创造性的类似理由,权利要求(2)也不具备创造性。

由此可见,通过发明取得的技术效果确定本发明实际解决的技术问题是创造性判断的基础,只有准确地判断本发明实际解决的技术问题,才能更加客观地确认现有技术中是否给出将区别特征应用到该最接近的现有技术以解决发明实际解决技术问题的启示。

第四节　制剂专利布局与市场竞争

一、制药企业制剂专利布局策略

自中国加入WTO以来,制剂产品出口保持稳定、快速增长态势,出口额从2001年的2.66亿美金上升至2017年的34.56亿美金。2016年11月7日,工信部等六部委联合印发了《医药工业发展规划指南》(工信部联规〔2016〕350号),在主要任务的第(七)项提高国际化发展水平中,明确指出要立足原料药产业优势,实施制剂国际化战略,全面提高我国制剂出口规模、比重和产品附加值,重点拓展发达国家市场和新兴医药市场,并且提出在化学药领域发展高端制剂:脂质体、脂微球、纳米制剂等新型注射给药系统,口服速释、缓控释、多颗粒系统等口服调释给药系统,经皮和黏膜给药系统,儿童等特殊人群适用剂型等,推动高端制剂达到国际先进质量标准,并且需要发展高端制剂产业化技术,提高口服固体制剂工艺技术和质量控制水平。在中药领域,需要开展药品上市后疗效、安全、制剂工艺和质量控制再评价,实现新药国际注册的突破,并且重点发展中药成分规模化高效分离与制备技术,符合中药特点的缓控释、经皮和黏膜给药、物理改性和掩味等新型制剂技术,提升生产过程质量控制水平,提高检验检测技术与标准。此外,需要加大开发用于高端制剂、可提供特定功能的辅料和功能性材料,包括丙交酯乙交酯共聚物、聚乳酸等注射用控制材料,PEG化磷脂、抗体修饰用磷脂等功能性合成磷脂,玻璃酸钠靶向衍生物及壳聚糖靶向衍生物等。在新型包装系统及给药装置,提供特定功能,满足制剂技术要求,提高患者依从性,保障用药安全方面,也是重点研究课题之一。从产业化角度,缓控释、透皮吸收、粉雾剂等新型制剂工艺设备,柔性化无菌制剂生产线,连续化固体制剂生产设备将进一步提升我国制药企业市场竞争力。

鉴于专利具有地域性,为了保障国内产品顺利进入海外市场,需要构建全球范围内的专利保护壁垒,并降低专利诉讼风险。目前常用的海外专利布局策略有:自主申请、技术转让或企业并购。一方面,加大研发投入、吸收创新型人才、加强国际交流合作,有助于企业自身研发实力的提升。例如,江苏恒瑞医药股份有限公司以年销售额10%以上的资金作为研发投入,在中国以及美国、欧洲、日本等地建设研发中心或分支机构,并有注射剂、口服制剂和吸入性麻醉剂等十余个制剂产品在欧美日上市,目前公司所拥有的海外专利数在我国化学药制剂企业内最多,且在热点技术领域均有专利布局。另一方面,制药企业在布局海外专利时,可以针对目标国逐一申请,也可以充分运用国际专利申请制度和途径,如PCT或巴黎公约,并可以通过专利审查高速路(PPH)来加快审查历程。适宜的途径和时机,可以有效帮助企业降低成本,快速实现海外专利布局,在未来市场竞争中赢得先机。

针对企业和产品定位制定合适的专利布局策略,如核心产品需要构建多角度、全方位的布局,特别是通过外围专利等,构建高端制剂技术壁垒,在产品化合物、晶型、用途专利之外,对现有药物进行改良,探索新用途和新工艺,并尽早布局相关专利,避免在海外市场上市终产品时,因没有合适专利布局而失去竞争力,况且此举于延长药物专利保护期十分有效。例如,美国辉瑞的西乐葆(Celebrex)专利 2014 年 5 月到期,为了延长专利保护期,辉瑞通过扩展其在关节炎等适应证上的应用,提出了再版专利请求。

　　除了自主申请专利,企业还可以通过专利转让、跨境收购等方式,快速实施海外专利布局。例如,2016 年 5 月,人福医药集团股份公司旗下全资子公司人福美国(Humanwell Healthcare USA,LLC)以 5.29 亿美元收购 Epic Pharma 100% 的股权,据悉 Epic Pharma 公司前身是诺华 SANDOZ 的美国工厂,生产经营化学仿制药,剂型包括片剂、硬胶囊和粉剂,研发产品主要集中在麻醉镇痛、神经、高血压等细分领域以及控缓释剂型。2016 年 7 月,绿叶制药集团以 2.45 亿欧元收购瑞士知名企业 Acino 公司旗下透皮释药系统业务,标的公司是位于欧洲的全球领先的先进透皮释药系统(TDS)公司,其产品组合专注于中枢神经系统、疼痛和激素等较复杂及利润较高的专科透皮贴剂产品,且有多个高制造难度的产品已成功上市并商业化,如卡巴拉汀、丁丙诺啡、芬太尼及避孕透皮贴剂。2017 年 10 月,复星医药以 10.91 亿美元收购了药企 Gland Pharma Limited,后者是首家从 FDA 获得注射剂生产许可的印度制药企业,生产抗凝固剂"依诺肝素(Heparin)"等注射剂,向美国等国出口,还获得了全球各大法规市场和半法规市场的 GMP 认证。在企业兼并重组之时,相应的制剂专利权也得以转移流动。

　　近年来,国内本土制药企业在化药制剂领域的技术研发实力正在不断增强。据中国医药保健品进出口商会(CCCMHPIE)统计数据,2018 年第一季度,中国对美国西药制剂出口额超过 9000 万美元。其中,TOP 5 制药企业恒瑞医药、华海药业、南通联亚、人福医药以及齐鲁制药出口额合计占了制剂出口总额的 67%。企业面向不同梯度市场出口的目标定位和产品层次不同,向欧美等市场出口的是高产品附加值的仿制药和创新药,而大批量、低价值的普药主要输向亚非拉地区。原研药的"专利悬崖"给仿制药产业带来的机遇已是行业共识,首仿药更是成为兵家必争之地。从国际经验来看,仿制药企业通过专利挑战并取得美国首仿药资格上市,不仅仅可为企业赢得巨额利润,也通过技术和资金的积累,为企业下一步新药研发创新提供重要的支撑与保障。因此,也需要在技术处于领先地位的欧美地区,积极挑战国外专利,积极布局前瞻性海外专利,而对于普药市场,可以通过专利技术获得市场,遏制竞争者。华海药业通过对甲磺酸帕罗西汀胶囊在美国的专利胜诉,表明其在专利方面不侵犯原研企业的利益,既构建起良好的专利挑战团队和诉讼体系,从专利规避进行仿制药研发,实现重磅品种的突破和盈利腾飞,又从另一方面为制药企业提供了新的注册报批模式:海外产品通过规避专利提前上市,未来再通过制剂出口转报国内加速上市,从而实现药品在专利期内的提前上市。东阳光等企业以渠道和认证优势在对欧盟出口上业绩显著,这亦不失为进入海外市场的良策。

二、改良型新药与专利布局

　　2020 年国家药品监督管理局关于发布化学药品注册分类及申报资料要求的通告(2020 年 44 号)(见表 9-1)重新定义了新药与仿制药的概念,特别是将中国境内外均未上市的药品定义为新药,且强调全球新。在医药领域,药物研发主要分 3 种模式:①first-in-class,创新药,强调具有新的结构明确、具有药理活性的化合物;②me-too,me-better,best-in-class,快速跟进性或改良型新药;③me-only,针对临床未满足需求的新药模式。首创新药要求高,竞争力也强;而改良型新药,对于时效性要求很高;最后一种 me-only 则较难立项,但其竞争也小。目前国内多数制药企业会更青睐于对改良型新药进行立项,类似于 FDA 注册分类中的 505(b)(2)。

表 9-1   2020 年化学药品新注册分类以及分类说明

注册分类	分类说明	包含的情形	监测期
1	境内外均未上市的创新药	指含有新的结构明确的、具有药理作用的化合物,且具有临床价值的药品	5 年
2	境内外均未上市的改良型新药	指在已知活性成分的基础上,对其结构、剂型、处方工艺、给药途径、适应证等进行优化,且具有明显临床优势的药品。	
		2.1 含有用拆分或者合成等方法制得的已知活性成分的光学异构体,或者对已知活性成分成酯,或者对已知活性成分成盐(包括含有氢键或配位键的盐),或者改变已知盐类活性成分的酸根、碱基或金属元素,或者形成其他非共价键衍生物(如络合物、螯合物或包合物),且具有明显临床优势的药品	3 年
		2.2 含有已知活性成分的新剂型(包括新的给药系统)、新处方工艺、新给药途径,且具有明显临床优势的药品	4 年
		2.3 含有已知活性成分的新复方制剂,且具有明显临床优势	4 年
		2.4 含有已知活性成分的新适应证的药品	3 年
3	境内申请人仿制境外上市但境内未上市原研药品的药品	该类药品应与参比制剂的质量和疗效一致	无
4	境内申请人仿制境内已上市原研药品的药品	该类药品应与参比制剂的质量和疗效一致	无
5	境外上市的药品申请在境内上市	5.1 境外上市的原研药品和改良型药品申请在境内上市。改良型药品应具有明显临床优势	无
		5.2 境外上市的仿制药申请在境内上市	无

注:(1)原研药品是指境内外首个获准上市,且具有完整和充分的安全性、有效性数据作为上市依据的药品。

(2)参比制剂是指经国家药品监督管理部门评估确认的仿制药研制使用的对照药品。

国内 2.1 类为结构优化的改良型新药,包括光学异构体、成盐、成酯,改良后所带来的优势如光学异构体增强生物活性、降低毒副作用,成盐增加溶解度,成酯改善稳定性及延长半衰期;2.2 类为制剂创新的改良型新药,包括新剂型(含新给药系统)、新处方工艺、新给药途径,改良后所带来的优势(如新剂型中纳米制剂与缓释制剂、控释制剂能改变药物的体内药代动力学行为),提高生物利用度与患者顺应性,新给药途径中由注射改为口服可提高患者顺应性,经黏膜给药可提高口服易降解药物吸收的速度和程度;2.3 类为新复方制剂,改良后可减毒增效;2.4 类为老药新用,改良后可提高安全性和用途等。从表 9-1 中可见,与制剂或复方制剂相关联的类别,相较于普通结构改造或新用途拓展,其独享市场的新药监测期要长一年,也可见其创新性更高一些。

改良型新药基于临床需求对已上市药品改进,以"优效性"进行差异化定位,获得具有明显临床优势的制剂,具有少投入、低风险、高回报、生命周期长的特点,其能更好地服务于临床。从研发历程来看,改良型新药的研发周期短,平均仅为 5 年,而创新药通常要超过 10 年,其投入经费也只有创新药的十分之一。从研发成功率来看,改良型新药是新分子实体的 3.6 倍、生物药的 2 倍,是目前全球新药研发成功率中最高的。

改良型新药成功的代表性案例有非诺贝特、利培酮。非诺贝特难溶于水,属于 BCSII 型药物,1993 年非诺贝特普通片剂首次上市,但生物利用度低,用量为 200 mg/d。各大公司争相对其进行剂型改良:Abbott 公司于 2004 年上市了非诺贝特纳米晶制剂,并布局专利技术 Nano Crystals,显著提高生物利用度,并将用量从 200 mg/d 降低至 145 mg/d,2007 年该公司又上市了非诺贝特缓释胶囊,用量为 135 mg/d;First Horizon 也于 2005 年上市了非诺贝特纳米晶制剂,并布局 IDDP 专利技术,用量为 160 mg/d;Galephar 公司于 2006 年上市非诺贝特脂质硬胶囊,用量为 150 mg/d;Santarus 公司利用固体分散片剂进一步提高产品生物利用度,将用量降低至 120 mg/d。用于治疗急慢性精神分裂症的利培酮药物化合物专利为强生公司所有,从 1993 年首次上市普通片剂后,强生公司先后进行了 5 次制剂改良(见表 9-2),大幅延长了该产品的生命周期。特别是在利培酮常规制剂专利悬崖后,改良型制剂品种依托其专利技术,获得大幅销售增长,2015 年 3 个长效制剂(Risperdal Consta、Invega、Invega Sustenna)仅在美国的销售额就达到近 25 亿美元。

表 9-2　利培酮改良型新药研发历程

商品名	活性成分	剂型及给药途径	剂型特点	上市时间(年)
Risperdal	利培酮	片剂,口服	常规制剂	1993
Risperdal	利培酮	口服溶液,口服	速释制剂	1996
Risperdal M-TAB	利培酮	口崩片,口服	速释制剂	2003
Risperdal Consta	利培酮	微球混悬液,肌肉注射	长效,2 周 1 次	2003
Invega	帕利哌酮	片剂,口服	缓释,1 次/日	2006
Invega Sustenna	棕榈酸帕利哌酮	纳米晶混悬液,肌肉注射	长效,每月 1 次	2009
Invega Trinza	棕榈酸帕利哌酮	纳米晶混悬液,肌肉注射	超长效,3 个月 1 次	2015

FDA 505(b)(2)的新药申请(NDA)与中国的改良型新药不完全对应,传统的改制剂并未

突出临床优势,常见有普通片改胶囊或分散片或缓释片;缓释片改缓释胶囊;小容量针剂改大容量针剂或冻干粉针,成功的改良型制剂品种如注射用紫杉醇脂质体(力扑素)、激光打孔渗透泵控释片非洛地平缓释片(Ⅱ)。而在发达国家,含药树脂复合物缓释技术、激光打孔的渗透泵控释技术、长效注射微球技术、纳米制剂技术、脂质体技术、干粉吸入制剂技术等早已成熟,如3D打印的左乙拉西坦速释片、含有芯片的阿立哌唑片(Abilify MyCite Kit)均已获FDA批准上市。此类型技术均具有核心专利。改良型新制剂的研发,介于创新药与仿制药开发之间,其借助关键技术的突破,开发具有显著临床优势的改良型新药。

在改良型药物开发中,专利技术可以更加匹配对"优"的要求,因此需要积极布局制剂专利等保护。由于药品研发周期长,且专利具有时效性与地域性,在选择目标市场进行专利布局之前,可以先就药品适应证的流行病学及竞品市场销售情况进行信息调研,就相关专利申请状况进行分析,了解和把握国内外医药领域在改良型新药开发方面的最新研发创新技术及研发进展,从而选择正确的创新方法和途径,再结合趋势发展,我们选定目标专利可以布局到的国家和地区。不同地域的患病人数、因人种不同而产生不同的疾病亚型,以及不同疾病在不同地域的未来发展趋势等因素,都会影响未来产品市场容量。逆向思维思考,也可以通过专利布局分析了解研发企业对目标市场的重视程度,从而选择产品差异化市场定位。

三、药物研发与等效性评价

针对改良型新药,申请者可以在法规允许的条件下,引用已获批药品(即被改良的药物)的安全性和有效性数据,或引用已公开的文献。但如何在新药开发过程中通过有限的临床试验数据"桥接"已获批药品的临床安全性和有效性资料,并提供"具有明显临床优势"的证据,是改良型新药获得成功的一个至关重要的环节。FDA505(b)(2)要求与参比制剂进行生物利用度/生物等效性研究(BA/BE,Bioequivalence),并对改良型新药颁布具体指导原则《食物对生物利用度的影响以及餐后生物等效性研究技术指导原则》《口服制剂生物利用度/生物等效性研究的总体考虑》。我国尚未出台有关改良型新药的等效性研究指导原则。

在制剂产品的国际竞争中,简略新药申请(ANDA)所包括的资料被交至FDA药品评审和研究中心所属的仿制药办公室,用于仿制药的评审和最终批准。在Hatch-Waxman法案下申报仿制药,则只需证明与参比制剂为生物等效即可。2013年,FDA颁布了《以药动学为终点评价指标的仿制药生物等效性研究指导原则》。中国CFDA于2005年颁布了《化学药物制剂人体生物利用度和生物等效性研究技术指导原则》,并于2016年3月18日再次颁布了《以药动学参数为终点评价指标的化学药物仿制药人体生物等效性研究技术指导原则》,对2005年的指导原则进行完善并与国际标准接轨,其中受试制剂的C_{max}规定为参比制剂的80%～125%。

在中国,原研药品即便过了专利保护期,仍然享受专利期内的待遇而不降价,原因在于,原研企业称国内仿制厂家的产品的生物等效性较其存在较大差距。为提升我国制药行业整体水平,保障药品安全性和有效性,促进医药产业升级和结构调整,增强国际竞争力,2016年3月国务院办公厅发布了开展仿制药质量和疗效一致性评价工作的意见,明确了分阶段完成一致性评价工作的任务。《医药工业发展规划指南》中也拟定了在2020年基本完成基本药物口服固体制剂仿制药质量和疗效一致性评价的目标。支持仿制药大品种技术改造和质量升级,支持新型药用辅料开发应用;支持建设20家以上原料药、制剂智能生产示范车间,综合应用各种信息化技术、设备和管理系统,实现生产过程自动化和智能化。

在改良型新药与仿制药的BE研究过程中,因为等效结果不一,产品获批与否也可能受到影响。例如,立普妥为辉瑞原研的重磅药物,年销售额峰值接近130亿美元,其专利保护了阿托伐他汀钙晶型。为了绕开专利壁垒,默沙东公司在开发阿托伐他汀钙/依折麦布复方片(Liptruzet)时,采用了阿托伐他汀钙的无定型结晶,然而研究发现,Liptruzet中阿托伐他汀与立普妥生物不等效,FDA因此建议开展临床等效性研究。后来默沙东公司以服用Liptruzet与同时服用立普妥和益适纯进行临床等效性试验,此确证数据获得了支持,FDA于2013年5月3日批准了该复方产品的上市申请。

四、专利制剂定价与市场竞争

美国制药市场有一个原则是"自由定价"原则,即美国政府不干涉药物价格。美国对药物专利及这一自由定价原则,使得"新药辈出"而某些"天价药"横行的情形并不少见,制药厂商也因此获得足够的利润空间,从而愿意花更多的资本去投入新药研发。为了避免产生社会矛盾,美国政府建立医疗照顾(Medicare)和医疗救助(Medicaid)制度,由政府出钱买单解决低收入人群的医保问题。然而中国的医药市场供给关系调节方式与之不同。在国内,目前药品作为准公共品,一方面,需要政府从定价层面给予外围制剂产品优势支持,使药品进入终端后能够获取足够利润,以保障研发投入,刺激创新;另一方面,需要考量药品定价与公众可及性。国务院办公厅一致性评价工作意见中指出:通过一致性评价的药品品种,在医保支付方面予以适当支持,医疗机构应优先采购并在临床中优先选用;同品种药品通过一致性评价的生产企业达到3家以上的,在药品集中采购等方面不再选用未通过一致性评价的品种。近期,国务院办公厅下发关于印发《国家组织药品集中采购和使用试点方案》的通知,"4+7"带量采购意味着通过BE的仿制药和面临专利保护过期的专科药将在采购中开始真正的"价格战"。仿制药薄利多销的跑量模式,将指引更多的制药企业向专利药转型,而且企业会更加注重差异化竞争。

在药品制剂过程中,通过剂型创新或工艺技术创新可以获得专利,虽然相较于化合物保护等核心专利而言,其仅属于外围专利,但这类专利制剂不能与普通仿制药相提并论。顾海等选取地氯雷他定干混悬剂、非诺贝特胶囊及盐酸二甲双胍缓释片,将专利制剂与仿制药在同一年产品招标价进行差异比较(见表9-3),结果发现存在1~3倍的价格差异,由此可见,专利制剂的定价水平是介于仿制药与过期原研药之间的。

表9-3 专利制剂与仿制药制剂的价格差异表

药 名	规 格	专利制剂/元	仿制药制剂/元	价格差异倍数
地氯雷他定干混悬剂	5 mg	4.35	3.15	1.38
非诺贝特胶囊	0.2 g	3.95	3.06	1.29
盐酸二甲双胍缓释片	0.5 g	1.37	0.54	2.54

目前有些企业为了节约研发成本和提高销售利润,更倾向于选择生产仿制药,而不是专利

制剂,但随着现行医药行业大洗牌,即便是仿制核心专利已过期的品种,倘若针对制剂进行关键技术突破并形成专利保护,相信会在激烈的市场竞争中,取得成本与利润的最佳平衡点。

如何在未来愈演愈烈的医药市场竞争中,占据强有力的竞争优势,制剂专利可以成为一把利剑。作为创新药来看,制剂专利可以有效延长产品生命周期,避免产品被过早的仿制,通过构建的自主知识产权,可以有效地保护市场;作为仿制药而言,在对自制制剂及参比制剂的调研、质量评价及再开发过程中,需要规避原研药知识产权风险,包括制剂专利风险,通过提高仿制药质量与疗效的一致性,通过包括一定专利技术的制剂研发,提升仿制产品的竞争优势,从而获得市场定价的优势与先机。随着科技发展,新技术层出不穷,药品标准的制定将改变原来的一般尽量避免使用专利技术的思维,而更替为向包含一定专利技术的方向发展,相信以后会越来越朝着发达国家企业普遍将专利战略与技术标准捆绑的战略模式,从而形成自我保护优势和市场定价、开拓优势。

参考文献

[1]　新华网.全国人民代表大会常务委员会关于修改《中华人民共和国专利法》的决定[EB/OL].(2020-10-18)[2020-10-20].http://www.xinhuanet.com/politics/2020－10/18/c_1126624476.htm.

[2]　白光清.医药高价值专利培育实务[M].北京:知识产权出版社,2017.

[3]　徐龙根.浅析专利的地域性和时间性[J].江苏理工大学学报,1994,15(5):47-50.

[4]　黄璐,钱丽娜,张晓瑜,等.医药领域的专利保护与专利布局策略[J].中国新药杂志,2017,26(2):139-144.

[5]　程永顺,吴莉娟.创新与仿制的平衡与发展——评 Hatch-Waxman 法案对美国医药产业的贡献[J].科技与法律,2018,(1):1-9.

[6]　国家知识产权局.关于印发《知识产权重点支持产业目录(2018 年本)》的通知[EB/OL].(2018-01-23)[2019-05-02].http://www.sipo.gov.cn/gztz/1107803.htm.

[7]　黄璐,余浩,张长春,等.药品研发过程中的知识产权制度及运用[J].中国新药杂志,2019,28(1):10-16.

[8]　国家药品监督管理局.关于发布化学药品注册分类及申报资料要求的通告(2020 年第 44 号)[EB/OL].(2020-06-30)[2020-10-20].https://www.nmpa.gov.cn/yaopin/ypggtg/ypqtgg/20200630180301525.html.

[9]　郑希元,张英.中美两国药用辅料创造性评判的差异分析[J].中国新药杂志,2018,27(22):2593-2597.

[10]　常悦,王桂清.从《中国药品专利》看我国的制剂研究[J].中国新药杂志,2005,14(10):1125-1126.

[11]　崔福德.药剂学 [M].7 版.北京:人民卫生出版社,2012.

[12]　陆毅,余浩,黄璐.PARP 抑制剂奥拉帕尼的专利分析[J].中国新药杂志,2019,28(11):1281-1286.

[13]　新浪医药新闻.第三批集采品种 北京福元「孟鲁司特钠咀嚼片」获批[EB/OL].(2020-

07-30)[2020-07-31]. https://med. sina. com/article_detail_100_2_86516. html.

[14]　徐迪帆,黄璐,盛锡军,等. ALK 抑制剂克唑替尼的专利分析[J]. 中国新药杂志,2017, 26(5):484-488.

[15]　黄璐,刘哲,许勇. 新型免疫调节药来那度胺的专利技术分析[J]. 中国新药杂志,2016, 25(21):2430-2435.

[16]　中国抗癌协会乳腺癌专业委员会. 中国抗癌协会乳腺癌诊治指南与规范(2019 年版) [J]. 中国癌症杂志,2019,29(8):609-680.

[17]　黄璐,古双喜. 用于 COVID-19 潜在治疗的小分子药物及专利研究[J]. 中国医药工业杂志,2020,51(4):134-142.

[18]　湖北省知识产权局. 关于公布 2019 年湖北省高价值专利大赛结果的通知[EB/OL]. (2020-06-12)[2020-07-31]. http://zscqj. hubei. gov. cn/fbjd/tzgg/202006/t20200612_ 2389448. shtml.

[19]　中华人民共和国国家知识产权局.《专利审查指南》(2010 版)[M]. 北京:知识产权出版社,2009.

[20]　国务院新闻办公室网站. 中华人民共和国专利法实施细则全文(2010 年修订)[EB/ OL]. (2011-12-12)[2019-03-08]. http://www. scio. gov. cn/xwfbh/xwbfbh/wqfbh/ 2014/20140121/xgzc30256/Document/1360468/1360468. htm.

[21]　张清奎. 医药及生物领域发明专利申请文件的撰写与审查[M]. 知识产权出版社,2002.

[22]　中国知识产权司法保护网(知产法网). 最高人民法院(2009)民提字第 20 号民事判决书 [EB/OL]. (2015-11-28)[2019-06-05]. http://chinaiprlaw. cn/index. php? id=3113.

[23]　于莉,刘桂英,洪丽娟,等. 从审查角度看制剂专利申请文件撰写中的常见问题及改进建议[J]. 中国医药生物技术,2018,13(4):381-384.

[24]　国家知识产权局专利局复审和无效审理部. 无效宣告请求决定书(第 38662 号)[EB/ OL]. (2019-01-08)[2019-06-05]. http://reexam-app. cnipa. gov. cn/reexam _ out2020New/searchdoc/decidedetail. jsp? jdh=38662&lx=wx.

[25]　国家知识产权局专利局复审和无效审理部. 无效宣告请求决定书(第 34432 号)[EB/ OL]. (2017-12-27)[2019-06-05]. http://reexam-app. cnipa. gov. cn/reexam _ out2020New/searchdoc/decidedetail. jsp? jdh=34432&lx=wx.

[26]　戚欢. 专利优先权的作用及其与查新工作的关系[J]. 现代情报,2008,20(7):175-177,180.

[27]　刘冬梅. 从发明构思角度探讨最接近的现有技术的选取[J]. 专利代理,2019,5(4): 61-65.

[28]　孟杰雄. 最接近的现有技术在创造性评价中的作用及其选择[J]. 专利代理,2019,5(1): 15-21.

[29]　吴鹤松,黄璐. 原研药创新悖论的影响因素分析[J]. 中国新药杂志,2019,28(10): 1160-1163.

[30]　张鹏.“禁止反悔原则”的原理与适用——澳诺(中国)制药有限公司与湖北午时药业股份有限公司侵犯发明专利权纠纷案[J]. 中国发明与专利,2018,6:112-114.

[31] 雷鸣,郑彦宁,段黎萍.中国化学药品制剂制造企业海外专利布局研究[J].全球科技经济瞭望,2018,33(5):59-68.

[32] 工信部.关于印发《医药工业发展规划指南》的通知[EB/OL].(2016-11-07)[2019-03-09].http://www.miit.gov.cn/n1146295/n1652858/n1652930/n3757016/c5343499/content.html

[33] 恒瑞医药.公司简介[EB/OL].[2019-03-09].http://www.hrs.com.cn/company_summary.html

[34] 薛亚萍,谭玉梅,毛洪芬,等.医药领域海外专利布局策略[J].中国新药杂志,2018,27(23):2735-2744.

[35] 医药网.本土制药企业对美国西药制剂出口概况[EB/OL].(2018-8-24)[2019-03-09].http://news.pharmnet.com.cn/news/2018/08/24/505708.html3499/content.html

[36] 林淘曦,余娜,黄璐.美国首仿药制度及专利挑战策略研究[J].中国新药杂志,2016,25(19):2168-2173.

[37] 杨扬,赵瑾.郑爱萍,等.中国改良型新药的特点及未来发展[J].国际药学研究杂志,2017,44(6):522-526.

[38] 王浩.改良型制剂:不平坦的创新之路[J].药学进展,2018,42(12):881-883.

[39] 黄璐,赵蓉.医药专利文献信息的获取与分析应用[J].中国药师,2011,14(6):874-875.

[40] 王梓凝,赵侠,崔一民.改良型新药生物等效性研究的思考及建议[J].中国临床药理学杂志,2016,32(14):1341-1344.

[41] 国务院办公厅.国务院办公厅关于开展仿制药质量和疗效一致性评价的意见.国办发〔2016〕8号[EB/OL].(2016-03-05)[2019-03-16].http://www.gov.cn/zhengce/content/2016-03/05/content_5049364.htm.

[42] 孟八一.药物专利的商业之道[J].中国食品药品监管,2018,8:4-13.

[43] 顾海,张希兰,朱晓涛.我国专利制剂定价机制研究[J].价格理论与实践,2012,7:29-30.

[44] 殷德静,吴涓.从知识产权角度浅析仿制药一致性评价[J].中南药学,2018,16(7):1034-1036.

第十章 纳米晶体药物在制剂中的应用

第一节 概 述

纳米技术(nanotechnology),也称毫微技术,是研究结构尺寸在 1～100 nm 范围内材料的性质和应用的一种技术。在物理学领域,1～100 nm 常被规定为纳米(nanometer,nm)级别,这是由于在此尺度内物体的电磁性和量子特点比较突出。但在医学和药学领域,纳米级别常被规定为 1～200 nm 或 1～1000 nm。这是因为人体最小毛细血管内径一般为 5 μm 左右,1000 nm(即 1 μm)以下的物体可以自由通过。纳米技术在诞生之初就很快为药学研究人员所关注,如 1965 年脂质体诞生时很快被用于药物递送,1978 年报道的纳米粒(nanoparticle)用于纳米载体,而国内开始研究纳米粒作为药物载体时,将其翻译为"毫微粒"。运用纳米技术,可以达到如下目的:①增强难溶性药物的递送;②细胞或组织特异性靶向;③跨越紧密的上皮或内皮障碍的跨细胞药物递送;④将大分子递送到细胞内;⑤同时递送两个或更多药物到作用部位,实现联合治疗;⑥将治疗药物和诊断药物同时递送实现药物治疗的可视化;⑦治疗药物体内效果的实时读取。

近年来,随着组合化学、高通量筛选技术在药物研发中的广泛应用,难溶性药物持续增加。文献报道,大约 40% 的候选药物存在溶解度差的问题,大约 60% 的全合成药物为难溶性药物,药物的难溶性不仅限制了药物的制剂开发和临床试验,阻碍了具有药物活性新化合物的筛选,也造成药品治疗费用与疗效比例的严重失调。因此,如何改善难溶性药物的溶解度,促进药物吸收,提高药物生物利用度成为药剂学领域亟待攻克的难题。

一、纳米晶体药物的分类

纳米技术与药学相结合,衍生出了纳米药物。根据纳米药物存在形式的不同可分为纳米载体药物(借助于载体材料使药物分散在载体中纳米化,如纳米粒、纳米脂质体、纳米乳)和纳米药物晶体(药物本身纳米化)。由于纳米粒的小尺寸效应而具有巨大的表面能,因此纳米制剂属于热力学不稳定体系和动力学稳定体系。

纳米载体药物属载体型纳米系统,也是早期纳米制剂的研究热点。虽然大量的文献报道了纳米载体药物的制备、理化性质表征、促吸收机制研究及靶向性机制研究,并有相关纳米制剂问世,但这些载体类纳米制剂普遍存在包封率低、渗漏、不稳定,且受毒性和载体材料的制约(目前人工合成的聚酯类载体材料仅有 PLGA 和 PLA 收录在美国药典)而限制了临床应用。此外,由于载体材料和模型药物的不同,其制备方法各异,有些方法在制备过程中需要添加有机溶剂,难以在最终制剂产品中去除,增加患者用药风险。

近十几年来,纳米药物的研究逐渐成为纳米制剂研究的新热点,纳米药物分为纳米载药颗粒和纳米药物晶体(drug nanocrystals,也称为纳米混悬剂)。纳米晶体是指平均粒径在 1000 nm 以下的以晶体存在的纯固体药物粒子(pure solid drug particles)。纳米混悬剂包括药物纳米晶体、稳定剂(表面活性剂和聚合物稳定剂)和液体分散介质,其粒径为 100～1000 nm,适用于生物药剂学分类 Ⅱ 和 Ⅳ 的难溶性药物。

二、制剂特点与优势

纳米混悬剂是采用特殊技术将药物直接制备成纳米尺寸的粒子,无需载体材料,直接借助稳定剂的作用分散于介质中形成稳定的体系。与脂质体、胶质、聚合物纳米粒等使用大量药物辅料的给药系统相比,纳米混悬剂是近乎"纯药物"的纳米颗粒;与传统的基质骨架型纳米体系不同,纳米混悬剂直接通过稳定剂的稳定作用,将纳米尺寸的药物粒子分散在水中形成稳定体系,具有较高的载药量和传输效率,特别适合大剂量难溶性药物的口服和注射给药;与普通混悬剂相比,它最主要的区别在于其药物粒子的粒径小于 1 μm,具有更高的溶解度和溶出速率。

1. 提高饱和溶解度和溶出速率

许多药物难溶于水,甚至难溶于有机溶剂。难以溶解往往造成药物生物利用度问题,并且吸收差异大。乳化、微粉化、环糊精包合、添加助溶剂、适用混合溶剂、表面活性剂增溶及固体分散体技术等手段可部分解决难溶性药物的低生物利用度问题,但仍有大量药物由于生物利用问题不能克服而被放弃适用。纳米药物晶体由于其小尺寸和大表面积而表现出具有增加饱和溶解度和更高溶解速率的能力,从而使其备受关注。使用 Noyes Whitney 方程可以很好地描述药物颗粒溶解的动力学:

$$\frac{dC}{dt} = \frac{DS}{Vh}(C_s - C)$$

式中:D 是溶质的扩散系数;S 是暴露固体的表面积;h 是扩散层的厚度;C_s 是溶质颗粒的饱和溶解度;C 是溶剂中溶质的浓度;V 是溶液的体积;dC/dt 是溶解速率。用悬浮液观察到的溶出速率的增加可以通过它们中存在的药物颗粒具有较大的表面积来解释,因为表面积与溶解速率成正比,溶解速率也与扩散层的厚度成反比。

在许多研究中已经通过试验证明,粒径越小,扩散层厚度越小,溶解速率越高。使用 Prandtl 方程可以较好地理解扩散层厚度与粒度之间的关系:

$$h_H = k\left(\sqrt{\frac{L}{V}}\right)$$

式中:h_H 是流体动力学边界层厚度(Noyes Whitney 方程的扩散层厚度);V 是流动液体相对于

平面的相对速度;k 是常数;L 是流动表面的长度。它描述了表面曲率对边界层厚度的影响,表面曲率越大,边界层越薄。与大颗粒相比,小颗粒具有更大的表面曲率,因此在纳米颗粒的情况下具有较小的边界层厚度,使药物能很快从颗粒表面扩散进入介质。

除影响扩散层厚度外,小颗粒的较大表面曲率也会增加药物的饱和溶解度(C_s),从而增加 Noyes Whitney 方程中的(C_s-C)项。表面曲率、界面自由能和粒子溶解度之间的相互关系可以由 Gibbs-Thomson 效应或 Kelvin 效应解释。根据该理论,较小的颗粒具有较大的表面曲率或其表面较凸,不利于能量平衡。因此,这些颗粒具有较高的溶解压力并显示出较高的平衡溶解度。Ostwald-Freundlich 方程描述了球形固体的 Gibbs-Thomson 效应:

$$\ln\left(\frac{S}{S_0}\right)=\frac{2vr}{rRT}=\frac{2Mr}{\rho rRT}$$

式中:S 是在温度 T 下的药物溶解度;S_0 是 $r=\infty$ 时的药物溶解度;M 是化合物的相对分子质量;v 是摩尔体积;γ 是界面张力;ρ 是药物化合物的密度,它预测较大的颗粒比较小的颗粒具有更低的溶解度。虽然这种效果在 $2~\mu m$ 以上的颗粒尺寸上并不显著,但当粒径小于 $2~\mu m$ 时,颗粒尺寸对溶解性的影响变得更加明显。

2. 卓越的临床表现

药物制成纳米混悬剂后,其饱和溶解度和溶出速率增加直接导致药物在体内药代动力学方面的改善:①增加吸收速率和吸收程度;②快速起效;③减少进食和禁食状态药物的吸收变化;④减少胃刺激;⑤更好的临床疗效。

第二节　纳米晶体药物的制备

一、纳米混悬剂的稳定剂

1. 稳定剂的原理

纳米悬浮液的制备包括在分散介质中形成大量具有巨大表面积的非常细小颗粒,所述分散介质通常为水相。这些微小颗粒自带巨大的表面积从而形成一个热力学不稳定系统。这主要是因为类似分子趋向于聚集,而不同的分子则相互排斥,所以系统的界面张力增加,这反过来提高了总自由能。这种自由能的增加由下式解释:

$$\partial G=\partial A\gamma$$

式中:∂G 是指增加的吉布斯自由能;∂A 是指增加的表面积;γ 是固/液界面的界面张力。为了获得稳定性,该体系倾向于通过聚集沉降和晶体生长来减小表面积,由此降低界面张力。因此,添加稳定剂可降低界面张力并防止结块,这对制备稳定的纳米混悬剂必不可少。

不同的稳定剂具有不同的稳定原理,离子型稳定剂通过静电排斥稳定纳米混悬剂,非离子型稳定剂通过空间阻力稳定混悬剂。

1）静电排斥作用

由静电排斥引起的稳定性可以通过 Derjaguin、Landau、Verwey 和 Overbeek 给出的关于疏液胶体稳定性的经典理论来解释，也称为 DLVO 理论。根据该理论，在分散介质中存在作用于粒子的两个主要力：静电排斥力和范德华力。当互不相容的固体、液体或气体与液面接触时，可以通过以下方式获得表面电荷：①优先吸附离子；②可电离表面基团的解离；③同构替换；④聚电解质的吸附；⑤电子在表面上的积累。而为了保持整个系统的电中性，介质中存在的负离子被吸引到粒子表面以形成双电子层：紧密结合的第一层（也称为斯特恩层）和一个扩散层（也称为 Gouy 或 Gouy -Chapman 层）。当两个粒子接近时，由于系统的不断热运动产生的排斥力可以阻碍纳米粒子聚集。两个相等半径的球形颗粒之间排斥力可以通过 Derjaguin 给出的简化定量公式表达：

$$V_R = 64a\pi n_\infty k^{-2} kT\gamma^2 \exp(-\kappa H)$$

式中：V_R 是潜在的排斥能量；n_∞ 是离子的体积浓度；a 是粒子半径；k 是玻尔兹曼常数；κ 是倒数双层的厚度；H 是两个颗粒之间的距离；T 是绝对温度；γ 由下式给出：

$$\gamma = \left[\exp\left(\frac{ze\varphi}{2kT}\right) - 1\right] \Big/ \left[\exp\left(\frac{ze\varphi}{2kT}\right) + 1\right]$$

式中：ψ 是与双电子层中扩散层相关的电位。在上述等式中存在以下假设：电势小且恒定，扩散双层厚，粒子相距很远，因此双层的重叠最小。

分散颗粒之间的吸引力是范德华力，其由于材料原子内的偶极或诱导偶极相互作用而产生。对于两个半径相等的球体之间的吸引能量可由如下公式表示（对于 $a \gg H$）：

$$V_A = \frac{-Aa}{12H}$$

式中：A 为 Hamaker 常数。

纳米悬浮液的胶体颗粒之间的相互作用的总能量（V_T）可由下式给出：

$$V_T = V_R + V_A$$

静电排斥力和范德华力之间的相互作用如图 10-1 所示。

在非常小和大的距离处，吸引力与距离主要呈线性变化，分别导致初级最小值和次级最小值。在中间距离处，以指数方式衰减的排斥力占主导地位，导致体系中纳米粒子之间以排斥为主，从而防止聚集或沉降。

2）空间稳定作用

可以实现纳米混悬剂稳定性的另一种机制是空间稳定作用。作为稳定剂，既要和混悬剂中的微粒有很强的亲和力，以便牢固地吸附在微粒表面上，又要与溶剂有良好的亲和性，以便形成厚的吸附层，从空间上阻碍微粒的相互接近，防止微粒聚集。

聚合物通常通过这种机制提供稳定性。当聚合物以较高浓度添加到纳米混悬剂中时，它们被吸附到新形成的疏水性药物颗粒的表面，其疏水部分附着在颗粒表面上，使颗粒之间产生空间位阻，从而促进立体稳定性；并且它们的亲水部分延伸到分散介质中，防止两个颗粒由于空间效应而彼此非常接近，也称空间限制效应。此外，当两个这样的颗粒彼此接近时，水合聚合物链被压缩使得水被挤出，导致两个接近颗粒之间的空间缩小，从而使得外部水分冲入贫化区域使颗粒彼此分开。

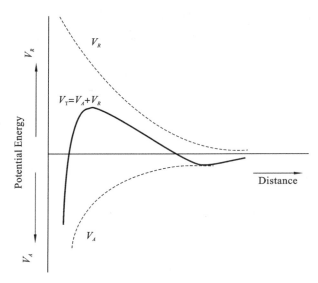

图 10-1　两个相互作用的纳米粒子的势能图

　　静电排斥作用更易受分散介质的离子强度影响,分散介质中高浓度的离子导致表面电荷的屏蔽,这减小了散射双层的厚度。散射双电子层的减小使得体系中的颗粒在初级最小值处更易于聚集,从而导致纳米混悬剂不稳定。另外,聚合物的空间稳定作用更容易受温度变化的影响,会随着温度的波动而使体系不稳定。因此,离子型表面活性剂和非离子型表面活性剂/聚合物的组合有利于优化胶体分散体的稳定性。此外,聚合物稳定剂与离子型稳定剂的存在降低了离子表面活性剂分子之间的排斥作用,这有利于稳定剂在药物微粒周围紧密堆积。一个紧密堆积层通常在防止聚集方面更有效。

　　2. 常见稳定剂

　　1)传统稳定剂

　　传统稳定剂包括聚合物、离子型表面活性剂和非离子型表面活性剂。聚合物包括聚维酮、羟丙基甲基纤维素、羟丙基纤维素、维生素 E 聚乙二醇琥珀酸酯(TPGS)、聚乙二醇(PEG)、聚乙烯醇、微晶纤维素等。离子型表面活性剂包括十二烷基硫酸钠、硫酸月桂酯钠(SLS)、PEI、壳聚糖等。非离子型表面活性剂包括聚山梨酯、泊洛沙姆、聚环氧乙烷-聚环氧丙烷-聚环氧乙烷三嵌段共聚物(PEO-PPO-PEO)等。

　　2)新型稳定剂

　　新型稳定剂主要有食物蛋白、水溶性糖类和黏土。食物蛋白相对传统稳定剂更安全,常用食物蛋白有大豆蛋白(SPI)、乳清蛋白(WPI)、β-乳球蛋白(β-lg)。食物蛋白变性后具有更好的稳定效果。水溶性糖类主要包括甘露醇、乳糖和海藻糖,在固化过程中能有效抑制药物纳米粒的聚集。黏土主要使用蒙脱土,具有较好的吸附性和流变学性质,并且能够控制药物的释放。

二、纳米混悬剂的制备

　　纳米混悬剂的制备按物相变化可分为"自下而上"(Bottom-up)技术和"自上而下"(Top-down)技术,以及两者的联用技术,具体包括介质研磨法、高压均质法、乳化法、沉淀法、超临界流体法、类乳化溶剂扩散法、固态反相胶束溶液法等。

1. Top-down 技术

Top-down 技术是通过物理手段将大颗粒药物剪切粉碎到纳米级别这类技术的总称,主要包括介质研磨法、高压均化法和微流化法。Top-down 技术不使用有机溶剂并且可以实现药物的高负载。然而,Top-down 技术在生产过程中伴随着大量热量产生,因此一般不适用于热敏药物。

1)介质研磨法

介质研磨法是将含表面活性剂的药物粉末分散液与一定量的研磨介质(如玻璃珠、陶瓷珠、不锈钢珠、高交联度聚苯乙烯树脂小球)置于封闭研磨室内,研磨机桨片高速转动,使药物粒子之间、药物粒子与研磨介质及器壁之间发生持续、强烈碰撞,得到的粉末通过滤网分离,使研磨介质和大颗粒药物截留在研磨室内,小粒子药物则进入再循环室;再循环室中药物粒径如达到要求即可直接取出,其余的进行新一轮研磨从而制得纳米级药物粒子。研磨过程通常持续数小时甚至数天。

研磨介质的粒径和用量对研磨效果影响较大,通常采用粒径数百微米到数毫米不等的球形珠,用量约占整个研磨室体积的 2/3。研磨介质粒径越小,同等重量下数量和接触点越多,碰撞频率越高,研磨效果越好。一般最终得到的药物粒子粒径与研磨介质的粒径直接相关,约为后者的 1/1000,即若研磨珠粒径为 200 μm,所得产物的平均粒径约为 200 nm。

介质研磨法制备流程简单,适用于水相和有机相均不溶的药物,产物粒径可控,重现性较好,易于放大生产。该法缺点是研磨介质易磨损混入药品中,不适用注射途径给药的药物。

惠氏制药有限公司的新型免疫抑制剂西罗莫司(rapamune)纳米混悬剂即是通过介质研磨法制备而成,"rapamune"的制备过程如图 10-2 所示。西罗莫司原制剂是口服液,必须在冰箱内储藏。采用纳米技术制的西罗莫司纳米混悬剂,提高了药物稳定性和生物利用度,方便患者服用。

2)高压均质法

高压均质法最早由 R. H. Muller 等在 20 世纪 90 年代早期开发并获得专利,该技术现在由 Sykepharma LLC 拥有,通常称为 Dissocubes ®。高压均质法是先制备药物混悬液,在高压下将混悬液强行通过匀化阀的狭缝,从而获得纳米级别的药物粒子。根据伯努利定律,药物混悬液在高速通过狭缝时,瞬间降压的物料以极高的速度喷出,碰撞在碰撞环上,产生剪切、撞击和空穴三种效应,达到细化和均质的目的。使用这种技术已经成功地将各种难溶性药物如布帕伐醌、布地奈德和氯法齐明加工成纳米混悬剂。获得的颗粒大小取决于药物晶体本身的硬度、循环次数和施加的压力。

高压均质法除具备介质研磨法的优点外,还适用于制备注射用的无菌纳米混悬剂。本法的主要缺点是在加工前应将初始药物微粉化以防止在操作期间堵塞狭缝,并且在高压均质过程中产生的高压可能会改变药物晶型结构,影响制剂稳定性。

3)微流化法

微流化法是先制备药物混悬液,然后让其加速通过"Z"形腔体,经过几次方向的改变而碰撞产生剪切力,随后进入另一个"Y"形腔体,分成两股后合并碰撞生成极细的纳米粒(见图 10-3)。

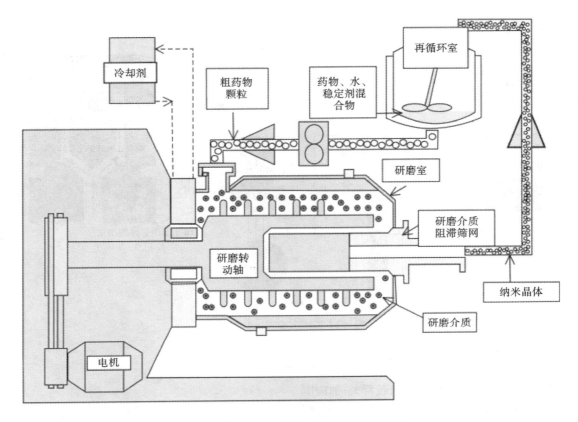

图 10-2 "rapamune"的介质研磨过程示意图

微流化法效率不高,循环需 50~100 次,常得到微米级粒子,更适合粉碎纤维质和油质药物。

2. Bottom-Up 技术

Bottom-Up 技术即传统沉淀法,溶液中分子基于各种作用力(如疏水性相互作用、氢键、静电力)结合,形成纳米粒子。制备是先用溶剂溶解药物,然后与非溶剂混合,使药物纳米粒析出且高度分散。该法制备的纳米药物粒径分布非常窄,具有单分散性;纳米药物的化学组成和形态可严格控制。一般会在制备过程中加入稳定剂,使粒子间产生较大斥力,防止纳米粒聚集。沉淀法不足之处为:①使用溶剂增加成本;②需移除溶剂;③过程控制困难;④沉淀技术的关键是药物至少溶于一种溶剂中,且这种溶剂必须易与一种非溶剂混合,但很多化合物在水和非水介质中均难溶,无法采用沉淀法制备。

1)溶剂-反溶剂沉淀法

溶剂-反溶剂沉淀法是用于制备难溶性药物纳米晶体的最早应用技术之一。在该方法中,首先将难溶性药物在适宜的溶剂中溶解,然后把含有难溶性药物的溶液滴加在反溶剂中,药物浓度达到饱和而析出结晶。通过控制析晶温度和机械搅拌速度,使晶核的形成快而生长慢,从而得到理想的纳米混悬剂。通常在沉淀后立即使用冷冻干燥或喷雾干燥以保持粒度。纳米混悬剂还可以通过将含有稳定剂存在的反溶剂加入含有难溶性药物的有机溶剂中。在采用这种方法时,反溶剂的添加速度、搅拌速度、溶剂与反溶剂的比例、稳定剂浓度以及药物本身的溶解

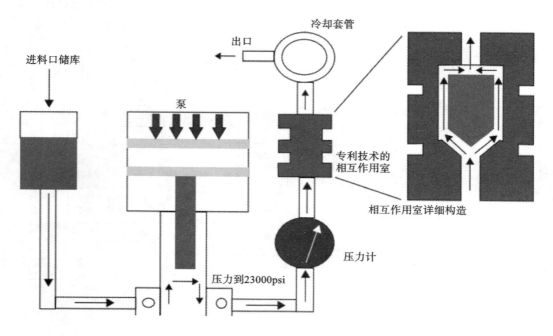

图 10-3 单泵微流化器和相互作用室的基本原理图

度对纳米级别的药物颗粒形成起着关键作用。

此外,现代研究中还对溶剂-反溶剂沉淀法进行了改进,如在水溶液中的蒸发沉淀法(Sarkari 等人,2002),借助细小喷嘴的作用,将含有药物的与水不混溶的溶液,加入含有稳定剂的水溶液中使其雾化,由于有机溶剂的快速蒸发,可以获得包有稳定剂的药物纳米颗粒。

2)超临界流体法

超临界流体法是利用超临界流体(SCF)如二氧化碳等与药物溶液混合后从喷嘴喷出,超临界流体急剧挥发或进入药物的反溶剂中,药物在几十微秒内即形成超细微粒。通过调节压力、温度、流量、药物浓度等参数,可以控制药物粒径大小与晶型。与传统粉碎和沉淀法相比,超临界流体法得到的微粒表面光滑、粒径均匀,制备时间很短。该法可避免使用有机溶剂,减少环境污染。

超临界流体法主要有以下两大类。

(1)超临界流体作为溶剂(RESS/RESOLV)。

在本方法中,SCF 二氧化碳用作不溶性药物的溶剂。药物在二氧化碳超临界流体中的溶解度高度依赖于 SCF 压力。在超临界溶液的 RESS 或快速膨胀中,药物首先在室中借助高压环境溶解在二氧化碳超临界流体中,然后通过喷嘴将溶液泵入膨胀室,以使二氧化碳超临界流体快速膨胀。超临界流体的快速膨胀导致药物溶解度迅速降低,从而高度过饱和,导致纳米粒子的形成。影响颗粒尺寸和形状的参数包括温度、降压速度、冲击距离和雾化组件的设计等。通常,由于在该过程中最初产生的细颗粒聚集,导致该方法获得的颗粒尺寸在 $1\sim5$ mm。但是,Pathak 等人通过雾化含有稳定剂的药物超临界流体溶液来改进该方法,以制备尺寸小于 100 nm 的颗粒,他们将这种方法命名为 RESOLV。图 10-4 为在 RESOLV($40\ ℃$,200 bar)工艺中使用高浓度布洛芬(1.5 mg / mL)获得的 PVP(3 mg / mL)保护的布洛芬纳米粒子的 SEM 图像。

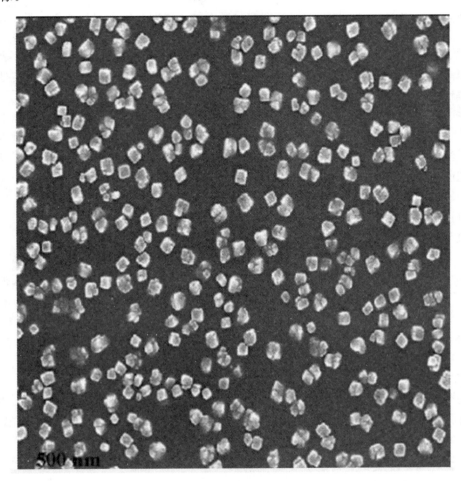

图 10-4　使用 RESOLV 技术制备的布洛芬纳米粒子的 SEM 图像

（2）超临界流体作为反溶剂(GAS/SAS/ASES/SEDS)。

在该方法中，二氧化碳超临界流体作为反溶剂，因为与药物大分子相比，它能够优先溶解非极性的小分子药物。二氧化碳超临界流体能降低某些有机溶剂对药物的增溶能力。本方法主要包括以下三种。

①在气体反溶剂(GAS)或超临界流体反溶剂沉淀法(SAS)中，将二氧化碳超临界流体直接加入药物溶液中。溶解到药物溶液中的超临界流体会使药物过饱和，从而导致药物颗粒析出。

②在气溶胶溶剂萃取系统或 ASES 中，将药物溶液喷入含有二氧化碳超临界流体的容器中，这导致快速萃取和随后的药物沉淀。

③在超临界流体促使的药物分散增强或 SEDS 中，药物溶液在二氧化碳超临界流体的帮助下通过专门设计的喷嘴雾化，最大化相互作用。

3）乳化法

乳化法是将药物的有机溶液与含表面活性剂的水溶液制成 O/W 型乳剂，通过减压干燥等方法除去有机溶剂；或通过加水稀释，使能与水部分互溶的有机溶剂完全溶于水，析出药物，产物经高速离心或微孔滤膜过滤得到药物纳米晶体。该法常用沸点较低的有机溶剂为分散相，如二氯甲烷、三氯甲烷、甲酸乙酯、乙酸乙酯、苯甲醇、三乙酸甘油酯、乳酸丁酯。乳化法制备过程简单，不需特殊设备，但只适用于一些有机溶剂能溶解的药物，不能用于水溶性和有机溶剂溶解性均差的药物。

这些方法的主要缺点是存在有机溶剂残留和环境污染问题，需要通过透析、超滤和切向流过滤等合适的技术除去过量的稳定剂和溶剂。Shekunov 等人最近提出了一种通过乳化制备纳米悬浮液的新方法，即超临界流体萃取乳剂法（SFEE）。在该方法中，将乳液喷雾到含有二氧化碳超临界流体腔室中，通过萃取分散相溶剂（乙酸乙酯）来制备平均体积直径小于 500 nm 的胆固醇乙酸酯纳米混悬剂，最终混悬剂中乙酸乙酯的含量小于 54 ppm。SFEE 优于 SAS 的另一个方面是形成的晶体形态，如图 10-5 所示。

4）喷雾干燥法

喷雾干燥法在制药工业中已有许多应用，如将结晶物质转化为无定形物质、制备固体分散体、涂覆、固体干燥等，通过喷雾干燥获得的粒度在微米范围内。2005 年，Yin 等人报道了用 Pluronic F-127 制备化合物 BMS-347070 的纳米晶体分散体，发现在粉末 X 射线衍射中峰变宽，确定喷雾干燥材料的粒度在 40～60 nm。喷雾干燥法的另一种改进方法称为喷雾冷冻，即将活性药物成分（API）溶解在有机溶剂中并通过液氮表面下方的喷嘴喷雾，在此条件下雾化液滴会立即冷冻，然后将其冻干以除去溶剂并获得药物纳米颗粒。

3. 联用技术

使用"Bottom-up"技术获得的药物颗粒经常由于快速沉淀导致在一个方向上晶体快速生长而具有树枝状形态。与缓慢结晶技术相比，快速沉淀导致形成的颗粒具有更多缺陷，从而使得颗粒更容易分解。因此，谨慎的做法是将尺寸减小技术应用于这些新形成的颗粒以产生纳米悬浮液。最近获得专利的两项此类技术包括：Baxter Nanoedge ® 和微流化反应技术。

Baxter Nanoedge ®，即用活塞-裂隙均质器均质化新制备的颗粒，制备稳定的药物纳米悬浮液（见图 10-6）。新产生的颗粒立即均质化不仅有助于实现更小的颗粒尺寸，还有助于改善稳定剂的表面覆盖率。通过快速沉淀形成的颗粒通常是无定形的并且易于结晶，采用活塞-裂隙均质化步骤还为晶体转化提供能量，这有助于形成稳定的纳米悬浮液。

微流化反应技术（MRT）是"自下而上"和"自下而上"方法的融合。在 MRT 中，两种以上反应液经各自加料泵加速，以预定速度进入强化泵，再由强化泵加压以 1～10 L/min 的高速推入微反应器，再以超音速相互碰撞（见图 10-7）。该流速比现有喷流技术的高几个数量级；反应液碰撞后产生高剪切力场，能在纳米级别迅速混合反应物。在不到 1 s 时间内，分子即排列形成新粒子，之后产物进入冷却装置以防活性损失，最后在收集室收集。该技术将高剪切、高压撞击喷气处理器与专业加工装置结合，引导结晶与化学反应，在"从小到大"法规模化制备方面优势明显。在该系统中，可以通过精确控制进料速率和混合位置来实现不同的混合方案，如宏观、中观或微观混合。由于高剪切力和空化，在相互作用室中实现新形成的颗粒的粒度减小。该方法允许更大的能力来控制纳米颗粒的生长速率，从而以更有效、低成本的方式产生均

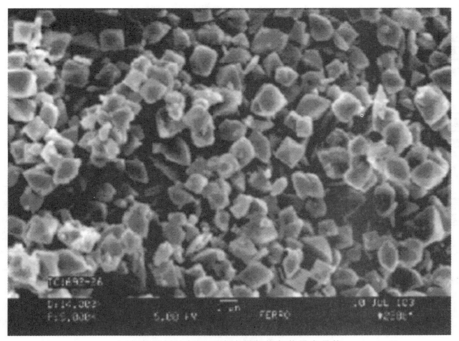

(a)超临界反溶剂沿沉淀法制备的灰黄霉素晶体

(b)超临界流体萃取乳剂法制备的灰黄霉素晶体

图 10-5　使用 SFEE 方法生产的灰黄霉素晶体的形态

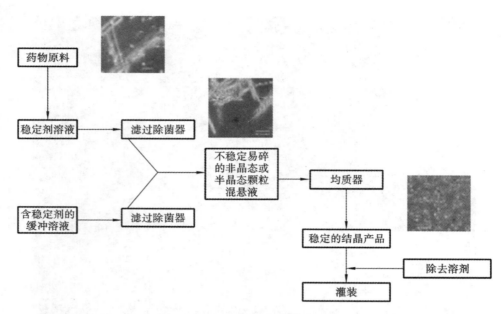

图 10-6　Baxter Nanoedge 技术示意图

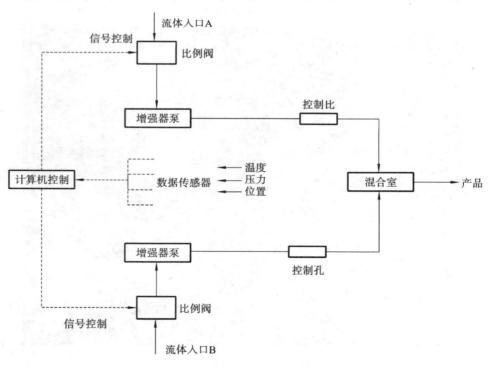

图 10-7　微流化反应技术示意图

匀的、最佳尺寸的纳米颗粒。

第三节 纳米混悬剂的性质表征

纳米制剂物理化学和生物学性质表征是剂型开发的重要组成部分,在处方开发、过程控制、工艺优化中皆有体现,尤其是在制剂稳定性研究过程需时刻关注药物纳米粒子的变化。在纳米制剂中,纳米级别的药物粒子具有独特的理化性质,而这些理化性质进一步影响其生物特性,包括药效、毒理和药代动力学行为。优良的生物学特性可决定纳米制剂能否真正进入临床,因此对纳米制剂的性质表征是纳米技术研究的重要内容。

一、粒径

粒径是纳米技术的关键,也是许多科学讨论的核心问题。准确测定平均粒径和粒度分布是最重要的表征测试之一,因为纳米悬浮液所显示的独特特征是由药物粒子的尺寸决定的。粒径测定技术可以大致分为三类:集合、计数和分离技术。集合方法(如激光衍射和光子相关光谱)是评估颗粒整体分布性质的技术,并且在适当的数学建模的帮助下,将该性质转换成粒度分布。直接计数包括如光遮蔽,光学和电子显微镜技术,其中计数单个颗粒以构建粒度分布。分离技术包括基于颗粒的行为将颗粒分类成不同的尺寸范围(如流体动力学色谱等)。

(一)电子显微镜技术

透射电子显微镜(TEM)和扫描电子显微镜(SEM)是多功能的电子显微分析仪器。透射电镜和扫描电镜技术是颗粒度观察测定的直观方法,可靠性高。用电镜可观察纳米给药系统的大小、形状,根据像的衬度估计颗粒厚度,结合图像分析还可进行统计,给出粒度分布。如果将颗粒进行包埋、镶嵌和切片减薄制样,则可分析颗粒内部的微观结构。在电镜测定中,需注意:①测得的颗粒粒径可能是团聚体的粒径,所以制备纳米粒电镜样品时,要充分分散;②测量结果缺乏统计性,由于电镜样品数量极少,可能导致观察范围内粒子不具有代表性;③电镜观察得到的是颗粒度而不是晶粒度。

(二)动态激光散射法

动态激光散射法(DLS)又称光子相关光谱法(PCS),是目前采用最广泛的纳米粒粒度分析方法。该方法通过测量纳米粒在液体中的扩散系数得到粒径信息。纳米粒在溶剂中形成分散系时,由于纳米粒做布朗运动导致粒子在溶剂中扩散。布朗运动粒子的速度与粒径相关,符合 Stokes-Einstein 方程:

$$d(H) = \frac{kT}{3\pi\eta D}$$

式中:$d(H)$ 为颗粒粒径;k 为玻尔兹曼常数;T 为热力学温度;η 为黏度;D 为扩散系数。

根据溶剂(分散介质)的黏度 η,分散系温度 T,测出纳米粒在分散系中的扩散系数 D 就可求出颗粒粒径。激光衍射式粒度仪仅对粒度在 5 μm 以上的样品分析较准确;而动态激光散射粒度仪则对粒度在 5 μm 以下的纳米、亚微米颗粒样品分析准确。该法需注意颗粒最好为球形、单分散,而实际上待测颗粒多为不规则形状并呈多分散性。颗粒形状、粒径分布特性对粒度分析结果影响较大,并且颗粒形状越不规则、粒径分布越宽,粒度分析结果误差越大。激光粒度分析法具有样品用量少、自动化程度高、快速、重复性好并可在线分析等优点,其缺点是对样品浓度有一定限制,难以分析高浓度体系的粒度及粒度分布。目前,也有先进的仪器可放宽浓度范围,但浓度较小的样品由于粒子间干扰小,仍然比浓度大的样品所测结果要准确。在使用激光粒度仪分析时,须对体系粒度范围有所了解,否则结果可能会有偏差。

(三)X 射线衍射法

根据 X 射线(XRD)原理,在晶粒尺寸小于 100 nm 时,随着晶粒尺寸变小,衍射峰宽变化显著。考虑样品的吸收效应及结构对衍射线线形的影响,样品晶粒尺寸可用 Debye-Scherrer 公式计算:

$$d=\frac{0.89\lambda}{B\cos\theta}$$

式中:d 为晶粒尺寸,nm;B 为积分半高宽度,在计算过程中,需转化为弧度,rad;θ 为衍射角,(°);λ 为 X 射线波长,$\lambda=0.154056$ nm。

(四)原子力显微镜法

原子力显微镜(AFM)通过微小探针在样品表面扫描,将探针与样品表面间的相互作用转换为表面形貌和特性图像。它的优点是可提供表面的三维高空间分辨的图像,并且有很高的横向分辨率和纵向分辨率,除了测定粒径,还可描绘样品形态。它的缺点是样品观察量小和耗时。与 AFM 相似的技术还有扫描透射显微镜(STEM)和扫描透射 X 射线显微镜(STXM)。

二、Zeta 电位

Zeta 电位又叫电动电位或电动电势(ξ-电位或 ξ-电势),用于表征纳米粒表面电位的大小。Zeta 电位(正或负)越高,粒子间斥力越大,体系越稳定。反之,Zeta 电位越低,粒子间斥力越小,越倾向凝结或凝聚。因此,Zeta 电位是纳米给药系统稳定性的重要指标。

Zeta 电位测定方法有电泳法、电渗法、流动电位法和超声波法,其中电泳法应用最广。电泳法是通过电化学原理将 Zeta 电位的测量转化成带电粒子淌度的测量,用电泳光散射测定电泳淌度,再应用 Henry 方程计算 Zeta 电位:

$$U_E=\frac{2\varepsilon\zeta f(\kappa a)}{3\eta}$$

式中:U_E 为电泳速度;ε 为介电常数;ζ 为 Zeta 电位;$f(\kappa a)$ 为 Henry 函数;η 为黏度。

该法快速、统计精度高和重现性好。淌度测量方法早期是直接观测法,即在分散体系两端加上电压,用显微镜装置观测。目前多采用激光多普勒效应法测量,原理是当激光照射到在电场作用下运动的粒子上时,散射光频率变化。散射光与参考光叠加后,频率变化表现得更为直观,更容易观测。将光信号频率变化与粒子运动速度联系起来,即可测得粒子淌度。

现在测定纳米粒 Zeta 电位的商品化仪器很多,英国 Malvern 公司生产的相关仪器应用较广泛,其中 Zetasizer Nano 系列产品应用混合模式测量(快速电场变换与慢速电场变换相结合)的激光多普勒测速仪(LDC)与相位分析光散射(PALS)结合,可有效排除电渗和分析非水分散体系中样品的干扰。

在 Zeta 电位测量过程中,稀释倍数显著影响粒子表面化学特性,进而影响测试结果,所以可采用电声学方法和相位分析光散射避免稀释引发的问题。

三、外观形态

纳米材料独特的理化性质源于尺寸效应和超微结构,因此对纳米材料表面形态的观察很重要。一些直观检测药物粒径的手段和表征方法也可用于粒子外观形态观察,常用的有扫描电子显微镜(SEM)、透射电子显微镜(TEM)、原子力显微镜(AFM)、扫描隧道显微镜(STM),也可借助核磁共振技术和差热分析技术等非直观的方法,研究纳米粒外观形态。

(一)扫描电子显微镜

扫描电子显微镜的放大倍数范围很大,从几倍到几十万倍,涵盖了光学放大镜到透射电镜的放大范围,并且分辨率很高,纵向分辨率小于 6 nm,横向分辨率可达 1～3 nm。扫描电镜的焦深很大,300 倍于光学显微镜,对复杂而粗糙的样品表面,仍可得到清晰聚焦的图像,图像立体感强,易于分析。扫描电镜的样品制备较简单,对于材料样品仅需简单清洁、镀膜即可观察,并且对样品尺寸要求很低。

(二)透射电子显微镜

透射电子显微镜可用于观察纳米粒的形貌、分散情况及测量和评估粒径。用 TEM 可得到原子级别的外观形态,其分辨率大约为 1 nm。通过线扫描模式透射电镜与电子能量损失谱仪(EELS)的组合,可进行纳米尺度多层结构分析。透射电镜的样品要求是电子束可穿透纳米厚度的薄膜,并且最好分散而不团聚。

(三)原子力显微镜

原子力显微镜属于扫描探针显微镜(SPM)系列。与 SEM 和 TEM 比较,AFM 属于高分辨电子显微镜(HREM)。AFM 的优点包括:①对工作环境和样品制备要求比电子显微镜的少,可在大气、高真空、液体等环境中检测导体、半导体、绝缘体和生物样品形貌、尺寸、力学性能;②分辨率极高,水平分辨率小于 0.1 nm,垂直分辨率小于 0.01 nm;③可在纳米尺度下测量材料的物理性能,如导电性;④可在纳米尺度下测量材料的力学性能,如黏滞、摩擦、润滑。

(四)射线衍射

射线衍射包括粉末 X 射线衍射(XRD)、小角 X 射线散射(SAXS)、小角中子散射(SANS)

和电子衍射(ED)等。

XRD 是鉴定物质晶相的有效手段,根据特征峰的位置鉴定样品的物像,纳米材料的表征都少不了 XRD。XRD 还用于晶体结构分析,根据粉末衍射图可确定晶胞中的原子位置、晶胞参数以及晶胞中的原子数。高分辨粉末 X 射线衍射提供的结构信息更细,可获取有关单晶胞内相关物质的元素组成比、尺寸、离子间距与键长等纳米材料的精细结构方面的数据与信息。

SAXS 能有效监测纳米粒子团聚的分形结构,确定其分维、团聚体和颗粒的平均半径,适合在相对较低分辨率下表征非晶材料的结构特征。SAXS 的优点包括非破坏性,适用样品范围广,干、湿态样品都适用,不需特殊样品制备,能表征 TEM 无法测量的样品,对弱序、液晶性结构、取向和位置相关性有较灵敏的检测,可直接测量体相材料,有较好的粒子统计平均性。SAXS 的测定范围为 $1\sim1000$ nm,研究对象包括具有各种长程纳米结构的软物质体系,如液晶、液晶态生物膜的各种相变化、溶致液晶、胶束、囊泡、脂质体、表面活性剂缔合结构、生物大分子(蛋白质、核酸等)、自组装超分子结构等。由于中子和电子的德布罗意波长更小,可利用电子束和中子束代替 X 射线来测定纳米粒子。

(五)热分析

热分析包括差热分析(DTA)、示差扫描热分析(DSC)和热重分析(TG),这三种方法常结合使用,并与 XRD、NMR 等方法结合使用。它们可用于表征:①表面成键或非成键有机基团或其他物质的存在与否、含量、热失重温度等;②表面吸附能力的强弱(吸附物质的多少)与粒径的关系;③升温过程中粒径变化;④升温过程中相转变情况及晶化过程。该类方法作为 XRD 的有益补充,常用于确定纳米粒内多相共存的程度。

(六)核磁共振

核磁共振(NMR)作为纳米粒子结构研究的辅助手段,可反映纳米乳剂的水分散性和相容性,以及胶体体系中各组分分子的状态。用 NMR 研究雷公藤内酯醇新型固体脂质纳米粒的微观结构后发现,新型固体脂质纳米粒具有良好的水分散性和相容性。纳米粒试样间信号尖锐程度介于固态和液态之间,说明分子运动自由度处于液态和固态之间,纳米粒由液态油和固体脂质复合组成。

第四节 纳米混悬剂的临床应用

近几年来,纳米混悬剂凭借其高载药量、高稳定性和加速吸收等特性,在临床上越来越受到重视。目前,纳米混悬剂主要的给药途径是口服给药、注射给药、吸入给药、眼部给药等。口服给药的药物粒径小,比表面积大,载药量高,能增加药物的吸收速率,提高生物利用度;对黏膜的黏附性较强,可延长胃肠道滞留时间。注射给药的药物载药量高,表面活性剂含量较少,安全性较高;粒径较小,可避免阻塞毛细血管;避免首过代谢,可实现靶向给药。吸入给药的药物粒径小,有较强的生物黏附性;对肺泡巨噬细胞靶向给药,增加呼吸道药物的吸收。

一、纳米混悬剂的剂型优势

对于难溶性药物，相比脂质体、胶束等制剂需要考虑赋形剂与药物的比率而言，纳米混悬剂具有更高的载药量。例如，目前阿霉素纳米制剂有 Myocet® 和 Doxil® 两种，其药物与脂质的比例分别为 0.27∶1 和 0.4∶1。相比之下，固体纳米混悬剂中药物与稳定剂的比例可达 5∶1，这使得纳米混悬剂在需要低剂量给药时非常实用。

另一个使纳米混悬剂受到重视的原因是相比于其他制剂具有更高的化学稳定性，主要是因为纳米混悬剂中药物处于固态而非液态。例如，质子泵抑制剂奥美拉唑在酸性环境中降解，在室温下保质期为 4 h。而最新报道，奥美拉唑的纳米混悬剂在 4 ℃下可保持长达 1 个月的稳定。这可以解释为由于药物的结晶性质和颗粒表面上稳定剂层的存在，降低了总体降解速率。

二、纳米混悬剂的生物特性优势

纳米混悬剂已被广泛用于提高水溶性差的药物的吸收速率和程度，从而提高药物的生物利用度。其原因可能是增加了药物的溶出速度，也有可能是增加了药物的吸收。如西洛他唑纳米晶体，一种 BCS II 类药物，在 25 ℃时水溶解度为 3 mg / mL，中位粒径为 220 nm，立即溶于水；另一方面，喷射研磨的西洛他唑（中位粒径，2.4 mm）和锤磨的西洛他唑（中位粒径，13 mm）在 5 min 内仅分别溶解约 60％和 18％（见图 10-8）。

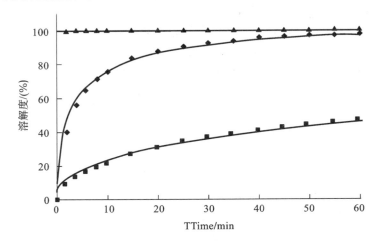

图 10-8　西洛他唑在 37 ℃时从悬浮液中在水中的体外溶出曲线

注：▲NanoCrystal ® spray-dried powder；◆jet-milled crystal；■hammer-milled crystal

在禁食状态下进行的生物利用度研究中，西洛他唑纳米晶体的 AUC 比锤磨的西洛他唑 AUC 高 7 倍，西洛他唑纳米晶体的近似绝对生物利用度高达 86％。以纳米晶形式给予西洛他唑有助于降低食物对其吸收的影响，在进食和禁食条件下提供更一致的血清浓度曲线，如图 10-9 所示。

纳米混悬剂还有助于减小水不溶性药物制剂的副作用。在 BCS II 类药物的情况下，溶出

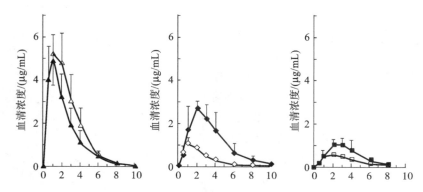

图 10-9　口服给药悬浮液后西洛他唑的血清浓度-时间曲线（犬，100 mg/kg）

注：▲NanoCrystal ® spray-dried powder；■jet-milled crystal；■hammer-milled crystal

是限速步骤，如使用纳米混悬剂类药物可以增加药物的溶解和吸收速率，同时 T_{max} 也会减小。这种情况下，减少药物在胃肠道中的停留时间，对于诸如萘普生的刺激性药物是有益的。Liversidge 和 Conzentino 的研究证明了这一点，与 20～30 mm 颗粒相比，270 nm 萘普生颗粒引起的胃刺激更小。

三、纳米混悬剂的其他剂型应用

纳米混悬剂不仅有助于提高药物的口服生物利用度，而且它们在静脉注射中的生物利用度提高作用更加显著。注射伊曲康唑纳米混悬剂时，平均粒径为 581 nm，会导致药物粒子在单核细胞吞噬系统（MPS）中被隔离，然后作为贮库型药物在很长一段时间内缓慢释放。MPS 的吞噬作用会导致体内药物的 C_{max} 值降低，但与之相对则延长了药物半衰期。Abraxane 是含有 130 nm 的紫杉醇无定形颗粒的纳米混悬注射剂，在注射剂中借助白蛋白的稳定作用实现系统的稳定。而传统的紫杉醇注射液含有氢化蓖麻油和乙醇作为共溶剂，通常这些共溶剂是导致注射疼痛和其他毒副作用的主要原因。紫杉醇纳米混悬注射剂（Abraxane）中不使用刺激性化学品或共溶剂，因此它没有这些副作用。由于其尺寸效应，Abraxane 会产生半衰期延长的效果，并且可以施用更高的剂量而不会引起毒性。

眼部给药是纳米混悬剂一个重要应用领域。眼部给药主要受到死体积、泪液的快速分泌以及鼻-泪管引流损失的限制。相比传统的眼用溶液而言，纳米混悬剂能提供更高的生物利用度，主要取决于药物的粒度以及药物的溶解度和溶出速率。具有高表面积且具有高溶解速率的亚微米药物颗粒的纳米混悬剂是用于眼部递送的理想剂型。与具有微米尺寸的普通混悬剂相比，纳米混悬剂的粒径小，刺激性非常低。图 10-10 比较了在眼内压上升趋势（IOP）中，泼尼松龙纳米混悬剂、常规混悬剂和溶液剂的生物利用度，可以清楚地看到，粒径为 211 nm 的纳米混悬剂的 IOP 和持续时间最佳。

在呼吸系统给药过程中，药物粒径起着至关重要的作用，它影响药物沉积、黏附、溶解和清除机制，从而影响药物的总体生物性能（局部作用和/或生物利用度、毒性和副作用）。大于 5 μm 的大颗粒通常沉积在上呼吸道中，而 5 μm 以下的颗粒能够深入肺部和肺泡。通常纳米混悬剂中不含或仅含有 5 μm 以上的微小颗粒，因此与常规的颗粒尺寸为 1～5 μm 的气溶胶

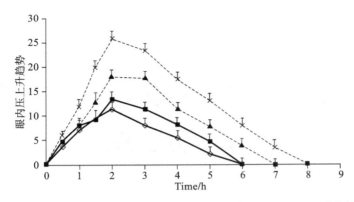

图 10-10　不同剂型泼尼松龙制剂中药物粒径对大白兔平均眼内压升高的影响

注：particle diameter 211 nm(×)，particle diameter 1.626 mm(▲)，particle diameter 4.0 mm(■)，solution(◆)

混悬剂相比，它们具有优异的性能。纳米混悬剂的其他优点是快速溶解速率和更高的溶解度，这有助于更好地控制疾病。纳米混悬剂的另一个主要优点是它们具有比常规混悬剂更好的尺寸均匀性，因此在上呼吸道中的药物损失最小。

第十一章 干燥技术在药剂学中的应用

第一节 干燥技术概述

在制药生产过程中,经常会遇到各种湿物料,湿物料中所含的需要在干燥过程中除去的任何一种液体统称为湿分。本章讨论的湿分为水分。通常,在干燥技术的开发及应用中需要具备三个方面的知识和技术:第一是需要了解被干燥物料的理化性质和产品的使用特点;第二是要熟悉传递工程的原理,即传质、传热、流体力学和空气动力学等能量传递的原理;第三要有实施的手段,即能够进行干燥流程、主要设备、电气仪表控制等方面的工程设计。显然,这三方面的知识和技术不属于一个学科领域。因此,干燥技术是一门跨行业、跨学科、具有实验科学性质的技术。

药物是一类特殊产品,必须保证具有较高的质量,其中湿分含量是保证药物质量的重要指标之一。如颗粒剂的含水量不得超过3%,若含水量过高,易导致颗粒剂结块、发霉变质等,从而导致药物失效,甚至危害人身健康。为了保证药物的安全性、有效性、稳定性,以及便于加工、运输、贮存,必须将各类原辅料或制剂中间体、药品中的湿分除去,因此药物干燥技术是制药生产中不可或缺的工艺步骤。

干燥技术可从以下几个方面进行分类。

(1)根据操作压力,干燥技术可分为常压干燥、加压干燥和真空干燥。常压干燥技术使用较普遍。加压干燥只在特殊情况下应用,通常是在高压下加热后突然减压,水分瞬间发生汽化,使物料发生破碎或膨化时应用。真空干燥时温度较低、蒸汽不易外泄,适宜处理热敏性、易氧化、易爆或有毒物料以及产品要求含水量较低、要求防止污染及湿分蒸汽需要回收的情况。

(2)根据操作方式,干燥技术可分为连续干燥和间歇干燥。制药工业生产中多采用连续干燥,其生产能力大、产品质量较均匀、热效率较高、劳动条件较好;而间歇干燥的投资费用较低,操作控制灵活方便,故适用小批量、多品种或干燥时间要求较长的物料。

(3)根据传热方式,干燥技术可分为传导、对流、辐射、介电加热或组合。

传导干燥(间接加热干燥):将热能以传导的方式通过金属壁面传给湿物料。将湿物料堆放或贴附于高温的固体壁面上,以传导方式获取热量,使其中水分汽化,水蒸气由周围气流带走或用抽气装置抽出,因此属于间接加热。常用饱和水蒸气、电热作为间接热源,其热利用率较高,但与传热壁面接触的物料易造成过热,物料层不宜太厚,而且金属消耗量较大。特点:热能利用率高。

对流干燥(直接加热干燥):将热能以对流的方式传给与其直接接触的湿物料。将热空气或饱和水蒸气等作为干燥介质与湿物料直接接触,以对流方式向物料供热,汽化后生成的水蒸气也由干燥介质带走。热气流的温度和湿含量调节方便,物料不易过热。特点:对流干燥生产能力较大,相对来说设备投资较低,操作控制方便,是应用最为广泛的一种干燥方式;其缺点是热气流用量大,带走的热量较多,热利用率较传导干燥的要低。

辐射干燥:热能以电磁波的形式由辐射器发射,发射至湿物料表面被其吸收再转变为热能。以辐射方式将热辐射波段(红外或远红外波段)能量投射到湿物料表面,被物料吸收后转化为热能,使水分汽化并由外加气流或抽气装置排除。特点:辐射干燥比传导干燥或对流干燥的生产强度大几十倍,产品干燥程度均匀且不受污染,干燥时间短,但电能消耗大。

介电加热干燥:包括高频干燥、微波干燥,即将需要干燥的物料置于高频电场,在其交变作用下使物料加热而达到干燥。将湿物料置于高频电场,利用高频电场的交变作用使物料分子发生频繁的转动,物料从内到外都同时产生热效应使其中水分汽化。这种干燥的特点是,物料中水分含量越高的部位获得的热量越多,故加热特别均匀,尤其适用于当加热不匀时易引起变形、表面结壳或变质的物料,或内部水分较难除去的物料。但是,其电能消耗量大,设备和操作费用都很高,目前主要用于食品、医药、生物制品等贵重物料的干燥。特点:介电加热干燥时物料内部的温度比表面的要高,与其他加热方式不同,介电加热干燥时传热的方向与水分扩散方向是一致的,这样可以加快水分由物料内部向表面扩散和汽化,缩短干燥时间,得到的干燥产品质量均匀,且自动化程度高。

(4)根据除去水分的原理,干燥技术可分为机械法、物理化学法、加热干燥法、冷冻干燥法。

机械法:当固体湿物料中含液体较多时,可先用沉降、过滤、离心分离等机械分离的方法除去其中大部分的液体,这些方法能耗较少,但湿分不能完全除去。该方法适用于液体含量较高的湿物料的预干燥。

物理化学法:将干燥剂如无水氯化钙、硅胶、石灰等与固体湿物料共存,使湿物料中的湿分经气体相转入干燥剂内。这种方法费用较高,只适用于实验室小批量低湿分固体物料(或工业气体)的干燥。

加热干燥法:向湿物料供热,使其中湿分汽化并将生成的湿分蒸气移走的方法。该方法适用于大规模工业化生产的干燥过程。

冷冻干燥法:将湿物料冷冻,利用真空使冻结的冰升华变为蒸气而除去的方法。该法适用于热敏性药物、生化药物的干燥。

在药物干燥工艺中,需根据不同药物的理化性质及不同的药品质量要求,选用不同的干燥技术。相对来说,热干燥技术、冷冻干燥技术应用更为广泛。

第二节　热干燥基本知识

一、物料中水分的类型

物料中的水分既可以附着在物料表面上,也可以存在于多孔物料的孔隙中,还可以是以结晶水的方式存在。物料中水分存在的方式不同,除去的难易程度也不同。在干燥操作中,有的水分能用干燥方法除去,有的水分除去很困难,因此需将物料中的水分分类,以便于分析研究干燥过程,制定合理的干燥工艺。

1. 平衡水分和自由水分

在一定的干燥条件下,当干燥过程达到平衡时,不能除去的水分称为该条件下的平衡水分 M^* 。湿物料中的水分含量 M 与平衡水分 M^* 之差($M-M^*$),称为自由水分。平衡水分是该条件下物料被干燥的极限,由干燥条件所决定,与物料的性质无关。当干燥条件发生变化时,平衡水分 M^* 的数值也会发生变化。自由水分在干燥过程中可以全部被除去。

2. 结合水分与非结合水分

存在于湿物料的毛细管中的水分,由于毛细现象,在干燥过程中较难除去,此种水分称为结合水分。而吸附在湿物料表面的水分和大孔隙中的水分,在干燥过程中容易除去,此种水分称为非结合水分。结合水(包括细胞含水、纤维束含水以及毛细管水)存在于湿物料的毛细管中,由于毛细现象,干燥过程中较难除去。①化学结合水水分与物料的离子型结合和结晶型分子结合(结晶水),结晶水的脱除必将引起晶体的崩溃;②物理结合水包括:吸附、渗透和结构水分,其中吸附水分结合力最强;③机械结合水包括:毛细管水、湿润水分、孔隙水分。

二、湿物料中含水量的表示方法

1. 物料分类

具有毛细孔结构的物料,当环境的水分含量增高时,会在毛细管作用下吸收水分,因此称此种物料为吸湿性物料;相反,不具有毛细孔结构的物料称为非吸湿性物料。

2. 湿度

湿度(用符号 m 表示)是指湿物料中水分的质量 W 占湿物料总量 G 的百分数,又称水分百分含量。其定义式为

$$m=\frac{W}{G}\times100\%=\frac{W}{G_0+W}$$

式中:G_0 指绝干物料的质量。

3. 湿含量

湿含量(用符号 X 表示)是指水分的质量 W 与绝干物料的质量 G_0 之比,其定义式为

$$X=\frac{W}{G_0}=\frac{W}{G-W}$$

$$m=\frac{X}{1+X}\times100\%$$

第三节　热干燥工艺及控制

1. 干燥过程

(1)湿物料的干燥是一个传热、传质的过程,如图 11-1 所示。从传热角度看,传热温度差是传热的推动力,因此高温空气提供热量,水分吸收热量。从传质角度看,浓度差是传质推动力,湿物料表面水分的蒸气压 P_w 大,空气中的水蒸气压 P 小,因此水蒸气不断地从湿物料表面向空气中扩散,从而破坏了湿物料表面的气液平衡,水分则不断汽化,湿物料表面的含水量不断降低,进而又在湿物料表面与内部间产生湿度差,于是物料内部的水分借扩散作用向其表面移动。

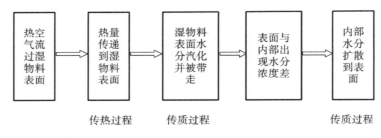

图 11-1　干燥过程

因此,干燥过程必须满足以下两个条件:

①具备传质推动力:物料表面水分压 $P_{表水}$ >热空气中的水分压 $P_{空水}$;

②具备传热推动力:热空气的温度 $t_{空气}$ >物料表面的温度 $t_{物表}$。

(2)干燥过程分析。

在一恒定的干燥条件下(保持干燥介质的温度、湿度、流动速度不变,干燥介质大大过量),进行物料的干燥实验,将所得数据作图,以干燥时间为横坐标,物料湿含量和物料温度为纵坐标,可得干燥曲线,如图 11-2 所示。

干燥速率曲线每千克待干物料每小时蒸发的水量称为干燥速率,单位为 kg/(h·kg)。

干燥过程分为 2 个阶段(见图 11-3),即恒速干燥阶段和降速干燥阶段。

①恒速干燥阶段。

湿物料表面被非结合水所湿润,物料表面温度是该空气状态下的湿球温度;此时,传热推动力(温度差)以及传质推动力(饱和蒸汽压差)是一个定值,因此干燥速率也是一个定值。实际上,该阶段的干燥速率取决于物料表面水分汽化的速率、水蒸气通过干燥表面扩散到气相主体的速率。因此,该阶段又称为表面汽化控制阶段。此时的干燥速率几乎等于纯水的汽化速度,与物料湿含量、物料类别无关;影响因素主要有空气流速、空气湿度、空气温度等外部条件。

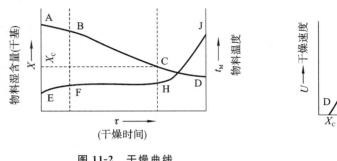

图 11-2 干燥曲线

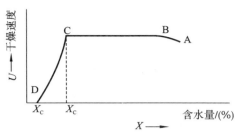

图 11-3 干燥速率曲线

②降速干燥阶段。

物料湿含量降至临界点以后,便进入降速干燥阶段。在降速干燥阶段,非结合水已经被蒸发,继续进行干燥,只能蒸发结合水。结合水的蒸气压恒低于同温下纯水的饱和蒸汽压,传质、传热推动力逐渐减小,干燥速率随之降低;干燥空气的剩余能量被用于加热物料表面,物料表面温度逐渐升高,局部干燥。在这一阶段,干燥速率取决于水分和蒸汽在物料内部的扩散速度。因此,该阶段又称为内部扩散控制阶段,与外部条件关系不大。主要影响因素有物料结构、形状和大小。

(3)干燥过程控制。

在工业生产过程中,一般通过控制湿物料的特性、空气的状态、操作条件和操作方式,来控制干燥速率、干燥时间和干燥产品的质量。

①湿物料特性的控制。

湿物料的物理结构、化学组成、形状和粒度大小、湿分与物料的结合方式等都直接影响着干燥速率,在可能的情况下,一般选择较大的晶体粒度,以利于提高干燥速率。最初湿物料的含水量、最终产品的含水量要求决定着干燥时间的长短,因此生产中对于含水量较大的湿物料,在干燥前都采用机械法去除一部分水分,以缩短干燥时间。

②空气状态的控制。

描述空气状态的参数主要有湿度、相对湿度、露点温度、湿球温度等。空气中一般含有少量水分,因此通常所说的空气都为湿空气。当空气的温度升高时,相对湿度降低,传质推动力增大,干燥能力增强,并且温度升高,传热推动力也增大,提供的热能增多,使水分的气化速率提高;另外,空气的温度升高,吸收水蒸气的能力增大,可以带出较多的水蒸气。生产中常采用提高空气温度的方法,提高干燥速率,但应以不损害被干燥物料的品质为原则。对于热敏性物料和生物制品,更应选择合适的干燥温度。

③干燥操作条件与方式的控制。

增大空气的流动速度,可提高水蒸气的扩散速率,达到增大干燥速率的目的。湿物料与空气的接触情况对干燥速率的影响至关重要,增大湿物料与空气的接触面积,可提高干燥速率;一般采取减小颗粒堆积厚度,或使空气流动方向与湿物料表面垂直,或使颗粒悬浮在空气中(如流化床干燥)等操作方式,可大大提高干燥速率。

(4)干燥过程的基本计算。

干燥是个传质传热的过程,通常需要对水分的蒸发量进行计算,该计算涉及的参数包括:

湿基含水量(ω)、干基含水量(χ);绝干物料质量(G_c)、湿物料质量(G_1)、干燥后产品质量(G_2);湿物料中湿基含水量(ω_1)、干燥后产品湿基含水量(ω_2);湿物料中干基含水量(χ_1)、干燥后产品干基含水量(χ_2)。

水分蒸发量的计算如下。

湿基含水量的计算:

$$\omega = \frac{湿物料中水分质量}{湿物料的总质量} \times 100\%$$

干基含水量的计算:

$$\chi = \frac{湿物料中水分质量}{湿物料中绝对干物料的质量} \times 100\%$$

湿基含水量与干基含水量的换算:

$$\chi = \omega/(1-\omega) \quad 或 \quad \omega = \chi/(1+\chi)$$

水分蒸发量的计算:

$$G_1 = G_2 + W$$

式中:W 为水分蒸发量,kg/h;G_1 为进入干燥设备的湿物料量,kg/h;G_2 为干燥后产品质量,kg/h。

用湿基含水量表示水分蒸发量计算公式:

$$W = G_2 \frac{\omega_1 - \omega_2}{100 - \omega_1} \quad 或 \quad W = G_1 \frac{\omega_1 - \omega_2}{100 - \omega_2}$$

用干基含水量表示水分蒸发量计算公式:

$$W = G_c(\chi_1 - \chi_2)$$

第四节　干燥设备选用条件

药品生产中被干燥物料的特性是多种多样的,如物料的形状有块状、片状、饼状、纤维状、颗粒状、粉状、悬浮液、膏糊状、连续薄层或某种定型体等;物料的结构与干燥特征有多孔疏松的、有结构紧密的,有的主要含有非结合水分,有的含有较多的结合水分,有的是热敏性物料,有的物料容易结团、收缩、变形、龟裂等。对干燥产品而言,因品种不同,产品质量的要求也不同。要保证物料各部分干燥的均匀性,还要达到工艺要求的最终含水量;同时有的要求保证化学组成和几何形状的稳定性,有的必须确保干燥中不被污染,有的湿分还需要回收利用;对于颗粒状物料,常要求有一定的堆积密度、粒度、流动性或溶出度。因此,需根据物料的特性和不同质量要求,选择干燥方法和操作方式,选用合适的干燥设备。

一、干燥设备选择原则

为满足物料和产品质量要求的多样性,干燥设备的类型也是多种多样的。每一种类型的干燥设备也都各有其适应性和局限性。在制药工业生产中,为完成一定的干燥任务,需要选用适宜的干燥设备。目前干燥器的选型还带有很大的经验性。通常应考虑以下几方面因素：物料和产品的特点；与生产过程有关的条件；干燥设备的操作性能和经济指标。综合考虑这三方面，对各类干燥设备进行筛选，然后进行小试或中试，寻找最适宜的操作条件，最后根据设备投资费用和操作费用进行经济核算，从中选择出最适宜的干燥器形式，并确定其规格和尺寸。总体来说，对干燥设备选择遵循以下原则。

(1)被干燥物料的性质：湿物料的物理特性、干物料的物理特性、腐蚀性、毒性、可燃性、粒子大小及磨损性；

(2)物料的干燥特性：湿分的类型(结合水、非结合水)、初始和最终湿含量、允许的最高干燥温度、产品的色泽和光泽等；

(3)产品复水性好，能满足制剂检测的相关要求；

(4)粉尘回收；

(5)设备安装的可行性。

二、对干燥设备的要求

(1)有较大的适应性，能满足干燥产品的质量要求；

(2)设备生产强度高，生产强度可用单位时间、单位设备容积内除去的水分量来表示，其单位为 $kg/(m^3 \cdot s)$；

(3)热效率高；

(4)设备系统的流体阻力小，以节约流体输送的能耗；

(5)设备的本体结构和附属设备比较简单，投资费用低；

(6)操作控制方便。

这些要求通常很难在一台干燥设备内同时实现，因此常以这些要求为依据，来评价干燥设备的性能。

第五节　热干燥设备分类及操作要点

一、热干燥设备的分类

干燥设备除可按操作压强、操作方式和加热方式分类以外，还可按湿物料的运动方式、气流的运动方式和结构特征来分类。了解这些分类的基本特点，有助于针对不同的干燥要求，选择适宜的干燥方式和干燥设备，且可以针对不同干燥器提出优化方案。

1. 按湿物料在干燥器中的运动特点分类

1)相对静止式干燥器

湿物料之间不发生相对运动，故物料与热源的接触面积是一定的。这类干燥器对物料的适应性很广,物料在干燥器内的停留时间相同,但物料不同部位的干燥条件较难保持一致,特别在对流干燥条件下,干燥介质的分布难以完全均匀,介质状态也在不断变化。这类干燥器可分为湿物料完全静止和湿物料发生整体移动两种。前者有热风循环烘箱,是间歇操作;后者包括输送机式干燥器(物料在固定的干燥室内由不同的输送机构带动而发生整体移动,如由一长列逐步移动的物料小车构成的洞道式干燥器、由输送带或输送链驱动的输送带式干燥器)、滚筒式干燥器(物料在干燥旋转滚筒外部表面上一起运动,如图11-4所示)等,可以连续操作。

图 11-4　滚筒式干燥器

2)搅动式干燥器

由于外力的作用使湿物料各部分之间发生不同程度的相对运动,物料的搅动使干燥器内空间各处的干燥条件变得比较均匀,有利于物料与热源的接触,提高干燥强度。但由于物料受到的搅动往往具有一定的随机性,因此,物料在干燥器内的停留时间与被加热时间不能保证完全均匀。桨叶搅动式干燥器如图11-5所示。

图 11-5　桨叶搅动式干燥器

2. 按气流运动方式分类

对流干燥方式最为常用。在连续干燥操作中,按物料与气流间的总体流动方式可分为并流干燥、逆流干燥和错流干燥三种。

1)并流干燥

含水量高的初始湿物料首先与高温低湿度的干燥介质相遇,干燥推动力最大,随物料向前移动,推动力逐渐减少。由于物料在干燥前期属于恒速干燥阶段,其表面温度不会超过空气的湿气温度,而废气出口处的温度最低、湿度最高,故出口处的物料含水量就不可能降得很低,温度也不会过高。因此,这种干燥操作适于湿物料允许快速干燥(非结合水含量高)、干物料不耐高温、干物料吸湿性低或最终含水量较高的干燥要求。

2）逆流干燥

逆流时整个干燥器内的干燥推动力比较均匀,故较适宜于干物料能耐高温、但湿物料不宜快速干燥以及产品含水量较低的干燥要求。

3）错流干燥

常用于颗粒物料的干燥。颗粒物料总体移动方向与气流方向垂直,此时干燥推动力普遍较高,干燥能力及强度较大,但所需气流量增加,故热效率通常较低。

二、典型热干燥设备简介

1. 热风循环烘箱

通常将湿物料置于烘箱搁板上的浅盘内。空气由入口进入干燥器,与废气混合后进入鼓风机,由鼓风机出来的混合气一部分由废气出口放空,大部分经加热后沿挡板尽量均匀地掠过各层物料表面,增湿降温后废气再循环进入鼓风机。浅盘内的湿物料经干燥一定时间达到产品质量要求后从烘箱中取出。

图 11-6 所示的为一热风循环烘箱。热风循环烘箱的优点是结构简单,设备投资少,适用范围较广,可以同时干燥多种不同物料。适用于干燥小批量的粒状、片状、膏状物料和较贵重的物料,或易碎、脆性物料;干燥程度可通过改变干燥时间和干燥介质状态来调节。这种干燥设备的缺点是由于物料是静止的,气流依次并行掠过各层的表面,故产品的干燥程度不均匀,生产能力低,装卸物料的劳动强度大,操作条件较差。该设备可改成穿流式,即在浅盘底部开出许多通气小孔,使干燥介质穿过料层,但结构相对复杂。

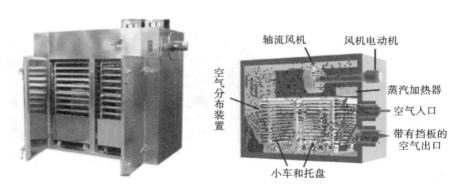

图 11-6 热风循环烘箱

2. 喷雾干燥器

喷雾干燥器是用雾化器将溶液喷成雾滴分散于热气流中,使水分迅速蒸发直接获得干燥产品的设备,如图 11-7 所示。通常雾滴直径为 $10\sim60~\mu m$,每 1 L 溶液具有 $100\sim600~m^2$ 的蒸发面积,因此表面积很大,传热、传质迅速,水分蒸发极快,具有瞬间干燥的特点。雾滴温度为 $320\sim335~K(47\sim620~℃)$,适用于热敏性物料干燥。干燥后的制品多为松脆的空心颗粒,溶解性能好。

雾化器有三种形式:压力式雾化器、气流式雾化器和离心式雾化器。目前我国较普遍应用的是压力式雾化器;中药浸膏的喷雾干燥常采用气流式雾化器和离心式雾化器。喷雾干燥器中雾滴与热气流的流动方向可有三种:并流型、逆流型、混流型。并流型中,液滴和热风呈同一方向流动。逆流型中,液滴和热风呈反方向流动。混流型中,液滴和热风呈不规则混合流动。

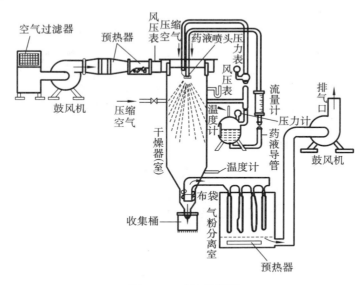

图 11-7　喷雾干燥器

图 11-8　喷头

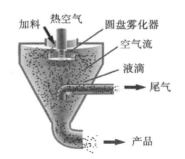

图 11-9　雾化状态

喷雾干燥的主要优点:

(1)料液直接得到粉粒状产品。通常可用于处理含水量在 40%～60% 甚至高达 90% 的物料,可省去蒸发、结晶、粉碎等一些中间过程,从而简化了生产工艺流程。

(2)干燥时间很短。物料以极细雾滴分散在气流中,其干燥面积很大,例如,将 1 L 料液雾化成 50 μm 的液滴,其表面积可达 120 m²,因而干燥过程进行得很快,一般只需几秒至几十秒。喷头如图 11-8 所示,图 11-9 所示的为其雾化状态。

(3)干燥过程中液滴的温度不高,产品质量不受影响,这是由于液滴在高温介质中表面温度接近于气流的温度,因而适用于热敏性物料的干燥。

(4)可利用雾化器与气流参数的改变,调节雾滴的大小、汽化速度快慢与停留时间长短,使产品具有良好的分散性、流动性和溶出度,可获得所要求的一定大小的实心或空心的干燥颗粒。实验用的小型喷雾干燥器如图 11-10 所示。

图 11-10　实验室用小型喷雾干燥器

图 11-11　大型喷雾干燥器

（5）操作过程控制方便，适宜于连续化、自动化的生产。大型喷雾干燥器如图 11-11 所示。

（6）能改善生产环境和劳动条件。喷雾干燥是在密闭的干燥塔内进行的，可以避免粉尘飞扬，对有毒气、臭气的物料，还可以采用封闭循环的生产流程，防止对大气的污染。

其主要缺点：

（1）设备庞大，体积对流给热系数小。为避免液滴喷到干燥器壁上产生物料粘壁现象，一般干燥室直径较大（可达数米），同时为保证物料在干燥器内的停留时间，干燥室一般也较高（可达 4～10 m），所以其容积汽化强度小。

（2）干燥介质用量大，热效率低，输送能耗也较大。

（3）回收物料微粒的废气分离装置要求高。当生产粒径很小的产品时，废气中将会夹带 20％左右的粉尘，需要高效的分离装置，因而使后处理装置较复杂、投资费用增加。

由于喷雾干燥器具有某些不可替代的特点，在化工、轻工、食品、医药等工业中应用比较广泛，如乳粉、洗涤剂粉等的干燥。

3. 沸腾床干燥机

沸腾床干燥机（又称流化干燥器）是流态化技术在干燥过程中的应用，适用于分散状湿物料的干燥。图 11-12 所示的是一种沸腾床干燥机。散粒状湿物料加入设有搅拌器和空气分布板的上方，空气由风机抽入经加热后自下而上通过物料板与物料层接触。由于干燥过程中固体颗粒悬浮于干燥介质中呈流化态，因而物料与气体接触面较大，热容量系数可达 8000～25000 kJ/(m³·h·℃)。热效率较高，可达 60％～80％。流化床干燥装置密封性能好，传动机械又不接触物料，因此不会有杂质混入，这对要求纯洁度高的制药工业来说也是十分重要的。

1）沸腾床干燥机的特点及分类

沸腾床干燥机的主要优点是颗粒在器内平均停留时间长，进出物料的速度、气流温度和速度的调节都比较方便，产品的最终含水量较低，对物料适应性较好；气体流速比较低，因此器壁的磨损和物料的破碎程度较轻，除尘负荷和流体阻力较小；结构简单、紧凑、造价低，可动部件少、维修费用较低。其主要缺点是物料的干燥程度不够均匀，这是由于在沸腾床中可能出现局部物料的短路和返混，使物料在床内停留的时间有较大的区别。

从装备的类型分，沸腾床干燥机主要分为单层、多层（2～5），卧式和喷雾流化床，喷动流化

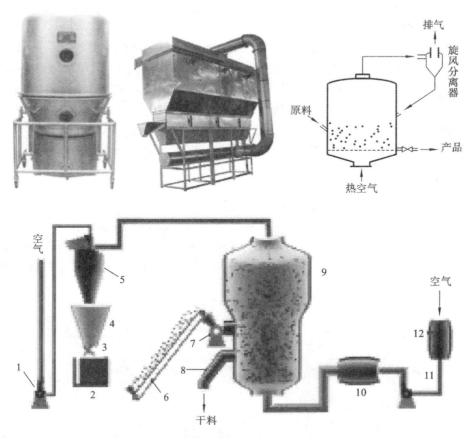

图 11-12　沸腾床干燥机及图解

1—抽风机；2—料仓；3—星形卸料器；4—集灰斗；5—旋风分离器(4 只)；6—皮带输送机；
7—加料机；8—卸料管；9—沸腾床；10—加热器；11—鼓风机；12—空气过滤器

床等。从被干燥的物料来看，大多数的产品为粉状(如氨基匹林、乌洛托品等)、颗粒状(如各种片剂等)、晶状(如氯化铵、硫氨等)。单层流化床可分为连续、间歇两种操作方法。

2)动流化床干燥机

当普通流化床工作时，可能存在下述问题：当颗粒粒度较小时，形成沟流或死区；颗粒分布范围大时夹带会相当严重；由于物料滞留时间不同，干燥后含湿量不均；物料湿度稍大时会产生团聚和结块现象，而使流化恶化等。振动流化床就是一种较为成功的改良型流化床。当工作时，由振动电机或其他方式提供的激振力，使物料在空气分布板上跳跃前进，同时与分布板下方送入的热风接触，进行热、质传递。物料落到分布板上后，在振动力和经空气分布板均风的热气流双重作用下，呈悬浮状态与热气流均匀接触。

振动流化床干燥机的特点：由于施加振动，可使最小流化气速降低，因而可显著降低空气需要量，节能效果显著；可方便地依靠调整振动参数来改变物料在机内滞留时间；振动有助于物料分散，如选择合适振动参数，对普通流化床易团聚或产生沟流的物料有可能顺利流化干燥；由于无激烈的返混，气流速度较之普通流化床的也较低，对物料粒子损伤小；由于施加振动,会产生噪声。同时,机器个别零件寿命相比其他类型干燥机的寿命要短。

4. 减压干燥器(真空干燥器)

减压干燥是在密闭容器中抽去空气后进行干燥的方法。当湿物料置于真空负压条件下时,物料内水分沸点随着真空度的提高而降低。水在一个标准大气压下的沸点是100 ℃,在接近真空负压条件下水的沸点降到约40 ℃,即在较低的温度下物料中的水分已经开始蒸发。同时辅以真空泵间隙抽湿降低水汽含量,使得物料内水分获得足够的动能脱离物料表面。真空干燥机就是在真空状态下,提供热源,通过热传导、热辐射等传热方式供给物料中水分足够的热量,使蒸发和沸腾同时进行,加快汽化速度。同时,抽真空又快速抽出汽化的蒸汽,并在物料周围形成负压状态,物料的内外层之间及表面与周围介质之间形成较大的湿度梯度,加快了汽化速度,达到快速干燥的目的。

真空干燥由于处于负压状态下隔绝空气,使得在干燥过程中容易发生氧化等化学变化的物料更好地保持原有的特性,也可以通过注入惰性气体后抽真空的方式更好地保护物料。常见的真空干燥设备有真空干燥箱、连续真空干燥设备等。图11-13为减压干燥器及图解,减压干燥除能加速干燥、降低温度外,还能使干燥产品疏松和易于粉碎,并减少空气对物料质量的影响。

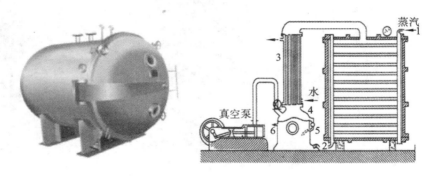

图 11-13   减压干燥器及图解

1)常用的真空干燥设备

真空干燥器由干燥柜、冷凝器与冷凝液收集器组成的冷凝系统及真空泵三部分组成。将湿物料置浅盘内,放到干燥柜的搁板上,加热蒸气由蒸气入口引入,通入夹层搁板内,冷凝水自干燥箱下部出口流出,经冷凝管至冷凝液收集器中;冷凝系统通过管道、阀门与真空泵紧密相连,组成一个完整的密闭系统,使干燥操作连续进行。目前,真空干燥的设备也随着现代机械制造技术以及电气技术的发展而不断更新,出现了真空盘式连续干燥机、双锥回转真空干燥机、真空耙式干燥机、板式真空干燥机、低温带式连续真空干燥机、连续式真空干燥机等多种形式的真空干燥设备。

2)真空干燥的主要特点

(1)真空干燥适用于热敏性物料,或高温下易氧化的物料,或排放的气体有价值或有毒害、有燃烧性的物料。

(2)干燥时所采用的真空度和加热温度范围较大,通用性较好。

(3)干燥的温度低,无过热现象,水分易于蒸发,干燥时间短。

(4)减少物料与空气的接触机会,能避免污染或氧化变质。

(5)干燥产品可形成多孔结构,呈松脆的海绵状,易于粉碎,有较好的溶解性、复水性,有较好的色泽。

(6)设备成本偏高,动力消耗也高于常压热风干燥。

3)影响真空干燥操作的因素

影响真空干燥操作的因素主要有浓缩液的相对密度、真空干燥温度、真空干燥真空度、真空干燥时间等。

对于天然物料提取浓缩液,例如,中药提取液,其相对密度宜控制为 1.30～1.35(60 ℃热测的稠膏);真空干燥温度一般不高于 70 ℃,常控制在 60 ℃左右;真空干燥真空度一般控制在 −0.08 mPa 左右,真空度太低干燥速度会很慢,真空度太高物料易暴溅;真空干燥时间一般以完全干燥为度,或以水分含量进行控制,不同物料干燥时间相差很大。此外,浸膏等黏稠物料干燥时,装盘量不宜太多,以免起泡溢出盘外,污染干燥器,浪费物料,影响干燥效果;操作时真空管路上的阀门应徐徐打开,否则也易发生泡溢现象。

第六节　冷冻干燥设备

冷冻干燥也称升华干燥。物料(溶液或混悬液)先冻结至冰点以下(通常 −40～10 ℃),然后在高真空条件下加热,使溶剂升华,从而达到低温脱水的目的,这种过程称为冷冻干燥。凡是对热敏感、易氧化、在溶液中不稳定的药物均可采用此法干燥,尤其适用于抗生素、激素、核酸、血液和一些免疫制品等对温度敏感药物的干燥。

一、冷冻干燥基础知识

物质有固、液、气三态。物质的状态与其温度和压力有关。图 11-14 为有水(H_2O)的状态平衡图。图中 OA、OB、OC 三条曲线分别表示冰和水蒸气、水和水蒸气、冰和水两相共存时其压力和温度之间的关系,分别称为溶化线、沸腾线和升华线。此三条线将图面分成Ⅰ、Ⅱ、Ⅲ三个区域,分别表示冰溶化成水,水汽化成水蒸气和冰升华成水蒸气的过程。三曲线的交点 O,为固、液、气三相共存的状态,称为三相点,其温度为 0.01 ℃,压力为 610 Pa。在三相点以下,不存在液相。若将冰面的压力保持低于 610 Pa,且给冰加热,冰就会不经液相直接变成气相,这一过程称为升华。

二、真空冷冻干燥技术特点

(1)由于干燥过程是在低温、低压条件下进行,故适宜于热敏性药物、易氧化物料及易挥发成分的干燥,可防止药物的变质和损失;同时因低压缺氧,能灭菌或抑制某些细菌的活力。

(2)物料在低温下干燥。物料中的热敏成分能保留下来,活性成分损失很少,可以最大限

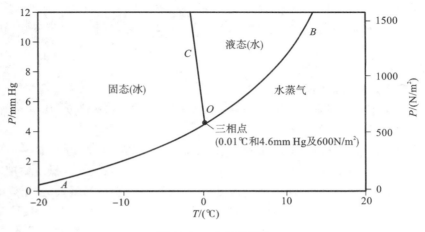

图 11-14 水的三相图

度地保留产品原有成分、味道、色泽和芳香,特别适合保健食品的干燥。

(3)固体骨架基本保持不变。干制品不失原有的固体结构,保持着原有形状。干燥产品呈疏松、多孔、海绵状,多孔结构的制品具有很理想的速溶性和快速复水性。故常用于生物制品、抗生素等呈固体而临用时溶解的注射剂的制备。

(4)避免表面硬化现象。水分在预冻以后以冰晶的形态存在,原来溶于水中的无机盐之类的溶解物质被均匀分配在物料之中。升华时溶于水中的溶解物质就地析出。

(5)脱水彻底,重量轻,适合长途运输和长期保存,在常温下,采用真空包装,保质期可达3~5年。

其缺点是设备投资费用高、动力消耗大、干燥时间长、生产能力低。

真空冷冻干燥过程中物料状态变化如图 11-15 所示。

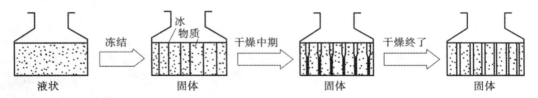

图 11-15 真空冷冻干燥过程中物料状态变化

三、真空冷冻干燥设备及操作

真空冷冻干燥机,简称冻干机,是冻干生产过程中的主要工艺设备,根据所冻干的物质、要求、用途等不同,相应的冻干机也有所不同。按待干物料的不同,一般可分为冻干药品、冻干生物制品冻干设备;按运行方式不同,可分为间歇式冻干机和连续式冻干机;按冻干物质的容量不同,可分为工业用冻干机和实验用冻干机。

1. 冻干机的结构

冻干机的结构形式是多种多样的,但是,无论何种冻干机均由冻干箱、搁板、冷凝器、真空隔离阀、制冷系统、循环系统、气动系统、真空系统、液压系统、在位清洗（CIP）系统、在位灭菌（SI）系统、控制系统等组成。图 11-16 为冻干机结构及其原理图。

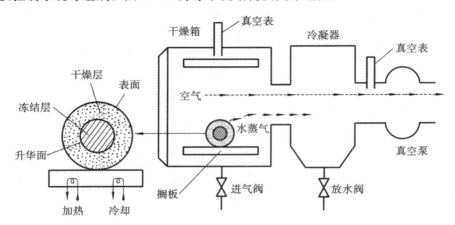

图 11-16　冻干机主要结构及其原理图解

1）干燥箱

干燥箱又称冻干箱，是冻干机的重要部件之一，它的性能好坏直接影响整个冻干机的性能，如图 11-17 所示。产品的冷冻干燥是在冻干箱中进行的，在其内部主要有搁置产品的搁板。冻干箱采用无菌隔离设计。冻干箱要有足够的强度，以防抽真空时箱体变形。冻干箱门的开启角度应大于 110°，门中央有观察窗，便于观察产品状态（见图 11-18）。

图 11-17　冻干机的干燥箱

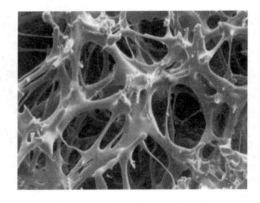

图 11-18　电镜下的冻干产品

2）搁板

搁板的作用是冻干时放置产品，还可压塞。如冻干西林瓶时可以在冻干箱内进行压塞。搁板通过支架安装在冻干箱内，由液压活塞杠带动而做上下运动，便于进出料和清洗。最上层的一块搁板为温度补偿加强板，以保证箱体内所有制品的热环境相同。每一块搁板内均设置有长度相等的流体管道，以确保搁板温度分布均匀。搁板的两侧和后面应设置挡板避免冻干产品脱落。冻干机搁板的另一个重要指标是搁板温度均匀性，即每一块搁板上的每一点及不同搁板上的每一点的温度都应均匀，平衡时要求达到 ±1 ℃。

3)冷凝器

冷凝器又叫捕水器、冷阱等。真空泵在冻干机中的主要作用是抽除冻干机系统的气体,以维持升华所必需的真空度。1 g水蒸气在常压下的体积为1.24 L,而在13.3 Pa时1 g水蒸气却膨胀为10000 L。普通的真空泵在单位时间内抽除如此大量体积的水蒸气是不可能的,这时冷凝器的作用主要是用来冷凝冻干箱内升华出的水蒸气,对升华出的水蒸气形成从冻干箱到冷凝器的差压推动力,使其在冷凝器表面结成冰,从而使得冷冻干燥得以正常运行。冷凝器的分类方法有多种:按冷凝器放置位置(以冻干箱为参照物)来分,分成内置式、后置式、上置式、下置式,通常比较常见的是后置式;按放置方法来分,可分为卧式、立式;按冷凝器的结构形式分,可以分成螺旋管式、蛇形管式(见图11-19)、板式。目前大多数冻干机的冷凝器制作为卧式结构,内部为直冷式的蛇形盘管。板式冷凝器是在冷凝板内部装设冷媒冷却管,冷媒管内是氟利昂,而在冷媒管的外面、冷凝板的里面是热媒,使水蒸气在冷凝板的外面凝结。制冷剂/导热液、制冷剂/水蒸气、导热液/水蒸气三种媒体有效地进行热交换,我们称之为三重热交换系统。

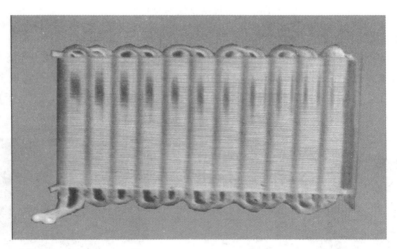

图 11-19　蛇形冷凝器

4)真空隔离阀

真空隔离阀在冻干机进料和出料时起隔离冻干箱和冷凝器的作用,便于及时对冷凝器进行除霜。当其关闭时,既能确保冻干箱与冷凝器之间的密封性,也能使进料和出料操作与冷凝器的化霜操作同时进行;当其打开时,能使冻干箱内压力迅速降低。常见的真空隔离阀有蝶阀、蘑菇阀、挡板阀、插板阀等。真空隔离阀还有一个作用是进行压力试验,以判断冻干终点。

2. 冻干系统的组成

冻干系统由制冷系统、循环系统、真空系统、液压系统、CIP/SIP系统和控制系统等组成,其主要部分包括加热系统、冰干室、制冷系统和真空系统,如图11-20所示。

1)制冷系统

制冷系统是冻干机的心脏,压缩机则是制冷系统的心脏。制冷系统主要作用是预冻产品并在升华干燥阶段将转移到冷凝器上的水蒸气除去。冻干机中制冷系统主要具有以下特点:

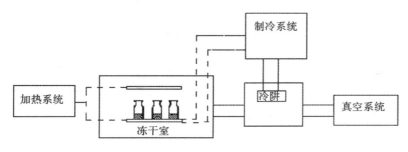

图 11-20 冻干系统

（1）降温范围广,搁板温度可降至－50 ℃以下,冷凝器温度可降至－70~50 ℃。

（2）能适应激烈的负荷变动。搁板进行预冻,某些特殊制品预冻时还需反复进行升温再冷却的工艺过程;预冻结束后压缩机立即切换到冷凝器并对其进行快速冷却;冻干过程中因产品不同、装量差异等因素的影响使干燥负荷随之发生变化。

（3）冻干后期,即解析干燥阶段,产品中的水分已相当少,此时,冷凝器的负荷下降,压缩机长时间强行处于无负荷运行状态。为了获得所需的低温,常选用双级高效压缩机。为了提高整个系统的可靠性与稳定性,一般设计两台压缩机并联使用,确保系统的备份。

2）循环系统

真空冷冻干燥本质上是依靠温差引起物质传递的一种工艺技术。产品首先在搁板上冻结,升华过程开始时,水蒸气从冻结状态的产品中升华出来,到冷凝器捕捉面上重新凝结成水。为获得稳定的升华和凝结,需要通过搁板向产品提供热量。搁板的制冷和加热都是通过导热液的传热来进行的,为了使导热液不断地在整个系统中循环传热,在管路中要增设一台屏蔽式双体泵,使得导热流体强制循环。循环泵一般为一个泵体、两个电机,平时工作时,只有一台电机保持运转,如果一台电机工作不正常时,另外一台会及时切换上去,这样系统就有良好的备份功能,适用性广。在泵的出口处,需安装一个能反映出口压力的压力表和一只压力继电器,同时在电加热管上加配一只超温报警继电器。循环系统的升温由一个不锈钢管式加热器来完成。循环泵的作用是使导热流体强制循环。导热流体一般采用"424"导热液,即乙二醇、乙醇、水按 4：2：4 比例混合。

3）真空系统

产品中的水分只有在真空状态下才能很快升华,达到干燥的目的。冻干机的真空系统由真空阀门、真空泵、真空管路、真空测量元件、冻干箱、冷凝器等部分组成。对真空度控制的前提是真空系统本身必须具有很低的泄漏率,真空泵有足够大的功率储备,以确保达到极限真空度,并保持系统在升华过程中所需要的真空度。系统采用真空泵组成强大的抽吸能力,使冻干箱和冷凝器形成真空,一方面促使冻干箱内的水分在真空状态下蒸发（升华）,另一方面该真空系统在冷凝器和冻干箱之间形成一个真空度梯度（压力差）,使前箱水分升华后被冷凝器捕获。真空系统的真空度应与产品的升华温度和冷凝器的温度相匹配,真空度过高、过低都不利于升华。冻干箱的真空度应控制在设定的范围之内,其作用是可缩短产品的升华周期。

4）液压系统

液压系统是在真空冷冻干燥结束时,将丁基胶塞压入瓶内的专用设备。液压系统位于冻干箱顶部，主要由电动机、油泵、油箱、油缸、单向阀、溢流阀、节流阀、电磁换向阀及管道等组成。冻干结束，液压加塞系统开始工作，在真空条件下，上层搁板缓缓向下移动完成压塞工作。

5)在位清洗(CIP)系统

在位清洗系统是指设备(罐体、管道、泵、过滤器等)及整个生产线在无需人工拆开或打开的前提下，利用清洗液的循环流动，在预定的时间内，将一定温度的清洁液通过密闭的管道对设备内表面进行喷淋而达到清洗的目的，简称 CIP(clean in place)，又称在线清洗。冻干机在位清洗系统由若干喷嘴、电动控制阀门组成。喷嘴形式有广交式和球形喷嘴，喷嘴的布置以每一个死角都能被彻底清洗干净为标准，有些喷嘴是活动式的，以方便清洗。根据 GMP 设计要求，清洗操作控制程序集成在控制系统内，由操作人员根据实际情况设定 CIP 程序，控制系统启动运行时间。在位清洗后，在其他阀门都处于关闭的状态下，水循环式真空泵开始工作，将冻干箱内的残留水排除干净。稳定的在位清洗系统应设计工艺优良，可根据待清洗系统的实际情况，确定合适的清洗过程，如清洗条件确定、清洗剂的选择、回收设计等，并可在清洗过程中对关键参数和条件(如时间、温度、电导、pH 值和流量等)进行预设定和监测。冻干装置的清洗是保证医用冻干产品质量的重要手段。清洗剂应符合 GMP 的要求，通常采用纯化水或注射用水作清洗剂。因为无论用软化水怎样清洗，仍可能留下微量的去污剂，所以不能用带酸根或碱基的去污剂或清洗剂，否则将增加设备腐蚀的危险，或将呈粉状的去污剂带入产品的危险。一般而言，清洗效果随清洗剂温度的升高而增加，但当污染物中含有蛋白质时，温度不应高于 60 ℃。

6)在位灭菌(SI)系统

以往通常使用化学方法进行冻干机消毒灭菌，主要化学试剂有甲醛(福尔马林)、苯酚(石炭酸)、环氧乙烷(氧化乙烯)等，它们均具有强的氧化性，会对冻干机箱体、箱门密封条、真空隔离封条、传感器导线的绝缘层等均有腐蚀作用，还会有少量化学试剂残留在设备的缝隙中，这些缝隙包括门周边、搁板升降柱周边及真空隔离阀周边的密封间隙，以及与搁饭相连的载冷剂软管上的缝隙。这些残留物尽管在抽空时能基本排除，但总有极微量的残留物存在，这将对产品品质产生不良影响。由于化学灭菌法不稳定，批与批之间灭菌的效果不尽相同，灭菌之后有残留物存在于冻干箱内，冻干时残留物有可能进入产品之中等诸多缺点，目前根据 GMP 要求，冻干的灭菌系统采用纯蒸汽灭菌，对冻干机不会产生腐蚀，也不存在残留物影响产品品质。在位灭菌 SIP(sterilization in place)，为系统或设备在原安装位置不作任何移动条件下的蒸汽灭菌。细菌孢子，尤其是芽孢杆菌和梭状芽孢具有耐热性。耐热孢子的破坏程度取决于在水分条件下孢子的水合作用以及核酸和蛋白质的变性。因此，蒸汽灭菌中使用饱和蒸汽是至关重要的。蒸汽灭菌从根本上避免了干燥室的二次污染问题。可灭菌的波纹管套有效地防止了液压油的污染。使用蒸汽灭菌的冻干机相当于一台高压灭菌柜，冻干箱和冷凝器均使用蒸汽灭菌，因此，它们必须能耐受负压及正压，两者均装有安全放气阀，由于灭菌后需冷却降温，冻干箱和冷凝器均设计成双层夹套式结构，以便用冷却水进行冷却。由于冻干工艺制造的产品多为无菌产品，而且整个冷冻真空干燥过程中产品始终暴露于冻干系统中，因此在产品的冻干工艺过程中，需要把冻干箱与冷凝器组成的真空系统作为无菌空间管理。现代冻干机的蒸汽灭菌可以预先编制程序，全自动地进行操作。蒸汽灭菌大致有以下步骤：

(1)关闭冻干箱和冷凝器与外界相通的阀门，关闭真空泵和冷凝器之间的阀门；

(2)锁紧箱门,启动真空泵抽空系统;

(3)放入蒸汽进行升压,再次抽空系统,如此重复操作三次;

(4)按设定的灭菌程序进行保温或保压;

(5)冷却干燥阶段用真空泵进行抽空,并用冷却水降温。

7)控制系统

操作人员应按一定的要求启动冻干机的制冷机、真空泵,打开或关闭各种控制阀门,或者使冻干箱中的压力按设定值自动运行,这就是冻干机自动控制系统。冻干机的控制系统是整机的指挥机构。冷冻干燥的自动控制包括制冷机、真空泵和循环泵的启动、停止,加热速率的控制,温度、真空度和时间的测试与控制,自动保护和装置报警等。根据所要求自动化程度不同,对控制要求也各异,分为手动控制(即按钮控制)、半自动控制、全自动控制和计算机控制四大类。冻干机的控制系统要求采用手动和自动两种方式实现对整个冻干过程及自动加塞、自动清洗的控制,具体要求如下:

(1)能够将冻干曲线数值存储于磁盘中,并能在计算机屏幕上进行实时显示和历史数据显示与保存,且支持即时打印。这些曲线包括产品温度曲线、搁板温度曲线、冷凝器温度曲线、真空度曲线。

(2)该系统能根据不同的产品设定或修改产品冻干工艺曲线,在冻干过程中将实际冻干曲线跟踪理论冻干曲线。

(3)对冷凝器的温度进行设定,通过控制压缩机能量调节器来跟踪设定温度。

(4)能设定箱体内真空度,并通过微调阀来控制所要求的真空度。

(5)故障报警及处理:在操作中出现异常现象或公用工程不能满足操作运行时,系统将发出警报声,同时控制画面会显示报警点,便于操作者排除故障,如真空泵组压力异常,冻干过程中真空度超过设定值,断水、断电等报警和有关数据显示。

(6)产品的自动加塞:在产品出箱前进行自动加塞密封处理,保证产品的洁净度和冻干状态,提高冻干产品的质量。

(7)批量生产之间的清洗与灭菌:为了防止交叉污染,在两批产品生产之间进行在位清洗和灭菌,应达到 GMP 标准。

3. 冻干机的基本操作

1)操作前的检查

(1)检查循环水压力、压缩空气压力是否满足要求;

(2)检查硅油油位、真空泵的油位及颜色是否正常;

(3)检查压缩机油位、氟利昂液位及湿含量显示器颜色是否在正常范围内;

(4)检查计算机程序是否正常;

(5)检查压力表、温度计的数值是否在正常范围内;

(6)检查所有阀门是否处于关闭状态。

2)装料

(1)控制岗位操作人员在计算机显示屏上确定所用程序;

(2)启动冻干机装料阶段的程序;

(3)观察冻干曲线图和设备运转示意图,并对应参照;

（4）当曲线图上温度降至 0 ℃后，通知无菌室。

3）启动

无菌室装好待冻干产品并关上门后，岗位操作人员接通知后，立即启动冻干程序。

4）运行

（1）注意观察冻干曲线是否与设定曲线相吻合；

（2）观察控制系统、真空系统、循环系统和制冷系统等是否运行正常；

（3）观察各阶段运行中各部件和各个阀门动作是否正确；

（4）仪表应指示准确，设备运行无异常声响；

（5）观察各个油位、液位是否符合要求，制冷剂湿含量显示应在规定范围内。

5）停机

二期干燥压力达到设定要求时，压缩机还需 5 min 左右运行保护，才可停机。

6）化霜

（1）确定化霜程序各参数，检查无误后启动化霜程序；

（2）观察化霜过程中各阀门开关是否正确，水温、水量是否满足要求；

（3）水泵运转应正常，各连接点无水泄漏。

7）卸料

（1）启动降温程序，进行产品降温，待温度降至 15 ℃时，停机；

（2）通知无菌室放空出料。

8）注意事项

（1）启动压缩机时，注意观察压缩机声音是否正常；高、中、低压力表的数值应在正常范围内；

（2）启动真空泵时，注意观察有无异常噪声，真空度是否能达到工作要求；

（3）检查液压系统运行时有无异常噪声，液压压力是否达到要求；

（4）未经工艺员允许不得私自更改任何程序；

（5）操作人员不得离岗，必须定时巡检，做好记录；

（6）清洗冻干机后，重新启动冻干机时必须检查冻干箱排水阀是否关闭。

第七节　其他干燥技术

一、红外干燥

红外干燥法是利用物料吸收有一定穿透性的远红外线使其内部自身发热、湿度升高导致失水干燥。但由于远红外干燥作业靠较高温度的远红外辐射板产生的大量远红外线来工作，整个干燥室必存在温度和物料失水的不一致，易导致箱体内各处温度分布、物料水分含量差异。但辐射热可以穿透样品，到达样品内部深处，从而加速水分蒸发，而样品本身温度升高不大。红外灯与样品间的距离很重要,距离太近,样品会分解。特点:以电磁波辐射作为热量来源,通常波长在 $0.75\sim1000~\mu m$ 波段;热量高,温度变化幅度大,适用于稀薄的物料干燥。

二、微波干燥

微波干燥是利用微波产生的电磁能,从内部加热湿物料。在交流电磁场的作用下,偶极离子会产生与电场方向变化相适应的振动,从而摩擦产热,使水分蒸发。微波干燥技术从理论上来说,可以解决一切干燥要求,它的出现解决了许多干燥难题,如较低水分干燥、黏稠物料干燥、滤饼干燥、均匀干燥、深度干燥、快速干燥、节能干燥等一系列高要求干燥。因为微波具有穿透物料能力,所以微波干燥技术区别于热传导干燥是整体干燥方式,其干燥速度极快,产品品质好,实现连续化工业生产,设备占地面积小,高效环保节能的特点,正不断替代传统干燥技术。

微波干燥设备有以下特点。

(1)均匀彻底:含水量高的部分,吸收的微波多,产生的热量大,反之,则越少;同时产品是内外整体加热,没有热惯性,没有热能的传递损耗,干燥速度快。微波直接穿透产品,激化水分子,产生热量,内部温度还略高于外部温度,能尽量避免温度梯度产生"外壳"而水分蒸发慢的缺点。

(2)控制简单:由于微波功率可快速调整及无惯性的特点,结合 PLC 自动控制系统及时控制,便于工艺参数的调整和确定。

(3)提高品质:在低温无氧的环境中干燥,更能保证产品的品质。

(4)保持原色:由于微波干燥时间短,解决了传统干燥时间长、湿度大易导致产品变颜色,特别对贵重药材、动物药材、中药提取物等,是一种理想的干燥方法。

(5)节能环保:与常规电热加热干燥方式相比,微波干燥一般可以省电50%。设备采用的是微波辐射传能,是介质整体加热。微波干燥无需其他传热媒介,避免了真空条件下热传导慢的缺点,具有速度快,效率高,干燥周期大大缩短,能耗降低,噪声小,没有毒害气体和液体排放,属于环保干燥技术。

微波干燥与真空干燥技术相结合,称为微波真空干燥技术。该技术具有干燥温度低、干燥速度快、干燥效率高、干燥质量好、对干燥物料的适应性强,兼有灭菌功能等优点,在一定的真空度下,可保证湿物料干燥。全过程在设定的低温下干燥,是一种有效、实用、有潜力、有前景的新型干燥技术。目前,国内、外微波干燥技术已在医药化工领域得到广泛应用,特别是在中药材加工、中药炮制、中药干燥灭菌、中药萃取、中药提取液浓缩及干燥等方面表现出强大的优势,非常适合于中成药生产这个对干燥要求高的特殊行业。微波真空干燥技术作为一项高新技术,以其独特的加热特点和干燥机理为中药材的干燥开辟了一条新的途径,这项技术将在完善自身技术方法和设备的同时,不断与其他干燥技术相结合,向着更广更深的方向发展,应用前景十分广阔。

参考文献

［1］　黄勇.制药行业干燥技术与设备的简述与建议［J］.机电信息,2005(24):31-34.

［2］　查国才,查文龙.常用真空干燥设备的特点、应用与选择［J］.机电信息,2007(11):33-38.

［3］　张文强,陈雪云.传统干燥滚筒与新型环式干燥滚筒性能对比［J］.工程机械与维修,2015
(04):105-106.

［4］　冷胡峰,周友华,熊静,等.节能型热风炉式喷雾干燥塔在制药行业中的应用分析［J］.机
电信息,2018(35):24-27,53.

［5］　周铁桩,王磊,黄帅,等.喷雾干燥技术研究进展和展望［J］.辽宁化工,2019,48(09):
907-910.

［6］　Lehmann S E,Hartge E U,Jongsma A,et al. Fluidization characteristics of cohesive
powders in vibrated fluidized bed drying at low vibration frequencies［J］. Powder
Technology,2019,357.

［7］　郑国珍,杜松.流化床技术在制药工业的应用［J］.机电信息,2009(08):31-35.

［8］　赵延龄.新型干燥技术的应用及发展［J］.科技资讯,2013(04):120.

［9］　吴兴会.真空技术在制药机械工业中的应用［J］.黑龙江科学,2017,8(12):168-169.

［10］　杨振兴.冷冻干燥技术在药品生产中应用的研究［J］.黑龙江科技信息,2009(27):243.

［11］　史伟勤.我国真空冷冻干燥(医药)设备制造行业发展趋势思考［J］.干燥技术与设备,
2014,12(01):19-20

［12］　杨波,钱志良.红外干燥技术的发展现状及其在导光板干燥中的应用前景［J］.智库时
代,2017(07):172-173.

［13］　高扬,解铁民,李哲滨,等.红外加热技术在食品加工中的应用及研究进展［J］.食品与机
械,2013,29(02):218-222.

［14］　麻林.微波技术及设备在制药行业的应用［J］.机电信息,2011(05):29-34.

［15］　蔡锦源,巫先坤,周黎明,等.微波真空干燥技术及设备［J］.机电信息,2011(14):11-14.

第十二章 PEG 在制备药物中的应用

第一节 概 述

聚乙二醇(PEG)是由环氧乙烷与水或乙二醇逐步加成聚合而得到的一类相对分子质量较低的水溶性聚醚,结构式为

$$\text{HO} \left[\text{O} \right]_n \text{H}$$

PEG 聚合物是迄今为止已知聚合物中被蛋白和细胞吸收水平最低的聚合物。作为一种两性聚合物,PEG 既可溶于水,又可溶于绝大多数的有机溶剂,且具有生物相容性好、无毒、免疫原性低等特点,可通过肾排出体外,在体内不会有积累。此外,PEG 具有一定的化学惰性,但在端羟基进行活化后又易与蛋白质等物质进行键合,键合后 PEG 可将其许多优异性能赋予被修饰的物质。作为表面修饰材料,PEG 在体循环中的优点还有能防止与血液接触时血小板在材料表面沉积,有效延长被修饰物在体内的半衰期,提高药物传递效果。

PEG 获得了 FDA 的认可,被中、美、英等许多国家的药典收载,作为药用辅料。长期以来,PEG 在软(乳)膏剂、栓剂、滴丸剂、硬胶囊、滴眼剂、注射剂、片剂等各种药剂中被广泛应用。从 20 世纪 90 年代开始,PEG 在新型药物制剂中的应用研究越来越多。

药物的聚乙二醇修饰(pegylation)即 PEG 化,是将活化的 PEG 通过化学方法偶联到蛋白质、多肽、小分子有机药物和脂质体上。1977 年,Davis 首次采用 PEG 修饰牛血清白蛋白,结果修饰后的蛋白质疗效优于未修饰的原型药物。此后的二三十年,聚乙二醇修饰技术得到了迅速发展,人们成功地开发出 PEG 修饰的腺苷脱氨酶(PEG-ADA)、天冬酰胺酶(PEG-L-asparaginase)、干扰素 α-2b(peginterferon alfa-2b)、干扰素 α-2a(peginterferon alfa-2a)、重组人粒细胞集落刺激因子(pegfilgrastim)等蛋白质药物,以及修饰的喜树碱(PEG-CPT)、阿霉素脂质体等。

由于 PEG 修饰后的药物相对分子质量增加,超出肾脏过滤的相对分子质量范围,从而可以有效地延长药物的半衰期,增强药物的稳定性;PEG 修饰后的药物水溶性一般均得到增强,药物通过改变分子结构从而改变了药物动力学和药效等性质,提高了作用部位的血药浓度。PEG 修饰后的药物与修饰前相比,具有突出的优势:①药物的溶解性提高;②半衰期延长;③最大血药浓度降低,血药浓度波动较小;④酶降解作用减小,免疫原性和抗原性减少;⑤毒性降低。

一、PEG 的生理化学特性

聚乙二醇类修饰剂是中性、无毒、水溶性的聚合物,由重复的氧乙烯基组成,有两个末端的羟基,具有线性的(相对分子质量为 5000~30000)或枝化的(相对分子质量为 40000~60000)链状结构,线性 PEG 分子式为 $H—(O—CH_2—CH_2)_n—OH$。为获得单一功能的 PEG,常把 PEG 的一个末端羟基活化为甲氧基,用作修饰药物的 PEG,实际上是单甲氧基聚乙二醇(mPEG)。线性 mPEG 分子式为 $CH_3—(O—CH_2—CH_2)_n—OH$。由于 PEG 的无毒性及良好的生物相容性,PEG 是被 FDA 批准的极少数能作为体内注射药用的合成聚合物之一。PEG 具有高度的亲水性,在水溶液中有较大的水动力学体积,并且没有免疫原性。当其偶联到药物分子或药物表面时,可以将其优良性质赋予修饰后的药物分子,改变它们在水溶液中的分配行为和溶解性,在其修饰的药物周围产生空间屏障,减少药物的酶解,避免在肾脏的代谢中很快被消除,并使药物能被免疫系统的细胞识别。

聚乙二醇类修饰剂的药物动力学性质因它们的相对分子质量和注射给药方式而异,相对分子质量越大,半衰期越长。经过细胞色素 P450 系统的氧化作用,PEG 分解成小分子的 PEG,经胆汁排泄。

聚乙二醇的大鼠口服半数致死量 LD_{50} 分别为:PEG 200,28.9 mL/kg;PEG 400,43.6 g/kg;PEG 8000,大于 50 g/kg。PEG 皮肤刺激性也很低,但在高浓度时对局部黏膜组织(如直肠)可因其高吸水性产生轻度刺激;产品中残留的乙二醇、二乙二醇和氧乙烯增加其毒性和刺激性,NF(法国标准化协会)规定其限度分别在 0.25%(乙二醇和二乙二醇总量)和 0.02%(氧乙烯)以内。

二、PEG 修饰药物的介绍

20 世纪 70 年代 Davis 等的开拓性工作,使得 PEG 修饰的蛋白质和多肽在生物医学和生物技术等诸多领域得到越来越广泛的应用。PEG 修饰药物技术经过二十多年的发展,已经进入了实用期。

1. 药物的 PEG 修饰的优势

PEG 修饰的药物与未修饰的药物相比,具有以下突出的优点:①更强的生物活性;②脂质体对肿瘤有更强的靶向作用;③更长的半衰期;④较低的最大血药浓度;⑤血药浓度波动较小;⑥较小的酶降解作用;⑦较小的免疫原性及抗原性;⑧较小的毒性;⑨更好的溶解性;⑩用药频率减少;⑪提高病人的依从性,提高生活质量,降低治疗费用;⑫ 药物体内分布和动力学行为改变;⑬ 贮存稳定性提高。

2. 已上市或处于临床阶段和临床前研究的 PEG 药物

迄今,已有多个药物(见表 12-1)通过 FDA 或欧盟的批准进入市场,另有多个药物(见表 12-2)处于临床阶段和临床前研究,国内在这方面的研究也越来越多,上海复旦张江生物医药股份有限公司研发生产的 PEG 化脂质体阿霉素(里葆多),是中国首个脂质体阿霉素,已经于 2009 年上市。

表 12-1　目前已经上市的聚乙二醇修饰药物

产品(商品名)	临床应用	上市时间
腺苷脱胺酶 (ADAGEN™)	免疫缺陷性疾病	1990
天冬酰胺酶 (ONCASPAR™)	白血病、黑素瘤	1994
脂质体阿霉素 (Doxil™/doxorubicin)	Kaposi 肉瘤	1995
干扰素 α-2b (PEG-INTRON™)	慢性丙肝	2000
干扰素 α-2b+利巴韦林 (PEG-INTRON™＋REBETOL™)	丙肝	2001
干扰素 α-2a(PEGASYS™)	代偿性肝病、慢性丙肝	2001
干扰素 α-2a+利巴韦林 (PEGASYS™＋COPEGUS™)	代偿性肝病、慢性丙肝	2001
粒细胞集落刺激因子 (NEULASTA™/PEG-filgrastim)	粒细胞减少症	2002
生长抑素 (SOMAVEN™/pegvisomant)	肢端肥大症	2002
PEG 水凝胶 (SprayGel™/Adhesion BarrierSystem)	防止手术后粘连	2001(欧洲)
哌加他尼钠 (Macugen™/pegaptanib sodium)	治疗老年黄斑变性	2005
PEG 化菲格司亭 (Neulastin™)	治疗癌症病人经化疗后白细胞数量减少症	2006
PEG 化促红素(Mircorn™)	促红细胞生成素	2007

表 12-2　国外处于临床阶段和临床前研究的 PEG 修饰药物

产品（商品名）	临床应用	临床前研究阶段
超氧化物歧化酶（PEG-SOD）	脑损伤	终审
干扰素 α-2b（PEG-INTRON™）	白血病	Ⅲ期
干扰素 α-2b（PEG-INTRON™）	恶性黑色素瘤	Ⅲ期
干扰素 α-2b（PEG-INTRON™）	实体瘤、HIV	Ⅱ期
喜树碱（PROTHECAN™／PEG-camptothecin）	非小细胞肺癌、小细胞肺癌、胰腺癌、胃癌	Ⅱ期
人血白蛋白	血浆代用品	Ⅰ／Ⅱ期
牛血红蛋白（PEG-hemoglobin）	癌症	Ⅰ期
紫杉醇（PEG-paclitaxel）	晚期实体瘤和白血病	Ⅰ期
尿酸酶（PEG-uricase）	痛风	Ⅰ期
细胞毒素（PEG-cytotoxics）	癌症	临床前
单链抗原结合蛋白（PEG-SCAs）	结直肠癌肝转移	临床前
干扰素 α-2a（PEGASYS™）	乙肝	Ⅲ期
干扰素 α-2a＋盐酸组胺（PEGASYS™＋Maxamine）	癌症、丙肝	Ⅲ期
干扰素 α-2a＋利巴韦林（PEGASYS™＋COPEGUS™）	丙肝	Ⅲ期
粒细胞集落刺激因子（pegylated G-CSF）	癌症	Ⅱ期
肿瘤坏死因子（PEG-sTNF-RI）	风湿性关节炎	Ⅱ期
聚乙二醇抗-TNF α 抗体片段/CDP 870（PEG-anti-TNF a-antibody fragment）	风湿性关节炎	Ⅱ／Ⅲ期
聚乙二醇抗 PDGF-β 受体	肿瘤	Ⅱ期
人源化抗体片段 CDP 860 CDP 791/PEG-anti-GFR antibody	癌症	临床前
CDP 484/PEG-anti-IL-lbeta antibody	炎症疾病	临床前
干扰素 α-1（PEG-infergen）	丙肝	Ⅰ期
睫状体神经营养因子，CNTF（PEG-Axokine）	严重肥胖	Ⅰ期
干扰素-β-1α（PEG-interferon-β-1α）	多种疾病	Ⅰ期
生长激素释放因子（PEG-GHRF）		Ⅰ期
水蛭素（PEG-Hirudin）	外科手术	Ⅱ期

续表

产品(商品名)	临床应用	临床前研究阶段
尿酸酶(Puricase /PEG-Uricase)	痛风	Ⅰ期
白介素-2(PEG-IL-2)	抗 HIV 感染	Ⅱ期
PEG 水凝胶	防止手术后粘连	美国Ⅱ/Ⅲ期

第二节　药物的 PEG 修饰技术

一、合成修饰剂的 PEG 原料

由于 PEG 末端的醇羟基的化学性质不活泼,为保证与氨基之间的适宜反应速度,需将 PEG 末端的醇羟基进行活化。为避免在修饰过程中发生交联和团聚,通常采用甲氧基聚乙二醇(mPEG)作为修饰剂的合成原料。不同的聚合工艺和不同的供应商所提供的 mPEG 的分散性高低有很大差别。mPEG 的分散性高,所制备的修饰剂的分散性也高,修饰剂与蛋白质或多肽形成的偶合物(以下简称偶合物)的分散性也相应增大,偶合物的均一性难以保证,因此,建议先通过质谱或凝胶过滤色谱分析确定出不同来源的 mPEG 聚合物的分布宽度指数 M_w/M_n 的值,据此选购 mPEG 原料。另外,由于聚合过程中存在少量水,mPEG 产品中有 1% ~15% 的 PEG 二醇杂质。二醇含量取决于 mPEG 的相对分子质量大小,相对分子质量越小,二醇的含量越低。二醇在 mPEG 的活化过程中会形成不期望的交联或团聚。二醇的存在与否及其含量高低可以由其凝胶过滤色谱谱图判断。如果二醇存在,则凝胶过滤色谱图上就会发现一个位于主分离峰前的小峰,进行相对分子质量标定,其相对分子质量恰好是 mPEG 相对分子质量的 2 倍,通过峰面积大小可以确定其相应的二醇含量。

二、影响 PEG 修饰化学反应的因素

影响 PEG 修饰化学反应的因素有:①修饰反应的 pH 值;②药物与 PEG 的摩尔比;③药物浓度;④反应时间;⑤反应温度。PEG 修饰反应需要高度的特异性和温和的反应条件,可以控制其中的一个或几个影响因素,得到高产率的目的修饰药物。

三、药物 PEG 修饰的指导原则

药物 PEG 修饰的指导原则:①药物与 PEG 的特性需了解清楚;②PEG 修饰的药物是一类新型的分子实体;③PEG 修饰药物的特性不同于原型药物和 PEG,是两者的杂合物;④需要确定 PEG 的修饰位点及原型药物和 PEG 的化学计量关系;⑤应建立生产的一致性的方

法,以保持产率稳定;⑥PEG 修饰的药物和修饰方法需要通过审批。

四、第一代和第二代 PEG 修饰技术

　　PEG 修饰技术的基础是 PEG 化学,第一代 PEG 的修饰技术局限于应用低相对分子质量的 mPEG(相对分子质量<20000)。常用的修饰剂有:单甲氧基聚乙二醇琥珀酸琥珀酰亚胺酯(mPEG-SS)、单甲氧基聚乙二醇碳酸琥珀酰亚胺酯(mPEG-SC)等。通过酯键或三嗪环将 PEG 与药物分子偶联,这种非特异性的不稳定连接方式使得一个药物分子经常连接上数个 PEG 分子。例如,mPEG-SS 偶联到 Lys 残基侧链的 ε-氨基上,由于蛋白质分子表面一般存在多个 Lys 残基,加之每个 ε-氨基的反应活性不同,因此,修饰产物往往是不同修饰程度及不同修饰位点的产物混合物,这些混合物一般难以分开,不易分离。因此,第一代 PEG 修饰药物通常表现出不稳定性、较大的毒性和免疫原性,其生物活性、药代动力学的性质与原型药物没有本质的改变。应用第一代 PEG 修饰技术研究失败的典型案例是 Roche 公司用 mPEG 5000 修饰的干扰素 α-2a,临床试验结果不成功而未被批准上市。其原因是体内半衰期仅比原型蛋白略长,临床上没有使用价值。

　　随着 PEG 化学的不断发展、PEG 性能的不断改进,以应用高相对分子质量(相对分子质量>20000)的 PEG 修饰剂为特征的第二代 PEG 修饰技术得到广泛应用,同时,第二代 PEG 修饰技术还具有连接稳定、定点修饰、控释等特点,因此修饰后的药物具有更高的生物活性、更好的物理稳定性及热稳定性、更高的产品均一性和更高的纯度。第二代 PEG 修饰技术不仅成功应用于蛋白质、多肽药物的研究,在有机小分子药物和脂质体研究领域也取得突破性进展。

　　蛋白药物与 PEG 偶联的基团主要是氨基、巯基和羧基,绝大部分修饰剂主要是与 Lys 的 ε-氨基和 N-末端的氨基进行共价偶联的。常用的烷基化修饰剂 mPEG-醛(PEG-aldehyde)可在温和的反应条件下,选择性修饰 N-末端氨基,对蛋白药物的活性影响较小。mPEG-醛已成功用于 G-CSF、IFN 等细胞因子的修饰。典型的定点 PEG 修饰剂有:①PEG-乙烯基磺酸(PEG-Vinylsulphone),修饰游离的半胱氨酸;②PEG-碘乙酰胺(PEG-Iodoacetamide),修饰游离的半胱氨酸;③PEG-马来酰亚胺(PEG-Maleimide),修饰游离的半胱氨酸;④PEG-正吡啶二硫化物(PEG-Orthopyridyl disulfide),修饰游离的半胱氨酸;⑤PEG-酰肼(PEG-Hydrazide),修饰寡糖;⑥PEG-异氰酸酯(PEG-Isocyanate),修饰羟基或氨基。

五、PEG 修饰技术的种类和应用

(一)枝形 PEG(Branched-PEG)的应用

　　虽然链形 PEG 仍占主流地位,但是,近期枝形 PEG(mPEG 2-)也因其独特的优势得到了广泛应用。第一个枝形 PEG 是 mPEG 2-氯三嗪(mPEG 2-chlorotriazine),由于三嗪环有毒性,且修饰后的产物活性降低较大,现已很少应用。目前应用最广泛的枝形 PEG 是 mPEG 2-NHS(mPEG 2-N-hydroxysuccinimide),该化合物由 Yamasaki 等以赖氨酸为连接物合成,主要与氨基发生反应。此外,常用的枝形 PEG 还有定向修饰巯基的 mPEG 2-MAL(mPEG 2-

maleimide)和定向修饰 N-末端氨基的 mPEG 2-ALD(mPEG 2-aldehyde)等。除了普通的枝形 PEG 外,还有其他 PEG(如叉形(forked)、星形等形状)。与链形 PEG 相比,枝形 PEG 修饰药物的优点主要有:①枝形 PEG 修饰的产物对酶降解的抵抗性更强,并且能够更好地遮蔽药物的抗原决定簇;②一般情况下,相同相对分子质量的枝形 PEG 比链形 PEG 修饰的产物有效,相对分子质量更大,有效半径也更大;③制备高相对分子质量的链形 PEG 时存在"二醇"问题,而更高相对分子质量(相对分子质量＞30000)的 PEG 主要为枝形;④枝形 PEG 的空间位阻较大,不太容易进入药物的活性部位,对药物活性的影响相对较小,如 Veronese 分别采用链形和 mPEG 2-NHS 修饰尿酸酶和天冬酰胺酶,链形 PEG 修饰后活性全部丧失,而 mPEG 2-NHS 修饰后基本保持原来的活性;⑤由于具有较大的空间位阻,一般枝形 PEG 的反应活性要低于链形 PEG 的,因此所得修饰产物相对更为均一。目前,采用 mPEG 2-NHS($M_r=4000$)修饰的 IFN-α-2a(商品名 Pegasys)(见表 12-1)已经在 2001 年通过 FDA 批准进入市场。

(二)高相对分子质量 PEG 修饰

通常将相对分子质量小于 20000 的 PEG 称为低相对分子质量 PEG,大于 20000 的称为高相对分子质量 PEG。目前,PEG 修饰药物的一个重要特点是高相对分子质量 PEG 的大量使用,因为高相对分子质量 PEG 修饰有很多优势。当相对分子质量超过 70000 时,药物就几乎不能被肾小球滤过,然而很多药物仍可通过非肾途径(肝吸收、酶解、免疫系统吞噬等)消除,采用高相对分子质量 PEG 修饰药物,能够更有效地减少药物的非肾途径消除,延长药物的半衰期。用高相对分子质量 PEG(20000～80000)修饰第 7 因子(factor Ⅶ),所得产物的半衰期与相对分子质量呈很好的线性关系。而低相对分子质量 PEG 修饰,通常需要在一个药物分子上连上数条 PEG,才能有效延长半衰期,这种过度修饰往往造成产物活性降低。例如,用 PEG 修饰 IL-2,当连接少于 4 条 PEG 链时,活性几乎保持不变,当连接 4 条或更多时,活性只有原来的一半。高相对分子质量 PEG 修饰还有一个优点,即由于肿瘤组织通透性比正常组织大(EPR 效应),高相对分子质量 PEG(大于 10000)修饰物在肿瘤组织中的浓度大于正常组织中的浓度,能够达到肿瘤药物的被动靶向给药。生产技术的进步使得 PEG 的均一度和"二醇"问题有了较大改善,尤其高相对分子质量枝形 PEG 的商品化,也促进了高相对分子质量 PEG 的广泛应用。

高相对分子质量 PEG 的主要缺点是,当 PEG 的相对分子质量超过 50000 时,其从循环系统分布到外周组织的过程会受到一定影响,过量使用高相对分子质量 PEG 可能会造成体内蓄积过多。随着相对分子质量的增大,PEG 的抗原性也会有所增大。另外,由于药物在体内的生理过程比较复杂,高相对分子质量 PEG 并非一定都能取得最佳效果。因此,进行 PEG 修饰时,需要根据不同药物进行具体分析,确定 PEG 的相对分子质量。另外,药物经高相对分子质量 PEG 修饰后,体外试验和体内试验的药效表现往往差异很大,如用不同相对分子质量的 PEG(750～40000)修饰氨甲蝶呤,体外实验中 PEG-氨甲蝶呤的抗癌药效比原型药物减小,并且各种相对分子质量之间相差不大。但在体内试验中,PEG(M_r 40000)-氨甲蝶呤的抗癌效果是氨甲蝶呤的 10 倍,而其他 PEG-氨甲蝶呤的药效则比氨甲蝶呤小,原因可能是 PEG-氨甲蝶呤的半衰期大幅延长,提高了生物的利用度。目前,采用高相对分子质量 PEG 修饰的药物,除了 Pegasys($M_r=40000$)外,还有 PEG-filgrastim($M_r=20000$)(见表 12-1)通过 FDA 批准进入市场。

（三）定向 PEG 修饰（site-specific PEGylation）

传统的 PEG 随机修饰蛋白质多以赖氨酸的 ε-NH$_2$ 为修饰目标，赖氨酸在蛋白质内数量通常较多，难以控制药物和 PEG 偶联的部位及偶联的 PEG 的数目。这种随机修饰方式，常会导致药物活性降低甚至丧失。如用 PEG 修饰溶葡萄球菌酶，发现低修饰（每 1 分子 1～3 个 PEG 链）远比高修饰（每 1 分子 3～10 个 PEG 链）活性强，分离出单修饰和双修饰的 PEG-溶葡萄球菌酶，结果单修饰基本能保持原有活性，而双修饰的酶活性不到原来的 1%。相反，定向修饰能够选择基团进行修饰，避免或减少对活性位点的修饰，并且较好地控制修饰程度，有利于产品质控和工业化生产。定向修饰现已成为 PEG 修饰药物技术的重要研究方向。

蛋白质或多肽上的反应性官能团多呈亲核性，其亲核活性通常按下列顺序依次递减：巯基、α-氨基、ε-氨基、羧基（羧酸盐）、羟基。巯基通常存在于蛋白质的二硫键和活性位点上，而羧基如果不与蛋白质上的氨基发生分子间或分子内中和反应，也很难活化。因此，蛋白质或多肽分子最容易与修饰剂发生作用的位点是分子表面赖氨酸残基上的氨基，包括 α-氨基或 ε-氨基。通过精心设计 PEG 活化方法、修饰程序，人们已经获得一些 PEG 定向修饰药物的方法。由于定向修饰目前主要局限于蛋白质，下面主要介绍几种常用的 PEG 定向修饰蛋白质技术。

1. 氨基修饰

蛋白质分子表面的氨基有较高的亲核反应活性，因而是蛋白质化学修饰中最常被修饰的基团。通常，蛋白质 N-末端氨基的 pK_a（7.6～8.0）小于蛋白质其他部位氨基的 pK_a，如赖氨酸的 pK_a 值（10.0～10.2）。在低 pH 值（如 pH=5.0）溶液中，PEG-醛与 N-末端氨基反应的几率远远大于与赖氨酸上的 ε-NH$_2$ 反应的几率，PEG 主要与蛋白质 N-末端氨基相连。用 PEG-丙醛修饰粒细胞集落刺激因子（GM-CSF）和重组人巨核细胞生长发育因子（rhMGDF），其中 PEG-G-CSF 产物中 N-端氨基定向修饰率达到 92%。用 PEG-丙醛修饰表皮生长因子（EGF），与随机修饰的产物相比，两者半衰期都延长了 4～6 倍，但定向修饰的产物基本保持原活性，随机修饰则造成活性几乎完全丧失。N-末端氨基修饰具有简单易行、修饰产品质量容易控制的特点。Amgen 公司采用此方法生产的 PEG-filgrastim（见表 12-1）在 2002 年通过 FDA 批准进入市场，成为已经上市的第一个采用 PEG 定向修饰技术的药物。此外，Amgen 公司采用此法修饰肿瘤坏死因子受体 I（TNFR-I）也处于 II 期临床研究阶段。

用于氨基修饰的 PEG 的种类较多，其中氰脲酰氯法为最经典的 PEG 活化方法，烷基化（alkylating）PEGs 和酰基化（acylation）PEGs 也是两种常用的 PEG 活化方法。

采用氰脲酰氯法，先对聚乙二醇单甲醚 6000（mPEG 6000）进行活化（见图 12-1），再用活化后的 PEG 对牛血 Cu，Zn-SOD 冻干粉进行化学修饰，制得 PEG-SOD。与天然的 SOD 相比，PEG-SOD 衍生物在耐热、耐酸碱以及抗酶解方面都有显著提高，且抗胰蛋白酶的能力强于抗胃蛋白酶。其主要原因是 PEG 作为一种修饰剂与 SOD 相连，从而在 SOD 外围形成一个保护膜，使稳定酶分子构象的次级链得到了保护，从而增强了对热、酸、碱和酶破坏的耐受性，使其稳定性明显提高。

用三光气和羟基琥珀酰亚胺对 mPEG 5000 进行活化，再对人干扰素 α-2b 进行了修饰研究，反应方程式如图 12-2 所示。

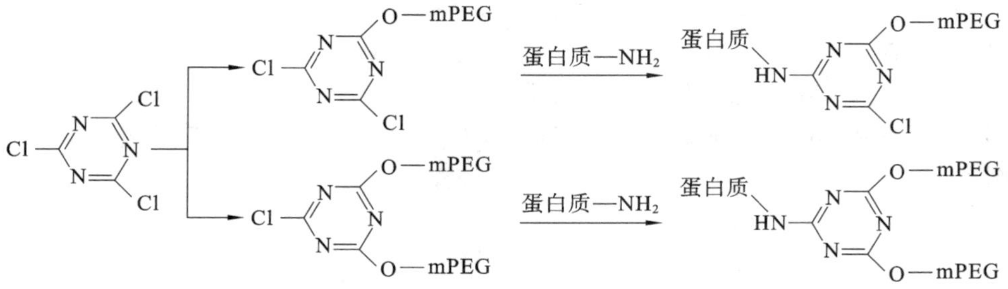

图 12-1　聚乙二醇单甲醚 6000(mPEG 6000)的活化

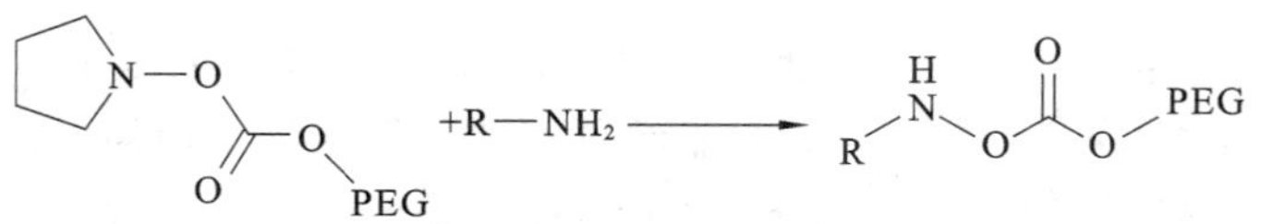

图 12-2　mPEG 5000 用三光气和羟基琥珀酰亚胺活化

结果表明,修饰后其热稳定性和耐酸碱稳定性有极大提高,体内半衰期明显延长。以不同浓度的 PEG 修饰后的人干扰素 α-2b 和非 PEG 修饰的人干扰素 α-2b 对人肝癌细胞(SMMC-7721)、人红白血病细胞(K562)、人宫颈癌细胞(HeLa)、人鼻咽癌细胞(KB)和人胃癌细胞(BGC)的生长抑制作用进行比较,发现 PEG 修饰后的人干扰素的抗肿瘤细胞增殖作用优于非PEG 修饰的干扰素。

2. 巯基修饰

在蛋白质组成中,巯基通常含量不高,但是位置确定,因而可针对那些对活性影响不大、呈游离状态的巯基进行定量、定点修饰。目前可用于巯基修饰的活化 PEG 有:①PEG-邻-吡啶-二硫醚(PEG-ortho-pyridyl-disulphide);②PEG-马来酰亚胺(PEG-maleimide);③PEG-乙烯基砜(PEG-vinylsulfone);④PEG-碘乙酰胺(PEG-iodoacetamide)。其中,PEG-马来酰亚胺应用较多,例如,通过重组技术把 Cys 残基引入白介素(rIL-2)的非活性单糖基化位点,采用马来酰亚胺活化的 PEG(PEG-maleimide)对其进行修饰,反应方程式如图 12-3 所示。

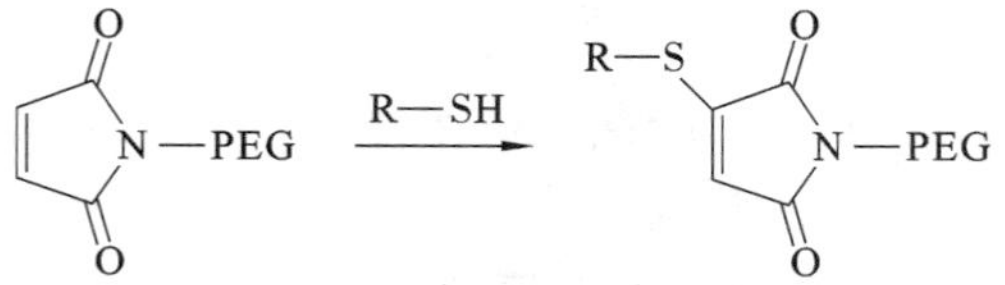

图 12-3　马来酰亚胺活化的 PEG 的巯基修饰

结果表明,PEG-Cys-rIL-2 与 rIL-2 具有几乎相同的生物活性,而前者在体循环中的滞留时间是后者的 4 倍。PEG-马来酰亚胺虽然应用较多,但在水中不够稳定,容易发生开环反应。有研究表明,在 PEG 与马来酰亚胺之间添加芳香环作连接基(spacer),并用来修饰血红蛋白,可以取得更佳的修饰专一性。对于缺少巯基的蛋白质,可以通过基因工程在蛋白质的合适位置引入巯基,再用相应的 PEG 偶联剂进行修饰。常用的引入位置有糖基化蛋白质的糖基化位置、蛋白质的抗原决定簇、蛋白质末端等。除了采用基因工程外,还可用 Traut's 试剂处理蛋白质,引入巯基。此方法的主要特点是方便、可靠,目前应用最为广泛;缺点主要是半胱氨酸在蛋白质内多为重要活性基团,因此其修饰有可能影响活性。

3. 羧基修饰

羧基也是蛋白质分子侧链上常见的化学反应基团,一般在二环己基碳二亚胺(DCC)或1-(3-二甲氨基丙基)-3-乙基-碳二亚胺盐酸盐(EDC·HCl)的存在下,羧基可与氨基 PEG 结合,如图 12-4 所示。

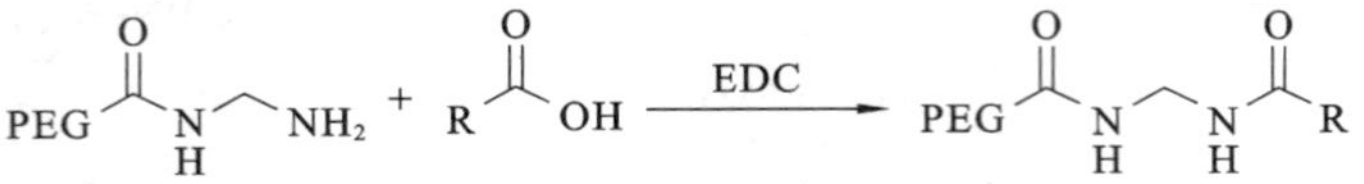

图 12-4　PEG 酰肼修饰蛋白质的羧基

对于 N-末端为丝氨酸和苏氨酸的蛋白质,用高碘酸钠氧化形成醛基,与 PEG-ONH$_2$ 偶联剂发生特异性反应,生成肟。而 N-末端为非丝氨酸和苏氨酸的蛋白质,可以先通过转氨基反应生成酮,或者用氨肽酶水解生成丝氨酸或苏氨酸,然后再与 PEG-ONH$_2$ 偶联剂反应。用此方法修饰 IL-8,定向修饰率达到 80%,并且对 N-末端为非丝氨酸、苏氨酸的 G-CSF 和白介素 I受体拮抗蛋白(IL-1ra)也进行了定向修饰。此方法的主要缺点是适用的蛋白质数量较少,而且某些蛋白质经过处理活性有可能损失。

4. 酶催化修饰

在进行催化反应时,酶一般都需要与特定的底物进行结合,因此选取特定的酶为催化剂,可以诱导 PEG-烷基胺与蛋白质上特定的底物进行定向修饰。如果蛋白质上缺少酶催化作用所需的蛋白质片段,可以通过基因工程或其他方法在蛋白质的 N-末端或 C-末端引入。目前,常用的酶有转谷氨酰胺酶(G-TGase 和 M-TGase)。用此方法定向修饰 IL-2,得到的 PEG-rTG2-IL-2 的活性为原来的 74%,而用普通的 SC-mPEG 随机修饰得到的蛋白质活性仅为原来的 6%。这种定向修饰方法的缺点主要是对底物有一定的要求,尤其是 G-TGase。G-TGase 需要底物有两个邻近的谷氨酰胺片段才能使反应进行,大部分蛋白质都需要在蛋白质的末端先连上一段特定的底物蛋白质,并且在连上底物蛋白质之后蛋白质活性不应有太大损失;而 M-TGase 对底物的要求相对宽松,很多蛋白质自身的谷氨酰胺就可以作为底物进行连接。

5. 其他定向修饰方法

除了以上较为常用的定向修饰方法外,人们还开发了其他一些定向修饰的方法,如适用于小分子肽类的多肽合成、有机相定向修饰等。

(四)可释型 PEG 修饰

大多数 PEG 是通过永久性共价键与药物连接的,得到的产物比较稳定,有利于工业化生产、纯化和储藏。但是,很多药物经 PEG 修饰后活性会受到一定影响。为了解决这个问题,人们开发可释型 PEG 修饰技术(releasable pegylation,rPEG),PEG 与药物的连接能够在体内按一定速度断裂,释放出药物,恢复药物的活性。rPEG 与药物通常以酯、腙、碳酸酯、氨基甲酸酯等形式连接。

常用的 rPEG 偶联剂主要修饰药物的—NH$_2$ 和—SH,目前主要有:①mPEG-二酯类,如 mPEG-SS(mPEG succinimidyl succinate);②由水溶性聚合物作连接基(spacer),如 mPEG-寡

聚乳酸-对硝基苯基碳酸酯（mPEG-oligo-lactic acid-p-nitrophenyl carbonate，mPEG-OLA-PC）；③前体药物（prodrug）系统：苄基消除系统（benzyl elimination）和三甲基锁内酯化系统（trimethyl lock lactonization）；④含有二硫键的化合物，如 PEG-邻二硫吡啶（PEG-orthopyridyl-disulphde）等；⑤其他一些化合物，如 PEG-马来酸酐（PEG maleic anhydride）等。PEG-SS 的缺点是形成的酯键的断裂速度难以控制。mPEG-OLA-G-CSF 采用能够发生水解的寡聚乳酸连接 PEG，缓慢释放出 G-CSF。用 PEG-马来酸酐修饰组织纤溶蛋白质激活因子和尿激酶，所得修饰物在正常生理环境下释放出被修饰蛋白质，并且药物的半衰期比原来延长5～10 倍。Enzon 公司还开发了两个复杂的前体药物系统：苄基消除系统和三甲基锁内酯化系统，主要修饰药物的氨基。在正常生理环境下，这两种系统先经过酶解，再分别通过 1、6 位消除反应和内酯化反应释放出药物。通过调整连接基的种类、数量，能够获得不同的释药速度。rPEG 与药物连接的断裂，主要有三种方式：①水解，分普通型水解和 pH 依赖性水解，前者在正常体内环境（pH＝7.4）下水解，后者在特定 pH 值范围内水解；②酶解，尤其是很多抗肿瘤药物，利用肿瘤组织中含量较高的酶催化 PEG 与药物的连接断裂，达到肿瘤靶向给药；③还原作用，利用人体内的还原性物质，如极低浓度的半胱氨酸，催化断裂 PEG 与药物的连接。设计 rPEG-药物，关键是要控制 rPEG 释放药物的速度。释放药物的速度太快，rPEG 起不到延长药物驻留时间、降低免疫原性等作用；速度太慢，药物未及时释放已被清除出去。rPEG 与药物连接的断裂速度，主要取决于连接基、化学键类型、PEG 链的数目、相对分子质量、pH 值和温度等因素。

六、蛋白质、多肽活性位点的保护及修饰位点的辨识

　　蛋白质和多肽的 PEG 修饰中经常遇到的问题包括蛋白质和多肽活性位点的保护以及修饰位点的辨识，它们往往以偶合物准确的分析定性作为基础和前提。

（一）活性位点的保护

　　为防止蛋白质或多肽的活性位点在 PEG 修饰过程中与修饰剂发生反应而降低或破坏了其药效，可以采用下述的解决方法。

1. 引入活性位点保护剂

　　例如，一种底物、一种抑制剂或其他对大分子有专一亲和性的试剂来减少其发生的几率。最近研究出的一种方法是，首先将抑制剂共价结合到不溶性树脂上，在合适的 pH 值和离子强度下通过亲和作用与蛋白质或多肽可逆结合，这样既保护了活性位点，又保护了活性位点的周围区域。反应完成后，可通过改变 pH 值将抑制剂从树脂上脱附除去。

2. 采用不同结构的修饰剂

　　以尿酸酶或左旋门冬酰胺酶的 PEG 修饰为典型例子，研究中发现，使用树状 PEG 或PEG2 修饰剂比使用线形 PEG 修饰剂可使酶的活性保持得更好，这很可能是修饰剂在试图接近酶的活性位点时被自身的庞大结构所阻止。对于尿酸酶的化学修饰，如果用树状 PEG 作为修饰剂，PEG 修饰后酶活性为未修饰酶活性的 32％，而使用线形 PEG，PEG 修饰后酶活性仅为未修饰酶活性的 2.5％。

多肽的 PEG 修饰也遵循同样的机理，如果使用树状 PEG 作为修饰剂，空阻效应决定了修饰剂只与容易接近的氨基酸残基发生作用。这在干扰素 PEG 修饰过程中得到很好的证明，用线形聚合物修饰，产生 11 种位置的同分异构体，而用树状聚合物，只有一个或两个赖氨酸残基能被 PEG 修饰。

3. 调变修饰反应条件

如通过溶剂类型、反应温度、缓冲介质及其 pH 值等的变化可以调节蛋白质和多肽分子上的非必需氨基酸残基的反应活性。

4. 控制修饰剂与蛋白质或多肽的反应配比

使修饰反应在修饰剂欠量（根据修饰反应的化学计量关系确定）的条件下进行化学修饰，得到的异构体用色谱分离后比较其生物活性。Veronese 曾开展过如下试验：生长激素释放因子有 3 个反应性氨基，PEG 修饰后可能产生 7 种偶合物——3 种单聚乙二醇化的异构体、3 种二聚乙二醇化的异构体和 1 种三聚乙二醇化的形式。当修饰反应是按修饰剂欠量进行时，只有两个单聚乙二醇化的异构体是主要产物。试验证明单聚乙二醇化异构体有最高的生物活性，试验同时建立了异构体的分离方法。同样的策略在 α 干扰素、降钙素的化学修饰中也获得成功应用。

(二)化学可逆性位点定向保护

对蛋白质或多肽进行化学可逆性位点定向保护，以保留一些基团不与修饰剂发生反应。胰岛素的 PEG 修饰就是这样，在碱性条件下甘氨酸和赖氨酸被 BOC 优先保护而不被 PEG 修饰，只有苯丙氨酸被 PEG 修饰。同样的方法也用于生长抑素类似物上的 α-氨基或 ε-氨基的可逆保护。Campbell 等使用 PEG 修饰的氨基酸最终得到了 GRF 与 PEG 修饰的多肽的偶合物。

1. 修饰位点的辨识

修饰位点的辨识是根据对偶合物分步降解过程中释放的氨基酸的分析来进行的。对于短肽，修饰剂与蛋白质或多肽连接键的准确位置可以比较容易地辨认出，因为该情形下可以对偶合物进行 Edman 降解；而对于相对分子质量较大的偶合物，修饰位点的辨识非常困难，在蛋白质中只有当蛋白质裂解为短肽后 Edman 降解才能进行。由于修饰剂与蛋白质降解片段的性质往往比较接近，将目的降解产物从混合物中分离纯化则相当困难。此外，结合到蛋白质上的修饰剂链会对序列研究中蛋白水解酶的作用带来附加阻力。迄今为止，有关 PEG 修饰的蛋白质的序列分析定性的研究报道很少，一个成功的例外是 PEG 修饰的 α 干扰素混合物的分析表征。在分析过程中，首先通过离子交换色谱分离出单聚乙二醇化的肽类异构体，然后将每一种肽再通过 Edman 降解来分析。在更为复杂的情形下，多聚乙二醇化的生长激素被胰蛋白酶水解，修饰位点通过降解的肽片段与起始或空白的生长激素的基团比较来确定。过去，PEG 修饰的蛋白质一般不会完全降解，最近则有了较为有效的办法，即用含有蛋氨酸基团的两种特殊 PEG 修饰衍生物——PEG-Met-Ile 或 PEG-Met-bAla，与蛋白质上的氨基酸残基共价结合。由于蛋氨酸的存在，我们可以用蛋白质化学中常用的溴化氰处理手段将 PEG 聚合物链从蛋白质分子上去除，去除 PEG 聚合物链的蛋白质比 PEG 修饰的蛋白质更容易分级，以分级物上蛋氨酸、异亮氨酸或丙氨酸为识别物，通过质谱、核磁共振等手段可以较为准确地辨识出修饰位点。

2. 偶合物的分析定性

对于修饰剂与蛋白质或多肽形成的偶合物的分析定性,需要考虑以下两方面的问题。

第一,蛋白质或多肽的平均修饰度,即每个偶合物上平均偶联有多少个修饰剂分子。平均修饰度的测定常通过光度法分析,如 TNBS 法、铁氰酸胺法、荧光胺法,但这些分析方法有时结果不可靠。因为分光光度法和荧光胺法的干扰因素太多,分析前需要分离纯化。因此,光散射法等逐渐得到应用。

第二,偶合物的均一性,即偶联有不同数目修饰剂的偶合物的各自相对含量。偶合物的均一性可以通过凝胶过滤色谱、质谱、毛细管电泳等方法确定。修饰度不同的偶合物,在凝胶过滤色谱中的停留时间也不同,通过该途径可以确定偶合物的分布。但是应当注意偶合物在凝胶过滤色谱中的洗脱时间并不直接与其相对分子质量的增加直接相关,这是因为修饰剂和蛋白质的水力学体积差别很大,同样的相对分子质量,前者的体积为后者的 2 倍左右。质谱法以其通用性强的显著优点在偶合物的定性与定量分析中得到了越来越多的应用。近年来,基质辅助激光解吸/电离飞行时间质谱(matrix-assisted laser desorption/ionization MS,MALDI-TOFMS)作为新质谱方法被成功地用于确定偶合物的均一性。该方法的原理是,将样品与基体溶液混合后滴于探针表面,在室温干燥后,放入质谱仪内,用高强度的激光照射探针,使样品气化为特定质荷比的带电粒子,从而进行测定。MALDI-TOFMS 的最大特点是能分析高相对分子质量的生物大分子而无需将其裂解为分子片段。除了凝胶过滤色谱和质谱方法外,毛细管电泳也经常用来进行偶合蛋白的定性。该方法的优点是可以直接分离 PEG-蛋白质偶合物的各种异构体,而这些异构体用 HPLC 或离子交换色谱分离时效果较差。虽然 SDS 电泳是比较有用的分析手段,但 SDS 只能对小分子偶合物进行比较准确的分析,因为大分子偶合物在穿过凝胶时会受到很大的阻力,这样就难以进入凝胶孔中,从而影响分析结果。

第三节　PEG 修饰蛋白药物的应用

一、概述

PEG 修饰蛋白药物可以延长药物的半衰期,降低免疫原性,同时最大限度地保留其生物活性。自 1991 年第一种用 PEG 修饰的蛋白药物 PEG-ADA 被 FDA 批准上市后,一些国际知名制药公司,如 Enzon、Roche、Schering-Plough、Amgen、Pharmacia 等公司积极推进 PEG 修饰药物蛋白技术,近几年上市的产品有 PEG-干扰素、PEG-粒细胞集落刺激因子、PEG-腺苷脱氨酶等。目前,尚有几十种的 PEG 修饰的蛋白药物处于研究或临床试验阶段。

1. 干扰素 α-2a(IFN-α-2a)

IFN-α-2a 是一类能够诱导一系列细胞内蛋白表达,继而发挥抗病毒、抗细胞增殖和免疫调节作用的细胞因子。IFN-α-2a 于 1986 年获 FDA 批准上市,主要用于治疗乙型肝炎、丙型肝炎、毛细胞白血病等疾病。通过临床应用发现,IFN-α-2a 治疗慢性丙型肝炎(CHC)的疗效仅 50％左右。另一个限制应用的因素是其免疫原性,文献报道,30％～50％的病人在接受治疗的最初 6 个月内产生中和抗体,各种生物学分析表明这些抗体对治疗效果有影响。因此亟须对其进行改进,进一步提高疗效,降低毒副作用。Bailon 等用平均相对分子质量为 40000 的支链 PEG 分子来修饰 IFN-α-2a,得到的修饰物主要含有 Lys31、Lys121、Lys131、Lys134 四种位置同分异构体,体外抗病毒活性仅为原来的 7％,但体内抗肿瘤活性增强数倍。目前,这种 PEG 修饰的 IFN-α-2a 已获 FDA 批准正式生产,如 Roche 公司的 PEGASYS。药物代谢动力学研究表明,PEGASYS 用药后 3～8 h 可以达到最高血药浓度,并且可以维持 80 h 以上,与常规 IFN 相比,其在血清中的清除速度减慢,每周只需用药一次,在整个治疗期间都能维持有效血药浓度。

2. 干扰素 α-2b(IFN-α-2b)

Schering-Plough 公司也应用 PEG 对 IFN-α-2b 进行了修饰（PEG-Intron,即 Peginterferon-α-2b）,并已获 FDA 批准用于 18 岁以上且以往未接受过 IFN-α 治疗的 CHC 患者,接受每周 1 次的单剂注射治疗。另外,PEG-Intron 在欧盟也获得批准用于治疗 CHC。PEG-Intron 中的 PEG 为平均相对分子质量为 12000 的线形 PEG,经琥珀酰碳酸酯活化,其修饰方法为非选择性修饰。PEG-Intron 的平均相对分子质量为 31000,其特异性抗病毒活性为原来的 28％。与 Intron A 相比,PEG-Intron(1.0 μg/kg)的平均表观清除率为原来的 $\frac{1}{7}$,半衰期增加了 5 倍,从而降低了给药次数,由 IFN-α-2b 的每周 3 次降为每周 1 次。Schering-Plough 公司公布了 PEG-Intron 治疗 CHC 的 Ⅲ 期临床研究结果,研究对象为 1219 例未经治疗的 CHC 患者。在该项研究中,无论 PEG-Intron 的剂量如何(0.5 μg/kg、1.0 μg/kg、1.5 μg/kg),在治疗结束时和治疗后的随访阶段,其疗效都优于常规 IFN-α-2b 治疗组的。不仅如此,PEG-Intron 对难治性丙型肝炎也能显著提高治疗的持续有效率,且不增加副反应。

3. 腺苷脱氨酶(ADA)

一些儿童由于先天遗传的原因而缺乏 ADA,这种酶的缺乏可导致严重联合免疫缺陷症,治疗的方法有骨髓移植和摄入 ADA。PEG 修饰的 ADA(Pegademase)于 1990 年获 FDA 批准用于治疗联合免疫缺陷症,同时又可为无法进行骨髓移植的患者用作替代疗法,也常作为对 ADA 缺乏症患者进行体细胞基因治疗时的一种重要的辅助治疗手段。Pegademase 是最早也是最为成熟的 PEG 修饰药物,它将牛 ADA 共价连接了多条直链 mPEG,半衰期显著延长(由原来的几分钟延长到大约 24 h),免疫原性减弱。Pegademase 几乎能完全纠正患者体内的代谢异常状况,使患者的免疫功能得到不同程度的恢复,而且患者的耐受性好,没有过敏反应。在十多年的应用中,没有与 PEG 有关的副反应发生。

4. 粒细胞集落刺激因子(G-CSF)

G-CSF 的相对分子质量为 19000 左右,主要作用于中性粒细胞系造血细胞的增殖、分化和活化;另外它还有刺激成熟中性粒细胞从骨髓中释放出并激活中性粒细胞的功能。G-CSF (Filgrastim)于 1991 年被 FDA 批准投放市场,用于治疗因化疗或先天原因导致的血液中性粒细胞减少症,具有很好的应用前景。但由于其半衰期短,需要每天静脉或皮下注射,长达两周,降低了病人的耐受性,也增加了对医务工作者的需求,于是人们尝试用 PEG 修饰 G-CSF,制备长效制剂。美国 Amgen 公司研制的 PEG 修饰的长效 G-CSF(PEG-filgrastim)，是在重组人 G-CSF 的 N-末端蛋氨酸残基上共价结合了相对分子质量为 20000 的 PEG，于 2002 年 1 月获 FDA 批准上市。G-CSF 体内的清除机制主要有中性粒细胞 G-CSF 受体介导的清除和肾脏清除，由于 PEG 修饰很大程度上减少了 G-CSF 通过肾脏的清除，因此中性粒细胞 G-CSF 受体介导的清除成为 PEG-filgrastim 的主要清除途径，其清除率与中性粒细胞数量直接相关。因为 PEG-filgrastim 在清除过程中存在着自我调节过程，在中性粒细胞水平恢复以前，血清中 PEG-filgrastim 的水平要高于同等剂量 G-CSF 的血清水平，从而使半衰期得以延长(由原来的 3.5 h 延长到 33.2 h)。PEG-filgrastim 的使用方式为一个化疗疗程单剂量皮下注射一次，其安全性及有效性与其前体 G-CSF 相当，但使用方式的改变提高了化疗的疗效。

二、应用实例

(一)PEG 修饰重组人天冬酰胺酶

20 世纪 60 年代发现一些白血病细胞缺少天冬酰胺酶，因而不能产生一定数量的此种重要的氨基酸以维持细胞的生存能力，因此，左旋天冬酰胺酶对治疗急性淋巴细胞白血病有重要的帮助。但是，限制左旋天冬酰胺酶治疗作用的主要障碍是强烈的过敏反应，此外，使用后产生的中和抗体、血液中的蛋白酶的水解降低这种药物的半衰期也限制了它的应用。解决上述问题的方法之一就是对天冬酰胺酶进行适当的化学修饰。PEG 可以连接到天冬酰胺酶上的与活性位点无关的其他位点上，隐蔽了该酶的抗原决定簇，降低其免疫原性。PEG 还可以防止网状内皮系统对天冬酰胺酶的吸收，减少了生成的抗体攻击天冬酰胺酶的可能性，延长了这种药物的循环半衰期。对天冬酰胺酶进行修饰前先用其底物天冬酰胺对其进行了保护，再用活化的 PEG2 对天冬酰胺酶进行修饰，然后对修饰前后的酶的一些性质进行了测定和比较，结果在降低了其免疫原性和延长了其半衰期的前提下，修饰后天冬酰胺酶的半衰期由原来的 20 h 提高到 357 h，使其残余活力达到 23%，Pegasargase 的建议是使用剂量为 2500 IU/m^2 肌内或静注(每两周一次)，而原天冬酰胺酶的使用剂量为 10000 IU/m^2(每两周三次)，这样既减轻了病人的痛苦，又节省了治疗费用，扩展了药物的应用前景。

经过活化的 PEG 可以与天冬酰胺酶中游离的—NH_2 反应，通过共价键结合到酶上。修饰后，天冬酰胺酶的免疫原性应该随被修饰程度的升高而减小。在修饰时采取了修饰剂与酶中—NH_2 基的摩尔比为 15:1 的加量关系。修饰后，采用分子筛层析法对修饰情况进行初步鉴定，结果如图 12-5 和图 12-6 所示。由于层析柱的柱料属于分子筛材料，故先流出柱的是相对分子质量大的物质，在上述的层析图谱中出现了两个峰，而层析的样品是纯的天冬酰胺酶，所以推测前一个峰所代表的物质可能为天冬酰胺酶分子的聚集体，而后一个峰则可能为天冬酰胺酶的单体。在修饰酶的层析记录图中，出现了两个峰，对于出现的两个峰有几种解释：①在非修饰酶层析图谱中就有两个峰，在修饰的过程中两个峰对应的物质分别被活化的 PEG 修饰了，但其修饰的程度不同，导致了修饰后产物的相对分子质量出现了差异，从而在修饰酶的层析图谱中出现了两个峰重叠现象；②修饰时所用的活化载体是用单甲氧基聚乙二醇和氰脲酰氯经过回流制得的，单甲氧基聚乙二醇和氰脲酰氯的化合程度与反应时的 pH 值、两种物质的量的比例及反应时间等因素有关,在实验中给定的物质的量的关系下,化合的程度主要与反应的时间有关。随着反应时间的延长,氰脲酰氯与单甲氧基聚乙二醇的化合程度是增长的,所以在修饰酶层析图谱上出现的两个峰可能是由于活化载体为混合物所造成的。另外,如果活化载体是 PEG1 和 PEG2 的混合物,由于 PEG1 和 PEG2 与非修饰的天冬酰胺酶的结合力不同,也可以造成非修饰酶的修饰度不同,从而导致两个峰的出现。

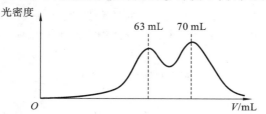

图 12-5　非修饰天冬酰胺酶的层析图谱　　　　图 12-6　修饰天冬酰胺酶的层析图谱

由于天冬酰胺酶在动物体内所体现的免疫原性与它的分子构象和分子中其他酶活性(如谷氨酰胺酶活性)有关,所以可以用某些试剂对其进行修饰,从而改变其构象或屏蔽其内部的某些活性位点,以消除或降低其免疫原性。许多化学修饰剂,如氨基酸聚合物、多糖类物质、脂类物质已被用于酶的修饰,但是只有为数不多的试剂被证明为适合的。酶经一些化学修饰剂修饰后,虽然其免疫原性降低,但同时其活性也大大降低了。为了获得低免疫原性而又保留很高酶活性的天冬酰胺酶,试验采用了氰脲酰氯活化的 PEG 作为修饰剂,被修饰的天冬酰胺酶中的某些基团带有两条聚乙二醇链(PEG2),用它作为修饰剂比只有一条聚乙二醇链的 PEG1 更有效率。

由于天冬酰胺酶经化学修饰后,一些测定蛋白质含量的方法受到干扰,所以不能使用。研究中使用 BCA 法测定非修饰酶和修饰酶的蛋白质浓度,发现其线性关系比较好,适用于修饰酶蛋白质浓度的测定,测得的修饰天冬酰胺酶的蛋白质含量约为 29%(W/V)。用下列方法进行修饰酶的修饰程度测定:

$$修饰度(\%) = (1 - Int_{固*}/Int_{非固}) \times 100\%$$

$$Int_{固*} = Int_{固}/修饰酶的蛋白质含量$$

式中:$Int_{固}$ 为修饰酶的荧光强度;$Int_{非固}$ 为非修饰酶的荧光强度。

注:$Int_{固}$、$Int_{非固}$ 为同浓度下测定的荧光强度。

由表 12-3 可知,采用该方法修饰的天冬酰胺酶的修饰度为 75%。

表 12-3　PEG 修饰天冬酰胺酶的修饰度测定

$Int_{固}$	$Int_{非固}$	修饰酶的蛋白质含量/%(W/V)	$Int_{固*}$	修饰度/(%)
44	598	29	152	75

采用胰蛋白酶消化修饰或非修饰的天冬酰胺酶作为其抗酶水解能力的指标,然后,用分子筛层析法鉴定胰蛋白酶消化的程度,结果如图 12-7 所示。

非修饰的天冬酰胺酶的胰蛋白酶水解液在层析图中没有峰,可见完全或大部分被水解,而修饰酶的峰几乎没有变化,表明在被 PEG2 修饰后天冬酰胺酶的抗水解能力显著增强,同时也从另一个方面显示出修饰的成功。

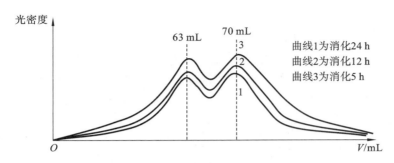

图 12-7　修饰天冬酰胺酶经胰酶水解后层析曲线

修饰和非修饰天冬酰胺酶的活力测定如表 12-4 所示。

表 12-4　修饰和非修饰天冬酰胺酶的活力测定

非修饰酶活力 /(U/mL)	比活力 /(U/mg)	修饰酶活力 /(U/mL)	表观比活力 /(U/mg)	实际比活力 /(U/mg)
39	39	13	2.6	9

注:表观比活力为以修饰酶的质量作为蛋白质的质量计算的比活力;实际比活力为以测得的修饰酶中的蛋白质含量来计算的比活力。

分别以非修饰酶和修饰酶免疫鼠,免疫 4 次以上(每周 1 次)之后,取静脉血(抗血清)。通过 ELISA 法测定血清中所产生抗体的相对浓度,结果修饰酶的血清抗体浓度明显高于非修饰酶的,约为非修饰酶的 230%,表明修饰酶的免疫原性明显降低。另外,在免疫鼠的过程中,发现修饰酶组的死亡率明显低于非修饰酶组的,这很可能是由于免疫原性的降低所致。

(二)羧甲基化 mPEG 的制备及其对 α 干扰素的修饰

1. 制备羧甲基化 mPEG

试剂准备:用金属钠干燥 1,4-二氧六环,五氧化二磷干燥二氯甲烷。

异丁烯的制备:250 mL 三口烧瓶中加入 100 mL 叔丁醇,加热至 160 ℃,滴加浓硫酸控制反应速度,−80 ℃收集异丁烯。

$$HOC(CH_3)_3 \xrightarrow{\text{浓硫酸}} CH_2{=\!\!=}C(CH_3)_2$$

溴乙酸叔丁酯的制备:在 100 mL 的耐压、耐酸容器中加入 1,4-二氧六环 20 mL,溴乙酸 10 g,浓硫酸 2 mL,然后加入过量的异丁烯,密闭,室温下磁力搅拌反应 48 h。待多余的异丁烯挥发后,用饱和碳酸氢钠调节反应后体系的 pH 值至 7.0,用乙醚萃取反应体系中的溴乙酸叔丁酯,萃取 3 次,每次使用 100 mL 乙醚。合并萃取液,用 4A 分子筛对萃取液脱水,脱水后的萃取液在 35 ℃下蒸馏除去体系中的乙醚。最后,在 40 ℃下减压除去体系中的二氧六环,得到溴乙酸叔丁酯。

$$BrCH_2COOH + CH_2{=\!\!=}C(CH_3)_2 \xrightarrow{\text{浓硫酸}} BrCH_2COOC(CH_3)_3$$

mPEGONa 的制备:将 10 g mPEG 5000 加入 100 mL 1,4-二氧六环中,加入钠丝约 5 g,

室温下磁力搅拌反应,直至无气泡生成。室温静置 24 h 后,过滤除去剩余的金属钠,将反应体系减压浓缩至约 20 mL。

$$mPEGOH + Na \xrightarrow{\text{1,4-二氧六环}} mPEGONa$$

mPEG-乙酸叔丁酯的制备:根据 Williamson 反应,在上一步浓缩后的 mPEGONa 体系中,加入 1 mL 溴乙酸叔丁酯,0.1 g 碘化钾固体,室温下搅拌反应 24 h。向反应体系加入 200 mL 无水乙醚,沉淀出 mPEG-乙酸叔丁酯。将所得到的 mPEG-乙酸叔丁酯真空干燥,然后用 ^{13}C 核磁共振法测 mPEG 醇钠的转化率。

$$BrCH_2COOC(CH_3)_3 + mPEGONa \xrightarrow{\text{1,4-二氧六环}} mPEGOCH_2COOC(CH_3)_3$$

脱保护除去叔丁基:将 mPEG-乙酸叔丁酯 8 g 加入 30 mL 三氟乙酸中,室温下反应 6 h,然后用饱和碳酸氢钠调节反应体系 pH 值为 3.0,接着用二氯甲烷萃取反应体系中的羧甲基化 mPEG,萃取 3 次,每次使用 20 mL 二氯甲烷。合并萃取液,将萃取液减压浓缩至 20 mL,然后向浓缩后的萃取液中加入 200 mL 无水乙醚,得到羧甲基化 mPEG 沉淀物,接着,真空干燥羧甲基化 mPEG。

$$mPEGOCH_2COOC(CH_3)_3 \xrightarrow{F_3CCOOH} mPEGOCH_2COOH$$

测定 mPEG 的转化率:称取 0.5 g 羧甲基化 mPEG,以 0.01 mol/L 氢氧化钠滴定,酚酞为指示剂。

2. 羧甲基化 mPEG 修饰 α 干扰素

按照 Gaertner 的方法活化 mPEGOCH$_2$COOH。mPEGOCH$_2$COOH、二环己基碳二亚胺(DCC)、N-羟基琥珀酰亚胺(NHS)的摩尔比为 1:2:2。将 mPEGOCH$_2$COOH 溶解于 15 mL CH$_2$Cl$_2$ 中,加入 DCC,搅拌反应 1 h,然后加入 NHS,继续反应 20~24 h。过滤除去反应产生的二环己基脲,收集滤液。向滤液中加入乙醚沉淀活化后的羧甲基化 mPEG,真空干燥,得到活化的羧甲基化 mPEG。在 5 支 1.5 mL 的试管中各取 0.5 mL 1.6 mg/mL 的 α 干扰素,分别编号 No.1~No.5。将 No.1~No.4 试管的 pH 值调节到 7.4;将 No.5 试管的 pH 值调节到 10.4。在 5 支管内按照蛋白质与活化后羧甲基化 mPEG 的质量比为 1:0.4、1:0.75、1:1.5、1:25、1:25 加入活化后的羧甲基化 mPEG,反应 30 min 后,在各管内分别加入 0.1 mL 1 mol/L 的甘氨酸,停止修饰反应。将修饰后得到的 α 干扰素和未修饰的 α 干扰素原样按照刘耀波的方法做 SDS-PAGE 电泳。

电泳条件:丙烯酰胺和 N,N-甲叉双丙烯酰胺的总浓度为 12%,交联浓度为 2.6%,银染色。以未修饰的 α 干扰素为对照样,按照 Stock 的方法测定修饰后的 α 干扰素的修饰度。将 20 μL 经过 30 min 修饰,但未加入甘氨酸停止反应的 α 干扰素加入 1.5 mL 磷酸缓冲液(pH =8.0,0.1 mol/L)中,接着加入 0.5 mL 荧光胺(0.3 mg/mL,丙酮溶液),剧烈震荡 10 s。7 min 后,以 405 nm 为发射波长、485 nm 为激发波长,测荧光值。

图 12-8 是 mPEG-乙酸叔丁酯的 ^{13}C 核磁共振谱图,可以看到单甲氧基碳的振动($\delta_c=59.00$)和叔丁基的甲基碳的振动($\delta_c=28.07$)的积分面积比为 1.1484:3(理论比为1:3)。通过面积比计算得知有 92.6% 的 mPEGONa 转化为 mPEG-乙酸叔丁酯;另一方面通过氢氧化钠滴定,测得最终产物中羧甲基化 mPEG 的含量为 94.5%,测试结果与核磁共振结果相近。以上两个结果证明通过本路线合成 mPEG-乙酸叔丁酯,制备出了羧甲基化 mPEG,产率较高。

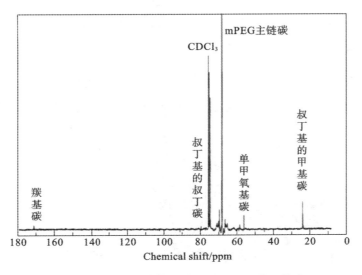

图 12-8　PEG-乙酸叔丁酯的 ^{13}C 的核磁共振谱图

试验中利用 Williamson 反应在 mPEG 的末端引入一个叔丁基保护的羧基,实现 mPEG 的羧甲基化。由于试验是以无水乙醚沉淀 mPEG 的相关产物,这样在最终制备的产物中,只有 mPEG 及其衍生物。在试验中,mPEGONa 的制备和 mPEG-乙酸叔丁酯的制备是影响羧甲基化 mPEG 产率的重要因素。在制备 mPEGONa 过程中,增大金属钠的比表面积、增加金属钠的用量、延长反应时间、提高搅拌速率等操作可以提高 mPEGONa 的产率。在制备 mPEG-乙酸叔丁酯的过程中,反应体系中如果有水存在,则转化率严重下降。

重组人 α 干扰素(α-2a 型)的相对分子质量为 19000,对于 N-羟基琥珀酰亚胺有 21 个可修饰位点(1 个 N-末端、11 个赖氨酸残基、9 个精氨酸残基)。本研究的修饰度结果如表 12-5 所示(平均修饰度的定义为:平均修饰度=平均修饰位点数/可修饰位点数)。从表 12-5 可知,α 干扰素的平均修饰度随着蛋白质与 mPEG 比及 pH 值的增加而增高。在蛋白质∶mPEG＝1∶25,pH＝10.4 的条件下,平均修饰度达到 51%,表明平均每个 α 干扰素分子连接 10 个以上的 mPEG。

表 12-5　不同条件下羧甲基化 mPEG 对 α 干扰素的修饰结果

No.	1	2	3	4	5
pH	7.4	7.4	7.4	7.4	10.4
蛋白质∶mPEG	1∶0.4	1∶0.7	1∶1.5	1∶25	1∶25
平均修饰度/(%)	2.4	3.8	4.4	28	51

从图 12-9 可知,当 pH＝7.4,蛋白质∶mPEG 低于 1.5 时,在电泳图上除了未被修饰的蛋白带(19 kD(1 D＝1 u)处)外,在 31 kD 附近出现了一条新的蛋白带。由于没有其他蛋白带出现,可以断定该蛋白带是连接了一根 mPEG 的 α 干扰素。由于 mPEG 的水力学半径大,其表观相对分子质量大,因此在电泳图上出现在比实际分子质量大的位置。当 pH＝7.4,蛋白质∶mPEG 为 25 时,未修饰的蛋白带完全消失,除了 31 kD 附近的蛋白带外,在 40 kD～97 kD

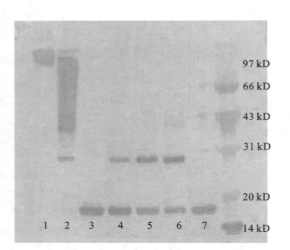

1.pH=10.4,蛋白质：mPEG=1：25
2.pH=7.4,蛋白质：mPEG=1：25
3.未修饰又干扰
4.pH=7.4,蛋白质：mPEG=1：0.4
5.pH=7.4,蛋白质：mPEG=1：0.7
6.pH=7.4,蛋白质：mPEG=1：1.5
7.未修饰又干扰

图 12-9　羧甲基化 PEG 修饰 α 干扰素的 SDS-PAGE 电泳图

出现了连续的蛋白带,表明修饰产物内存在着各种修饰度的 α 干扰素。同样,由于 mPEG 的水力学半径大,移动速度不均匀,蛋白质的修饰度大时,在电泳图上难以将不同修饰度的产物分开。蛋白质：mPEG=1：25,将 pH 值提高到 10.4 时,低修饰度的蛋白带在 31 kD～60 kD 完全消失,在 97 kD 处出现了一条较宽的蛋白带,表明每条 α 干扰素分子的修饰度均较高,不存在低修饰度的蛋白质分子。

研究制备的羧甲基化 mPEG,收率达 92% 以上;继续对其活化后,能够在温和的条件下修饰 α 干扰素;改变 pH 值、修饰剂与 α 干扰素之比可以控制 α 干扰素的修饰度。用羧甲基化 mPEG 修饰蛋白质药物的方法与包埋法相比,其特点是只要修饰位点不遮蔽蛋白质药物的活性位点、不释放出药物,就可以起到与未修饰蛋白质同样的药效,同时由于相对分子质量增大,能减少肾小球的过滤量,提高药物在血液中的半衰期。但是,每种蛋白质药物均有其最佳的修饰度及其 mPEG 相对分子质量,否则会导致蛋白质药物活性下降。这是由于 mPEG 相对分子质量大和修饰度过高,会遮蔽蛋白质药物的活性位点,甚至改变蛋白的立体构象,而太低又起不到延长药物的半衰期及减少免疫原性的作用。

第四节　PEG 对小分子药物的修饰

虽然 PEG 初期主要用于修饰蛋白质药物,但是很多小分子药物也逐渐采用 PEG 修饰技术,并取得一定进展。PEG 对小分子药物的修饰,可以把它的许多优良性质也随之转移到结合物中,能够显著改善难溶药物的水溶性,如 PEG-紫杉醇;改善药代动力学参数,如 PEG-阿霉素、PEG-阿糖胞苷。而且,由于 EPR 效应,很多抗肿瘤药物通过高相对分子质量的 PEG 修饰,能够达到肿瘤组织的被动靶向给药;同时该聚合物具有优异的生物相容性,在体内能溶于组织液中,能被机体迅速排出体外而不产生任何毒副作用,因此它在医学上的应用受到了广泛的重视,目前以抗肿瘤药物为多。近年来,采用 PEG 修饰技术的小分子药物主要有紫杉醇、喜树碱、阿糖胞苷、灯盏乙素等。PEG 修饰小分子药物,仍然主要与药物的—OH、—NH₂、—COOH 等基团反应,小分子药物与 PEG 的连接,既可以是永久性连接,也可以做成前体药物,目前以前体药物的形式较为多见。

一、永久性连接药物

1993 年,人们开始致力于药物载体方面的研究,利用低相对分子质量的 PEG 与药物以永久性连接的方式来改善抗癌药物的水溶性。其中,最典型的例子为 Greenwald 等用低相对分子质量(5000)的 PEG 修饰紫杉醇的 7—OH,化学反应如图 12-10 所示。

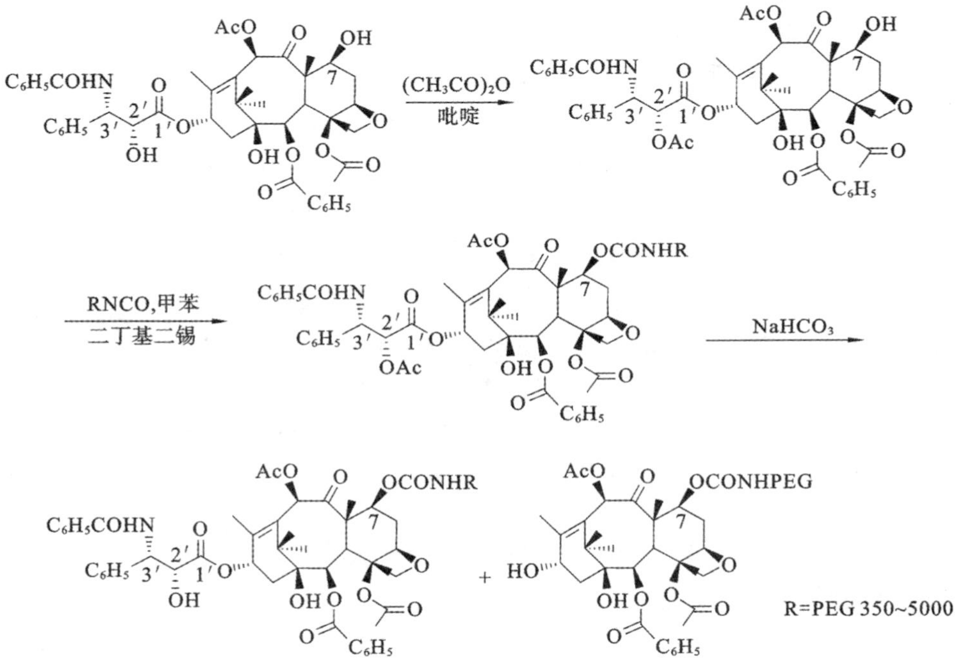

图 12-10　低相对分子质量 PEG 修饰紫杉醇

聚乙二醇(mPEG)与紫杉醇 7—OH 以碳酸盐和氨基甲酸盐的键合方式永久性连接,所得产物的溶解度比紫杉醇的增大 30000 倍,但抑瘤活性却几乎完全丧失。

二、聚乙二醇修饰姜黄素衍生物的制备及表征

从植物姜黄、莪术、郁金等的根茎中提取的姜黄素(curcumin)为一种天然有效成分(结构如图 12-11 所示),在体外对血液系统及非血液系统的肿瘤均具有良好的抗肿瘤活性,可溶于甲醇、乙醇、碱、醋酸、丙酮和氯仿等有机溶剂,但水溶性很差,多数水溶液中的试验是在小于 50 μmol/L 的浓度中进行,进入机体后难以被组织所摄取,生物利用度低,且该药在体内易被代谢,半衰期短,需频繁给药。为解决姜黄素水溶性差、生物利用度低等问题,相关学者进行了

大量的研究,如将姜黄素改造成 N-马来酰-D-氨基酸姜黄素单酯的形式,但此法只改善了姜黄素的酯溶性,未能解决其水溶性差的问题。

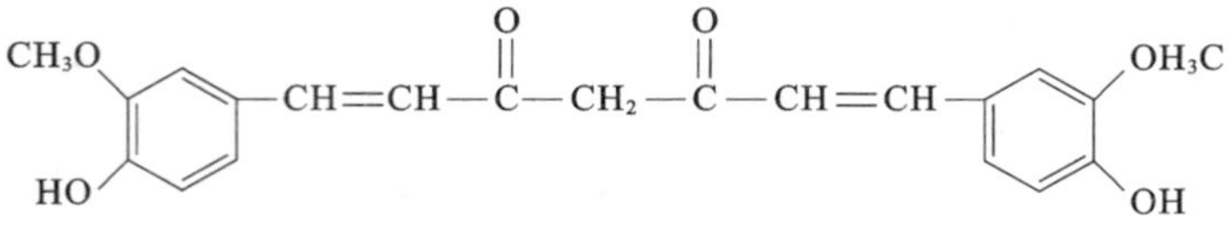

图 12-11　姜黄素分子结构式

PEG 修饰剂是中性、无毒、具有良好亲水性和生物相容性的高分子物质,具有高度的亲水性,在水溶液中有较大的水动力学体积,并且没有免疫原性。当其偶联到药物分子或药物表面时,可将其优良性质赋予修饰后的药物分子。

1. PEG 6000-二酸(PEG 6000-DA)的合成

合成路线如图 12-12 所示。

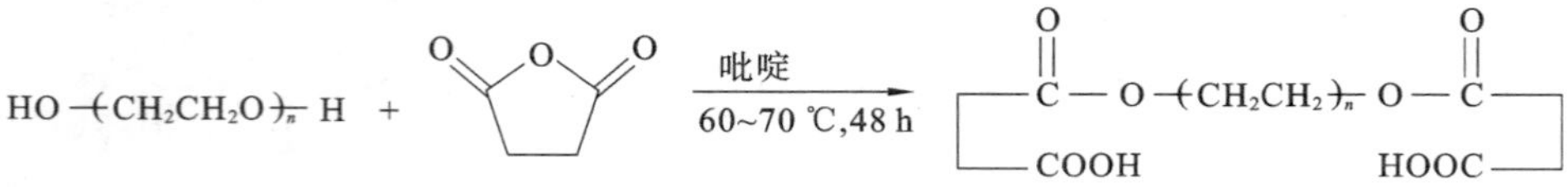

图 12-12　PEG6 000-二酸的合成

将 60 g(10 mmol)PEG 6000 溶于 200 mL 甲苯,并与甲苯共沸除水。稍冷却,向反应体系加入三氯甲烷、5.0 g 丁二酸酐和 2 mL 干燥吡啶,在 60～70 ℃搅拌回流反应 48 h。反应完毕后,在旋转蒸发仪上,减压蒸干溶剂,向残余物中加入 50 mL 饱和 NaHCO₃水溶液,抽滤,待滤液冷却,用盐酸酸化,并先后用 25 mL 的氯仿萃取 3 次,合并氯仿液用饱和 NaCl 洗涤,加入无水 MgSO₄,干燥,1 h 后过滤,将滤液浓缩至 30 mL 左右,加入大量乙醚,沉淀出产物,过滤,干燥至恒重。

2. PEG 6000-二酸-活泼酯(PEG 6000-DA-NHS)的合成

合成路线如图 12-13 所示。

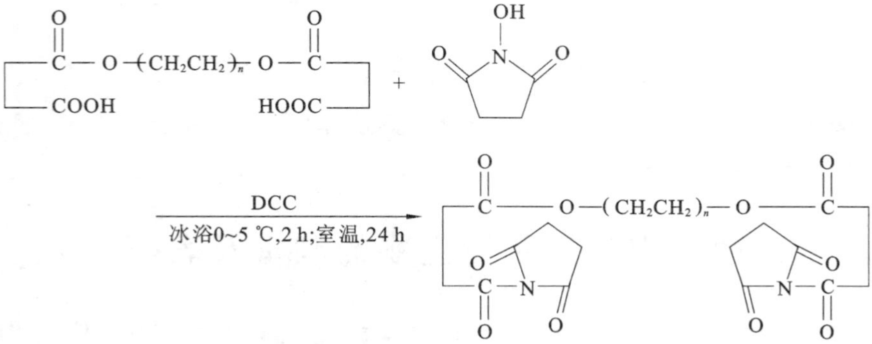

图 12-13　PEG 6000-二酸-活泼酯的合成

将 14.2 g(2.28 mmol)的 PEG 6000-DA 溶于 50 mL 甲苯,共沸除水后,冷却至室温;加入二氯甲烷,冰浴冷却至 0～5 ℃,加入溶于 25 mL 干燥二氯甲烷的 0.58 g(5.0 mmol)N-羟基丁二酰亚胺(NHS)和 1.04 g(5.0 mmol)N，N′-二环己基碳二亚胺(DCC)。在此温度下搅拌 2 h，室温下反应 24 h，反应完毕后先后用饱和 NaCl 洗涤有机相 3 次，加入无水 $MgSO_4$，干燥。1 h 后过滤，滤液浓缩，再加入 30 mL 的二氯甲烷并加热使之溶解，再过滤，滤液浓缩后加入 3 mL 二氯甲烷并加热使之溶解，倾入过量的干燥乙醚中，结晶，沉淀出产物，抽滤，用少量的乙醚洗涤滤液得白色固体，真空干燥至恒重。

3. PEG 6000-二酸-脯氨酸(PEG 6000-DA-Pro)的合成

合成路线如图 12-14 所示。

将 3.08 g(0.4827 mmol)PEG 6000-DA-NHS 溶于 10 mL 干燥的 N，N-二甲基甲酰胺(DMF)中，将 0.200 g(1.7 mmol)脯氨酸溶于 4 mL 的饱和 $NaHCO_3$ 溶液，向溶有活泼酯的 DMF 溶液中滴加脯氨酸，反应液变混浊并放热，室温下搅拌反应 24 h。反应完毕后，减压蒸馏除去反应体系中的水和 DMF，蒸馏后的残余物用 20 mL 12% 的盐酸溶解，放出大量的 CO_2，再用 15 mL 的二氯甲烷萃取 3 次，合并萃取液，用 10 mL 的饱和 NaCl 溶液洗涤至澄清，用无水 $MgSO_4$ 干燥。1 h 后过滤，滤液浓缩，加入 30 mL 的乙醚结晶，抽滤，用少量乙醚洗涤，滤得白色固体，真空干燥至恒重。

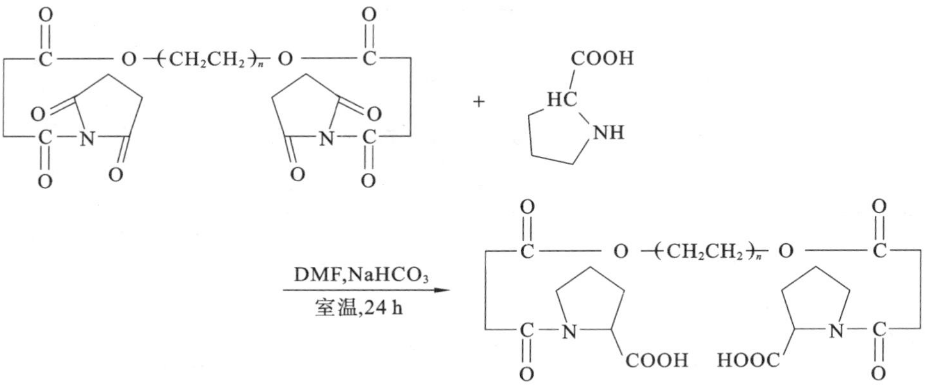

图 12-14　PEG 6000-二酸-脯氨酸的合成

4. PEG 6000-二酸-脯氨酸-姜黄素(PEG 6000-DA-Pro-Cur)的合成

合成路线如图 12-15 所示。

先将 1.000 g(约 0.16 mmol)PEG 6000-DA-Pro 加入 50 mL 烧瓶中，移取 10 mL 二氯甲烷加入，在冰盐浴中搅拌至 0 ℃，加入 0.080 g(0.16 mmol)姜黄素、60 mg(0.420 mmol)DMAP 和 60 mg(0.580 mmol)DCC，搅拌反应，自然升温至室温，继续反应 24 h。反应完毕后，向反应体系中滴加 1 mL 10% 的 HAc/THF 溶液分解过量的 DCC。10 min 后，用 10 mL 0.1 mol/L 盐酸溶液洗涤有机相，加入少量的无水 $MgSO_4$ 干燥。1 h 后过滤，蒸干滤液，再加入 2 mL 异丙醇，冷冻结晶，用孔径较小的砂芯漏斗减压过滤，收集漏斗上的黄色固体，真空干燥至恒重。

通过对 PEG 修饰姜黄素衍生物的表征及含量测定表明，PEG 已连接到姜黄素结构上(IR、UV 检测)，结果如表 12-6、表 12-7 及图 12-16 所示。

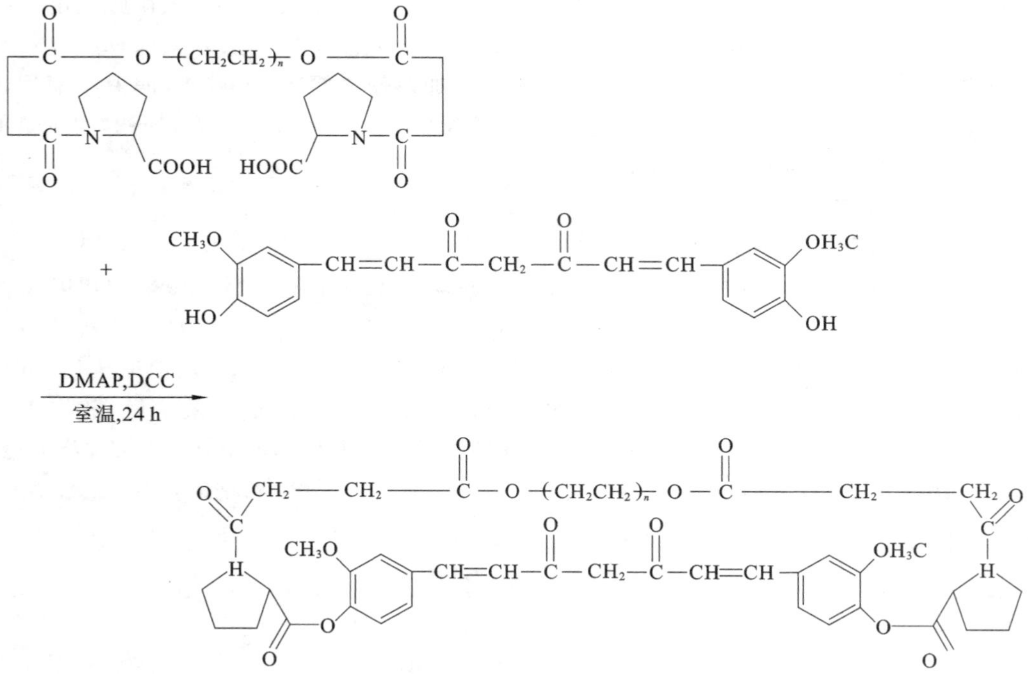

图 12-15　聚乙二醇 6000-二酸-脯氨酸-姜黄素的合成

表 12-6　样品测定结果

各步反应产物	性　状	熔点/(℃)
PEG 6000-DA	白色粉末	54.2～54.5
PEG 6000-DA-NHS	白色粉末	52.1～53.3
PEG 6000-DA-Pro	白色粉末	58.4～58.6
PEG 6000-DA-Pro-Cur	黄色晶体	60.0～61.2

表 12-7　姜黄素及其衍生物测定结果($n=3$)

测　定　品	F	C_1/(μg/mL)	C_2/(μg/mL)	$C_{饱和}$/(g/L)	RSD/(%)
PEG-DA-Pro-Cur	624.055 610.995 636.008	0.302 0.296 0.308	0.302	3.020	2.00
姜黄素	568.765 570.008 550.996	0.274 0.275 0.265	0.272	0.027	2.12

PEG 6000-DA-Pro-Cur 所含的姜黄素能溶解的最大量为 3.020 g，而姜黄素最多只能溶

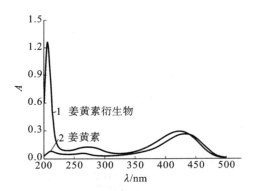

图 12-16　姜黄素及其衍生物样品的紫外吸收曲线

解 0.027 g，由此可见姜黄素的水溶性得到很好的改善。

采用了 N-羟基丁二酰亚胺活性酯法，即 PEG 活性酯法，将姜黄素结合在 PEG 上，得到了水溶性良好的 PEG 修饰的姜黄素衍生物。

三、前体药物

1. PEG 对喜树碱的修饰

喜树碱（camptothecin，CPT）是 1966 年从珙桐科植物喜树（*camptotheca acuminata*）中提取的一种细胞毒性生物碱，其化学结构式如图 12-17 所示。

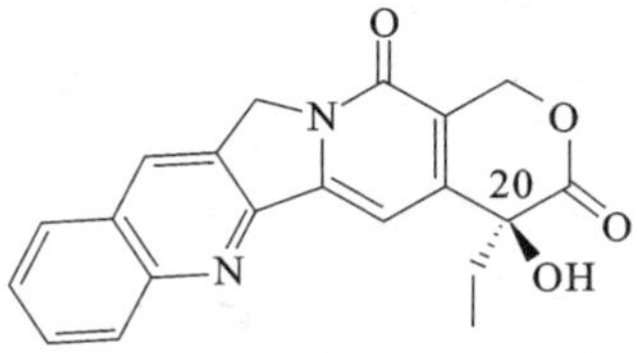

图 12-17　喜树碱的化学结构式

CPT 具有明显的抗肿瘤活性，尤其对消化道肿瘤、白血病、膀胱癌等活性更强，但是由于其水溶性差而限制了其临床应用，所以成为用于 PEG 修饰的首选药物。PEG 对喜树碱的修饰路线如图 12-18 所示，PEG40000 对喜树碱 20-OH 进行修饰后在水中的溶解度约为 2 mg/mL，是原药喜树碱溶解度（0.0025 mg/mL）的 800 倍。喜树碱结构中的内酯和 20 位的叔醇都是抑制拓扑酶的基本活性部位，PEG 对 20-OH 的修饰不仅增加了药物的水溶性，还提高了内酯的稳定性，同时赋予了药物抗肿瘤的靶向性。动物试验发现，前药在肿瘤部位的药物浓度是喜树碱的 30 倍，大大提高了其疗效。现该药物已进入临床阶段。

有研究表明，以不同种类和系列的氨基酸作为连接基（spacer），发现不同的连接基会不同程度地影响喜树碱的活性，采用甘氨酸、氨基乙酰丙酸作为连接基时药代动力学参数要明显优于 PEG-CPT 的。

2. PEG 对紫杉醇的修饰

紫杉醇（paclitaxel，商品名 Taxol）是由太平洋杉树中分离出的一种天然产物，化学结构式

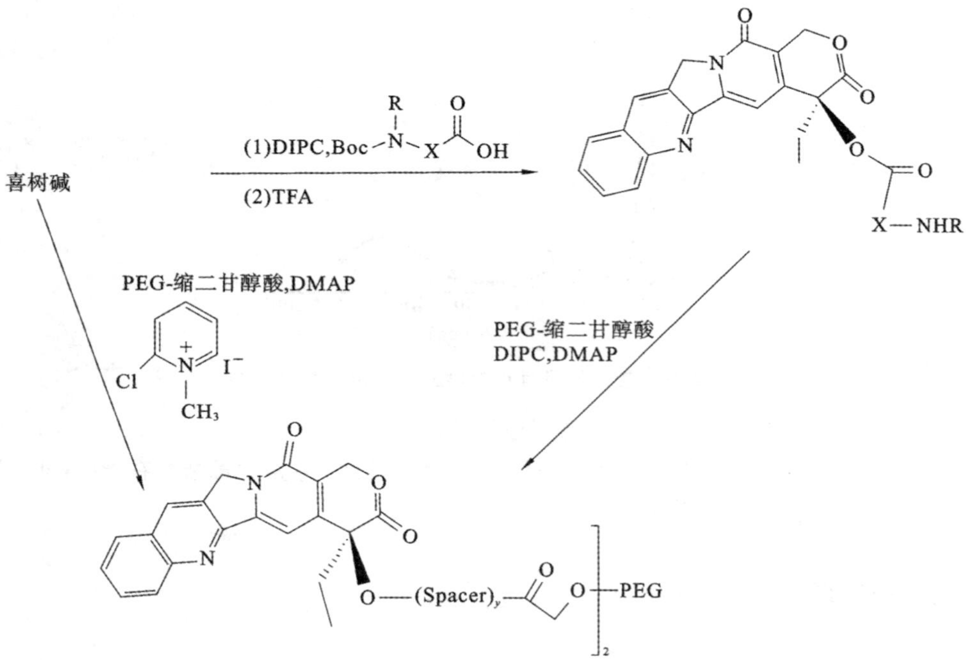

图 12-18 PEG 修饰喜树碱

如图 12-19 所示,对卵巢癌、乳腺癌、非小细胞肺癌有很好的疗效。然而由于紫杉醇本身几乎不溶于水,大大限制了其临床应用及发展。近年来为了改善其水溶性和药理作用,人们做了大量的尝试,发现 PEG 对紫杉醇的修饰是最有前景的一种方法。

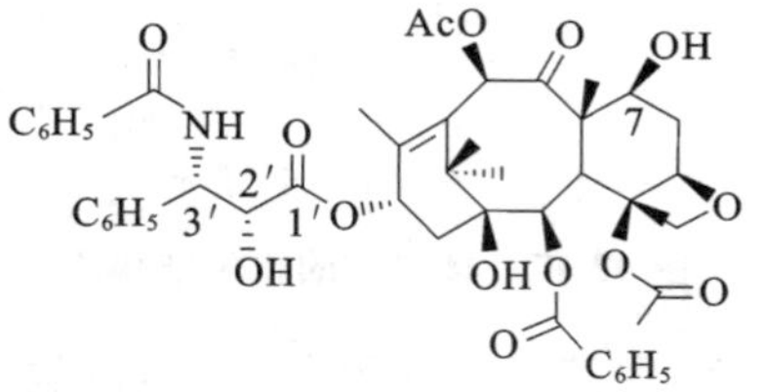

图 12-19 紫杉醇的结构式

PEG 对紫杉醇的修饰采用高分子($M_r = 40000$)的 mPEGCOOH 与紫杉醇的 $2'$-OH 反应,产物水解后释放出紫杉醇,在体外和体内试验中,其抑瘤活性与紫杉醇相同或更好。

以不同种类和系列的氨基酸作为连接基,如图 12-20 所示,发现不同的连接基会不同程度地影响紫杉醇的活性。

Feng 等也合成了一系列 PEG 化的紫杉醇,如图 12-21 所示,同样证明了不同的连接基对紫杉醇活性的影响。

$2'$-PEG 紫杉醇的溶解度为 125 g/L,是原药紫杉醇(0.25 μg/mL)的 500000 倍。P388/0 白血病动物模型证明,$2'$-PEG 紫杉醇的疗效要优于未修饰的紫杉醇的疗效。当按照相同剂量给药时,紫杉醇治疗组的平均存活时间是 18.7 d,生命延长指数(ILS)为 50%,而前药(PEG 40000-gly-紫杉醇)治疗组的平均存活时间是 21.8 d,ILS 为 74%,紫杉醇前药表现出的增加疗

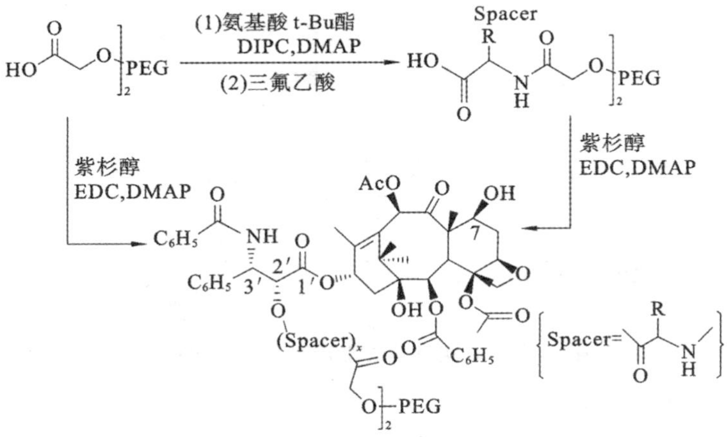

图 12-20　以不同种类和系列的氨基酸作为连接基

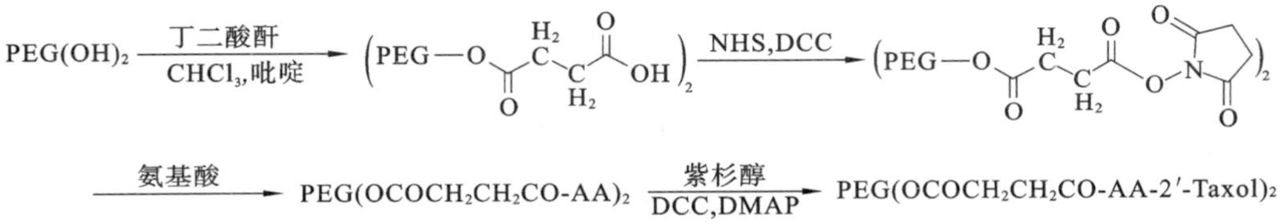

图 12-21　PEG 修饰紫杉醇

效的作用仅仅来自于大相对分子质量的 PEG。

3. PEG 对阿糖胞苷的修饰

阿糖胞苷(Ara-C)是一种治疗人类急性和慢性白血病的药物,其化学结构式如图 12-22 所示。由于其在血浆中的半衰期很短,临床上只能通过持续给药以获得最佳的疗效。为了延长其半衰期,人们做了大量的研究工作,如在 $3'$ 和 $5'$ 位上形成羧酸酯和磷酸酯等,取得了一定的效果,但均未获得药物生产的批准。

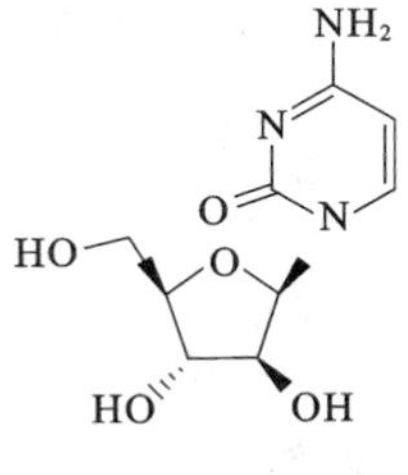

图 12-22　阿糖胞苷的化学结构式

对于阿糖胞苷的 PEG 修饰,可以进行定点修饰。通过改变 PEG 的相对分子质量和结合点,可以有效地调节聚合物药物在血浆中的半衰期,以取得适合的药物活性。可以采用五种成键方式实现 PEG 对阿糖胞苷的定位修饰,图 12-23、图 12-24、图 12-25 所示的为其中三种典型的成键方式。通过 PEG 修饰使得阿糖胞苷在小鼠血液中水解的半衰期由约 1 h 延长到 3 d,其抗肿瘤活性要明显优于未经修饰的阿糖胞苷,PEG 修饰在改善阿糖胞苷的药效方面发挥了重要的作用。

（1）α-烷氧基酰胺。

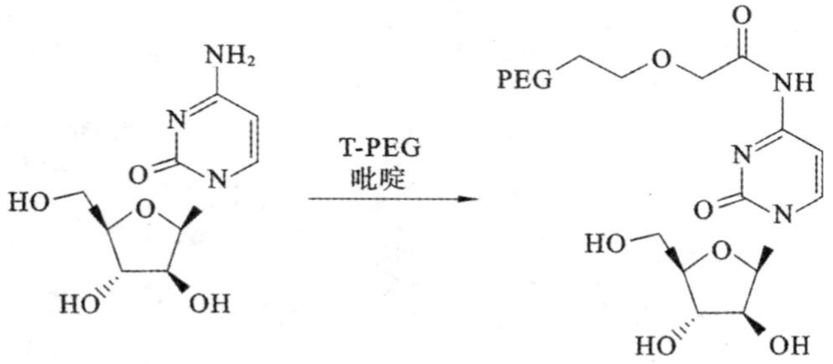

图 12-23　α-烷氧基酰胺 PEG 修饰阿糖胞苷

（2）α-氨基酰胺或 β-氨基酰胺。

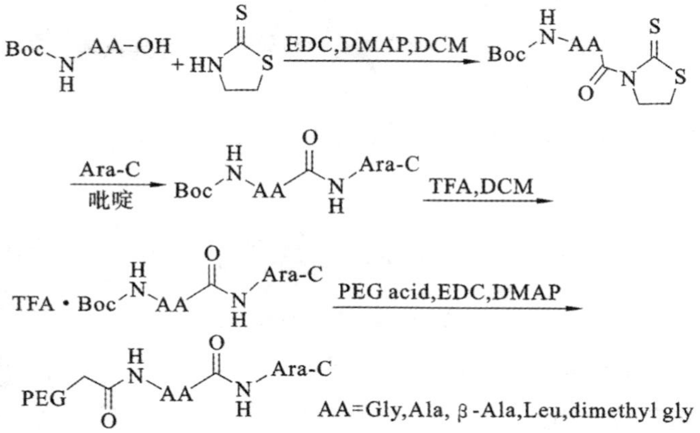

AA=Gly,Ala, β -Ala,Leu,dimethyl gly

图 12-24　PEG 修饰 α-氨基酰胺或 β-氨基酰胺阿糖胞苷

（3）芳香基酰胺。

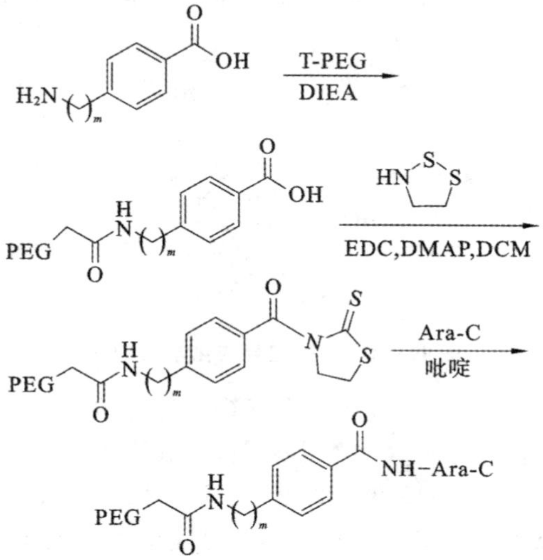

图 12-25　芳香基酰胺 PEG 修饰阿糖胞苷

4.PEG 对灯盏乙素的修饰

灯盏乙素(scutellarin)又称野黄芩苷,是菊科植物灯盏细辛(*erigeron breviscapus*)的提取物,其化学结构式如图 12-26 所示。灯盏乙素有扩张血管、增加血脑流量、降低脑血管阻力、提高血脑屏障通透性等作用,临床主要用于治疗冠心病、心绞痛、心肌缺血损伤及脑血栓形成等。灯盏乙素从 20 世纪 70 年代初期就已开始研究,但由于其水溶性低、口服生物利用度差,且半衰期短,临床应用需大剂量、多次给药才能达到治疗目的,不能维持有效的血药浓度而发挥持久的治疗功效而限制了其临床应用。

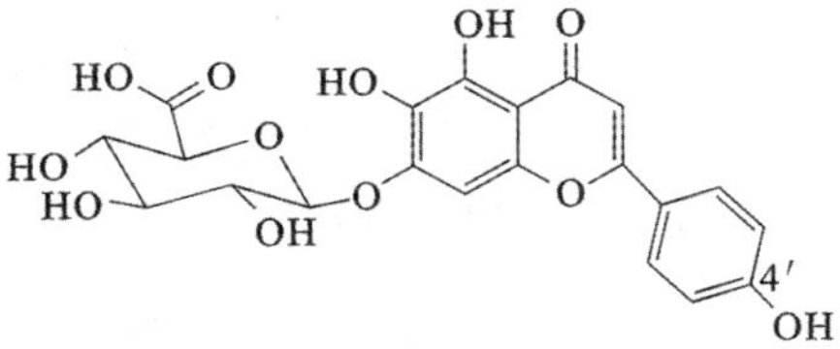

图 12-26　灯盏乙素的化学结构式

近年,采用 PEG 对灯盏乙素不同基团的修饰的方式有如下几种。

(1)羧基的修饰。用不同相对分子质量的 PEG(200、400、1000)对灯盏乙素羧基进行修饰,如图 12-27 所示。

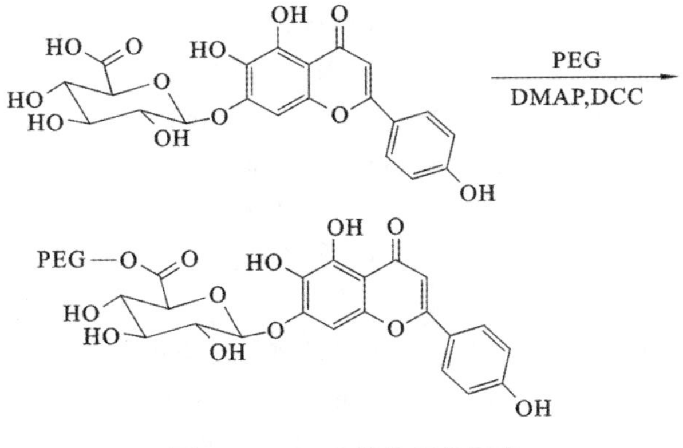

图 12-27　PEG 修饰灯盏乙素

灯盏乙素经 PEG 修饰后,产物的水溶性大幅提高,并获得了适于口服吸收的理想的油/水分配系数。通过稳定性试验表明,该类衍生物表现出前药的特性,在 pH 值为 7.4 的 PBS 缓冲液中半衰期($t_{1/2}$)长达 12 h 以上,在血浆中快速降解释放出灯盏乙素,$t_{1/2}$ 为 1.5~3 h。将灯盏乙素(Scu)和灯盏乙素的 PEG 400 酯(PEG 400-Scu)分别经灌胃给药、大鼠尾静脉注射后进行药代动力学方面的研究,结果表明 PEG 化能够延长灯盏乙素在大鼠体内的半衰期,提高口服生物利用度。

(2)4′—OH 的修饰。以 PEG 单甲醚 2000 为原料,与丁二酸酐反应后再与 N-羟基琥珀亚胺缩合得到活泼酯,最后与灯盏乙素 4′—OH 反应得到灯盏乙素 PEG 2000 单甲醚前药(DZmPEG 2000),如图 12-28 所示。

当室温为 25 ℃时,该前药在蒸馏水中的溶解度约为 800 mg/mL,与灯盏乙素(53.4 μg/

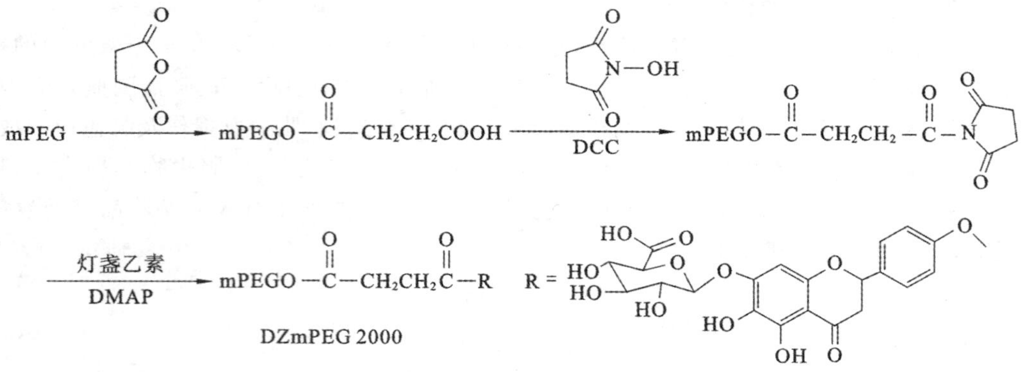

图 12-28 PEG 修饰灯盏乙素

mL)相比得到大大改善,有望延长灯盏乙素的半衰期和生物利用度。由于灯盏乙素的作用机制还不明确,所以还不能确定其结构中的活性位点,对灯盏乙素的 PEG 修饰还有待进一步系统的研究。

5. 吡硫醇聚乙二醇前药的合成研究

吡硫醇为吡哆醇(维生素)的衍生物,能促进脑内葡萄糖、氨基酸的摄取和代谢,提高脑细胞的能量代谢,改善全身同化作用,增加颈动脉血流量,增强脑功能,对边缘系统和网状结构也有刺激作用。该药用于治疗阿尔兹海默症、脑血管性痴呆、脑震荡或脑外伤后遗症、脑炎及脑膜炎后遗症等伴随的头晕胀痛、失眠、记忆力减退、注意力不集中、情绪变化等症状。临床主要用其盐酸盐(又名脑复新),分子式为 $C_{16}H_{20}N_2O_4S_2 \cdot 2HCl \cdot H_2O$。但该药对血管黏膜有刺激作用,易发生注射部位血管肿胀、疼痛、呈青紫色、树枝状及注射部位乃至整个上肢皮肤水肿、发硬、痒痛等不良反应。

该药在临床应用过程中,因其半衰期($t_{1/2}$)短,口服给药一天三次,很不方便,而其静脉滴注时,对血管又有很强的刺激作用,产生疼痛,病人难耐受。通过采用单甲氧基聚乙二醇与吡硫醇合成前体药物,解决吡硫醇药物半衰期短以及刺激性大的问题。

(1)单甲氧基聚乙二醇 4000 琥珀酸单酯(mPEG 4000-S)的合成。参照文献进行合成试验研究,以确定 mPEG 4000-S 的最佳合成路线和条件。称取真空干燥至恒重的单甲氧基聚乙二醇 4000(mPEG 4000)40 g(10 mmol),溶于 150 mL 氯仿中,加入丁二酸酐 2.0 g(20 mmol)和 1.6 mL 吡啶,加热至回流反应 48 h,减压回收溶剂,向残余物中加入 150 mL 饱和 $NaHCO_3$溶液溶解,过滤,用 80 mL 乙酸乙酯萃取 2 次,水相冷却至 0 ℃后用 2 mol/L 的盐酸酸化至pH 值为 2 左右,用二氯甲烷 100 mL 分 3 次萃取,合并二氯甲烷层,无水 Na_2SO_4 干燥过夜。滤去干燥剂,浓缩至黏稠,快速搅拌下加入冷无水乙醚 300 mL,放入冰箱静置,待产品完全析出后过滤,抽干,P_2O_5 干燥,称重,得 mPEG 4000-S 35 g(产率为 85%)。熔点为 56.3~58.2 ℃。

(2)吡硫醇聚乙二醇前药的合成。称取真空干燥至恒重的 mPEG 4000-S 4.0 g(0.1 mmol),用 50 mL DMF 溶解,0~5 ℃搅拌 20 min,依次加入 NHS 0.23 g(0.2 mmol)和 DCC 0.62 g(0.3 mmol),0~5 ℃搅拌 10 min,依次加入吡硫醇 0.48 g(0.13 mmol)和 DMAP 0.16 g(0.13 mmol)。0~5 ℃反应 2 h,30~35 ℃下反应 20 h,停止反应,反应液过滤,滤液在快速搅拌下加入 180 mL 冷乙醚,搅拌 5 min 后置冰箱中静置 30 min。过滤得浅米黄色固体,将固

体用 30 mL 水溶解,过滤,滤液用二氯甲烷萃取(35 mL×3),用 1 mol/L HCl 洗(10 mL×2),用水洗(15 mL×2)。加入适量无水硫酸钠干燥,静置过夜。过滤干燥剂,滤液再用 0.45 μm 微孔滤膜过滤,滤液浓缩,快速搅拌下加入冷无水乙醚,沉淀产物,过滤得浅米黄色粉末。40 ℃下真空干燥 24 h,干燥剂为 P_2O_5,得浅米黄色粉末。

(3)合成路线如图 12-29 所示。

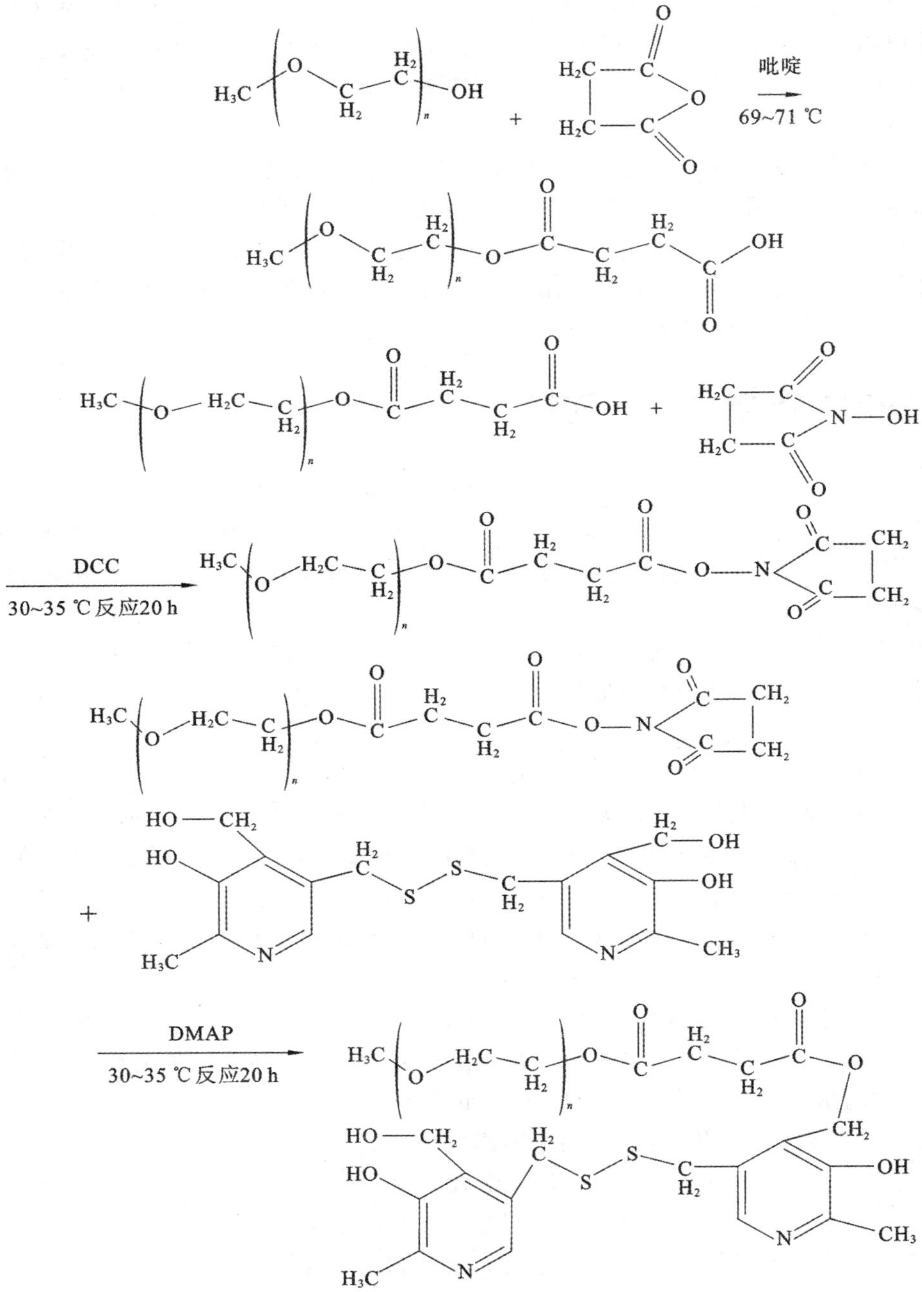

图 12-29 PEG 修饰吡硫醇过程示意图

（4）合成产物的结构表征。通过熔点测定、薄层色谱鉴别、紫外图谱对比、红外光谱、核磁共振氢谱对各步产物进行结构表征,确定单甲氧基聚乙二醇与吡硫醇的键合。

通过紫外分光光度法对吡硫醇聚乙二醇前药进行含量测定方法学考察,该方法简便可行。

分别在 0.1 mol/L 的盐酸、0.1 mol/L 的氢氧化钠及 0.1 mol/L 的 pH 值为 7.2 的磷酸盐缓冲液三种不同的环境中对吡硫醇聚乙二醇前药做体外降解研究。体外释放结果为:吡硫醇与单甲氧基聚乙二醇 4000 琥珀酸单酯的物理混合物在酸性、中性、碱性条件下经过 24 h 都可以释放出吡硫醇达 90% 以上,而吡硫醇聚乙二醇前药 24 h 后的降解情况分别为在酸性条件下释放 36%、在碱性条件下释放 53%、在中性条件下释放 26%;前药在不同条件下的降解速率为:碱性＞酸性＞中性。

通过小鼠抓挠试验、大鼠舔足试验、大鼠尾静脉刺激性试验,对吡硫醇聚乙二醇前药做了初步刺激性考察。小鼠抓挠试验结果: $P < 0.01$,供试组与阳性对照组比较有显著性差异; $P < 0.01$,供试组与阴性对照组比较有显著性差异。大鼠舔足试验结果: $P < 0.05$,供试组与阳性对照组比较有显著性差异; $P < 0.01$,供试组与阴性对照组比较有显著性差异。大鼠尾静脉刺激性试验结果:供试组的刺激性较阳性对照组有显著减小。

四、PEG 修饰存在的问题

现阶段 PEG 对药物的修饰仍存在许多问题,亟待进一步解决。

（1）PEG 修饰后药物在体内的作用机制尚缺乏深入系统的研究,只有明确了 PEG 修饰后药物在体内的作用机制,才能有针对性地设计药物,而且可以从分子层面上去阐释药物的作用机理及安全性。

（2）作为化学合成的聚合物,PEG 的相对分子质量分布指数(M_w/M_n)直接影响修饰后药物的相对分子质量分布,从而影响最终产品的均一性。PEG 修饰剂的相对分子质量的分布指数从 1.01($M_w = 3000 \sim 5000$)到 1.20($M_w = 20000$)不等,相应的最终产品的相对分子质量分布与 PEG 的相对分子质量分布相同。目前,检测 PEG 和 PEG 修饰药物相对分子质量分布指数的最佳方法是基质辅助激光解吸离子化飞行时间质谱(MALDI-TOF-MS)。为保证 PEG 修饰最终产品的同源性,要求 PEG 修饰剂中存在的 PEG 二醇保持在较低的水平。但是,在通常情况下商品化或自制的 mPEG 中存在 1% ～ 10% 的 PEG 二醇,高相对分子质量的 mPEG 中的 PEG 二醇会引起交叉连接和聚合,影响目的修饰药物的纯度,而且副产物不易分离,给纯化工作带来困难。

（3）蛋白质药物 PEG 修饰后会引起生物活性降低。PEG 与蛋白质表面特定基团偶联,对蛋白质的空间结构产生影响,不可避免地在一定程度遮蔽蛋白质表面的活性部位;PEG 修饰的条件、反应的副产物等都可造成生物活性降低。

（4）PEG 修饰后药物的质量标准体系的建立。

①由于 PEG 修饰中目标产物的纯化较困难,产品中可能存在聚乙二醇单甲醚(mPEG)、交叉连接或聚合的 PEG 二醇等难以分离的物质,对于此类物质的检测还没有标准的分析方法,这也在一定程度上限制了 PEG 修饰技术的深入研究和应用。

②PEG 修饰药物的修饰度及结构的测定尚无标准的分析方法。由于 PEG 分子的反常泳

动性,在 SDS-PAGE 测定的表观相对分子质量比实际的相对分子质量高得多;PEG 会影响蛋白质在液相色谱中的行为,使分辨率降低、峰形变宽,修饰的蛋白质药物在凝胶过滤色谱(GPC)中的表观相对分子质量比实际的相对分子质量大得多,GPC 不能提供准确的相对分子质量信息。

(5)小分子药物 PEG 修饰的研究平台目前集中于抗肿瘤药物的修饰,除此之外,PEG 修饰技术还应拓展至其他药物修饰领域,如抗心脑血管疾病药物、抗疟疾类药物等。

(6)还有些潜在的问题,如在制备过程中某些有害有机物的使用、药物 PEG 修饰后体内药物代谢动力学性质的改变等可能产生不良反应。

随着 PEG 化学的高速发展,以上问题若得以妥善解决,则 PEG 修饰药物的开发和临床应用必将得到长足发展。

五、PEG 修饰药物技术的展望

PEG 修饰药物技术已经诞生 20 多年,在这期间,PEG 修饰的药物范围从蛋白质扩展到小分子药物、脂质体等;PEG 的相对分子质量也从几千扩展到几万乃至更高;PEG 对药物的修饰有效地解决了药物制剂中提高药物的水溶性、降低毒副作用、延长药物在血液中的半衰期、提高靶向性和增加疗效等难题。近年来,由于 PEG 化学的飞速发展,高相对分子质量的 PEG 修饰剂得到了广泛的应用,大大提高了修饰反应的专一性和修饰效率,药物的 PEG 修饰技术已从先导性探索进入产品开发阶段,在蛋白质药物研究领域取得了成功,一些重要的蛋白质药物的 PEG 修饰产品已经陆续上市。PEG 修饰技术在有机小分子抗肿瘤前体药物和抗肿瘤药物脂质体的研究领域也取得突破性进展,预示着抗肿瘤药物在临床上的应用将进一步拓宽。

国内上海复旦张江生物医药股份有限公司研发生产的 PEG 修饰脂质体阿霉素(里葆多),是中国首个脂质体阿霉素,已于 2009 年上市。另外有数个细胞因子类的 PEG 修饰产品正在申报中。可以预计,随着 PEG 化学、PEG 修饰产品分析方法研究的深入,药物的 PEG 修饰技术将提高蛋白质类药物、肽类药物、抗肿瘤药、抗真菌药、抗生素和免疫抑制剂等各种药物的疗效和扩大其临床应用范围,前景十分广阔。

参考文献

[1] 姚日生,董岸杰,刘永琼.药用高分子材料[M].3 版.北京:化学工业出版社,2003,186-193.

[2] Peracchia M T,Gref R,Minamitake Y,et al.PEG-coated nanospheres from amphiphilic diblock and multiblock copolymers:Investigation of their drug encapsulation and release characteristics[J].Journal of Controlled Release,1997,46(3):223-231.

[3] 张修建,王清明,陈惠鹏,等.药物的聚乙二醇修饰研究进展[J].解放军药学学报,2003,19(3):213-216.

[4] 路娟,刘清飞,罗国安,等.药物的聚乙二醇修饰研究进展[J].有机化学.2009,29(8),1167-1174.

［5］ Abuchowski A，Van ET，Palczuk NC，et al. Alteration of immunological properties of bovine serum albumin by covalent attachment of poly ethylene glycol［J］. J Biol Chem，1977，252(11)：3578-3581.

［6］ 吴洁，胡卓逸，吕小斌，等. 聚乙二醇对溶菌酶和粒细胞集落刺激因子的初步化学修饰［J］. 中国生化药物杂志，2004，25(1)：8-10.

［7］ 姚文兵，杨晓兵，吴梧桐. 聚乙二醇修饰重组人干扰素 α-2b 修饰产物的初步分析研究［J］. 中国生化药物杂志，2003，24(6)：274-276.

［8］ 李力，郑意端. 蛋白药物聚乙二醇化技术的研究进展［J］. 中国临床药理学杂志. 2003，19(3)：226-229.

［9］ Kozlowski A，Harris JM. Improvements in protein PEGylation：pegylated interferons for treatment of Hepatitis C［J］. J Controlled Release，2001，72(3)：217-224.

［10］ 李爱贵，邓联东，董岸杰. 聚乙二醇在新型药物制剂中的应用［J］. 高分子通报，2004(8)：96-81.

［11］ 张修建，王清明，陈惠鹏，等. 药物的聚乙二醇修饰研究进展［J］. 解放军药学学报，2003，19(3)：213-216.

［12］ Kinstler O B，Brems D N，Lauren S L，et al. Characterization and stability of N-terminally PEGylated rhG-CSF［J］. Pharmaceutical Research，1996，13：996.

［13］ Delgado C，Patel L N，Francis G E，et al. Coupling of poly(ethylene glycol)to albumin under mild conditions by activation with tresylchloride：characterization of the conjugate by partitioning in aqueous two-phase systems［J］. Biotechnol & Applied Biochemistry，1990，12：119.

［14］ Harris J. Poly(ethylene Glycol) Chemistry and Biomedical Applications［M］. New York：Plenum，1992，171-192.

［15］ 胡永祥，牛津梁，张文博，等. 聚乙二醇修饰药物技术的研究进展［J］. 中国生化药物杂志2004，25(6)：369-373.

［16］ 季波，徐滢波，赵树进. 聚乙二醇修饰超氧化物歧化酶及其稳定性研究［J］. 广州医学院学报. 2002，30(3)：16-18.

［17］ 姚文兵，林碧蓉，沈子龙，等. 聚乙二醇修饰干扰素 α-2b 的稳定性研究［J］. 中国生化药物杂志，2001，22(6)：289-292.

［18］ Goodson，R J，Katre，N V. Site-directed pegylation of Recombinant Inter leukin-2 at its Glycosy lation Site［J］. Bio/technology. 1990，8：343-346.

［19］ 姜忠义，高蓉，王艳强，等. 蛋白质和多肽药物聚乙二醇化的问题与对策［J］. 药学学报，2002，37(5)：396-400.

［20］ 王军志. 生物技术药物研究开发和质量控制［M］. 3 版. 北京：科学出版社，2002.

［21］ Davis D A，Boni R W P，Joller H，et al. Adjuvant immunotherapy in malignant melanoma：impact of antibody formation against interferon-alpha on immunoparameters in vivo［J］. Journal of Immunotherapy，1997，20(3)：208-213.

［22］ Bailon P，Palleroni A，Schaffer C A，et al. Rational design of a potent，long-lasting form of interferon:a 40 kDa branched polyethylene glycol-conjugated interferon α-2a for the treatment of hepatitis C[J]. Bioconjugate Chemistry,2001,12(2):195-202.

[23] 成军.长效干扰素治疗慢性丙型肝炎的效果评价[J].国外医学:流行病学传染病学分册,2001,28(2):60-62.

[24] Zeuzem S,Feinman S V,Rasenack J,et al. Peginterferon alfa-2a in patients with chronic hepatitis C[J]. N Engl J Med,2000,343(23):1666-1672.

[25] Gupta S K,Pittenger A L,Swan S K,et al. Single-dose pharmacokinetics and safety of pegylated interferon-α-2b in patients with chronic renal dysfunction[J]. Acoustics Speech & Signal Processing NewsLetter IEEE,2002,42(10):1109-1115.

[26] Wang Y S,Youngster S,Grace M,et al. Structural and biological characterization of pegylated recombinant interferon alpha-2b and its therapeutic implications [J]. Advanced Drug Delivery Reviews,2002,54:547-570.

[27] Roberts M J,Harris J M. Attachment of degradable poly(ethylene glycol)to proteins has the potential to increase therapeutic efficacy [J]. Journal of Pharmaceutical Sciences,1998,87(11):1440-1445.

[28] Hershfield M S. PEG-ADA replacement therapy for adenosine deaminase deficiency: an update after 8.5 years[J]. Clinical Immunology & Immunopathology,1995,76(32):228-232.

[29] 徐静,倪道明,张振龙.聚乙二醇修饰蛋白质类药物的研究现状及展望[J].国外医学:预防、诊断、治疗用生物制品分册,2004,27(2):76.

[30] Veronese F M. Peptide and protein PEGylation:a review of problems and solutions [J]. Biomaterials,2001,22:405.

[31] Kurfurst M M. Detection and molecular weight determination of polyethylene glycol-modified hirudin by staining after sodiumdodecyl sulfate-polyacrylamidegel electrophoresis[J]. AnalyticalBiochemistry,1992,200:244.

[32] 郭桥,姜春懿,张淑子,等.聚乙二醇修饰重组人天冬酰胺酶的研究[J]生物技术,2005,15(2):32-35.

[33] 胡小剑,何明磊,谭天伟,等.羧甲基化单甲氧基聚乙二醇的制备及其对α-干扰素的修饰[J].过程工程学报,2003,3(2):146-150.

[34] 孙洲亮,王昆,林新华.聚乙二醇修饰姜黄素衍生物的制备及表征[J].海峡药学,2008,20(12):7-10.

[35] 蔡波涛,王红,薛大权,等.吡硫醇聚乙二醇前体药物含量测定[J].湖北中医药大学学报,2010,12(3):29-30.

第十三章 PEG 在临床上的应用

PEG 是用环氧乙烷与水、乙二醇、乙醇或低分子能量聚乙二醇逐步加以聚合得到的不同相对分子质量的聚合物,其中低分子聚乙二醇适合制备相对分子质量大于 1000 的聚合物。相对分子质量在 200~600 的 PEG 为无色透明液体;相对分子质量大于 1000 的 PEG 在室温下是白色或米色糊状或固体。PEG 是中国药典及英国、美国等许多国家药典收载的药用辅料,PEG 的大鼠口服半数致死量 LD_{50} 分别为:PEG 200,28.9 mL/kg;PEG 400,30.2 mL/kg;PEG 4000,59 g/kg。聚乙二醇毒性低、安全性高,不但在制剂中应用广泛,而且近年来在临床上某些疾病的治疗应用受到医患的关注并得到了一致好评。

第一节 PEG 在便秘治疗中的应用

一、便秘及便秘产生的原因

便秘(constipation)是最常见的消化道症状之一,指各种原因引起的粪便干结,排便困难,排便不尽,排便次数减少。便秘与痔、肛裂、腹疝等肛肠疾病有密切关系;在脑出血、心绞痛、急性心肌梗死等疾病发生时可以导致生命意外;在结肠癌、肝性疾病、乳腺疾病、早老性痴呆等疾病的发生中有重要作用;加重精神和心理负担;可致性欲下降。早期预防和合理治疗会减轻便秘带来的严重后果。

临床流行病学调查提示,便秘与年龄、性别、地域性等各种因素有关。便秘不分年龄和性别均可发生,但女性、老年人、儿童及手术后患者为高危人群。全球有 5%~25% 的人口受到便秘的困扰,我国便秘发生率在 10%~15%,其中 60 岁以上的老年人中占发生人群的 18%~23%。文献报道,便秘发病率女性高于男性,男女之比为 1∶(4~6),其次小儿功能性便秘的发病率也不低,国外为 0.3%~8%,国内为 3.8%。总之,便秘的原因有如下几方面,以利于我们采取有效的预防和干预措施。

1. 女性便秘

女性便秘患者在临床中常见。女性便秘的病因除全身因素外,还与女性生理因素和特殊的局部解剖结构有着密切的关系,如女性骨盆宽大、女性尿生殖三角区肌肉筋膜薄弱,易发生直肠前突。妊娠和分娩造成的损伤可导致直肠内脱垂和会阴下降。女性类固醇激素持续减少可能与顽固性便秘有关。

(1)孕期便秘。国外报道 40% 妇女妊娠期可发生便秘。妊娠期由于黄体分泌,孕激素分泌增多,后者可抑制肠蠕动,降低肠刺激感受性而致便秘。妊娠 6 个月后子宫增大,压迫肠管及盆腔血管,使盆腔静脉淤血,直肠蠕动功能下降,引起便秘。

(2)产育期便秘。产后由于腹直肌和盆底肌被膨胀的子宫胀松,甚至部分肌纤维断裂,使腹壁肌、肠壁肌、肛提肌等参与排便的肌群张力减小,加之产妇体质虚弱,不能依靠腹压来协助排便,粪便在肠道过度滞留,水分过度吸收而致便秘。分娩后,产道裂伤、会阴切开而引起疼痛,疼痛或畏痛也可造成排便抑制。同时,产后数天卧床休息,活动减少,肠蠕动减弱,也是影响排便的原因之一。

(3)女性直肠排空障碍型便秘。其表现为排便后不尽感、下坠感、会阴部重压感或需要手法帮助排便。由于女性特有的生理解剖特点,导致该型便秘患病率女性远远大于男性。该型便秘包括以下几种情形。

①直肠前突性便秘。女性便秘的主要原因是直肠前突,其中经产妇占 96.5%。该便秘主要由于分娩产伤等原因损伤直肠阴道隔,表现为直肠前壁黏膜呈袋状向阴道突入,当排便时,粪便即落入袋内,患者会感到粪便向阴道方向堆积而不能排空。

②子宫后倾位性便秘。正常子宫在膀胱与直肠之间呈前倾位,由于子宫发育不全或分娩中的损伤、多产、产后保养不当及盆腔炎等原因,可导致子宫向后下方倾斜,压迫直肠前壁,使肠腔狭窄、弯曲,造成通过障碍。临床表现为排便不畅,便呈细扁,便后不尽感。

③直肠内套叠。直肠指诊可触及直肠腔扩大和直肠黏膜松弛。

④内括约肌失弛缓症。女性蹲位排尿时,肛门外括约肌及耻骨直肠肌处于松弛状态,为节制粪便的排出,其内括约肌处于紧张状态。尿路感染时的尿频、尿急等症状促进上述因素持续存在。

⑤耻骨直肠肌肥厚。直肠指诊可有肛管延长、紧张度增高、耻骨直肠肌增厚变硬,有压痛,让患者做收缩肛门动作时,耻骨直肠肌收缩不明显。排粪造影显示,排便时肛管不开放,在静止及用力排便时,可有"搁架征"。

⑥直肠子宫陷凹滑动性内疝。在正常情况下,女性盆腔内的腹膜,从膀胱返折至子宫,最后再返折至直肠前壁,于子宫、直肠之间形成直肠子宫陷凹,如直肠周围组织松弛,可使此陷凹加深,形成疝囊。排便时,乙状结肠疝入其内,压迫直肠,产生一系列排出障碍、下坠症状。

⑦盆底痉挛综合征。直肠指诊可发现肛门括约肌较紧,肛管直肠环后侧发硬,有触痛。

⑧子宫内膜异位症。它见于多种妇科手术的合并症,婚育后妇女常见。其异位处多在直肠陷凹处,形成坚实的结节或包块。

以上情形均可由于直肠排空障碍而导致便秘。

从女性便秘的发生原因提示,应正确处理分娩,加强产褥期保健、产后早期活动,增进盆底肌早日恢复,避免产道损伤。另外,重视各种计划生育手术的质量,规范各类妇产科手术操作,加强产后处理,对预防女性便秘无疑具有重要意义。

2. 老年性便秘

随着年龄的增长,老年人消化系统结构发生改变,排便功能也受到影响,主要有以下几方面的原因。

(1)老年人膈肌、腹肌、肛提肌与结肠壁平滑肌收缩能力普遍下降,因此,排便动力较成年人明显下降。

(2)老年人胃肠黏膜萎缩,分泌液减少,易致粪质干燥而排出困难。

(3)老年人精神、神经系统功能减弱,排便反射迟钝。另外,精神因素如强迫、抑郁和焦虑等均可导致胃肠功能紊乱。如抑郁和痴呆有发生大便失禁倾向,可能由于这些患者部分丧失了排便意识。

(4)老年人的多病性,其全身性疾病及肛肠疾病可致便秘,且服用某些药物也可致便秘。

(5)老年人牙齿脱落,不喜吃粗纤维食品,缺少膳食纤维,即缺少对肠壁的持续刺激因子。

(6)老年人活动少,肠蠕动普遍性降低。

老年人便秘可表现为以下几种情形。

(1)慢传输型便秘。老年人因体力活动减少或长期卧床,肠蠕动缓慢,胃张力、排空速度减弱,大肠、小肠均萎缩,肌层变薄,收缩力下降,蠕动减退,这些肠胃退行性变化,均会导致以排便无力为主要特征的老年人便秘。另外胃肠激素如肠促胰酶肽、促胃液素、胰多肽等分泌异常,使大便水分大部分被吸收,致使大便秘结。该类型占老年人便秘的43.5%。

(2)肛周疾患型便秘。罹患痔疮、肛裂等肛周疾病,老年人为避免疼痛与出血,有意识控制大便而造成便秘。该类型约占老年人便秘的45.5%。

(3)出口梗阻型便秘。直肠前突、直肠内脱垂、会阴下降等改变导致排便困难,该类型也以老年人为多。

(4)混合型便秘。老年人消化功能的减退所导致的慢传输型便秘、出口梗阻型便秘、肛周疾患型便秘等常重叠或伴随出现,这种混合型便秘反映老年人便秘的复杂性及疗效不确定性。

(5)特发性巨结肠性便秘。老年人长期便秘导致乙状结肠粗大冗长,加重便秘。

(6)老年便秘合并充溢性失禁。老年人括约肌收缩力减退,如发生大便嵌顿,可导致大便溢流性失禁。

(7)药物依赖性便秘。部分老年人因顾虑便秘,便长期依赖使用轻缓剂排便,停止使用药物后,延迟产生便秘,而再次使用轻缓剂便产生药物依赖性便秘。

老年人便秘易诱发心脑血管疾病的发作,甚至猝死,因此,老年人要适当活动,调节饮食结构,积极治疗肛周疾病,注意合理用药以防治便秘。

3. 小儿便秘

(1)胎粪性便秘。患儿多为器质性病变,由于稠厚的胎粪秘结而形成粪塞,难以排出。正常新生儿在24 h内初次排粪,如48 h后仍无大便,排除先天性肛门闭锁或狭窄、先天性巨结肠后,应考虑该病。

(2)素质性便秘。患儿似乎生来即有便秘倾向,其家族亦有便秘史,除便秘外,其他生理功能与正常儿童无差别。

(3)先天性便秘。患儿多伴有先天性消化系统疾病,如肛门直肠畸形、肛管直肠狭窄、先天性巨结肠、先天性肥大性幽门狭窄、先天性脑及脊髓病变等,均可使小儿出现便秘。

（4）小儿功能性便秘。功能性便秘占小儿便秘的 90％以上，它与肛门直肠动力相关，结肠无力和出口梗阻是其发生的重要原因。其次，小儿饮食不足或不当，常吃精细少渣食物，严重偏食挑食，膳食结构失衡，肠道菌群继发改变，肠内容发酵过程少，大便易呈碱性、干燥，或长期缺乏维生素 B_1 致肠肌无力等均可引起便秘。精神因素也可致小儿便秘，患儿情绪差、焦虑或抑郁等心理障碍，可通过抑制外周自主神经对大肠的支配而引起便秘。胃肠激素异常，如乙酰胆碱、P 物质、血管活性肠肽、神经肽等均与小儿顽固性便秘有关。

儿童长期便秘可影响大脑功能，使记忆力下降，注意力分散，思维迟钝。小儿便秘主要从改变饮食内容及排便习惯、调节情绪及必要时予以药物治疗等方面防治。

4. 术后便秘

手术后患者也是便秘的高危人群，尤其见于妇产科手术、骨科手术及腹部与肛肠疾病手术后患者。其发生原因多由于手术后卧床，尤其是骨科手术患者长期制动，活动量减少，胃肠蠕动减少；卧床使用便盆，排便所需腹压增加，易致排便障碍；手术创伤也是造成便秘的重要原因，如肛肠疾病及会阴手术易致出口梗阻型便秘，而盆腔和胃肠手术使肠蠕动减弱而致便秘；同时手术后患者进食时间较晚，饮食过于精细，量少，膳食纤维的食物不足，食物残渣过少，肠内容物不足，胃肠功能恢复较慢也可致便秘发生。术后发生便秘将影响身体恢复及原发病的治疗效果，故要积极预防。术后尽可能的早日下床活动，手术时尽量减少创伤，合理饮食，促进胃肠功能的早日恢复。

西北燥证流行病学研究证实，新疆各地居民的燥证罹患率在 4.6190％～39.5290％，南疆比北疆更高，与上海（0.5190％）、四川（0.4890％）形成鲜明对照，提示西北燥证的发生的确与当地气候干湿程度相关。

二、便秘的临床分型

健康成人的排便习惯因人而异，大便次数可为每周 3 次到每天 3 次。便秘的罗马标准Ⅱ定义为，在不用泻剂的情况下，在过去的 12 个月中至少 12 周连续或间断出现以下 2 个或 2 个以上症状：①大于 1/4 的时间排便费力；②大于 1/4 的时间粪便是团块或硬结；③大于 1/4 的时间排便不尽感；④大于 1/4 的时间排便时肛门阻塞感或肛门梗阻；⑤大于 1/4 的时间排便需用手协助；⑥大于 1/4 的时间每周排便少于 3 次。便秘的发生不分年龄和性别，其中老年便秘占 25％～30％，长期住院的老年病人便秘发生率高达 80％以上。

在我国，慢性便秘分为轻、中、重三度，并依据其排便动力学的病理生理机制分为三型，以便于诊断和治疗。

（1）慢传输型便秘（slow transit constipation，STC）。慢传输型便秘是功能性便秘的常见类型，约占 45.5％。便秘患者肠道内容物从近端结肠运送到远端结肠和直肠比正常人慢，这可能是由于饮食，甚至文化引起的；另一些人 STC 与部分结肠段迂曲、冗长及盘曲畸形，肠壁神经节细胞先天或后天性减少或缺陷有关。其临床特点为：①常有排便次数减少（小于 3 次/周），便意少；粪质坚硬，可发生粪便嵌塞；②肛直肠指检时无粪便或触及坚硬的粪便，而肛门外括约肌的缩肛和力排功能正常；③全胃肠或结肠通过时间延长；④缺乏出口梗阻型便秘的证据，如气球排出试验正常，肛门直肠测压显示正常。

（2）出口梗阻型便秘（outlet obstructive constipation，OOC）。出口梗阻型便秘是指粪便通过直肠和肛管时受阻而导致的排便困难。其特点为正常或轻微的结肠通过减慢，但粪便残渣在直肠中的留存时间延长。在这种情况下，其主要的缺陷是不能从直肠足量排出其内容物。OOC与肛门、直肠解剖结构异常导致的肛门括约肌功能不协调或直肠对排便反射感阈值异常有关。OOC可有以下表现：①排便费力，排便不尽感，肛门下坠感，排便量少，有便意或缺乏便意；②肛直肠指检时直肠内存有不少泥样粪便，用力排便时肛门外括约肌呈矛盾性收缩；③全胃肠或结肠通过时间显示正常，多数标志物可潴留在直肠内，用力排时直肠能出现足够的推进性收缩；④肛门直肠测压、肌电图或X射线检查的证据表明，在反复用力排便时，盆底肌群出现不合适的收缩或不能放松，呈矛盾性收缩，或直肠壁的感觉阈值异常。

（3）混合型便秘。具备以上（1）和（2）的特点，STC与OOC同时存在。在病史中尤应注意的是若患者以腹痛为主要表现时，多属于便秘型肠易激综合征（IBS）

三、便秘的临床治疗

便秘的临床治疗，首先，应明确便秘原因，然后根据具体病因选择合适的方法进行治疗。

1. 治疗原发疾病

对原发病因明确的便秘患者，应针对病因进行治疗。如甲状腺功能低下者予调整内分泌治疗，结肠肿瘤、息肉患者予手术治疗，痔疮、肛裂所致的便秘应作相应处理。

2. 全身治疗

全身治疗包括饮食疗法和心理治疗。饮食疗法即改变原有的进食习惯，多摄取纤维素丰富的食物；应改变原有的不良排便习惯，建立正常排便反射，适当增加体育运动，以改善原有的结肠动力不良。人群调查和临床观察研究显示，一定强度的心理或体力应激可扰乱正常的胃肠运动，因此治疗便秘时应充分重视心理治疗，对有明显心理因素或心理障碍者可采用心理治疗，心理治疗对重度便秘患者有积极的治疗作用。

3. 药物治疗

对于较严重的便秘，可酌情应用泻剂和胃肠促动力药。选择药物应以尽量减少毒副作用和药物依赖为原则，应避免长期应用或滥用刺激性泻剂。在选择便秘治疗药物时，仅考虑其疗效和起效时间已不符合现代治疗的要求，应同时考虑该药物能否长期使用，其安全性如何，以及患者对药物是否有良好的耐受性。

（1）容积性泻剂。容积性泻剂能加速结肠和全胃肠道运转，吸附水分，使大便松软易排，缓解便秘和排便紧迫感。果胶、车前草、燕麦麸等可溶性纤维素有助于保持粪便水分，植物纤维、木质素等不溶性纤维素可增加大便量。纤维素制剂的优点在于其经济、安全，适用于各级医疗机构，但摄入过多纤维素制剂会发生胃肠胀气，结肠乏力者应慎用。

（2）盐类泻剂。盐类泻剂是一些不易被肠道吸收而又易溶于水的盐类离子，如硫酸镁、硫酸钠等，服用后在肠内形成高渗盐溶液，能吸收大量水分并阻止肠道吸收水分，使肠腔内容积增大，从而对肠黏膜产生刺激，使肠管蠕动增强而排便。这类药物可引起严重的不良反应，临床上应慎用。

（3）刺激性泻剂。刺激性泻剂本身或其体内代谢物能够刺激肠壁，使肠蠕动增强，从而促进排便。长期使用刺激性泻剂可出现药物依赖,损害患者的肠神经系统,这种损害很可能是不可逆的。这类药物包括含蒽醌类的植物性泻药(如大黄、弗朗鼠李皮、番泻叶、芦荟等)、酚酞、双醋酚丁、蓖麻油等。

(4)渗透性泻剂。常用的渗透性泻剂有乳果糖、山梨醇糖浆、PEG 4000(商品名:福松)、氢氧化镁、磷酸钠溶液等。乳果糖和山梨醇糖浆可在肠道内分解成短链有机酸而被吸收,分解过程中产生的二氧化碳和水可引起腹部膨胀。

(5)润滑性泻剂。润滑性泻剂能润滑肠壁,软化大便,使粪便易于排出。润滑性泻剂包括甘油、蜂蜜和液体石蜡等。

(6)促动力药。促动力药通过促进胃肠运动对慢传输型便秘有一定疗效。常用的药物有西沙必利、莫沙必利、普卡必利、替加色罗(tegaserod)和 KW-5092 等。应用西沙必利和莫沙必利时需注意心血管的不良反应,尤其是对老年患者。最近问世的替加色罗和 KW-5092 是高选择性和特异性 5-羟色胺(5-HT$_4$)受体部分激动剂,能调节肠道平滑肌电活动和肠道机械活动,促进肠腔排空,并有调节内脏敏感性的作用,对治疗以便秘为主型肠易激综合征(C-IBS)有效。

4.生物反馈治疗

生物反馈治疗是一种生物行为治疗,利用生物反馈机制,让患者根据其观察到的自身生理活动信息来调整生理活动,并学习控制内脏器官活动,形成正常的排便反射,是一种纠正不协调排便行为的训练方法。生物反馈治疗对出口梗阻型便秘疗效满意,特别是对盆底协调运动障碍性便秘,有效率达 90% 以上;对慢传输型便秘疗效则欠佳,对神经源性便秘疗效也较差。与传统治疗方法相比,生物反馈治疗具有相对非侵入性、易忍受、费用低、可在门诊治疗、无药物毒副作用等优点。

5.手术治疗

对于经多种特殊检查均显示有明确的解剖结构和功能异常,且部位确凿的便秘患者,可考虑手术治疗。手术治疗的适应证包括继发性巨结肠、部分结肠冗长、结肠无力、直肠前膨出症、直肠内套叠、直肠黏膜内脱垂、盆底痉挛综合征等。术前应注意患者有无严重心理障碍,有无结肠以外的消化道异常,有无解剖结构异常以外的神经肌肉异常,有上述异常者手术效果将受到影响。

6.中医中药治疗便秘

临床上治疗便秘的西药很多,主要有膨松剂、PEG、不吸收糖类和多元醇、蒽醌类药物、促动力药物、灌肠和栓剂、不吸收盐类。它们主要是对症治疗,疗效并不理想。慢传输型便秘属于中医"虚秘"范畴。

1)病因病机

黄文李认为,功能性便秘虽然病位在大肠,由大肠传导功能失常,脏腑、津液、气血不足所致,但与肾、气、血的关系最为密切。黄蔚认为便秘病位在大肠,是由大肠濡润传导功能失常所致。大肠正常传导功能有赖气之推动、津之滋润、血之濡养才能完成。刘浩认为,便秘与脾肾不足、气虚津亏有关,气虚津液不足则大便干结且无力排便。

2)辨证论治

朱晓华指出,虚秘旨在以虚为本,调理肺、脾、肾三脏功能,而复大肠传导之职。①补益肺气以通便,治宜益肺通便,以《金匮翼》黄芪汤加味(黄芪、火麻仁、陈皮、白术)等治疗;②温运脾阳以通便,治宜温脾通便,方用《景岳全书》中的济生煎(肉苁蓉、当归、泽泻、牛膝、升麻、枳壳)加减治疗;③滋补肾阴以通便,治宜滋肾通便,方用《沈氏尊生书》中的润肠丸(当归、生地、火麻仁、桃仁、枳壳)加减治疗。李元奇主任医师将便秘分为五型,其中虚秘三型:①津液不足型-增液汤(东岳方):当归、川芎各 12 g,白芍、生地黄、肉苁蓉、何首乌、瓜蒌仁、槐花、女贞子、柏子仁各 15 g,锁阳 20 g;②脾肾两虚-培元丹(东岳方):当归、锁阳各 12 g,白芍、何首乌、女贞子、熟地黄、莱菔子各 15 g,韭菜子、核桃泥、火麻仁各 20 g,生甘草 9 g;③血虚肠燥-秘宝汤(东岳方):当归、肉苁蓉、何首乌、杭白芍、槐花、莱菔子、焦三仙、火麻仁各 15 g,郁李仁、柏子仁、瓜蒌仁、炙杏仁、锁阳各 20 g,生甘草 9 g。饶立新认为,年老体衰,脾虚气弱,中气不足,气机升降失常,传达无力。经曰:"虚则补之",治宜补益中气,方用补中益气汤加减,均取得良效。

3)单味中药治疗

李晨指出《本草纲目》载:"莱菔子之功,长于利气,生能升,熟能降",有消食、除胀、利大便之功效。炒莱菔子含有丰富的油脂,油脂本身就有养阴益气、润肠通便的功效。丁曙晴等认为,白术性温味苦甘,入脾、胃经,《本草求真》称其为"脾脏补气第一要药",而且生白术有润肠通便作用,尤其对于虚证便秘,重用白术已成共识,口服生白术 60 g 水煎液,连续 2 周治疗。

4)辨证与单味有效中药相结合治疗

林乃龙、何涛指出,白术为健脾要药,运用大剂量白术治疗便秘确可润肠通便,便通而不伤阴,通而不燥,属健脾润下型,润而不滋腻,又可顾护脾胃,药用白术 60 g,黄芪 20 g,当归 12 g,地龙 10 g,桃仁 10 g,生麦芽 10 g,每获良效。李红指出,车前子中等用量以上(>20 g)出现通便作用,大剂量(40~60 g)的通便作用更为明显,且无毒副作用,可在治疗老年人虚秘辨证论治时使用。

5)外治法治疗

朱惠平指出,虚秘取脾、胃、肾、大肠、直肠下段、皮质下、便秘点,耳穴压豆的方法,刺激相应穴位,通过经络作用于脏腑,益气养血,温阳散寒之效,使腑气通,大便自复,治疗虚秘 38 例中显效 26 例,好转 8 例,有效 4 例。宋春雨等报道,天枢穴属足阳明胃经,主治腹胀、肠鸣、便秘,按压该穴时可使患者有轻度压迫感为度,治疗效果佳。

7. WS-频谱治疗机治疗顽固性功能性便秘

病例男 7 例,女 5 例,年龄 28~87 岁。其中 60 岁以上 8 例,病程 5~58 年,平均 17.2 年,10 年以上者 9 例。所有病人均依靠服番泻叶或果导维枝每周大便一次。治疗方法:用 WS-301C 治疗仪每日照射足三里及中腹部一次,每次 30 min,照射 1 周后开始减少泻药用量,每周减 1 次,每次减原剂量的 20%,5 周减完,总有效率为 9/12。

8. PEG 治疗便秘

PEG 属于渗透性泻剂,由于其分子链段中含有烯二醇结构,在肠道中既不降解,也不被吸收,其结构中的氧与水以氢键形式结合,将水固定在肠道中,软化大便,增加粪便容积,以达到治疗便秘的效果。其具有如下特点:①具有纯渗透作用,不引起结肠胀气;②不影响电解质平衡;③不影响肠黏膜的完整性;④不改变肠道内正常的 pH 值;⑤不含有糖分,糖尿病患者亦可使用;⑥疗效持久,耐受性良好。

据报道,PEG 4000 的药代动力学特性与它们的相对分子质量相关,相对分子质量越高,被消化道分解吸收的可能性越小,极其稳定可靠。

乔小云等用不同药物进行治疗老年功能性便秘的成本-效果比较研究:86 例门诊老年功能性便秘患者,年龄 60~75 岁,其中男 51 例,女 35 例。入选患者进行必要的病理、生理学检查,确诊均为老年功能性便秘。

将 86 例患者按所用药品种分为 4 组。①比沙可啶组 22 例(比沙可啶,商品名为便塞停,中国药科大学制药有限公司生产,规格:5 mg×8 片,价格:每盒 11.9 元),口服 5~10 mg po qd。②PEG 4000 组 25 例(PEG 4000 散剂,商品名为福松,博福-益普生(天津)制药有限公司生产,规格:10 g×10 袋,价格:每盒 37.4 元)。口服,每次 10 g,早晚餐前服用。③乳果糖组22 例(乳果糖口服溶液,商品名为杜密克,荷兰 Soldvay Pharmaceuticals B. V. 生产,规格:15 mL×6 袋,价格:每盒 45.6 元)。口服,1 次 1 袋,早晚各 1 次。④麻仁丸组 17 例(麻仁丸,南京同仁堂药业有限责任公司生产,规格:60 g,价格:每瓶 37 元)。口服,每次 10 g po tid。以拟定的标准进行药效评价,总有效率(%)=[(治愈例数+显效例数)/总病例数]×100% 来统计。

老年功能性便秘的药物治疗成本是指药物治疗开始后 4 周内的成本。总成本＝直接医疗成本＋间接成本＋不良反应成本。由于是门诊患者,所以直接医疗成本＝药品成本＋检查成本,药品成本＝用药数量×药品零售价;间接成本＝家属帮助费＋旅费＋隐形成本(生活质量);不良反应成本＝床位费×住院天数＋各项检查治疗成本＋药品成本。应用 SPSS 8.0 统计软件对数据进行处理。临床特征情况如表 13-1 所示。

表 13-1　4 组患者临床特征

组　　别	总　例　数	性　别		平均年龄/年
		男	女	
比沙可啶组	22	13	9	68.1±4.3
PEG 4000 组	25	15	10	67.4±6.5
乳果糖组	22	13	9	66.9±4.1
麻仁丸组	17	10	7	69.1±5.1

临床疗效如表 13-2、表 13-3 所示。

表 13-2　4 组老年功能性便秘患者治疗 2 周后的疗效

组　　别	总　例　数	治愈	显效	好转	无效	总有效率/(%)
比沙可啶组	22	3	11	5	3	63.64
PEG 4000 组	25	11	7	6	1	72.00
乳果糖组	22	6	7	9	0	59.09
麻仁丸组	17	1	7	5	4	47.06

表 13-3　4 组老年功能性便秘患者治疗 4 周后的疗效

组　　别	总　例　数	治愈	显效	好转	无效	总有效率/(%)
比沙可啶组	22	6	9	5	2	68.18

续表

组　　别	总 例 数	治愈	显效	好转	无效	总有效率/(%)
PEG 4000组	25	17	5	4	0	88.00
乳果糖组	22	11	7	4	0	81.82
麻仁丸组	17	4	5	5	3	52.94

　　由于是门诊患者,只需按设计方案定期复诊和询诊,因此不产生住院费用。往返路费和人员陪同等费用无法确定,故忽略不计。总成本仅包括药费、检查费(每次216.00元)、专家挂号费(每次4.50元)、不良反应处置费。本试验中虽有患者出现不良反应,但无需治疗,通过减量或排便后就能克服,因此不良反应处置费为0。各组费用的均值如表13-4所示。

表13-4　4组费用均值比较　　　　　　　　　　单位:元

组　　别	药　　费	检 查 费	挂 号 费	总 成 本
比沙可啶组	64.16	216.00	14.93	295.09
PEG 4000组	125.07	216.00	14.04	355.11
乳果糖组	302.27	216.00	13.09	531.36
麻仁丸组	48.25	216.00	15.97	280.22

(4)治疗成本-效果比分析如表13-5所示。

表13-5　4种药物治疗老年功能性便秘成本-效果比分析

组别	总有效率 (E)/(%)	平均疗程/d	成本-效果比/(C/E)	$\Delta C/\Delta E$
比沙可啶组	68.18	24.05	4.33	0.98
PEG 4000 散剂组	88.00	16.72	4.04	2.14
乳果糖组	81.81	18.77	6.50	8.70
麻仁丸组	52.94	26.35	5.29	0.00

　　从表13-5可以看出,PEG 4000散剂的成本-效果比最低,该药是治疗老年功能性便秘较经济的药物。其次顺序是比沙可啶片、麻仁丸和乳果糖口服溶液。由表13-2和表13-3可以看出,PEG 4000散剂治愈率比其他药物的高。药物治疗老年功能性便秘的疗效受到的影响因素较多,如饮食、运动量、情绪等,因此在治疗前要给予患者相关的指导,以配合治疗。PEG 4000散剂和乳果糖口服溶液的有效率分别达到88.0%和81.82%,与文献报道相似。

　　方秀才、柯美云等对PEG 4000治疗成人功能性便秘进行疗效和安全性评价试验。

　　试验组服用PEG 4000(商品名:福松,Forlax,博福-益普生(天津)制药有限公司生产,批号:J17CGG),每次1袋(10 g),一杯水化服,bid;对照组服用乳果糖(商品名:杜密克,Duphalac,苏威杜法制药厂,生产批号:300865),每次15 mL(1袋),bid。试验用药均在早餐、晚餐后服用。疗程为4周,试验期间不能同时服用其他通便药。如患者用药后症状缓解或患者不愿继续服药,可在用药2周后结束试验。

试验组用药 7～8 d 后,接近每天规律排便 1 次,在此后的 3 周的治疗中,大便次数保持在每日 1 次,结果如表 13-6 所示。

表 13-6　2 组患者治疗后平均每日排便次数比较

组　　别	第 1 周	第 2 周	第 3 周	第 4 周
试验组	0.84	0.92	0.95	0.97
对照组	0.77	0.92	0.89	0.91

治疗 2 周和 4 周时 2 组疗效比较如表 13-7 和表 13-8 所示。

表 13-7　2 组 2 周疗效比较

组　　别	n	显效		良效		有效		无效		总有效	
		n	比例/(%)	n	比例/(%)	n	比例/(%)	n	比例/(%)	n	比例/(%)
试验组	92	65	70.7[a]	21	22.8	5	5.4	1	1.1	86	93.5[b]
对照组	94	47	50.0	36	38.3	6	6.4	5	5.3	83	88.3

注:与对照组比较,a:$P<0.01$;b:$P>0.05$。

表 13-8　2 组 4 周疗效比较

组别	n	显效		良效		有效		无效		总有效	
		n	比例/(%)	n	比例/(%)	n	比例/(%)	n	比例/(%)	n	比例/(%)
试验组	73	61	83.6[a]	8	11.0	4	5.5	0	0	69	94.5[b]
对照组	77	64	57.1	25	32.5	4	5.2	4	5.2	69	89.6

注:与对照组比较,a:$P<0.01$;b:$P>0.05$。

便秘伴随症状改善情况的比较:治疗 2 周,试验组患者腹胀、腹痛、排便困难,食欲缺乏 4 项症状缓解率分别是 68.3%、88.2%、85.7% 和 65.2%,对照组分别为 50.0%、78.6%、48.9% 和 52.2%。经 χ^2 检验,试验组排便困难的缓解率明显高于对照组的($P<0.01$)。治疗 4 周试验组患者腹胀、腹痛、排便困难、食欲缺乏 4 项症状缓解率分别为 74.1%、90.9%、78.4% 和 85.7%,对照组分别为 67.6%、77.8%、66.7% 和 50.0%,组间比较无显著性差异。

患者对药物接受程度的比较:在 4 周的观察用药结束后,试验组和对照组仍愿意选择原治疗药物的患者比例分别为 98.2%(56/57)和 66.7%(38/57),患者对 PEG 有较好的接受度($P<0.01$)。

PEG 在国外用于功能性便秘的治疗已多年,文献报道长期使用(6 个月)疗效稳定,患者耐受性好,安全,其不影响脂溶性维生素的吸收。近年也有 PEG 治疗儿童慢性功能性便秘的临床资料报道。

周丽雅等进行了用 PEG 4000 治疗成人慢性便秘的随机对照临床试验研究。

受试者条件。受试前签署受试者知情同意书。年龄 20～70 岁的门诊病人,男女不限,患者功能性便秘 3 个月以上(大便每周≤3 次,大便形状为 Bristol 图谱中 1、2、3 型,如表 13-9 所示),试验前一周停用影响本试验的药物如泻剂等。对有肝肾功能不良及心功能不全者、肿瘤患者、有不明原因的腹痛、腹部手术外伤史、孕妇或哺乳期妇女、有过敏史者等不入选。

表 13-9　Bristol 大便形成的规模状

类　型	描　述
1	像螺母状分开的硬块(难吸收)
2	只有香肠状出现
3	像香肠但是在它表面有裂缝
4	像香肠或者蛇状,柔软且平滑
5	边缘柔软的(很容易吸收)
6	边缘有毛茸茸的碎片,成糊状大便
7	水状,无坚实的碎片

分组、给药方案及剂量疗程。按照入选顺序随机进入治疗组和对照组。试验组:口服 PEG 4000(商品名:福松,Forlax,博福-益普生(天津)制药有限公司生产,批号:G62R),每袋 10 g,每次 1 袋,每天 2 次;对照组:口服欧车前亲水胶体(商品名:康赐尔,Konsyl,美国欧车前亲水胶体大药厂生产,批号:D60106),每袋 6 g,每次 1 袋,每天 2 次,疗程为 14 d。

观察指标、疗效、判断标准在服药的周末和第二周末随访时交给医生并评定。分别于用药前及试验结束后(第二周末)进行血、尿、便常规及血电解质、肝肾功能检查。治疗后实验室检查异常者需追踪复查至正常为止。

显效:两周之内大便次数及形状均恢复正常;有效:两周之内大便次数及形状二者之一恢复正常;无效:两周之内大便次数及形状均未达到正常。大便次数正常的标准为每周 3 次;大便形状正常的标准为 Bristol 图谱中的 4、5、6 型。

治疗依从性评价。患者在服药期间通过电话随访服药情况并在服药 1 周及 2 周末来医院复诊两次,向医生返还记录表格。患者按时服用应服药品的 90% 以上的为依从性良好。

试验组和对照组有效率的比较。治疗后试验组和对照组的显效率分别为 81.0% 和 62.7%,二组差异有显著性($P<0.05$),而总有效率(显效＋有效)分别为 85.7% 和 86.4%,二组差异无显著性($P>0.05$),结果如表 13-10 所示。

表 13-10　两组间的临床效果比较

	例数	显效		有效		无效		总有效率/(%)
		例数	比例/(%)	例数	比例/(%)	例数	比例/(%)	
试验组	63	51	81.0*	3	4.7	9	14.3	85.7
对照组	59	37	62.7*	14	23.7	8	13.6	86.4

注:* $P<0.05$。

两组各临床症状消失率和平均消失时间比较。治疗后两种药物使慢性功能性便秘患者各临床症状消失率和平均消失时间如表 13-11 所示,仅腹痛的消失时间试验组优于对照组,二组相比差异有显著性($P<0.05$),其余各临床症状的消失率和消失时间在两组间均无统计学差异($P<0.05$)。

表 13-11 两组间治疗后症状消失时间比较

症状	试验组		对照组	
	百分率/(%)	时间/d	百分率/(%)	时间/d
腹胀	86.6	8.03±4.71	82.2	6.90±3.96
腹痛	71.4	6.20±3.76 *	68.8	9.18±4.33 *
难吸收	68.3	8.22±4.36	70.9	8.44±4.38
厌食	56.5	7.85±4.91	63.1	7.87±4.60

注：* $P < 0.05$。

康文全等用 PEG 4000 治疗出口梗阻型便秘的临床疗效观察。病例来源：69 例出口梗阻型便秘病人均来自医院消化科门诊，年龄 25～72 岁，平均年龄 39.4±5.5 岁，男 24 例，女 45 例，且所有入选便秘病人符合罗马Ⅱ慢性功能性便秘标准。采用随机对照试验方法，试验组 36 例和对照组 33 例，分别接受 PEG 4000 和乳果糖治疗，疗程 4 周并评估其疗效。总体疗效评估采用视觉模拟评分方法(VAS)。治疗 2 周和 4 周后，二组每周排便次数较治疗前均显著增加，大便性状、排便困难和直肠排空感均比治疗前明显改善($P < 0.01$)，但二组间差异无显著性($P < 0.05$)，其中大便性状改善方面，PEG 4000 明显优于乳果糖($P < 0.05$)。PEG 4000 组 100 mmVAS 评分为 75.3，显著高于乳果糖组的 54.8($P < 0.05$)。结果表明，PEG 4000 治疗出口梗阻型便秘更安全有效。

PEG 4000 治疗便秘的疗效好，安全，价格较为经济，不仅可以单独应用于临床，而且还可以与其他治疗便秘药物合并应用于临床，疗效得到了提高。

据报道，卢克新等人用替加色罗联合 PEG 治疗便秘型肠激综合征(IBS)。病例及分组：病例用罗马Ⅱ诊断标准为入选条件，替加色罗加 PEG 4000(联合治疗)组 42 例，男 18 例，女 24 例；替加色罗组 36 例，男 23 例，女 13 例；莫沙必利组 37 例，男 22 例，女 15 例。3 组患者性别、年龄、病程比较差异均无统计学意义($P > 0.05$)，具有可比性。

治疗方法。联合治疗组服用替加色罗(商品名：译马可)6 mg，每天 2 次，加 PEG 4000 10 g，每天 3 次，均在早餐及晚餐前 30 min 服用；只服用替加色罗 6 mg，在早餐及晚餐前 30 min 服用；莫沙必利组服用莫沙必利(鲁南制药集团股份有限公司生产，商品名：快力)10 mg，每天 3 次，均在早餐及晚餐前 30 min 服用。各组疗程均为 15 d。

治疗结果。

(1)结肠传输时间比较：治疗前，三组与正常对照组相比，结肠传输时间均显著延长($P < 0.05$)；治疗后，联合治疗组和替加色罗组与莫沙必利组相比，结肠传输时间显著缩短($P < 0.05$)；而替加色罗组与联合治疗组相比，结肠传输时间差异无统计学意义($P > 0.05$)。结果如表 13-12 所示。

表 13-12 结肠传输时间比较($X ± S$)

组 别	例 数	治疗前/h	治疗后/h
联合治疗组	42	36.93±12.65 *	22.57±7.87 *
替加色罗组	36	36.89±11.98 *	27.24±9.91 *

续表

组 别	例 数	治疗前/h	治疗后/h
莫沙必利组	37	36.02±10.64*	31.89±10.83
正常对照组	30	17.52±8.10	—

注:联合治疗组与正常对照组比,$P<0.05$;联合治疗组与莫沙必利组比,$P<0.05$。

(2)腹痛、腹胀改善程度比较:联合治疗组和替加色罗组与莫沙必利组相比,腹痛改善显著($P<0.05$)。联合治疗组与替加色罗组相比,腹胀改善显著($P<0.05$);替加色罗组和莫沙必利组间的差异无统计学意义($P>0.05$)。结果如表 13-13 所示。

表 13-13 IBS 患者腹痛,腹胀改善程度比较

组 别	例数	腹 痛				腹 胀			
		显效	有效	无效	总有效率	显效	有效	无效	总有效率
联合治疗组	42	27	11	4	90.48%	34	6	2	95.23%*
替加色罗组	36	25	6	5	86.11%	18	11	7	80.56%
莫沙必利组	37	13	11	13	64.8%	15	11	11	74.2%

注:联合治疗组与莫沙必利组比较,$\chi^2=2.224$,$P<0.05$;联合治疗组与替加色罗组比较,$\chi^2=6.037$,$P<0.05$。

(3)大便 Bristol 分级改善比较:治疗前,各组间大便 Bristol 分级构成差异并无统计学意义($P>0.05$);治疗后,各组分别与治疗前相比,大便 Bristol 分级构成差异有统计学意义($P<0.05$)。结果如表 13-14 所示。

表 13-14 IBS 患者治疗前后大便 Bristol 分级

组 别	时 间	例 数	Bristol 分级						
			I	II	III	IV	V	VI	VII
联合治疗组	治疗前	42	26	11	6				
替加色罗组	治疗前	36	25	11	5				
莫沙必利组	治疗前	37	28	6	3				
联合治疗组	2 周后	42			3	7	27	4	1
替加色罗组	2 周后	36			1	3	14	17	1
莫沙必利组	2 周后	37		5	10	14	8	1	

注:2 周后,联合治疗组、替加色罗组和莫沙必利组分别与治疗前比较,大便 Bristol 分级的构成差异均有统计学意义($P<0.05$,χ^2 分别为 62.04、152.64 和 19.68)。

对于 IBS,临床上常给予各种肠道运动调节剂、刺激剂等药物治疗,但疗效欠佳。替加色罗是一种氨胍吲哚类化合物,为高选择 5-羟色胺 4(5-HT$_4$)受体激动剂,5-HT$_4$ 受体激活可减少时相性收缩,增加推动性运动,加快结肠内容物的通过,提高进餐前后的结肠张力和动力指数,是蠕动反射及全胃肠道动力的触发因子。单纯替加色罗可显著改善结肠传输时间、腹痛和大便性状等,与 Kamm 试验结果相似。与替加色罗组和莫沙必利组相比,联合治疗组可显著

改善结肠传输时间、腹痛和腹胀程度以及大便 Bristol 分级等,提示联合 PEG 4000 可提高替加色罗改善 IBS 患者的运动和感觉功能。

　　成凤干进行了用曲美布丁联合 PEG 治疗功能性便秘的研究。方法:功能性便秘患者随机分为 3 组,联合治疗组(曲美布丁(100 mg,3 次/天)加 PEG4000(10 g,3 次/天));曲美布丁组(曲美布丁 100 mg,3 次/天);正常对照组。各组疗程均 15 d,疗效应用症状积分评价。其结果为:联合治疗组和曲美布丁对功能性便秘均有一定疗效,而联合治疗组在结肠传输、症状功能改善及大便性状改善方面均优于曲美布丁组的。结果表明,联合 PEG 可提高曲美布丁改善功能性便秘患者的运动和感觉功能。

第二节　PEG 在临床术前肠道准备中的应用

一、术前肠道处理的意义

　　临床上,大多数手术之前都需要进行肠道清洁处理,其主要目的有:①保持肠道空虚,以防止麻醉时引起呕吐;②避免肠管膨胀,影响肠管暴露而误伤肠管;③保持胃肠空虚状态,减少手术后胃肠胀气,有利于胃肠功能的恢复,防止肠粘连;④有些妇科肿瘤如卵巢恶性肿瘤,易侵犯肠管,做手术时有可能切除部分肠道,故清洁灌肠也为肠道手术做准备;⑤避免膨胀的肠管挤压手术部位,减少术后疼痛和出血;⑥消化道手术前肠道准备,能明显降低术后感染和并发症的发生,术前肠道准备(处理)适用于乙状结肠代阴道术、直肠阴道瘘修补术及肠道切除术患者,在普外科适用于结肠、直肠疾病患者肠镜检查,以及肝胆胰脾等手术。

二、术前肠道准备方法

　　理想的肠道准备应安全、迅速,清洁效果好,方法简便,经济,患者依顺性好。肠道准备主要包括机械性肠道准备和预防性抗生素的使用两个方面。

1. 饮食管理

　　饮食管理是肠道准备的一项重要内容,适应的饮食对于肠道准备的成功具有重要的临床意义。传统的饮食管理是检查或手术前 2～3 天给予少渣(半流质)饮食,术前 1 天流质饮食。但研究显示,术前 1 天进易消化饮食,如面条、粥等,不会产生饥饿感,因而患者的依从性好,肠道清洁也能达到满意效果。因此,在手术前 1 天开始进行饮食控制即可。

2. 灌肠法

　　灌肠法(enema)是最传统的肠道准备方法,是将一定量的溶液通过肛管,由肛门经直肠灌入结肠的方法,以帮助病人清洁肠道,排便、排气或向肠道内注入药物,达到确定诊断或治疗的目的。常用的溶液为 0.1%～0.2%肥皂水、生理盐水或清水。可以比较直观地判断肠道的清洁程度。该方法虽能达到比较满意的肠道清洁效果,但操作烦琐,既增加了护士的工作量,也给患者带来了不便和痛苦。对于需在短时间内要进行手术前的肠道准备,采用此法较为理想。例如,辉力灌肠剂,其活性成分磷酸钠盐在肠道内形成高渗环境,吸收肠管水分,刺激肠管蠕动亢进,同时其渗透作用使大便软化后排出。由于药量少,药液直接作用于结肠,加上其Comfortep 瓶口较长,可插入直肠较深部位,对肛门括约肌的刺激强度减弱,药液在结肠内保留时间相对延长,从而得到较为理想的灌肠效果。而且,该灌肠剂集药液和灌肠器为一体,无需特殊设备,1～2 min 即可完成全部操作。

据报道,有一项分析对结直肠术前行肠道准备的价值提出了质疑。澳大利亚一项随机研究对比了磷酸钠盐灌肠与口服 PEG 两种术前肠道准备方法,结果表明,与口服 PEG 相比,术前应用磷酸钠盐灌肠剂行肠道准备会增加吻合口瘘发生而需再次手术的几率。这一结果不支持择期结直肠手术患者手术前常规应用磷酸钠盐灌肠剂行肠道准备。

3. 导泻法

口服泻药法是通过服用泻下药物引起排便,从而排除肠内容物的方法。此法也可以达到清洁肠道的目的,且操作方便,易于为患者接受,并可联合使用其他方法。常用的有以下几种中西药剂:20％甘露醇、50％硫酸镁、磷酸钠、番泻叶浸泡剂、蓖麻油及硫酸钠(芒硝)。

三、PEG 在临床术前肠道准备中的应用

PEG 为长链性聚合物,口服后几乎不吸收,不分解,以氢键结合水分子,有效增加肠道液体成分,刺激肠蠕动,引起水样腹泻,达到清洁肠道的目的。由于其过程为物理原理,无任何不良反应,患者依顺性好,操作简便、易行,因而 PEG 在临床上用于术前肠道准备愈来愈多。

颜欣、田红梅、杨金霞报道:医院肿瘤外科 2004—2006 年无肠梗阻大肠术前患者 136 例,其中男 82 例,女 54 例,年龄 32～85 岁,中位年龄 55 岁。136 例患者中直肠癌 76 例,乙状结肠癌 26 例,降结肠(含脾曲)癌 5 例,升结肠(含盲肠和肝曲)癌 28 例,横结肠癌 1 例。

将 136 例患者随机分成 A 组 70 例,B 组 66 例进行术前肠道准备。A 组手术前 1 天禁食,下午 3 点开始服用复方聚乙二醇电解质散剂(舒泰神(北京)生物制药有限公司生产)4 包,温开水冲配等渗性全肠灌洗液,按说明书每次 250 mL,每隔 10～15 min 服用 1 次,直至排出水样清便,最多不超过 3000 mL。手术当天早晨肥皂水灌肠 1 次。B 组应用传统清洁灌肠方法,术前 3 天给传统流质饮食(米汤、面汤),每日服用 50％硫酸镁 50 mL,手术前 1 天禁食,晚肥皂水清洁灌肠直至排出水样清便,手术当天早晨肥皂水灌肠 1 次。

肠道清洁程度。A 组肠道清洁程度优 56 例,良 13 例,差 1 例,肠道清洁满意率 99％;B 组分别为优 50 例,良 14 例,差 2 例,肠道清洁满意率 97％。两组比较,差异无统计学意义($P>0.05$)。

体重、血清总蛋白、血清钾水平。A 组肠道准备当天早晨和手术当天早晨体重、血清总蛋白、血清钾水平指数比较无显著差异($P>0.05$);而 B 组手术当天早晨指数明显下降,比较有统计学意义($P<0.05$)。结果如表 13-15 所示。

表 13-15　2 组患者肠道准备当天早晨和手术当天早晨比较($X±S$)

组　　别	血清总蛋白/(g/L)	血清钾/(mmol/L)	体重/kg
A 组			
肠道准备当天早晨	67.85±3.83	4.56±0.42	64.56±14.26
手术当天早晨	67.28±3.74	4.45±0.35	64.05±14.57
t 值	−0.873	1.451	−0.765
P 值	>0.05	>0.05	>0.05
B 组			
肠道准备当天早晨	67.62±3.78	4.49±0.39	65.43±15.47
手术当天早晨	63.24±3.33	4.15±0.42	62.12±15.11
t 值	6.378	65.364	5.965
P 值	<0.05	<0.05	<0.05

王姗,焦文芹报道,直肠癌手术前常规要进行肠道清洁准备,肠道清洁能明显降低手术后感染和并发症的发生,成为确保手术安全的重要措施之一。肠道准备方法包括术前 3 天口服抗菌药物、流质饮食以及术前 1 天导泻及清洁灌肠。自 2006 年 10 月以来对 45 例择期行直肠癌手术患者采用复方聚乙二醇电解质散进行了术前肠道清洁准备,取得了良好的临床效果,现报道如下。

选取 2006 年 10 月—2007 年 10 月收住的直肠癌患者 90 例,随机分为观察组 45 例(口服复方聚乙二醇电解质散)和对照组 45 例(口服甘露醇)。观察组男 22 例,女 23 例,年龄为 17～77 岁;对照组男 20 例,女 25 例,年龄为 16～85 岁。两组患者在性别、年龄、病情、体重及体质差异等方面无显著性意义($P>0.05$),具有可比性。

两组均术前 3 天开始流质饮食,术前 1 天补液,20:00 禁食水。观察组术前 1 天 10:00 开始服用聚乙二醇电解质散溶液(商品名为恒康正清,其规格为 A、B、C 各 1 包,A 包含氯化钾 0.74 g、磷酸氢钠 1.68 g,B 包含氯化钠 1.46 g、硫酸钠 5.68 g,C 包含 PEG 4000 60 g),各取 2 包加温开水配成 2000 mL 溶液,首次口服 1000 mL,以后每 15 min 口服 250 mL,直至服完;对照组在相同时间口服 20% 甘露醇 250 mL,30 min 后分别服用 5% 葡萄糖 1000 mL 或生理盐水 1000 mL。两组于手术当日早晨均行清洁灌肠。

用肠道清洁效果判定。根据医师术中观察的直肠内清洁程度分为三级:Ⅰ级,佳,直肠内无粪汁及粪渣;Ⅱ级,良,直肠内仅有少量粪汁及气体;Ⅲ级,差,直肠内有较多粪汁及粪渣,胀气明显。在术后观察肠功能恢复、排空大便时间及肠道准备过程中患者有无腹胀、恶心、呕吐、乏力、虚脱等不良反应发生的情况。结果如表 13-16 所示。

表 13-16　两组患者灌肠次数及排便次数比较

组　　别	例数	灌肠次数		排便次数	
		≤2 次	≥3 次	≤3 次	≥4 次
对照组	45	15(33.33%)	30(66.67%)	12(26.67%)	33(73.33%)

续表

组　别	例数	灌肠次数		排便次数	
		≤2 次	≥3 次	≤3 次	≥4 次
观察组	45	36(80.00%)	9(20.00%)	40(88.89%)	5(11.11%)
χ^2		19.95		35.71	
P 值		<0.01		<0.01	

两组患者肠道清洁效果、排空大便时间及不良反应情况比较如表 13-17 所示。

表 13-17　两组患者肠道清洁效果、排空大便时间及不良反应情况比较

组别	例数	肠道清洁效果			不良反应例	排空大便时间 $(X\pm S)$/h
		Ⅰ级	Ⅱ级	Ⅲ级		
对照组	45	15(33.33%)	26(57.78%)	4(8.89%)	15(33.33%)	4.28±0.55
观测组	45	18(40.00%)	25(55.56%)	2(4.44%)	6(13.33%)	4.07±0.43
χ^2/t		0.84			5.03	1.94
P		>0.05			<0.05	>0.05

术前肠道准备情况直接影响手术效果,与术后并发症发生有着密切的关系。肠道准备应达到:①结肠内容物基本排空;②结肠内细菌数量减少;③降低术后吻合口瘘的发生率。目前临床常用甘露醇进行术前肠道准备,并经临床验证确实达到了肠道准备的基本要求。但 20% 的甘露醇属高渗性下泻药,口服后短时间内导致肠内渗透压急剧升高,阻止肠内水分吸收,使体液中水分向肠腔转移,大量体液丢失,部分患者会有恶心、呕吐及腹胀,并且少数患者对甘露醇反应明显,致使甘露醇较快排出体外,起不到预期的准备效果,增加了灌肠的次数和患者的痛苦。此外,甘露醇能诱发肠腔感染和产生爆炸性气体(甲烷和氢),给手术带来一定的隐患。

PEG 的临床应用,无需特殊准备,护理程序简单,只需向患者做好解释,口服前交代注意事项,观察服药效果,指导患者正确掌握服药时间、服用量及服药后的饮食要求。本药物大大减少了患者的不适感及减少了护士的工作量,提高了护理质量。

王玲,乔凌,张晓红报道,肠道准备广泛涉及基础及护理工作,与院内感染控制、临床医护质量、并发症的发生密切相关,甚至直接决定了手术和检查的结果。妇科手术是针对女性生殖器官病变进行的手术,手术范围基本不涉及肠道。但妇科手术是盆腔器官的手术,位置较深,肠道准备的优劣直接影响术中视野的暴露,肠道准备不足可直接增加手术的难度。

医院妇科从 2004 年 11 月—2005 年 1 月共有 50 例患者行妇科手术前接受恒康正清口服灌肠剂进行肠道准备,平均年龄为 51.2 岁(29~75 岁)。其中 16 例行常规妇科开腹手术或简单的腹腔镜手术(常规手术组),包括开腹子宫切除术 13 例,腹腔镜下卵巢囊肿剥除术 1 例,腹腔镜下双侧输卵管切除术 1 例,腹壁结节切除术 1 例;20 例行阴式或腹腔镜辅助阴式手术(阴式手术组),包括 10 例腹腔镜辅助阴式手术,10 例阴式全子宫切除术+阴道前后壁修补术;14 例行恶性肿瘤手术(恶性手术组),包括卵巢癌肿瘤细胞减灭术 10 例,子宫内膜癌次广泛子宫切除术+盆腔及腹主动脉旁淋巴结切除术 2 例(其中 1 例同时切除部分小肠),宫颈癌广泛子宫切除术＋盆腔淋巴结切除术 1 例,子宫肉瘤行双附件切除＋盆腔淋巴结切除术 1 例。

同期以口服甘露醇行手术前准备,10 例患者作为常规手术组对照,平均年龄为 41.6 岁(17～65 岁)。其中 3 例行开腹全子宫切除术,7 例行腹腔镜下附件切除术或肿物剥除术。

所有患者均于术前 1 天晚餐进流食,从 22:00 后禁食水。次日 16:00 将 3 盒恒康正清加温开水 3000 mL,首次服用 600～1000 mL,以后每隔 10～15 min 服用 1 次,每次 250 mL,直至服完。对照组患者将 20% 甘露醇 250 mL 加 1250 mL 水稀释后,于 15:00—17:00 分次服用。手术当日清晨根据患者腹泻程度和手术范围,给予 2～4 次甘油灌肠。

采用下列几种情况作为肠道准备满意的标准:①服药后末次排便为水样,无粪便或黏液;②手术日清晨灌肠排便为水样,无粪便或黏液;③术中肠管无胀气。根据以上标准评判患者肠道准备的满意程度及患者的反应,以 SPSS 10.0 软件,采用 t 检验和 χ^2 检验,结果如表 13-18所示。

表 13-18　三组患者对于口服恒康正清的反应情况

项目	例数 n	年龄/岁	服药时间/min	开始排便时间/min	排便次数/次
常规手术组	16	47.0	58.1	115.3	6.0
阴式手术组	20	54.2	79.0	63.5	8.1
恶性手术组	14	52.0	78.6	82.9	7.5
P		0.212	0.109	0.107	0.040

口服甘露醇与口服恒康正清的对照组和常规手术组患者肠道准备的反应如表 13-19、表13-20、表 13-21 所示。两组的年龄分别为 41.6 岁和 47.2 岁,两者年龄差异无显著性。服药时间分别为 135 min、58.1 min。开始排便时间分别为 85.0 min、115.3 min;开始排便时间差异无显著性。患者平均排便次数分别为 3.4 次、6.0 次,两者比较差异有显著性。口服恒康正清患者排便次数多于口服甘露醇患者。

表 13-19　常规手术组和对照组患者肠道准备的反应情况

项目	例数 n	年龄/岁	服药时间/min	开始排便时间/min	排便次数/次
常规对照组	10	41.6	135	85.0	3.4
常规手术组	16	47.0	58.1	115.3	6.0
P		0.263	<0.001	0.424	0.005

表 13-20　三组患者口服恒康正清后出现不适的情况

不良反应	恶心	呕吐	腹痛	腹胀	合计
例数 n	8(16%)	2(4%)	5(10%)	3(6%)	18(36%)

如表 13-21 所示,常规手术组 16 例中,13 例满意,满意率为 81.3%。阴式手术组 20 例中,19 例满意,满意率为 95.0%。恶性手术组 14 例中,12 例满意,满意率为 85.7%。三组满

意率差异无显著性。

表 13-21 三组患者口服恒康正清肠道准备满意度比较

组别	总例数	满意例数	不满意例数	满意率/(%)
常规手术组	16	13	3	81.3
阴式手术组	20	19	1	95.0
恶性手术组	14	12	2	85.7

注：$P=0.430(>0.05)$，无显著性差异。

妇科腹腔镜手术前的肠道准备是为了刺激肠蠕动，软化和清除粪便，排除肠内积气，防止患者因麻醉后肛门括约肌松弛不能控制排便而增加污染机会，也可减少肠道积气充盈及存有粪便影响手术操作，便于术野显露，保障手术顺利进行，同时还能减轻术后腹胀不适。

目前肠道准备方法有以下几种：①饮食准备，单独控制饮食并不能达到肠道准备的目的，但它是各种检查和手术普遍采用的基础辅助方法；②灌肠法，最重要的广泛应用的传统肠道准备方法，操作烦琐，对直肠、结肠有一定的损伤，可与口服药物联合应用；③口服药物法，服用方便，易于接受，效果肯定，可联用其他方法，常用的药物有 20%甘露醇、番泻叶、全胃肠动力药、电解质液、中药等；④口服抗生素，目的是减少肠道细菌，控制肠源性感染。

恒康正清口服肠道准备患者耐受性好，准备效果满意度与甘露醇相比差异无显著性，适合妇科各种手术，可代替甘露醇单独使用，也可根据情况辅助次数较少的灌肠。

刘春、李勇应用报道，临床观察发现，肝胆胰脾手术术前严格的肠道准备使术后排气及排便时间、病情恢复时间及住院时间缩短，术后恢复进程明显改善，感染性并发症明显减少，减少了患者的痛苦和医疗费用。多年来，临床一直采用传统清洁灌肠法，实践发现这一操作或多或少会给患者带来一些不适感。如患者存在灌肠恐惧感，因身体过分暴露而不愿意接受灌肠的情况等。另外，长期便秘或未按术前要求进食的患者，在进行肠道准备时，需反复多次灌肠，才能达到清洁肠道的目的，这不仅增加了患者的痛苦，也增加了护士的工作量。应用复方聚乙二醇电解质散为肝胆胰疾病患者进行肠道准备，取得了较好的效果。

患者 230 例，男 145 例，女 85 例，年龄 19～83 岁，平均 42 岁。其中胆道手术 178 例，肝脏手术 42 例，胰腺手术 10 例。术前常规心肺功能检查正常，随机将患者分为观察组 120 例和对照组 110 例，两组患者在年龄、性别、病种、体质上差异无显著性，具有可比性。

观察组于手术前 1 天 15:00 开始服药。取复方聚乙二醇电解质散 3 盒（每盒内含 A、B、C 各 1 小包。A 包：氯化钾 0.74 g，碳酸氢钠 1.68 g；B 包：氯化钠 1.46 g，硫酸钠 5.68 g；C 包：PEG 4000,60 g），将盒内各包药粉一并倒入带有刻度的杯中，加温开水至 3000 mL，搅拌至完全溶解即可服用。首次服用 600 mL，以后每隔 10～15 min 服用 1 次，每次 250 mL 直至服完。患者于术前 1 天晚餐进流食，从 22:00 开始禁食；对照组术前 3 天进少渣半流质饮食，术前 1 天进流质饮食，20:00 使用 0.1%～0.2%肥皂水（肝昏迷患者禁用）在 39～41 ℃下进行清洁灌肠，术晨 6:00 再予以生理盐水灌肠 2 次，以刺激肠蠕动，清除肠腔粪便和积气。给药后观察两组患者的接受程度和排便次数、术后排气时间、有无不良反应和睡眠时间。数据经 SPSS 10.0 软件处理，采用 t 检验。结果如表 13-22 所示。

表 13-22　两组患者排便次数及术后排气时间比较($\overline{X}\pm S$)

组别	例数	排便次数	术后排气时间/d
观察组	120	5.15±0.36	2.11±0.25
对照组	110	5.42±0.26	2.32±0.35
t		10.89	6.23
P		>0.05	>0.05

观察组与对照组排便次数及术后排气时间经统计学处理,$P>0.05$,差异无显著性。

传统清洁灌肠使用多年的术前肠道准备方法,原理是应用温肥皂水对肠黏膜产生化学刺激,引起肠蠕动,促进排便。但该种方法需患者过分暴露身体,部分患者不愿接受该操作。另外,由于灌肠次数多需反复插管,会损伤肠道黏膜,引起肛管水肿,患者疼痛难忍,肠道不适感达到80%。有痔疮的患者更易引发疼痛,而年老体弱者因灌肠液保留不住,导致每次的灌肠液不足,需反复多次灌肠,不仅增加患者的痛苦,也增加护士工作量,同时肥皂液对肠道的刺激使患者产生腹痛、腹部不适及里急后重等症状。

复方聚乙二醇电解质散清洁肠道机制是,口服复方聚乙二醇电解质散溶液后,通过溶液自身重力作用刺激小肠蠕动,并可软化粪便,另外复方聚乙二醇的大分子润滑性较强,可促进排便,是目前最优越的肠道准备方法之一。复方聚乙二醇4000既不会被吸收也不会被分解代谢,有良好的消化道耐受性。其优点是:①不需要长时间限制饮食;②不被肠内需氧菌酵解而产生爆炸性气体,避免电切引起的肠道爆炸;③护理程序简单。

术前充足的睡眠是手术顺利进行和术后早日康复的必要保证。传统清洁灌肠严重影响了患者的休息,使机体抵抗力下降,患者在疲惫不堪的状态下接受手术,增加了手术的风险。口服肠道药物复方聚乙二醇电解质散不影响睡眠,有利于手术的开展,促进术后早日康复。

王超报道,传统的清洁灌肠法确实能有效地清除大量粪便,与肠道抗生素协同,减少术后伤口感染,然而这种清肠方法延长了住院日期,需要三天的流质饮食,常使患者产生不适和血清电解质发生变化。

参考文献

[1] 姚日生.药用高分子材料[M].2版.北京:化学工业出版社,2008.
[2] 喻德洪.现代肛肠外科学[M].北京:人民军医出版社,1997,472.
[3] 史红,周铭心.便秘的病因研究[J].新疆中医药,2007,25(3):107-110.
[4] 喻德洪,金黑鹰.慢性非特异性便秘诊治的若干问题[J].中国实用外科杂志,2003,22(1):705.
[5] 张胜本,秦银河.慢性传输便秘临床基础[M].北京:科学文献出版社,1997.
[6] 张胜本,黄显凯,张连阳.直肠内套叠62例分析[J].中华外科杂志,1991,29(3):180-182.
[7] 张胜本,张连阳,黄显凯,等.盆底脱垂与便秘(附65例手术病例分析)[J].中华外科杂志,1996,34(12):770.

[8] 张胜本,张连阳,黄显凯,等.直肠内脱垂盆底形态的研究及临床意义[J].中华放射学杂志,1996,30(4):253-256.

[9] 方仕文,王华育,刘宝华,等.出口梗阻性便秘病人盆底形态的研究及临床意义[J].中国实用外科杂志,2003,22(12):722.

[10] 张胜本,黄显凯.顽固性便秘的外科治疗[J].中国普外基础与临床杂志,1999,6(1):53-54.

[11] 张胜本.直肠内脱垂的诊断与治疗[J].中国实用外科杂志,2002,22(12):714-716.

[12] 黄显凯,张胜本,张连阳.直肠内套叠手术方式的探讨[J].中国实用外科杂志,1993,22(12):733-735.

[13] Bleijenberg G,Kuijpers H C. Biofeedback treatment of constipation:a comparison of two menthods[J]. American Journal Gastroenterology,1994,89(7):1021-1026.

[14] Farag A,Gadallah N A,EL-Shereif E M B M. Obturatorinternus muscle auto treansplantion:a new concept for the treatment of obstructive constipation[J]. Eur Surg Res.,1993,25(6):341.

[15] 于普林,李增金,郑宏,等.老年人便秘流行病学特点的初步分析[J].中华老年医学杂志,2001,20(2):132-134.

[16] Thompson W G,Longstrenth G F,Drossman D A,et al. Funetional bowel disorder and funetional abdominal pain [J]. Gut 1999,45(slz):1143-1147.

[17] 杨蕊敏.老年人慢性便秘及行为学[J].老年医学及保健,2003,9(3):53-54

[18] 陈林.慢性便秘的治疗现状[J].国外医学.老年医学分册,2005,26(3):85-88

[19] 徐海珊,姜铀,战敏,等.慢性特发性便秘患者肛门直肠动力学及精神心理因素的研究[J].临床内科杂志,2001,18:379-381.

[20] 王晓娟,闫皓.功能性便秘治疗进展[J].医学综述,2003,9:99-101.

[21] Wanitschke R,Goerg K J,Loew D. Differential therapy of constipation——a review. International Journal of Clinical Pharmacology & Therapeutics,2003,41(1):14-21.

[22] Lamparelli M J,Kumar D. Inveatigation and management of constipation[J]. Clinical Medicine,2002,2(5):415-420.

[23] 林三仁.替加色罗治疗便秘型肠易激综合征的多中心临床研究[J].中华内科杂志,2003,42(2):88-90.

[24] Faigel D O. A clinical approach to constipation[J]. Clinical Cornerstone,2002,4(4):11-21.

[25] Frank L,Kleinman L,Farup C,et al. Psychometric validation of a constipation symptom assessment question naire[J]. Scandinarian Journal of Gastroenterology,1999,34(9):870-877.

[26] 黄文李,陈蔚文.温补润下方治疗慢性功能性便秘 41 例临床观察[J].新中医,2002,34(8):17-18.

[27] 黄蔚.益气养血滋阴法治疗功能性便秘 52 例[J].中国水电医学,2005,4(4):225-226.

[28] 刘浩.便通胶囊治疗中老年便秘 80 例临床研究[J].中华医学实践杂志 2005,4(11):

1150-1151.

[29] 朱晓华."以补达通"反治法在老年虚秘中的运用[J].浙江中医药大学学报,2006,30(4):391-393.

[30] 李元奇,张东岳.治疗便秘临床经验[J].陕西中医,2003,24(7):634-635.

[31] 饶立新.补中益气汤加减治疗老年性便秘35例[J].河北中医,2004,26(4):310.

[32] 李晨,李金.炒莱菔子治疗习惯性便秘的临床观察[J].时珍国医国药,2003,14(8):455

[33] 丁曙晴,丁义江,张苏闽,等.白术水煎液治疗结肠慢传输性便秘36例疗效观察[J].新中医,2005,37(9):30-31.

[34] 林乃龙,何涛.大剂量白术治疗便秘3例[J].包头医学院学报,2003,19(3):239-240.

[35] 李红.不同剂量车前子对老年人功能性便秘的治疗作用[J].中国中医药信息杂志,2001,8(11):70.

[36] 朱惠平.耳穴压豆治疗便秘[J].中国民间疗法,2003,11(8):15-16.

[37] 宋春雨,宋晓英,杨秀萍.按压天枢穴治疗便秘[J].中国民间疗法2003,11(7):21.

[38] 许岸高 WS-频谱治疗机治疗顽固性功能性便秘[J].广东医学1994,15(8):569.

[39] 任继平,刘宾.便秘的新药治疗[J].中国医院用药评价与分析,2004,4(6):371-373.

[40] 乔小云,季洪赞.4种药物治疗老年功能性便秘的成本-效果比较[J].医学导报,2008,27(5):604-605.

[41] 何志高,陈洁,张丹.药物经济学研究中成本的确定[J].中国药房,1998,9(3):100.

[42] 吴宁生,魏馨林.聚乙二醇4000治疗老年人功能性便秘85例[J].河北医学,2005,11(12):1121-1123.

[43] 高源,章世国,高鸿.乳果糖治疗老年性习惯性便秘62例[J].医药导报,2002,21(12):791-792.

[44] 方秀才,柯美云,胡品津,等.聚乙二醇4000治疗成人功能性便秘及安全性评价[J].中国新药杂志,2002,11(6):479-482.

[45] Corazziari E,Badiali D,Bazzocchi G,et al. Long term efficacy,safety and tolerability of low daily doses of isosmotic polyethylene glycol electrolyte balanced solution in the treatment of functional chronic constipation [J]. Gut,2000,46(4).522-526.

[46] Pashankar DS,Bishop WP. Efficacy and optimal dose of daily polyethylene glycol 3350 for treatment of constipation and encopresis in children [J]. Pain,2001,139(3):428-432.

[47] 周丽雅,夏志伟,林三仁,等.聚乙二醇4000治疗成人慢性功能性便秘的多中心随机对照临床试验研究[J].中国临床药理学杂志,2001,17(1):7-10.

[48] 康文全,付剑云,赵成忠,等.聚乙二醇4000治疗出口梗阻型便秘的临床疗效观察[J].医师进修杂志(内科版),2004,27(6):16-18.

[49] 卢克新,杨小军,杨洁,等.替加色罗联合聚乙二醇治疗便秘型肠激综合症临床观察[J].中华消化杂志,2006,28(8):553-554.

[50] 董玲,沈锡中.肠易激综合征的药物治疗评价[J].世界临床药物,2004,25(7):395-398.

[51] Johanson JF. Review artiche:tegascrod for chronic constipation [J]. Alimentary

Parmacology & Therapeutics,2004,(Suppl7):20-24.

[52] Kamm MA,Müller-Lissner S,Talley NJ,et al. Tegaserod for the treatment of chronic constipation:a randomized,Double blind,placebo-controlled multinational study[J]. Am J Gastroenterol,2005,100(2):362-372.

[53] 成凤干.曲美布丁联合聚乙二醇治疗功能性便秘临床观察[J].医学理论与实践,2007, 20(10):1164-1166.

[54] 孙春霞,裘亚君,陈文.妇科手术前肠道准备护理研究进展[J].浙江预防医学,2008,20 (7):61-63.

[55] 颜欣,田红梅,杨金霞.传统清洁灌肠与复方聚乙二醇电解质散剂在大肠癌术前肠道准 备的应用比较[J].现代护理,2007,13(36):3853-3854.

[56] 吕淑琴,高少梅.护理学基础[M].北京:中国中医药出版社,2005。

[57] 卡卡.结直肠术前常规行磷酸盐灌肠受质疑[N].中国医学论坛报 2006-5-1(005).

[58] 王姗,焦文芹.聚乙二醇电解质散在直肠癌手术前肠道准备中的临床研究[J].护理实 践,2008,5(7):20-21.

[59] 王玲,乔凌,张晓红,等.恒康正清在妇科手术前肠道准备中的应用[J].中国妇产科临床 杂志,2006,7(1):31-32.

[60] 刘春,李勇.复方聚乙二醇电解质散剂在肝胆胰手术肠道准备中的应用[J].护理实践与 研究,2008,5(4):37-38.

[61] 王超.传统清洁灌肠法与舒泰清临床应用的护理体会[J].中华现代临床护理学杂志, 2006,15(1):413-414.

第十四章 脂质体在药剂学中的应用

　　脂质体(liposomes)是将药物包封于类脂双分子层薄膜中而制成的超微球形载体制剂。一般由两亲性的磷脂分子为主要膜材,并加入胆固醇等附加剂组成。脂质体最早于1965年由英国人Bangham作为研究生物膜的模型提出,20世纪70年代初用脂质体作为药物载体包埋淀粉、葡萄糖苷酶治疗糖原沉积病首次获得成功,此后脂质体作为一种新型药物载体受到医药界的广泛关注和研究。脂质体能应用于传递各种药物,特别是能传递蛋白质、核酸。脂溶性药物能吸附或镶嵌在双分子层,水溶性药物被包封于脂质体内部的水相,而不影响药物的生物活性。1989年第一个上市的脂质体递药系统是两性霉素B脂质体AmBisome,随后有多个产品成功问世,如多柔比星(阿霉素)脂质体、柔红霉素脂质体、甲肝疫苗脂质体、乙肝疫苗脂质体、紫杉醇脂质体等。

　　脂质体作为药物载体具备的特点如下:

　　(1)由于脂质体膜与细胞生物膜结构的相似性,使得脂质体具有良好的组织细胞生物相容性,易于在体内降解,无免疫原性等;

　　(2)靶向性,载药脂质体进入体内可被巨噬细胞当作外界异物而吞噬,静脉给予载药脂质体时,能选择性地集中作用于单核吞噬细胞系统,70%～89%集中于肝、脾,可用于治疗肝肿瘤和防止肿瘤扩散转移;

　　(3)将药物包封在脂质体内,药物可长时间吸附在靶细胞周围,使药物缓慢释放,延长药物作用时间;

　　(4)降低药物毒性,脂质体进入体内后,主要被网状内皮系统(reticulonedothelial system,RES)所吞噬,集中在肝、脾和骨髓等网状内皮细胞较丰富的器官,药物在心、肾中的累积量比用游离药物时明显降低,可降低药物对心、肾等器官有毒药物的毒性;

　　(5)不稳定药物被脂质体包封后,受到脂质体双层膜的保护,可提高药物的稳定性。

　　脂质体的制备一般包括以下基本步骤:第一,将磷脂、胆固醇等脂质与所要包裹的脂溶性物质溶于有机溶剂形成脂质溶液,然后去除脂质溶剂使脂质干燥成脂质薄膜;第二,使脂质分散在含有需要包裹的水溶性物质的水溶液中形成脂质体;第三,纯化脂质体;第四,对脂质体进行质量分析。目前脂质体的制备方法主要分为两大类,即主动载药法和被动载药法,如表14-1所示。

表 14-1　脂质体的制备方法

主动载药法	被动载药法	其他制备方法
薄膜分散法	pH 梯度法	冷冻干燥法
逆相蒸发法		
超声分散法	硫酸铵梯度法	钙融合法
注入法		

薄膜分散法制得的是多层脂质体（multilamellar vesicles，MLVs），太大且粒径不均，需将 MLVs 转化为 LUVs（large unilamellar vesicles，大单层脂质体）和 SUVs（small unilamellar vesicles，小单层脂质体），因此设计出许多可以匀化粒径的技术，主要有薄膜超声法、过膜挤压法、French 挤压法。逆相蒸发法制备的脂质体一般为 LUVs，适用于包封水溶性药物、大分子生物活性物质（如基因）等。

冷冻干燥法适用于热敏型药物前体脂质体的制备，成本较高。王浩等采用薄膜分散-微孔滤膜挤出-冷冻干燥工艺制备的紫杉醇冻干脂质体粒径均一，在 130 nm 左右，药物的包封率可保证在 90% 以上，储存半年后紫杉醇的含量及包封率均没有降低。

钙融合法即在磷脂酰丝氨酸等带负电荷的磷脂中加入 Ca^{2+}，使之相互融合成蜗牛壳圆筒状，加入络合剂 EDTA 结合钙离子，即产生单层脂质体，此方法的特点是形成脂质体的条件非常温和，可用于包封 DNA、RNA 和酶等生物大分子。

经过 40 余年的研究，脂质体递药系统（liposomes delivery drug system）已从最初的普通脂质体发展成为一系列具有寻靶功能的新型脂质体。目前国内外文献报道了很多不同类型的脂质体，本文将针对这些脂质体进行系统化分类。脂质体按靶向性分为普通脂质体、长循环脂质体、主动靶向脂质体；按释药机制分为温度敏感脂质体、pH 敏感脂质体、光敏感脂质体、酶敏感脂质体等。下面分别对这几类脂质体进行介绍并简要对其应用加以阐述。

一、按靶向性分类

1. 普通脂质体

普通脂质体用一般磷脂制备而成，按结构可分为单层脂质体（unilamellar vesicles，ULVs）、多层脂质体（MLVs）和多囊脂质体。其中，单层脂质体又可分为 LUVs 和 SUVs。紫杉醇是临床应用最广泛的化疗药物之一，但其难溶于水。将紫杉醇制备成脂质体既能解决紫杉醇的溶解性问题，降低溶媒引发的过敏风险；又能减轻药物的毒副反应，提高机体对紫杉醇的耐受性。2005 年，国产的紫杉醇脂质体力朴素率先问世。

多囊脂质体区别于单层脂质体和多层脂质体，其由许多非同心腔室构成，具有更大的粒径（5~50 μm）和包封容积，是药物储库型脂质体递药系统，适合包封水溶性药物于鞘内、皮下、眼下、肌肉等部位注射给药，起缓释作用。继第一个多囊脂质体产品阿糖胞苷脂质体 DepoCyt 1999 年获准上市后，2004 年，FDA 批准了第二个多囊脂质体产品硫酸吗啡脂质体 DepoDur 上市。DepoDur 单次硬膜外注射后止痛周期为 48 h，无需多次注射或硬膜外导管给药，明显优于硫酸吗啡注射剂。

2. 长循环脂质体

长循环脂质体又称为隐形脂质体(stealth liposomes,SL)。在脂质体表面修饰的聚乙二醇(polythylene glycol,PEG)长链可以在脂质体表面形成空间位阻和亲水保护层,能降低网状内皮系(reticuloendothelial system,RES)在达到靶区前对脂质体的快速吞噬或摄取,延长其在体内循环的时间。同时,PEG 修饰后可以增加脂质体在血浆中的稳定性,减少血浆中调理素、血浆蛋白及细胞对脂质体的结合的破坏。PEG 脂质体直径在 100 nm 左右,这个大小范围的颗粒在血液循环中半衰期最长。孙萍等研究发现,PEG 修饰的大蒜素长循环脂质体,能显著改变大蒜素在家兔体内的药代动力学参数,半衰期延长至 41.04 h,远大于注射液和普通脂质体的半衰期。1995 年由美国 FDA 批准的第一个具有长循环特性的多柔比星脂质体(Doxil)成功应用于临床。与多柔比星注射液相比,Doxil 体内分布体积降低至原来的 1/200,清除速率降低至原来的 1/1400,半衰期延长了约 100 倍,心脏毒性降低。PEG 的类脂衍生物,它们在脂质体表面具有高度修饰作用,能形成空间位阻层,提高脂质体的物理稳定性,使其消除减慢,延长有效期。阎家麒等将合成的 PEG-DSPE(二硬酯酰磷脂酰乙醇胺)用于制备紫杉醇长循环脂质体,给小鼠用药 24 h 后,紫杉醇长循环脂质体在血液中潴留量大于 35%,在肝、脾组织中摄取量小于 10%,而传统脂质体在血液中仅潴留 10%,被单核吞噬细胞捕获 50%。

长循环脂质体近年来的研究已从单纯的长循环脂质体向多功能长循环脂质体的方向发展,如长循环磁性脂质体、长循环热敏脂质体、长循环免疫脂质体、长循环阳离子脂质体等。Suzuki R. 等将奥沙利铂溶液、普通奥沙利铂脂质体、长循环奥沙利铂脂质体和经转铁蛋白(Tf)介导的长循环奥沙利铂脂质体尾静脉注射到荷结肠癌细胞瘤的 BALB/c 小鼠体内。结果显示,溶液和普通脂质体在癌组织中的达峰时间为 18 h,峰浓度分别为 0.98 $\mu g/g$ 和 2.1 $\mu g/g$;长循环脂质体在癌组织中的达峰时间为 30 h,峰浓度约为 6 $\mu g/g$;而转铁蛋白介导的长循环脂质体在癌组织中的达峰时间为 72 h,峰浓度约为 10 $\mu g/g$,并能在高浓度维持很长一段时间。这说明 PEG 可延长脂质体的体内循环时间,转铁蛋白增强长循环脂质体的靶向性。

3. 主动靶向脂质体

1)磁性脂质体

磁性脂质体是在脂质体中加入磁性物质,在体外磁场的作用下随血液循环,把药物选择性地输送和定位于靶细胞,具备组织靶向性,提高药物疗效,降低药量,减少毒性。Kubo 等研究阿霉素磁性脂质体靶向药物传递系统对仓鼠移植骨肉瘤的作用,分别以阿霉素磁性脂质体和阿霉素溶液(5 mg/kg)静脉注射仓鼠移植瘤。结果显示,磁性脂质体可提高药物在肿瘤区和骨肉瘤最常见的转移区的含量;在仓鼠移植瘤内植入磁性物质和非磁性物质,结果显示磁性脂质体植入磁性物质组与溶液组或磁性脂质体植入非磁性物质组对比,有明显的抗肿瘤活性,且抑制了仓鼠的体重减轻。

用于脂质体的磁性纳米材料必须具备以下几个主要特点:①响应性要好,常以磁导率来衡量磁性物质的磁感应程度,磁导率高则磁感应强度大,同时磁性物质的离子形状对磁响应的敏感性有影响,以椭球形或近球粒子为好;②靶向性强,载体粒径小,能在靶部位准确定位,不被 RES 和其他正常细胞摄取;③安全性好,致热原小;④生物相容性大,降解产物能体内清除或被人体吸收代谢。应用较多的磁性纳米材料有 Fe_2O_3 和 Fe_3O_4，其磁导率高，粒径小。张东生等将 As_2O_3 磁性脂质体局部注射到裸鼠宫颈癌移植瘤内，麻醉裸鼠后把移植瘤置于交变磁场中照射 30 天，As_2O_3 磁性脂质体抑瘤率为 80.84%，而游离的 As_2O_3 组肿瘤质量抑制率仅为 57.06%。这表明新型的 As_2O_3 磁性纳米脂质体在交变磁场的作用下对癌细胞毒杀作用强于传统剂型的 As_2O_3，磁性载体增强了肿瘤的化疗效果。

磁性热敏脂质体（magnetic thermosensitive liposomes，MTSLs）是近年来发展起来的一类重要靶向制剂，在外磁场作用下靶向分布到病变部位。在不加磁场或正常体温的条件下可使包裹在脂质体中的药物缓慢、平稳释放，并起到药品储库的作用；在体外交变磁场的作用下，其包封的磁性材料能强烈地吸收电磁波能量并高效地转化为热能，使磁性热敏脂质体的温度很快上升至相变温度，迅速释放药物，达到在靶组织多次、脉冲式给药的效果。与普通脂质体相比，MTSLs 具有更强的靶向性。Li 等制备 RGD（精氨酸-甘氨酸-天冬氨酸）-顺 MTSLs 对荷瘤小鼠作用显示：在 0.5～4 h 内，靶向钆喷酸葡胺脂质体进入肿瘤组织的百分数由（3.71±0.53）% 达到最大值（16.27±1.66）%，24 h 内又降到（9.11±1.12）%，而非靶向钆喷酸葡胺脂质体在肿瘤组织中的浓度一直处于低水平且无显著变化。研究表明，磁性钆喷酸葡胺脂质体具有血池特性与肿瘤细胞靶向性。另外，由于在磁性材料外面用细胞膜成分的磷脂作被膜，因此具有抗原性小、安全等优点，在未来的临床医疗中有望直接药用。

2）免疫脂质体

以抗体、多肽、糖类、维生素、糖蛋白等作为配体与靶细胞受体进行特异性结合，可以介导脂质体的主动靶向性。在脂质体表面偶联各种免疫活性物质，利用特定的生物过程，如抗原与抗体、配体与受体的特异性识别和相互作用，使其对靶细胞具有分子水平上的识别能力，实现脂质体的主动靶向给药目的，提高特定部位的药物浓度，这样的脂质体称为免疫脂质体。目前，免疫脂质体的制备分为两个方向，即以抗体介导和以配体介导，由于两者作用机制类似，早期文献中对这两种不加区分，将免疫脂质体等同于抗体修饰的脂质体。近年来配体修饰脂质体发展迅速，根据靶向给药的原理不同，本文将免疫脂质体分为抗体修饰和配体修饰两大类，分别对其应用进行简要介绍。

（1）抗体修饰脂质体。抗体介导的免疫脂质体是指根据病灶区过量表达的某种蛋白，寻找其对应的单克隆抗体（mAb）或抗体 Fab 片段或单链抗体（ScFv）连接到载有药物的脂质体上，利用其与靶细胞表面的抗原特异性识别和结合，将药物传递到肿瘤细胞，实现主动靶向的作用，能减少用药剂量，降低不良反应。Wu 等使用胃蛋白酶 Tastuzumab 抗体 J 链 Fc 段侧切断抗体获得抗体 F(ab')₂ 段修饰的紫杉醇免疫脂质体。体外实验结果显示，大肠癌细胞 HT-29 对紫杉醇免疫脂质体的摄取强于对照组的，Tastuzumab F(ab')₂ 修饰的紫杉醇脂质体对大肠癌细胞的杀伤作用也强于对照组的，且具有时间依赖性。

叶果等在 MRK-16（抗 p-gp 抗体）修饰阿霉素脂质体对肺癌多药耐药的逆转作用研究中，MTS 检测结果显示：MRK-16 修饰阿霉素脂质体，阿霉素脂质体逆转指数分别为 7.45、4.28。6 h 后流式细胞仪检测细胞内药物浓度结果显示：阿霉素免疫脂质体组是阿霉素组的 18.34 倍，脂质体组是阿霉素组的 10.1 倍，并且 MRK-16 修饰的阿霉素脂质体不是增加细胞对阿霉素的敏感性，而是增加了耐药肿瘤细胞内阿霉素的浓度，从而提高了对肿瘤细胞的杀伤作用。

抗体作为介导肿瘤的靶向治疗得益于抗体两个关键技术的突破：可大规模生产抗体的杂

交瘤技术;克服鼠源性抗体在人体内产生抗鼠抗体 HAMA 问题的技术,如人鼠嵌合抗体、人源化抗体和完全人源化技术。目前抗体主要分为单克隆抗体和多克隆抗体,由于单抗对抗原识别的专一性,不良反应较低,可有效携带化疗药物到达靶细胞,因此使用更加广泛,如今可用的单抗已经达到了 150 种左右,且与人类自身的抗体同源性也在不断提高。曲妥珠单抗(trastuzumab)也称为赫塞汀(Herceptin),是一种作用于人类表皮生长因子受体(EGFR)的人鼠嵌合单克隆抗体,于 1998 年 9 月经 FDA 批准上市,主要用于治疗某些 HER-2 阳性乳腺癌。贝伐珠单抗(bevacizumab)是针对血管内皮生长因子(VEGF)的人源化单抗,通过抑制可刺激新血管形成的内皮生长因子起效,FDA 于 2004 年批准上市,用于结直肠癌的一线治疗。Noble 等研究发现,HER-2 抗体靶向的硫酸长春新碱脂质体(VCRL)对 BT474 和 SKBR3 乳腺癌细胞的毒性作用是非靶向 VCRL 的 63 倍和 253 倍,特别是对 HER-2 超表达人体异种移植肿瘤具有超强的靶向特异活性。

抗体也叫免疫球蛋白(Ig),是一种能特异性结合抗原的糖蛋白,单体一般由两条轻链和两条重链以二硫键键合。重链的构型决定抗体的五种类型(IgA、IgD、IgE、IgG、IgM)。常用的脂质体的偶联抗体是 IgG,偶尔采用 IgM。抗体和脂质体主要通过活性官能团进行连接。对于抗体而言,可直接利用自身的官能团或采用具有活性基团的交联剂对抗体上的官能团进行修饰;对于制备脂质体的磷脂材料而言,采用具有活性基团的交联剂对磷脂上的官能团进行修饰,或直接利用 PEG 修饰的磷脂衍生物。常用的方法是把单克隆抗体通过化学偶联连接到 PEG 修饰的脂质体上,脂质体与单克隆抗体的共价结合可能会使单克隆抗体失去活性,从而影响药物的定向输送。目前研究较多的是用非共价结合的方法实现二者的连接,比如利用生物素和亲和素的相互作用,但由于生物素有多个亲和素结合位点,当用生物素酰化后的脂质体分子混合时容易发生交联,导致脂质体的聚集,影响药效发挥。因此,更加适合抗体与脂质体的连接方式还有待于优化和开发。

免疫脂质体在药物输送方面大概经历了三个阶段:第一阶段即将抗体直接连接在脂质体脂膜上,但进入人体后易被 RES 清除;第二阶段是在脂质体表面连接亲水性物质(如 PEG),以降低抗原性,延长药物在体内的循环时间,但是由于这些大分子对脂质体表面连接的抗体有一定的屏蔽保护作用,反而影响了抗体的寻靶功能;第三阶段是将 PEG 作为连接桥段,一端连接抗体,另一端连接脂质体。这种连接方式不仅降低了脂质体被清除的可能,又不会影响抗体的寻靶作用。

Yang 等制备连接了曲妥珠单抗(trastuzumab)的 PEG 修饰紫杉醇免疫脂质体(paclitaxel-loaded pegylated immunoliposomes,PIL),对 HER-2 表达较高的细胞系如 BT-474,PIL 的 IC50(451.3 nmol/L)低于 PEG 修饰紫杉醇免疫脂质体(paclitaxel-loaded pegylated liposomes,PL)的半抑制浓度 IC50(645.9 nmol/L)和紫杉醇的半抑制浓度 IC50(675.8 nmol/L)。另外,曲妥珠单抗-空脂质体及硫化曲妥珠单抗与曲妥珠单抗的抗肿瘤细胞作用无明显差异。对荷瘤小鼠的在体实验发现,PIL 在体内组织的药物浓度显著高于对照组的。60 天后测定肿瘤体积发现,PIL 组仅为紫杉醇组与 PLs 组的 25% 与 42%。这说明,免疫脂质体表面连接的抗体具有靶向和抗肿瘤的双重功效。

由于肿瘤细胞抗原表达具有异质性,同一肿瘤中肿瘤细胞并非都表达某一特殊抗原,这使针对某一抗原决定簇的免疫脂质体作用受限。克服的方法可采用杂交抗体,即通过二次杂交瘤或基因工程技术产生具有两个不同抗原结合位点，能识别不同抗原决定簇的抗体。此外，有研究表明，由两种不同抗体介导的双靶向免疫脂质体与靶细胞的结合能力要明显优于由这两种抗体单独修饰的脂质体混合物与靶细胞的结合能力，并表现出加和性。

　　（2）配体修饰脂质体。配体靶向（ligand targeting）即在脂质体表面连接能识别细胞表面受体分子的配体，通过配体与受体特异性结合并诱导细胞内化，使脂质体在靶区释放药物。这类配体有各种糖脂或糖蛋白、植物凝集素、肽类激素和其他蛋白质等，可根据临床需要选择合适的配体。

　　随着研究深入到分子水平，发现肿瘤细胞表面或肿瘤相关血管表面有一系列与肿瘤生长增殖密切相关的受体，这类受体在肿瘤组织中过度表达，从而实现其自身的不断增殖。配体-受体系统分为叶酸受体、转铁蛋白受体、脂蛋白受体（如低密度脂蛋白受体 LDLR）、细胞因子受体、清道夫受体、凝集素受体。细胞因子受体分为血管内皮生长因子受体（VEGF）、白介素受体、胰岛素样生长因子受体、表皮生长因子受体。下面对研究较多的配体如叶酸（folate）、转铁蛋白（transferrin）、唾液酸糖蛋白（肝细胞半乳糖）、多肽分别进行介绍。

　　①叶酸修饰脂质体。叶酸受体（FR）是一种包括 α、β、γ 三种亚型的糖蛋白。叶酸受体在正常组织中表达高度保守，而在上皮组织的恶性肿瘤如肺癌，乳腺癌，特别是卵巢癌和子宫内膜癌细胞表面却大量表达。在这些恶性肿瘤细胞膜表面的 FR 表达可比正常组织高出 100～300 倍，叶酸受体的激活能引发癌细胞增殖、凋亡迁移以及与肿瘤血管增生有关的下游信号转导。由于大多数肿瘤细胞表面叶酸受体数目和活性明显高于正常细胞的，因此，叶酸受体介导的脂质体可以将药物靶向到肿瘤细胞。Pan 等在急性髓细胞性白血病的治疗中，联合使用了叶酸受体介导的多柔比星脂质体和叶酸受体诱导剂-全反式维甲酸，取得了较好的治疗效果。

　　FR 介导的靶向给药系统具有许多独特的优点，如相对分子质量小，无免疫原性、廉价易得、稳定性好，与药物分子或载体之间的化学键合简单易行。Yamada 等制备了叶酸受体靶向脂质体包载唑来膦酸（ZOL），与阿霉素相比，叶酸靶向的 ZOL 脂质体在药物敏感细胞毒性试验中与阿霉素的细胞毒性等同，而且在耐药细胞中效果更好，且研究表明叶酸修饰 ZOL 脂质体可有效抑制肿瘤生长。

　　②转铁蛋白修饰脂质体。转铁蛋白（transferrin，TF）是一类传递铁离子的 II 型跨膜糖蛋白家族，可通过转铁蛋白受体（transferrin-receptor，TFR）介导的细胞内吞作用进入细胞内。TFR 在非增殖细胞上很少表达，甚至检测不到，而在恶性肿瘤细胞中表达显著增加，每个细胞能达到 1 万～10 万个分子。这可能与肿瘤细胞迅速分裂对铁需求大大增加有关。利用这一特点，TF-TFR 可作为主动靶向给药系统的理想介导物。Pirollo 等用转铁蛋白修饰的包封抑癌基因 RB94 质粒的阳离子脂质体，尾静脉注射给膀胱癌小鼠，Western Blotting 检测到肿瘤部位 RB94 基因有显著表达，并且长达 150 天肿瘤无明显增长，而同剂量的无转铁蛋白修饰组没有明显信号，表明经转铁蛋白修饰显著增强了阳离子脂质体的肿瘤细胞靶向性。

　　奥沙利铂是顺铂的衍生物，其肾毒性和外周神经毒性较顺铂的低，但其入血后会有较大部分储存在红细胞中，且消除速度很快。Suzuki 等将奥沙利铂溶液、普通奥沙利铂脂质体、长循环奥沙利铂脂质体和转铁蛋白介导的长循环奥沙利铂脂质体尾静脉注射到荷结肠细胞癌的 BALA/c 小鼠体内。结果显示，溶液和普通脂质体在癌组织中的达峰时间为 18 h，峰浓度分别为 0.98 $\mu g/g$ 和 2.1 $\mu g/g$，长循环脂质体在癌组织中的达峰时间为 30 h，峰浓度约为 6 $\mu g/g$，而转铁蛋白介导的长循环脂质体在癌组织中的达峰时间为 72 h,峰浓度约为 10 $\mu g/g$,并能在高浓度维持很长一段时间。这说明 PEG 可延长脂质体的体内循环时间,转铁蛋白增强长循环脂质体的靶向性。

Kobayshi 等制备了转铁蛋白(TF)脂质体包载多柔比星(DOX),作用于以 P-糖蛋白介导的多药耐药小细胞肺癌细胞株 SBC-3/ADM 细胞,TF 靶向的脂质体可有效传递被包载的 DOX,并且可提高 DOX 对多药耐药细胞的毒性,这种作用比单独使用 DOX 的效果高出 3.5 倍。这一研究说明,转铁蛋白修饰的脂质体也可应用于多药耐药的细胞中,在一定程度上改善多药耐药现象。

③糖基修饰的脂质体。糖类或其复合物修饰的脂质体可特异性识别恶变组织细胞表面的糖蛋白受体并与其结合。文献报道,可以修饰脂质体的糖类有半乳糖、壳聚糖、甘露聚糖、葡聚糖、胶淀粉和支链淀粉等。

肝细胞半乳糖受体(H-Gal-R)又称唾液酸糖蛋白受体,是仅存在于哺乳动物肝细胞中的跨膜蛋白,可专一性识别末端含有半乳糖残基的蛋白或药物载体并结合将其内吞进肝细胞。自 1983 年 Lee 首次报告了合成的半乳糖簇化合物对唾液酸蛋白受体有很好的结合力后,人们开始更加关注此类受体。张宇芳实验研究发现,乳糖苦参碱脂质体与苦参碱脂质体和苦参碱溶液相对照,肝脏药-时曲线下面积值具有显著性差异。实验组中的肝脏靶向效率值是脾脏的 2.7 倍、肺的 3.3 倍、肾的 6.6 倍、心的 8.5 倍,具有显著性差异,提高了药物靶向性的效果。常佳民等研制出了半乳糖修饰的肝靶特性脂质体,动物体内实验肝最大摄取率为 80.01%,对照组的仅为 31.51%。乳糖受体封闭后,肝摄取率明显下降,为 32.1%。制成半乳糖脂饰的阿霉素脂质体后,48 h 细胞毒试验表明:半乳糖脂饰的阿霉素脂质体对人肝癌细胞系 SMMC-7721 的杀伤作用优于无半乳糖脂饰的阿霉素脂质体的。

巨噬细胞表面表达大量的甘露糖受体,将甘露糖或多聚甘露糖修饰脂质体能很好地增加脂质体的靶向性和稳定性,延长其在血液循环中的半衰期。肝非实质细胞上也存在甘露糖受体。杨莉等将甘露糖修饰脂质体包载 EGFR 与无修饰的脂质体包载 EGFR、空白脂质体、EGFR 进行对比,ELISA 和 Western Blotting 检测均显示实验组小鼠血清有抗体产生,而且抗体滴度远大于其他组的,实验组肿瘤体积显著小于对照组的。这表明甘露糖修饰脂质体也具有重要意义。

④多肽修饰的脂质体。多肽是机体内一类重要的生物活性物质,由多肽修饰的脂质体借助受体与多肽配体的特异性相互作用,可将脂质体靶向到含有配体特异性受体的器官、组织或细胞。同时,受体与配体特异性结合可促进脂质体内化进入细胞内。多肽修饰的脂质体具有良好的生物相容性、靶向性、无免疫原性、低毒性等特点。目前研究的用于修饰脂质体多肽和应用如表 14-2 所示。

表 14-2　常见脂质体多肽

缩写名称	组　成	应　用
RGD	精氨酸、甘氨酸、天冬氨酸	抑制肿瘤转移
APRPG	丙氨酸、脯氨酸、精氨酸、甘氨酸	作为探针主动靶向于新生血管
CPP	少于 30 个氨基酸的小肽片段	携带大分子物质穿膜进入细胞

续表

缩 写 名 称	组　　成	应　　用
VIP	14 种 28 个氨基酸残基组成的碱性多肽	用于乳腺癌的有效诊断和治疗
GRGDS	甘氨酸、精氨酸、甘氨酸、天冬氨酸、丝氨酸	对检测肿瘤组织周围血管生成有重要作用，可用于抗癌药物靶向递送系统设计
YIGSR	络氨酸、异亮氨酸、甘氨酸、丝氨酸、精氨酸	抗肿瘤血管生成，可抑制肿瘤转移灶，也可抑制肿瘤原发灶的生长
NGR	能与肿瘤血管特异性结合的多肽	可促进肽与氨肽酶 N 的结合
SP94	肿瘤细胞表面靶头	可与肝癌细胞特异性结合，用于早期肝癌患者的系统治疗

细胞穿膜肽（cell-penetrating peptide，CPP）又称蛋白转导域（protein transduction domain，PTD），是一类能携带大分子物质穿透细胞膜和核膜进入胞质和胞核，发挥生物效应的富含碱性基团的带正电荷的短肽，不会对细胞膜产生永久性损伤，且细胞毒性低。Wadia 等在 2004 年提出的 CPP 连接大分子（相对分子质量＞3000）转入细胞的主要机制是巨胞饮作用。CPP 能运送多种不同的物质细胞质和细胞核，包括多肽、蛋白质、siRNA、磁性颗粒、脂质体等。这一性质为其成为靶向药物的良好载体提供了可能。

目前已经发现了 3 种天然存在的，分别来自 HIV-1 和猴免疫缺陷病毒（SIV）-2、3 的 TAT、果蝇的同源异型转录因子 ANTP 和单纯疱疹病毒 HSV-1 的 VP22 转录因子。Torchilin 等在脂质体膜上及其内部用荧光进行标记，然后将其与 TAT 细胞穿透肽结合。用荧光显微镜观察发现，TAT-PTD-脂质体复合物可以进入细胞内，在刚穿透细胞膜进入细胞的 2 h 内，该复合物保持完整性，2 h 后开始慢慢移向细胞核，9 h 左右脂质体与内部标记物完全离开。该研究表明，TAT-PTD-脂质体复合物是一个可以将药物运至细胞内的良好运载工具。

八聚精氨酸（R8）是另一个广泛使用的 CPP。Zhang 等用 R8 修饰的脂质体载 siRNA 在 SK-MES-1 肺癌细胞中的转染效率显著高于 Lipofectamine 2000 介导的转染效率，在血浆中显示了很好的稳定性，且能有效抑制靶基因的表达，明显降低了肿瘤细胞的增殖。

二、按释药机制分类

1. pH 敏感脂质体

pH 敏感脂质体是基于肿瘤间质处的 pH 值显著低于周围正常组织的特点而设计的控制药物释放的脂质体。其机理是在酸性条件下，脂质成分中脂肪酸的羧基质子化而引起六角晶相的形成，导致脂质体膜不稳定，发生聚集、融合，在药物或基因片段进入溶酶体前释放。近年来 pH 敏感脂质体作为药物载体在肿瘤治疗中的研究应用发展很快。Sudimack 等用 pH 敏感脂质体包裹阿糖胞苷用于治疗口腔癌的实验表明，PH 敏感脂质体对癌细胞的杀伤毒性为非 PH 敏感脂质体的 17 倍。Yamada 等以经转铁蛋白修饰的 pH 敏感脂质体包裹黄蜂毒素（可作为抗肿瘤剂）。黄蜂毒素脂质体仅从线粒体向胞质溶胶释放细胞色素 C，而游离的黄蜂毒素向胞质溶胶释放细胞色素 C 的同时,也向胞外释放。采用特殊材料或结合抗体、配体、PEG 等制备特殊性能的 pH 敏感脂质体能提高靶向性或基因的转染效率。Kim 等制备了靶向于内皮生长因子(EGFR)的吉西他滨 pH 敏感脂质体,pH 5 介质中 10 min 药物的释放量为 94%,对 EGFR 阳性的 A549 细胞抗增殖效应是非 pH 敏感脂质体的 2 倍。

采用不同膜材或调节脂质组成比例,可获得具有不同 pH 敏感性的脂质体。根据成膜材料的特点,可将 PH 敏感脂质体大致分为四种类型:

(1) 含不饱和脑磷脂成分。典型的是二油酰磷脂酰乙醇胺(dioleoylphosphatidylefhanolamine DOPE),它通常与含羧酸基的两性物质,如脂肪酸中的油酸(OA)、胆固醇的半琥珀酸酯(CHEMS)共同组成稳定的 pH 敏感脂质体。调配脂质体中各种成分的配比,也会对 pH 敏感脂质体触发释药的效果产生影响。Tatsuhiro 等在研究 pH 敏感脂质体时发现,由 DOPE、氢化大豆卵磷脂、CHEMS 和胆固醇以不同配比组成的脂质体中,当其摩尔数之比为 4∶2∶2∶2 时,脂质体保留了最佳的 pH 敏感特性。

(2) 含"笼形"脂质成分。所谓的"笼形"脂质成分,主要是通过可逆共价修饰具有亲和能力的头部或使脂质体在血液循环中脱去烷基部分,将可以破坏生物膜稳定性的脂肪酸长链暴露出来,这两种方式使脂质体表现出某些特点,如形成融合生物膜能力的非双分子层相,或者能单纯渗透药物的其他相。

(3) 含多肽成分。GALA 是一种常见的 pH 敏感肽,由谷氨酸-丙氨酸-亮氨酸-丙氨酸重复单元组成,共含 30 个氨基酸,拥有这种肽的脂质体可以保留蛋白的酸敏融合特性。将水溶性荧光物质包裹在含 GALA 的脂质体中,当体系 pH 值下降至 5.0～6.0 时,荧光物质释放量逐渐加大,在 pH 值为 5.0 时释放量达到最高。

(4) 含聚合物成分。在高 pH 值条件下,这些聚合物呈电中性;但随着体系 pH 值降低,这些聚合物呈电负性。在溶液中,这些离子型的聚合物能与脂质双分子层相互作用,促使脂质体与内含体的相互融合。聚左旋赖氨酸和聚左旋组氨酸是第一个被公认为有 pH 敏感性的聚合物。Li 等以 N-异丙基丙烯酰胺/壳聚糖(4∶1)共聚物为材料制备了具有肿瘤靶向的 pH 敏感纳米粒,研究发现,当 pH 值低于 6.8 时,药物在肿瘤组织中的浓度明显高于正常组织的。用这种载药纳米粒治疗小鼠肿瘤,在小鼠体重仅有轻微减轻的情况下,肿瘤组织的重量减轻了 50% 以上,且处理过的小鼠的生命周期显著增加,表明 N-异丙基丙烯酰胺/壳聚糖共聚物可作为抗肿瘤靶向药物的载体。

2. 温度敏感脂质体

温度敏感脂质体又称为热敏脂质体,是指在正常体温下保持稳定,在高于生理温度的条件下会敏感释放药物的脂质体。由于组成脂质体的磷脂都有特定的相变温度 T_c,在低于 T_c 时,脂质体膜呈致密排列的胶晶态,亲水性药物很难透过脂质体膜扩散开来;当脂质体随血液经过被加热的靶器官时,温度达到了 T_c,磷脂分子由原来致密的全反式构象变为结构疏松的歪扭构象,即表现出脂质体膜由胶晶态过渡到液晶态,脂质体膜通透性大大增加,脂质体内部包封的药物大量扩散到靶器官中,在靶部位形成较高的药物浓度,达到局部靶向治疗作用。有研究证实,某些肿瘤组织的温度可高于正常组织的 5～10 ℃,因此,采用热敏脂质体载药并结合病变部位升温来实现药物的靶向投递和在靶部位快速释药已成为一种全新的靶向脂质体策略。

设计制备热敏脂质体时需要注意两方面的问题:①由于人体对温度的耐受程度有限,因此需要选择合适的相变温度（T_c一般应低于 45 ℃）的膜材，二棕榈酰磷脂酰胆碱（DPPC，T_c＝41.5 ℃）更接近人体正常体温，是目前比较成熟的常用的制备热敏脂质体主要材料之一，由于人体环境的复杂性，还可通过加入少量的二棕榈酰磷脂酰甘油（DPPG，T_c＝10 ℃）、二硬磷脂酰胆碱（DSPC，T_c＝55 ℃）等并调节各组分的比例，以得到具有适当 T_c 的脂质体；②由于脂质体膜本身的不稳定性，需要在处方中加入适量的胆固醇来增加脂质体膜的刚性，以减少脂质体中药物的泄露。但此时需注意脂质体的刚性不能太强，否则会影响脂质体的热敏性。因此，可加入其他不同碳链长度的磷脂调节脂质体膜的释药特性。

研究发现，肿瘤细胞在高于体温的环境中（40～44 ℃）对许多化疗药物的敏感性增强，由此产生结合疗法——热疗。由于热疗可有效提高化疗药物的细胞毒性，而热疗也是温敏脂质体药物控释的关键因素，所以，相对于其他类型的脂质体，温敏脂质体因其可与热疗联用而独具优势。而热疗技术和热敏脂质体技术的发展完善使得热敏脂质体用于临床成为可能。由美国 Celsion 公司研发的阿霉素热敏脂质体（ThermoDox）结合热疗技术射频消融（RFA）治疗原发性肝癌与单独使用 RFA 治疗原发性肝癌的Ⅲ期临床试验已在全球 60 家医院进行。张丙杰等将 CT 显影剂（碘海醇）、卡莫斯汀、DPPC 制成复方热敏脂质体冻干剂，体外释放度试验证明复方热敏脂质体能增加化疗药物生物利用度。这种新的复方热敏脂质体可用于 CT 测控温度下的热靶向化疗，减少副作用，提高抗瘤效果。

热敏脂质体适合在实体瘤部位定位释放，但其注射进入体内后易被 RES 摄取而快速清除，此外，加热时间过长可能会对结缔组织造成损伤，因此，现多将热敏脂质体技术与其他新型技术相结合，如制成磁性热敏脂质体、长循环热敏脂质体、热敏免疫脂质体、多聚物热敏脂质体，这些新型热敏脂质体可靶向肿瘤部位，发挥更好的效应。

3. 光敏感脂质体

光敏脂质体又称光敏触发（light triggerred release）脂质体，是指将光敏物质如全反式黄醇，包封在脂质体内，在接收特定波长的光照射后发生光动力反应，脂质体膜可以发生融合，从而释放药物。光敏触发机制概念的提出相对其他触发机制时间要早，但由于光敏材料的研究限制，目前报道的体内光敏脂质体治疗癌症很少。Spratt 等在体外对制备的光敏脂质体研究发现，接收紫外光线照射的脂质体膜的渗透性增强，使药物在指定部位经照射释放药物。目前临床上应用的光敏药物选择性和特异性不是很强，即缺乏靶向特异性，所以可以利用肿瘤相关抗原特异性抗体结合光敏剂，既具靶位导向，又能减少传统光敏药物的毒副反应。此外，还需开发出更长波段的光触发机制或材料，为光敏脂质体进一步发展作准备。

4. 酶敏感脂质体

酶敏感脂质体又称酶触发（enzyme triggerred release）脂质体，释药原理是酶触发释药，是较新的触发释药概念。一些肿瘤细胞会上调某些与肿瘤发病密切相关的各类蛋白酶的表达，不同的酶可以对应不同的脂质体材料。磷脂酶 A2（sphingomyelinase A2，PLA2）在肿瘤发病初期，其细胞分泌量远远超过正常水平，可以将脂质体中的磷脂分解成可溶性磷脂和脂肪酸，使脂质体的不稳定性增加，将药物释放出来，同时这两种分解产物还可作为药物吸收的促进剂。Foged 用对 PLA2 敏感的脂质体包裹小干涉 DNA（siDNA）对先用 PLA2 处理过的 HeLa 细胞进行转染，其转染效率显著高于未经处理的细胞。与前面所述的几种触发释药机制相比，酶触发释放无需外加条件，可利用自身酶作用催化释药，可达到效率更高、副作用更小的目的。

三、其他类型的脂质体

1. 前体脂质体

1986 年 Payne 提出前体脂质体的概念，前体脂质体是脂质体的前体形式。通常将磷脂、药物及附加剂用适宜的方法制备成干燥的、具有良好流动性能的颗粒或粉末，应用前与水结合进行水化作用分散或溶解成同等张力的脂质体。这种脂质体有助于解决普通脂质体的不稳定性和难以工业化生产的问题。王浩等制备的紫杉醇冻干脂质体粒径均匀，在 130 nm 左右，对药物的包封率在 90% 以上，储存半年后紫杉醇的含量及包封率均未降低。针对水飞蓟宾难溶于水，脂溶性差，口服生物利用度低的缺点，肖衍宇等制备了水飞蓟宾前体脂质体，改善了其体内吸收，提高了生物利用度，且制备工艺简单，易于实现工业化生产。

2. 柔性脂质体

柔性脂质体是由卵磷脂和某些表面活性剂（如胆酸钠、脱氧胆酸碱）组成的具有变形能力的脂质体。柔性脂质体是一种新型的皮肤给药的转释系统，可转运各种极性药物透过皮肤，具有柔韧性好、渗透性强的特点。龙晓英等经体外研究发现，试验组双氯芬酸钠柔性脂质体，12 h 的药物累积透过量是对照组双氯芬酸钠脂质体的 3.4 倍，双氯芬酸钠乳剂的 6.9 倍。说明柔性脂质体能促进包封的双氯芬酸钠的经皮转运。

3. 荷电脂质体

根据组成脂质体的磷脂所带电荷的不同，荷电脂质体可以分为中性脂质体、正电荷脂质体（阳离子脂质体）、负电荷脂质体（阴离子脂质体）。

阳离子脂质体应用广泛，用于介导带负电的生物分子（如蛋白质、多肽和基因）的递送。杨焕等制备的阳离子脂质体介导白介素-2 基因对荷瘤小鼠模型进行转染，与对照组裸 DNA 和空载体相比，阳离子脂质体介导的基因能增强小鼠脾脏自然杀伤细胞的活性。在阳离子脂质体基础上发展的阳离子膜融合脂质体具有更高的转染效率。胡英制备的包裹 DNA 的阳离子膜融合脂质体体外转染效率为 42.3%，明显高于阳离子脂质体介导的转染效率 23.9%。Campbell 等证实，阳离子脂质体可能受到某种血浆蛋白的调控，使得阳离子脂质体对血管内皮细胞也有较强的亲和力。药物以这种方式传递到肿瘤内皮细胞可能会损伤肿瘤的微脉管功能，从而导致肿瘤细胞的凋亡。阳离子热敏脂质体结合了阳离子脂质体和热敏脂质体的优势，具有更高的靶向性和生物利用度。

综上所述，脂质体作为新型的药物理想载体，是医药领域研究的热点，具有广阔的应用前景。近年来脂质体的研制已从单一脂质体向多功能脂质体方向发展，如长循环热敏脂质体、pH 敏感免疫脂质体、抗体配体联合脂质体等。但新型脂质体各自仍然存在技术瓶颈或自身缺点。随着交叉类学科互相渗透补充、各类技术的进步，相信不久将来能制备稳定性更好、靶向性更强、释放药物更敏感、更"智能"、更安全的脂质体，使其能更广泛地为临床服务，造福于广大疾病患者。

参考文献

[1] 崔福德.药剂学[M].7版.北京:人民卫生出版社 2011.

[2] 徐建民,干信,李庆国.脂质体及其应用研究进展[J].现代商贸工业,2003,9(1):41.

[3] 左勇亮,肖人钟,王蓉蓉.主动靶向脂质体研究进展[J].中国现代应用药学,2013,30(10):1151-1156.

[4] 孙欣欣,金楠.脂质体研究进展[J].医学前沿,2009,38(12):20-21.

[5] 王浩,邓英杰.紫杉醇冻干脂质体的制备及含量稳定性[J].沈阳药科大学学报,2008,25(8):609-614.

[6] Sankaram Mantripragada. A Lipid based depot(DepoFoam. technology) for sustained release drug deliery[J]. Progress in lipid research,2002,41(5):392-406.

[7] 陶涛.脂质体递药系统的研究进展[J].药学服务与研究,2005,8(2):84-88.

[8] 李潜,高红军,马洁.免疫脂质体在肿瘤靶向治疗中的应用[J].医学综述,2011,17(6):852-854.

[9] 孙萍,邓树海,于维萍.PEG修饰大蒜素长循环脂质体的制备工艺研究[J].山东中医药大学学报,2007,31(5):415-417.

[10] Orditura M,Quaglia F,Morgillo F,et al. Pegylated liposomal doxorubicin: pharmacologic and clinical evidence of potent antitumor activity with reduced anthracycline-induced cardiotoxicity(review)[J]. Oncology Reports,2004,12(3):549-556.

[11] 阎家麒,王悦,王九一.紫杉醇隐形脂质体的制备及在小鼠体内的组织分布[J].药学学报,2000,35(9):706-709.

[12] Suzuki R,Takizawa T,Kuwata Y,et al。Effective anti-tumor activity of oxaliplatin encapsulated intransferrin-PEG-liposomes[J]. International Journal of Pharmaceutics,2008,346(1-2):143-150.

[13] Kuto T,Sugita T,Shimose S,et al. Targeted delivery of anticancer drugs with intravenously administered magnetic liposomes in osteosarcoma-bering hamsters[J]. International Journal of Oncology,2000,17(2):309-315.

[14] 陈召红,刘皈阳.磁性热敏脂质体的研究进展[J].中国药理学与毒理学杂志,2012,26(2):247-250.

[15] 张东生,唐秋莎,王子婷,等.纳米 AS_2O_3 磁性脂质体磁感应加热治疗裸鼠人宫颈癌移植瘤[J].中华物理医学与康复杂志,2003,4(9):1289-1292.

[16] Li W,Su B,Meng S,et al. RGD-targeted paramagnetic liposomes for early detection of tumor:in vito ang in vito studieg[J]. European Journal of Radiology,2011,80(2):598-606

[17] 王丽,张东生.磁性热敏脂质体在肿瘤热化疗中的研究进展[J].东南大学学报(医学进展),2009,28(4):3,49,352.

[18] 赵斌,刘绛光.靶向脂质体在癌症治疗中的应用[J].中国生化药物杂志,2007,28(4): 286-288.

[19] 孙远南,陆明荣,赵丽萍,等.新型药物载体免疫脂质体的研究进展[J].海峡药学,2012, 24(12):89-91.

[20] Wu A G,Jiao C,Li P,et al. Killing effects of immunoliposomal paclitaxel tagged with trastuzumab F(ab')2 on colorectal cancer cells [J]. Cancer Research on Prevention & Treatment,2010,37(012):1360-1363.

[21] 叶果,柯爱武,李羲.MRK-16 修饰阿霉素免疫脂质体逆转肺癌细胞多药耐药研究[J]. 现代肿瘤医学,2007,15(6):754-757.

[22] 丁宝月,郝雷,丁雪鹰,等.肿瘤的主动靶向给药系统研究现状[J].第二军医大学学报. 2010,31(3):321-328.

[23] Noble C O,Guo Z X,Hayes M E,et al. chareracterization of highly stable liposomal and immunoliposomal formulations of vincristine and vinblastine [J]. Cancer Chemotherapy & Pharmcology, 2009,64(4):741-751.

[24] 傅经国,卢艳霞,王惟娇,等.靶向脂质体:抗体修饰脂质体[J].世界最新医学信息文摘, 2003,2(6):900-903.

[25] 宋婷,李伟硕,黄维,等.抗体介导的免疫脂质体的研究进展[J].药学与临床研究,2012, 20(2):120-124.

[26] 李菲,张娜,郭丰广,等.空间稳定免疫脂质体用于抗肿瘤药物载体的研究[J].中国药学 杂志,2011,46(24):1865-1868.

[27] 邢同京.免疫脂质体的研究进展[J].国外医学:预防、诊断、治疗用生物制品分册,1998, (21):214-217.

[28] Yang T,Choi M K,Cui F D,et al. Antitumor effect of paclitaxel-loaded PEGylated immunoliposomes again human breast cancer cells[J]. Pharmaceutical Research,2008, 24(12):2402-2411.

[29] Rivest V,Phivilay A,Julien C,et al. Novel liposomal formulation for targeted gene dilivery[J]. Pharmaceutical Research,2007,24(5):981-990.

[30] 程荔春,范青.主动靶向脂质体在抗肿瘤靶向治疗中的研究进展[J].实用药物与临床, 2011,14(5):426-429.

[31] 智利,王立强,许瑞安,等.载基因脂质体用于治疗肿瘤的最新研究进展[J].中国医药科 学,2011,1(9):48-50.

[32] Pan X Q,Zheng X,Shi G F,et al. Strategy for treatment of acute myelogenous leukemia based on folate receptor β-targeted liposomal doxorubicin combined with receptor induction using all-trans retinoic acid[J]. Blood,2002,100(2):594-602.

[33] Yamada Y,Shinohara Y,Kakudo T,et al. Mitochondrial delivery of mastoparan with transferrin liposomes equipped wifh a pH-sensitive fusogenic peptide for seleetive cancer therapy[J]. International Journal of Pharmaceutices,2005,303(1-2):1-7.

[34] Hogrefe R,Zhou Q,Yu W,et al. Tumor-targeting nanoinimmunoliposome complex for

short interfering RNA delivery [J]. Human Gene Therapy,2006,17(1):117-124.

[35] Suzuki R,Takizawa T,Kuwata Y,et a1. Effective anti-tumor activity of oxaliplatin encapsulated in transferrin-PEG-liposome [J]. International Journal of Pharmaceutices,2008,346(1 2):143-150.

[36] Kobayashi T,Ishida T,Okada Y,et al. Effect of transferrin receptor-targeted liposomal doxorubicin in P-glycoprotein-mediated drug resistant tumor cells[J]. International Journal of Pharmaceutics,2007,329:94-102.

[37] 陈荔春,范青. 主动靶向脂质体在抗肿瘤治疗中的研究进展[J].实用药物与临床,2011, 14(5):426-429.

[38] 丁嘉信,田景振,陈新梅,等.脂质体表面的研究进展[J].齐鲁药事,2011,9(10): 611-613.

[39] 王玉峰,脂质体为载体的抗癌药物研究进展[J],中外健康文摘:医药月刊,2008,5(5): 318-319.

[40] Hara T,Aramaki Y,Takada S,et a1. Receptor-mediated transfer of pSV2CAT DNA to mouse liver cells using asialofetuin-labeled liposomes[J]. Gene Therapy,1995,2 (10):784-788.

[41] 杨莉,成丽,田聆,等.甘露聚糖修饰的靶向纳米脂质体的抗肿瘤作用实验研究[J].四川大学学报(医学版),2006,37(3):357-360.

[42] 吴学萍,王驰.多肽修饰脂质体在靶向药物递送系统中的研究进展[J].中国现代应用药学,2010,27(8).

[43] Torchilin V P,Levchenko T S. TAT-liposomes:a novel intracellular drug carrier[J]. Current Protein & Peptide Science,2003,4(2):133-140.

[44] Zhang C,Tang N,Liu X,et al. siRNA-containing liposomes modified with polyyarginine effectivily silence the targeted gene[J]. Journal of Controlled Release Official Society,2006,112(2):229-239.

[45] Sudimack J J,Guo W,Tjarks W,et a1. A novel pH-sensitive liposome formulation containing oleyl alcohol[J]. Bio-chim Biophys Acta,2002,1564(1):31-37.

[46] Yamada Y,Shinohara Y,Kakudo T,et a1. M itochondrial delivery of mastoparan with transferrin liposomes equipped with a pH-sensitive fusogenic peptide for selective cancer therapy[J]. International Journal of Pharmaceutics,2005,303(1-2):1-7.

[47] Kim M J,Lee H J,Lee I A,et a1. Preparation of pH-sensitive,long-circulating and EGFR-targeted immunoliposomes[J]. Archives Pharmacal Research,2008,31(4): 539-546.

[48] 孙霁,陈琰,钟琰强,等.pH 敏感脂质体作为基因载体的研究进展[J].解放军药学学报,2010,26(6):553-557.

[49] Ishida T,Okada Y,Kobayashi T,et a1. Development of pH-sensitive liposomes that eficiently retain encapsulated doxorubicin(DXR)in blood[J]. International Journal of Pharmaceutics,2006,309(1-2):94-100.

[50] Li F，Wu H，Zhang H，et al. Antitumor drug paclitaxel-loaded pH-sensitive nanoparticles targeting tumor extracellular pH [J]. Carbohydrate Polymers，2009，77：773-778.

[51] Kong G，Dewhirst M. Review Hyperthermia and liposomes[J]. International Journal of Hyperthermia，1999，15：345-370.

[52] 孙飞，尹莉芳，周建平，等. 热敏脂质体的研究进展[J]. 药学进展，2010，34(9)：399-405.

[53] 屈阳，李建波，任杰，等. 温度敏感性药物载体及其在肿瘤热化疗中的应用[J]. 化学进展，2013，25(5)：786-798.

[54] 陆媛媛，符旭东，赵倩，等. 热敏脂质体在肿瘤靶向治疗中的研究进展[J]. 中国医院药学杂志，2013，33(10)：810-813.

[55] Spratt T，Bondurant B，O'Brien D F. Rapid release of lipesomal contents upon photoinitiated destabilization with UV exposure[J]. Biochimica et Biophysica Acta，2003，1611(1-2)：35-43.

[56] Foged C，Nielsen H M，Frokjaer S. Liposomes for phospholipase A2 triggered siRNA release：preparation and in vitro test[J]. International Journal of Pharmaceutices，2007，331(2)：160-166.

[57] 王浩，邓英杰 紫杉醇冻干脂质体的制备及含量稳定性[J]. 沈阳药科大学学报，2008，25(8)：609-614.

[58] 袁松，孙会敏，丁丽霞，等. 脂质体物理化学稳定性研究进展[J]. 中国药事，2011，25(4)：384-388

[59] 肖衍宇，宋赟梅，陈志鹏，等 水飞蓟素前体脂质体的制备和大鼠药代动力学的研究[J]. 药学学报，2005，40(8)：758-763.

[60] 龙晓英，欧少英，罗佳波，等. 双氯芬酸钠柔性脂质体的制备及其对离体小鼠皮肤的透皮效果[J]. 中国医药工业杂志，2004，35(4)：216-218.

[61] 杨焕，刘世喜，梁传余，等. 阳离子脂质体介导 IL-2 基因治疗 SCCⅦ移植瘤的初步研究[J]. 四川大学学报(医学版)，2003，34(1)：9-11.

[62] 胡英，金一，王华，等. 阳离子膜融合脂质体包裹 DNA 体外转染和稳定性研究[J]. 中国药学杂志，2003，38(7)：547-549.

[63] Campbell R B，Dai F，Brown E B，et al. Cationic charge determines the distribution of liposomes between the vascular and extravascular compartments of tumors[J]. Cancer Research. ，2002，62(23)，6831.

第十五章 环糊精在药剂学中的应用

1. 环糊精简介

1891 年,法国科学家 Villiers 用芽孢杆菌使淀粉发酵过程中,偶然分离得到了少量晶状的代谢产物,即环糊精。1903—1911 年,奥地利科学家 Franz Schardinger 发表了环糊精具体的制备、分离和纯化方法,他分离得到的浸麻芽孢杆菌至今仍是最主要的催化环糊精生成的酶。1953 年德国科学家 Karl Freudenberg、Friedrich Cramer 和 Hans Plieninger 申请了第一个关于环糊精的专利。该专利涵盖了环糊精在药剂配方中的重要应用,说明环糊精可以减少药物在空气中的氧化和显著增加难溶性药物的水中溶解度。20 世纪七八十年代出现了环糊精的第一个工业规模应用。

2. 环糊精的结构

环糊精(Cyclodextrin,CD)是直链淀粉在芽孢杆菌产生的环糊精葡萄糖基转移酶(CGT)作用下生成的由 6～12 个 D-吡喃葡萄糖单元构成的一系列环状低聚糖的总称。最常见的天然环糊精是 α-环糊精、β-环糊精和 γ-环糊精,分别由 6 个、7 个和 8 个吡喃葡萄糖单元环合而成。鉴于吡喃葡萄糖单元的椅式构象,环糊精的形状像截锥而不是完美的圆柱体(见图 15-1)。表 15-1 提供了三种天然环糊精(α-CD,β-CD 和 γ-CD)的尺寸。

图 15-1 α-CD、β-CD、γ-CD 结构示意图

表 15-1 三种天然环糊精的尺寸

环糊精类型	葡萄糖单元数	空腔直径/Å	空腔高度/Å	空腔体积 Å³
α	6	4.7～5.3	7.9	174
β	7	6.0～6.5	7.9	262
γ	8	7.5～8.3	7.9	427

环糊精分子的形状是略成椎体状的环形空腔。羟基官能团取向锥形外部,糖残基的伯羟

基位于锥形较窄边缘,仲羟基位于锥形较宽边缘,这使得环糊精分子具有良好的亲水性。分子中心腔内含有葡萄糖残基的碳骨架和醚氧,因此其空腔内部呈现疏水性,其极性与含水乙醇溶液的极性相似(见图 15-2)。

环糊精外部亲水、内部疏水的性质使之具有分子容器性能,可将难溶性客体分子捕获在空腔内形成包合物,环糊精和环糊精包合物可以自发形成胶束样结构的聚集体。此外,聚合物可与环糊精相互作用形成超分子聚集体使药物增溶,这在药物制剂中具有多种应用。例如,环糊精可增加难溶性药物的水溶性并提高其生物利用度,掩盖活性成分的苦味,从而使咀嚼片和口腔崩解片剂型得到发展,减少光、热、氧对药物的影响和降解,提高药物稳定性。

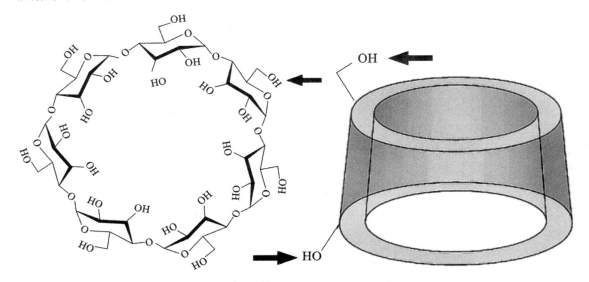

图 15-2 β-环糊精外部亲水、内部疏水结构示意图

3. 环糊精及其衍生物的水溶性

天然环糊精的水溶性有限,特别是 β-环糊精,水中溶解度仅 18.5 mg/ml,α-环糊精和 γ-环糊精的溶解度分别是 145 mg/mL 和 232 mg/mL。环糊精水溶性差是因为晶体中存在较强的分子间氢键,若形成氢键的羟基被其他基团(甚至是亲脂性的甲氧基)取代,都能使这些环糊精衍生物的水溶性显著提高。

环糊精包合物的水溶性与环糊精的相似,所以有些环糊精包合物能从水或含水体系中沉淀。有些方法可以提高环糊精包合物(聚集体)的水溶性,如向水溶液中加入少量水溶性聚合物,或添加不同的盐如乙酸钠和苯扎氯铵,也可以提高药物-环糊精包合物的溶解度。

由于天然环糊精的水溶性较差以及注射时产生的毒性,人们开始制备环糊精衍生物,如羟丙基-β-环糊精(HP-β-CD)、羟丙基-γ-环糊精(HP-γ-CD)、无规甲基化 β-环糊精(RM-β-CD)、磺丁醚-β-环糊精(SBE-β-CD)和支链环糊精等(见表 15-2)。SBE-β-CD 是一种聚阴离子 β-环糊精衍生物,它与 HP-β-CD 都经过全面的安全性评价,用于多种经美国食品药物管理局(FDA)批准的药品(见表 15-3)以及临床前和临床研究。

表 15-2　目前药物制剂中涉及的天然环糊精及其衍生物

环糊精类型	取代度(S)[a]	相对分子质量[b]	水中溶解度[c]/(mg/mL)
α-CD	—	972	145
β-CD	—	1135	18.5
HP-β-CD	0.65	1400	>600
RM-β-CD	1.8	1312	>500
SBE-β-CD	0.9	2163	>500
γ-CD	—	1297	232
HP-γ-CD	0.6	1576	>500

注:a.每个吡喃葡萄糖重复单元的平均取代数;

b.由供应商提供或根据平均取代度计算值;

c.在 25 ℃纯水中的溶解度。

表 15-3　含环糊精上市产品实例

环糊精类型	药 品 名 称	给药途径	商 品 名 称	市　　场
α-CD	头孢替安己酯盐酸盐	口服	Pansporin T	日本
β-CD	盐酸苄萘酸酯	口服	Ulgut,Lonmiel	日本
	奥美拉唑	口服	Omebeta	欧洲
	吡罗昔康	口服	Brexin	欧洲
HP-β-CD	西沙必利	直肠	Propulsid	欧洲
	伊曲康唑	口服,静脉注射	Sporanox	欧洲,美国
	丝裂霉素	静脉注射	Mitozytrex	美国
RM-β-CD	17β-雌二醇	滴鼻液	Aerodiol	欧洲
SBE-β-CD	伏立康唑	静脉注射	Vfend	欧洲,美国
	齐拉西酮马来酸盐	肌内注射	Geodon,Zeldox	欧洲,美国
HP-γ-CD	双氯芬酸钠	滴眼液	Voltaren	欧洲

4. 环糊精及其衍生物的安全性

与 γ-CD 不同,α-CD 和 β-CD 不能被人唾液淀粉酶和胰淀粉酶水解,但可以被肠道微生物降解。环糊精相对分子质量较大且具有亲水性,一般不以原型被胃肠道吸收。口服低至中等剂量时,亲水性环糊精一般是无毒的。

口服时,α-CD 有良好耐受性且无明显副作用。在胃肠道只有少量 α-CD 以原型被吸收,在静脉注射后主要以原型被肾脏代谢。γ-CD 的代谢与 α-CD 的相似,即在胃肠道只有少量以原型被吸收,在静注后主要以原型被排出体外。β-CD 由于水溶性低和肾毒性而不能注射给药,但是口服时无毒。β-CD 经口服的无毒剂量在大鼠体内为 $0.7\sim0.8$ g/(kg·d),在狗体内约为 2 g/(kg·d)。

口服或静脉注射低至中等剂量时,亲水性环糊精 HP-β-CD 和 SBE-β-CD 是无毒的。HP-β-CD 比 β-CD 更易溶于水,安全性更高。HP-β-CD 在人体内有良好的耐受性,不良反应主要是软便或腹泻增加。某研究报导进行间歇透析的肾衰竭患者在静脉注射伏立康唑/SBE-β-CD 包合物溶液后,血浆中有 SBE-β-CD 的累积。虽未报告毒性作用,但建议这类患者应仔细监测血浆中 SBE-β-CD 水平,肌酐清除率小于 50 mL/min 的患者不要接受静脉注射该包合物溶液。当然,连续性静脉-静脉血液滤过(CVVH)可以安全去除上述患者体内的 SBE-β-CD。

亲脂性环糊精衍生物如甲基化 β-环糊精,经口服后在胃肠道吸收程度较大,因此潜在的毒性限制了其应用。另外该产品在注射后也显示有一定的毒性。

5. 包合物的形成

1)形成包合物机制

水溶液中难溶性药物或其亲脂部分进入环糊精的空腔即形成包合物。这个过程中没有共价键的形成或破坏,且包合物中的药物分子与溶液中的游离药物分子迅速达到平衡。这种平衡在起初建立很快,但需要很长时间才能达到最终的平衡。药物分子一旦进入环糊精空腔内,就会因弱范德华力进行构象调整。形成包合物的驱动力包括从环糊精空腔中释放出高能量的水分子、静电相互作用、范德华相互作用、疏水相互作用、氢键等。

环糊精与药物形成包合物的能力取决于两个因素。第一是空间要求,即环糊精空腔与药物分子的相对大小。如果药物分子尺寸太大,则不易进入环糊精空腔。根据空腔尺寸,α-CD 通常可以与较低相对分子质量的化合物或具有脂肪侧链的化合物形成包合物;β-CD 可以与芳香族或杂环分子包合;而 γ-CD 则可以容纳更大的分子,如大环和类固醇等。

形成包合物的第二个因素是环糊精与药物分子之间的热力学相互作用。为了发生包合,必须有合适的驱动力将药物分子拉入环糊精空腔。以下四种相互作用有利于形成包合物:一是极性水分子从环糊精疏水空腔中被置换;二是被置换出的水分子进入水溶液后形成的氢键数量增加;三是疏水客体分子与水溶液之间的相互排斥作用减少;四是当客体分子进入环糊精疏水空腔时,相互疏水作用增加。

纯药物和纯环糊精的理化性质与相应的包合物不同。可以使用多种方法检测理化性质的变化,如测量溶解度、化学反应性、紫外/可见光谱、荧光光谱、核磁共振光谱、药物保留时间、pK_a 值、电位测量和化学稳定性变化等。此外,由于包合作用会影响包合物溶液的理化性质,所以监测溶液变化的方法也可用于研究包合物,如测量导电变化、冰点降低法、黏度测量和热量滴定法等。

2)包合物的类型

药物-环糊精包合物的化学计量及其结合常数的数值通常从相溶解度图中获得。Higuchi 和 Connors 最早开发了相溶解技术,他们以环糊精浓度和药物溶解度作相溶解度曲线,将包合物分为以下几类(见图 15-3)。当药物的溶解度随环糊精浓度的增加而增加,为 A 型相溶解度曲线。A 型曲线进一步可细分为三种:A_L 型表示药物溶解度随环糊精浓度的增加呈线性增加;A_P 型正向偏离线性,表明在环糊精浓度较高时,药物与环糊精以大于 1∶1 的比例形成包合物;A_N 型负向偏离线性,表明环糊精在浓度较高时包合效率降低。

上述三条曲线(见图 15-3)表明包合物的溶解度高于纯药物的溶解度。如果 A_L 型斜率小于 1,则形成 1∶1 包合物。如果斜率大于 1,可能是有高级包合物参与溶解过程。尽管斜率小于 1 时也不能排除形成高级包合物的可能性,但通常情况下认为形成 1∶1 的包合物。

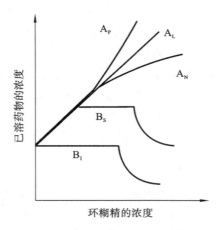

图 15-3　含亚型(A_P、A_L、A_N 和 B_S 和 B_I)的 A 型和 B 型相溶解度曲线图

通常,水溶性环糊精形成 A 型相溶解度曲线,而溶解性较差的天然环糊精则形成 B 型曲线。B 型曲线表明形成的包合物水溶性有限,常在天然环糊精尤其是 β-CD 中观察到。B 型曲线进一步细分为两种亚型:B_s 和 B_I。大部分药物与环糊精形成包合物。除此之外,它们还能形成非包合的复合结构以及胶束样结构的复合聚集体。相溶解度曲线不能验证包合物的形成,仅描述增加的环糊精浓度如何影响药物溶解度。

6. 结合常数和总溶解度的测定

环糊精在药物剂型中的用途是它们与药物分子相互作用以形成包合物。最常见的包合物类型是 1:1,即一个药物分子与一个环糊精分子形成包合物,此时最有可能为 A_L 型相溶解度曲线,当然也有可能形成更高级的包合物。通常用式(15-1)描述包合物的形成:

$$(\text{药物})_{\text{游离}} + (\text{环糊精})_{\text{游离}} \xrightarrow{K_{1:1}} (\text{药物-环糊精})_{\text{复合物}} \qquad (15\text{-}1)$$

药物溶解度可以用式(15-2)描述:

$$S_{\text{总}} = S_0 + \frac{K_{1:1} \cdot S_0[\text{CD}_{\text{总}}]}{K_{1:1} \cdot S_0 + 1} \qquad (15\text{-}2)$$

式中:$S_{\text{总}}$ 是总的药物溶解度;S_0 是药物固有溶解度或不存在环糊精时的溶解度;$[\text{CD}_{\text{总}}]$ 是溶液中环糊精的浓度;$K_{1:1}$ 是结合常数或稳定常数。

根据式(15-2),以药物总溶解度 $S_{\text{总}}$ 和环糊精浓度 $[\text{CD}_{\text{总}}]$ 作图将得到一条直线,该直线的斜率为 $\dfrac{K_{1:1} \cdot S_0[\text{CD}_{\text{总}}]}{K_{1:1} \cdot S_0 + 1}$(数值小于1),截距为药物固有溶解度 S_0。结合常数 $K_{1:1}$ 和药物固有溶解度 S_0 可用式(15-3)和式(15-4)计算。

$$K_{1:1} = \frac{\text{斜率}}{S_0(1 - \text{斜率})} \qquad (15\text{-}3)$$

$$\text{斜率} = \frac{S_0 \cdot K_{1:1}}{S_0 \cdot K_{1:1} + 1} \qquad (15\text{-}4)$$

式(15-2)中,随着环糊精浓度 $[\text{CD}_{\text{总}}]$ 的增加,药物溶解度 $S_{\text{总}}$ 呈线性增加,表明环糊精增强药物溶解度的能力是药物固有溶解度(S_0)、结合常数($K_{1:1}$)、所用环糊精总浓度 $[\text{CD}_{\text{总}}]$ 的函数。结合常数($K_{1:1}$)的值通常在 $50 \sim 2000$ M^{-1},α-环糊精,β-环糊精和 γ-环糊精的结合常数分别为 129 M^{-1}、490 M^{-1} 和 355 M^{-1}。

$K_{1:1}$ 用于比较药物与环糊精及其衍生物之间的亲和力,也就是说,$K_{1:1}$ 是描述药物和环糊精之间相互作用力的强弱。对于药物需要完全溶解的制剂,环糊精的实际用量取决于药物和环糊精之间的 $K_{1:1}$ 和 S_0。

如果药物与环糊精形成 2∶1 的包合物时,则线性相溶解度曲线的斜率由式(15-5)计算:

$$斜率 = \frac{2S_0^2 \cdot K_{2:1}}{S_0^2 \cdot K_{2:1} + 1} \tag{15-5}$$

其中 $K_{2:1}$ 是包合物的结合常数,这种情况下相溶解度曲线的斜率小于 2。许多文献报道了药物与不同环糊精形成包合物会导致药物性质发生变化,包括溶解度、物理化学稳定性、生物利用度等。

在这些优点中,最明显的是增加难溶性药物的溶解度。通过形成包合物提高水溶性与使用潜溶剂或表面活性剂提高溶解度是有区别的。使用潜溶剂时,溶液整体性质发生变化,导致药物水溶性增加,如 PEG、丙二醇和乙醇等溶剂在与水混合时,药物溶解度会增加,但为非线性增加。如果保持混合溶剂的组成不变,药物保持溶解状态,但如果用水稀释混合溶剂,将导致药物从中析出沉淀。使用环糊精增溶则没有这种非线性问题,尤其是形成 1∶1 的包合物时。

7. 包合效率

在药物制剂中应尽可能少使用环糊精,所以环糊精的增溶效率比结合常数($K_{1:1}$)更重要。增溶效率是由相溶解度曲线的斜率或包合物与游离环糊精之比确定的,包合物与游离环糊精之比称为"包合效率(CE)"。

对于药物与环糊精形成 1∶1 的包合物,包合效率(CE)等于药物固有溶解度(S_0)与药物-环糊精包合物结合常数($K_{1:1}$)的乘积,可以利用相溶解度曲线的斜率计算包合效率,即

$$CE = S_0 \cdot K_{1:1} = \frac{[D-CD]}{[CD]} = \frac{斜率}{1-斜率} \tag{15-6}$$

式中:$[D-CD]$ 是已溶解的包合物的浓度;$[CD]$ 是已溶解的游离环糊精的浓度;"斜率"是相溶解度曲线的斜率。在剂型研发时对于选择哪种环糊精,比较其包合效率(CE)比结合常数($K_{1:1}$)更为方便,通过式(15-6)可以确定包合效率。Loftsson 等在室温下测定了 28 种药物与 HP-β-CD 和甲基化 β-CD 的包合效率,平均包合效率约为 0.3,这意味着平均而言,溶液中仅四分之一的环糊精分子与难溶性药物形成水溶性包合物。假设形成 1∶1 的包合物,在所测试的药物中己烯雌酚有最高的包合效率(2.82),表明约四分之三的环糊精分子与药物形成包合物。若包合效率为 0.1,则表明 11 个环糊精分子中有一个与药物形成包合物。若包合效率为 0.01,则表明 100 个环糊精分子中只有一个形成包合物。

药物固有溶解度 S_0,即相溶解度曲线中的截距,会受常用辅料如缓冲盐、聚合物或防腐剂等的影响,有时 S_0 会低于分析方法的检测限。由于 CE 仅取决于相溶解度曲线的斜率,其变化比 $K_{1:1}$ 小。Loftsson 等认为 S_0 可显著影响 $K_{1:1}$,但对 CE 没有任何影响。另外,加入聚合物对 CE 也基本没有影响。

Rao 和 Stella 引入一个无量纲数,即环糊精实用数(cyclodextrin utility number,U_{CD}),来评估在制剂中使用环糊精的可行性。环糊精实用数(U_{CD})可用式(15-7)确定。

$$U_{CD} = \left(\frac{S_0 \cdot K_{1:1}}{S_0 \cdot K_{1:1}+1} \right) \frac{(CD)_t}{(D)_t} = \left(\frac{S_0 \cdot K_{1:1}}{S_0 \cdot K_{1:1}+1} \right) \frac{(m)_{CD}}{(m)_D} \frac{(MW)_D}{(MW)_{CD}} \tag{15-7}$$

$$K_{1:1} = \frac{Drug-(CD)_{复合物}}{(Drug)_{游离} \cdot (CD)_{游离}} \tag{15-8}$$

式中：$K_{1:1}$ 是结合常数，可用式(15-8)确定；S_0 是药物固有溶解度；$(m)_D$ 和 $(m)_{CD}$ 分别是药物剂量和环糊精剂量；$(MW)_D$ 和 $(MW)_{CD}$ 分别是药物相对分子质量和环糊精的相对分子质量。当无量纲数 U_{CD} 大于或等于 1 时，表明环糊精与药物的包合充分使其增溶；当该值小于 1 时，包合并不足以使药物完全溶解。

在式(15-7)中，S_0、$(MW)_{CD}$、$(MW)_D$ 和 $(m)_D$ 是已知的，故可根据制剂的类型、重量或体积（如片剂大小）、溶液张力（如注射液或滴眼液）、生产成本等来确定 $(m)_{CD}$。

8. 环糊精对药物的增溶

环糊精在药剂学中最常见的应用是增加难溶性药物的溶解度。通常，药物的水溶性越低，包合作用对其溶解度的改善越显著。那些溶解度在微摩尔/升范围的药物，其溶解度增加幅度明显大于溶解度在摩尔/升范围的药物。

与高取代度的环糊精衍生物相比，同类型低取代度衍生物具有更好的增溶效果。例如，商品化环糊精中，甲基化环糊精中低取代物的增溶能力更强，反而烷基链的长度并不重要。

带电荷的环糊精是非常有效的增溶剂，增溶作用可能取决于电荷和环糊精空腔的相对距离。电荷越远离空腔，环糊精的包合能力越高。例如，β-CD 和 γ-CD 有优良的增溶效果，β-环糊精硫酸盐的包合能力较低，而 SBE-β-CD 分子中的阴离子通过丁醚基团的间隔远离空腔，是一种极好的增溶剂。

尽管可解离的药物能与环糊精形成包合物，但非离子化药物形成包合物的结合常数（$K_{1:1}$）更大。例如，氯丙嗪的非离子型和阳离子型都能与 β-环糊精形成 1:1 的包合物，但非离子型结合常数是阳离子型的 4 倍。非离子型苯妥英-环糊精的结合常数是其阴离子型的 3 倍以上。β-环糊精与吲哚美辛、普拉西泮、乙酰唑胺和磺胺甲噁唑之间也有类似包合作用。表 15-4 提供了分子结构和理化性质对药物-环糊精包合物形成的影响。

表 15-4　分子结构和理化性质对药物-环糊精包合物形成的影响

性　　质	结　　果
环糊精空腔尺寸	影响包合物的形成；例如，α-CD 空腔对于萘而言太小，只有 γ-CD 能容纳蒽；α-环糊精可用于小分子或较大分子的侧链；β-CD 可用于包合许多含有苯基的药物分子；γ-CD 可用于较大分子如大环内酯类抗生素的包合
环糊精分子取代度	低取代度环糊精衍生物常比高取代度同类物具有更好的包合效果
药物固有溶解度	药物固有溶解度越低，通过环糊精包合获得的相对溶解度增加越大；与在毫克/毫升范围内具有溶解度的药物相比，在微克/毫升范围内表现出固有溶解度的药物通常表现出更大的溶解度增加
低水溶性的亲水性药物	两性离子药物和其他水溶性有限的极性药物，其包合能力通常较低
离子对	当药物和环糊精分子带相反电荷时，包合作用增强，反之则减弱

许多添加剂如氯化钠、缓冲盐、表面活性剂、防腐剂和有机溶剂等可以削弱环糊精增溶能

力,所以应使用预期配方研究溶解度。

一般来说,环糊精的包合效率不高,少许药物形成包合物需要大量环糊精。但出于安全性和生产成本的考虑,应在药物制剂中尽可能少使用环糊精。往环糊精溶液中加入聚合物或羟基酸可以提高包合效率,从而提高环糊精的增溶作用。例如,向环糊精水溶液中加入0.25%(W/V)聚乙烯吡咯烷酮时,10%(W/V) β-CD 溶液对一系列药物的增溶作用从12%增加到129%。水溶性聚合物还能够增加环糊精水溶性而不降低它们的包合能力。添加羟基酸如柠檬酸、苹果酸或酒石酸,也可以形成超级包合物或盐而提高环糊精的增溶作用。

9. 用环糊精制备固体制剂

固体制剂有三个要求,首先是剂量/溶解度的比值必须等于或小于 250 mL,这表明药物-环糊精包合物在胃肠液中具有良好的溶解度,以确保活性药物成分的溶出。其次是每片药物剂量和赋形剂的上限约为 800 mg。这是因为制剂中含有赋形剂,如 700 mg 药物-环糊精包合物中含有 50~100 mg 药物。最后是需要药物从片剂中溶出速率较快,避免溶出速率成为药物吸收的限速因素。例如,抗惊厥药物卡马西平的水中溶解度为 0.1 mg/mL,其正常剂量为每天两次,每次 100~200 mg。因此该药物的剂量与溶解度的比值为 1000~2000 mL,大于前述的 250 mL,表明常规片剂中卡马西平的吸收缓慢且不稳定。即释片给药后 4~8 h 达到血浆浓度峰值,其生物利用度为 75%~80%。利用卡马西平/环糊精包合物来制备片剂,如果用 HP-β-CD 形成包合物,含 100 mg 卡马西平片剂的最小片重为 1500 mg,该重量超出片重上限,如果用天然 β-CD 形成包合物,则片剂的最小片重为 800 mg。卡马西平/HP-β-CD 包合物和卡马西平/β-CD 包合物的剂量与溶解度度比值分别为小于 6 mL 和小于 15 mL,尽管前者的水溶性更好,但后者的溶解度已经满足临床应用,加上片重符合要求,因此更适宜作为片剂的处方。

10. 用环糊精制备注射剂

环糊精及其衍生物可以被用于制备难溶性药物的注射制剂,如依托咪酯、丝裂霉素、伏立康唑、显像剂替肟锝、伊曲康唑、地西泮和苯妥英钠等静脉注射液,阿立哌唑和齐拉西酮甲磺酸盐等肌内注射液,还可用于蛋白和多肽的增溶。

由于 β-CD 可以使红细胞发生溶血,故 β-CD 不能用于任何注射制剂。此外,β-CD 与胆固醇形成的包合物水溶性有限,可在肾脏形成结晶而产生肾毒性。α-CD 和甲基化 β-CD 在注射时均有肾毒性,γ-环糊精也有潜在的肾毒性。相比之下,可溶性环糊精如 HP-β-CD 和 SBE-β-CD 可广泛用于注射制剂,剂量上限分别为 16 g/d 和 14 g/d,但禁用于 2 岁以下婴幼儿。一项非临床研究报道,每天给予大鼠注射高剂量(200 mg/kg)的 HP-β-CD,连续 4 个月会导致大鼠骨质流失。

通过静脉注射进入体内的 HP-β-CD 和 SBE-β-CD 可通过肾脏快速清除,消除半衰期为 20~100 min。这些可溶性环糊精衍生物对药物的代谢影响很小,只在少数情况下,与环糊精之间的结合常数大且血浆蛋白结合率低的药物会有表观分布容积低以及肾排泄增多的现象。

11. 环糊精制备在其他剂型中的应用

由于眼、鼻和肺等局部组织中体液量较小,药物的有效剂量需要溶解在体积有限的水溶液中,因此需要增加药物溶解度以获得相应浓度的水溶液制剂。

由于角膜上皮结构复杂,药物必须同时具有一定的亲水和亲脂性才能穿越角膜屏障。此外,在给药后几分钟内滴眼液可迅速从角膜前区排除。因此,药物与环糊精形成的包合物可能来不及释放药物便在角膜前区被排除。可以通过使用黏膜粘附型聚合物增加药物在眼部的停留时间,或者使用药物与环糊精形成的包合物微米粒或纳米粒作为药物储库以延长眼部吸收时间。例如,文献报导多佐胺/γ-CD 包合物微粒制剂可在动物眼部房水中保持 24 h 以上较高的药物浓度,并将药物递送至眼后段。还有地塞米松/γ-CD 包合物形成微米和纳米聚集体,可以增加药物溶解度和眼部停留时间,提高药物在眼后段的递送。

由于鼻黏膜给药可以避免首关效应,近年来蛋白质和甾体激素等药物适合开发成鼻黏膜制剂。脂溶性 RM-β-CD 可插入脂质膜中并破坏其屏障功能,因而可作为药物增溶剂和透皮促进剂使用。RM-β-CD 的毒性较低,当浓度为 10%(W/V)时,鼻黏膜无明显形态变化,但如果浓度增加到 20%时,会导致鼻黏膜严重损伤。水溶性 SBE-β-CD 不易渗透到亲脂性膜中,几乎不影响脂质膜的屏障功能,安全性比 RM-β-CD 的更好。咪达唑仑/SBE-β-CD 鼻喷雾剂在健康志愿者体内的研究结果表明,该制剂的起效时间约为 15 min,绝对生物利用度为 73%。与咪达唑仑静脉给药制剂相比,该制剂可以通过鼻部迅速吸收进入体循环,没有鼻黏膜刺激和损伤,给药途径是无创性并且适合患者自我药疗。

由于肺部组织具有吸收面积大、药物代谢酶活性低、血流丰富等特点,肺部吸入制剂不仅可以用于治疗局部疾病,还有望用于全身治疗。与眼用和鼻用制剂类似,药物的低水溶性严重限制该制剂的发展。药物与环糊精形成的包合物可以被制成吸入型粉雾剂或喷雾剂,包合物的水溶性增加,使其更易在肺部吸收。胰岛素是一种大分子蛋白多肽类药物,已被开发成肺部递药制剂。不同环糊精提高胰岛素吸收的能力不同,依次是二甲基-β 环糊精(DM-β-CD)>α-CD>β-CD>γ-CD>HP-β-CD。脂溶性 DM-β-CD 作为增溶剂和渗透促进剂,当其含量为 5%时,可使共同给药的胰岛素几乎完全被肺泡囊吸收。该胰岛素制剂可以显著降低血浆中葡萄糖浓度。如果换成 5%亲水性 HP-β-CD,则该制剂中胰岛素的生物利用度降为 22%。

参考文献

[1] Villiers A. Sur la transformation de la fécule en dexirine par le ferment butyrique [J]. Comptes Rendus Mathématique,1891,112(66):536-538.

[2] Schardinger F. Über thermophile bakterien aus verschiedenen Speisen und Milch[J]. Nahr. Genussm. 1903,6,865-880.

[3] Freudenberg K,Cramer F,Plieningen H. A process for the preparation of inclusion compounds of physiologically active organic compounds:German,DE895769 C [P]. 1953-11-05.

[4] Davis ME,Brewster ME. Cyclodextrin-Based Pharmaceutics:Past,Present And Future [J]. Nature Reviews Drug Discovery,2004,3(12):1023-1035.

[5] 金征宇,徐学明,陈寒青,等. 环糊精化学——制备与应用 [M]. 北京:化学工业出版社,2009.

[6] Zhang J,Ma PX. Cyclodextrin-based supramolecular systems for drug delivery:Recent progress and future perspective[J]. Advanced Drug Delivery Reviews,2013,65(9): 1215-1233.

[7] Ma M,Sun T,Xing P,et al. A supramolecular curcumin vesicle and its application in controlling curcumin release[J]. Colloids and Surfaces A Physicochemical and Engineering Aspects,2014,459(5):157-165.

[8] Singh K,Ingole PG,Bajaj HC,et al. Preparation,characterization and application of β-cyclodextrin-glutaraldehyde crosslinked membrane for the enantiomeric separation of amino acids[J]. Desalination,2012,298(16):13-21.

[9] Li L,Duan Z,Zhu L,et al. Progress in study and application of supramolecular system based on β-cyclodextrin[J]. Chinese Journal of Applied Chemistry,2017,34(2):123-138.

[10] Han B,Liao X,Yang B. Targeted drug delivery systems based on cyclodextrins[J]. Progress in Chemistry,2014,26(6):1039-1049.

[11] Crini G. Review:A History of cyclodextrins[J]. Chemical Reviews,2014,114(21):10940-10975.

[12] Loftsson T,Frinkesdottir H. The effect of water soluble polymer on the aqueous solubility and complexing abilities of β-cyclodextrin[J]. International Journal of Pharmaceutics,1998,163(1-2):115-121.

[13] 卓敏,严忠海,张加慧.环糊精及其衍生物在药学应用中的安全性综述[J].转化医学电子杂志,2017,4(6):77-83.

[14] Gharib R, Greige-Gerges H, Fourmentin S, et al. Liposomes incorporating cyclodextrin-drug inclusion complexes:Current state of knowledge[J]. Carbohydrate Polymers,2015,129(20):175-186.

[15] Zhao Z,Wang Z,Zhang J. The pharmaceutical applications of cyclodextrins[J]. Progress in Modern Biomedicine,2016,19(16):3788-3792.

[16] Lina BAR,Bar A. Subchronic oral toxicity studies with α-cyclodextrin in rats[J]. Regulatory Toxicology and Pharmacology,2004,39(1):S14-S26.

[17] Bellringer ME,Smith TG,Read R,et al. β-Cyclodextrin:52 weeks toxicity studies in the rat and dog[J]. Food and Chemical Toxicology,1995,33(5):367-376.

[18] Li S, Huo D, Yuan L. Preparation optimization, characterization and antioxidative function research on the inclusion complexes of capsaicin with methylated-β-cyclodextrin[J]. Food Science and Technology,2018,43(11):300-305.

[19] Miclea LM,Vlaia L,Vlaia V. Preparation and characterisation of inclusion complexes of meloxicam and α-cyclodextrin and β-cyclodextrin[J]. Farmacia,2010,58(5):583-593.

[20] Stella VJ,He Q. Cyclodextrins[J]. Toxicologic Pathology,2008,36(1):30-42.

[21] Loftsson T, Másson M, Brewster ME. Self-association of cyclodextrins and cyclodextrin complexes[J]. Journal of Pharmaceutical Sciences, 2004, 93(5):1091-1099.

[22] Ogawa N,Kaga M,Endo T. Quetiapine free base complexed with cyclodextrins to

improve solubility for parenteral use [J]. Chemical & pharmaceutical bulletin,2013,61(8):809-815.

[23] Wong J,Kipp JE,Miller RL,et al. Mechanism of 2-hydrxypropyl-beta-cyclodextrin in the solubilization of frozen formulations [J]. European Journal of Pharmaceutical Sciences,2014,62(1):281-292.

[24] Medarevic D,Kachrimanisb K,Djurića Z,et al. Influence of hydrophilic polymers on the complexation of carbamazepine with hydroxylpropyl-β-cyclodextrin [J]. European Journal of Pharmaceutical Sciences,2015,78(12):273-285.

[25] Loftsson T, Hreinsdóttir D, Másson M. Evaluation of cyclodextrin solubilization of drugs [J]. International Journal of Pharmaceutics,2005,302(1-2):18-28.

[26] Rao VM,Stella VJ. When can cyclodextrins be considered for solubilization purposes [J]. Journal of Pharmaceutical Sciences,2003,92(5):927-932.

[27] Del Valle EMM. Cyclodextrins and their uses:a review [J]. Process Biochemistry,2004,39(9):1033-1046.

[28] Miller L,Carrier RL,Ahmed I. Practical Considerations in Development of Solid Dosage Forms that Contain Cyclodextrin[J]. Journal of Pharmaceutical Sciences,2007,96(7):1691-1707.

[29] Loftsson T, Moya-Ortega MD, Alvarez-Lorenzo C, et al. Pharmacokinetics of cyclodextrin and drugs after oral and parenteral administration of drug/cyclodextrin complexes [J]. Journal of Pharmacy and Pharmacology,2016,68(5):544-55.

[30] Kurkov SV, Loftsson T. Cyclodextrins [J]. International Journal of Pharmaceutics,2013,453(1):167-180.

[31] 陈星羽,辛剑宇,李建树. 环糊精及其衍生物在多肽蛋/白质类药物非注射给药体系中的应用[J]. 中国生物工程杂志,2010,30(12):111-115.

[32] Pramanick S, Singodia D, Chandel V. Excipient selection in parenteral formulation development [J]. Pharma Times,2013,45(12):65-77.

[33] Kantner I, Erben RG. Long-term parenteral administration of 2-hydroxypropyl-b-cyclodextrin causes bone loss [J]. Toxicologic Pathology,2012,40(5):742-750.

[34] Kurkov SV, Madden DE, Carret D, et al. The effect of parenterally administered cyclodextrins on the pharmacokinetics of co-administered drugs [J]. Journal of Pharmaceutical Sciences,2012,101(12):4402-4408.

[35] Loftsson T,Stefánsson E. Cyclodextrins and topical drug delivery to the anterior and posterior segments of the eye[J]. International Journal of Pharmaceutics,2017,531(2):413-423.

[36] Jansook P, Stefánsson E, Thorsteinsdóttir M, et al. Cyclodextrin solubilization of carbonic anhydrase inhibitor drugs:formulation of dorzolamide eye drop microparticle suspension [J]. European Journal of Pharmaceutics and Biopharmaceutics,2010,76(2):208-214.

[37] Tanito M, Hara K, Takai Y, et al. Topical dexamethasone-cyclodextrin microparticle eye drops for diabetic macular edema [J]. Investigative Ophthalmology & Visual Science, 2011, 52(11): 7944-7948.

[38] Ohira A, Hara K, Johannesson G, et al. Topical dexamethasone γ-cyclodextrin nanoparticle eye drops increase visual acuity and decrease macular thickness in diabetic macular oedema [J]. Acta Ophthalmologica, 2015, 93(7): 610-615.

[39] Loftsson T, Gudmundsdóttir H, Sigurjónsdóttir JF, et al. Cyclodextrin solubilization of benzodiazepines: formulation of midazolam nasal spray [J]. International Journal of Pharmaceutics, 2001, 212(1): 29-40.

[40] Brewster ME, Loftsson T. Cyclodextrins as pharmaccutical solubilizers [J]. Advanced Drug Delivery Reviews, 2007, 59(7): 645-666.

[41] Aguiar MM, Rodrigues JM, Silva Cunha A. Encapsulation of insulin – cyclodextrin complex in PLGA microspheres: A new approach for prolonged pulmonary insulin delivery [J]. Journal of Microencapsulation, 2004, 21(5): 553-564.

第十六章 中药药效物质发现关键技术方法

中医药发源于人类与疾病斗争过程中获得的朴素医学认识,发展于经验医学时代的长期临床实践,兴盛于历代医家的归纳总结与传承创新,目前仍在我国医疗卫生体系中发挥着重要作用,为保障人民群众健康做出了重大贡献。近年来,我国中药产业蓬勃发展,据南方医药经济研究所数据,我国中成药工业总产值从 2010 年的 2614 亿元上升到 2016 年的逾 8000 亿元,年均增长率超过 20%,包括中药行业在内的大健康产业已达到万亿元规模,发展潜力巨大。随着中医药的发展受到的关注与投入不断提升,中药科技创新取得了显著成就,在中药资源可持续利用、中药化学物质于药效物质研究、中药质量控制以及中药生产共性技术等方面取得了较大的进展。

中药作为中医防病治病的物质基础,有中医药理论为指导,并具有大量的临床实践作为支撑,是目前新药研发的重要来源之一。中药在我国已有几千年的沿用历史,且具有显著的临床疗效。中药因其化学多样性和生物相关性,被认为是新药开发的重要来源,以青蒿素为代表的中药活性物质已得到国际医药界的广泛关注。据报道,1981 年至 2010 年间经审批的 1073 种小分子新化学实体药物中,有一半以上(64%)是直接或间接来源于中药。

中药及其复方制剂化学成分复杂,药效物质基础不明确,制约了其现代化与国际化发展的步伐。辨析中药药效物质是中药药效物质研究的核心内容,对于推动中药现代化和创新中药研发均具有十分重要的意义。近年来,随着现代科技手段的快速发展,通过思路创新与技术突破,中药药效物质的研究模式与研究方法推陈出新,取得了较大的研究进展。

第一节 概　　述

一、中药药效物质的定义

据《中国大百科全书》(中医卷)所载,中药是指中医传统用以防治和治疗疾病的药类物质,主要来源于天然药及其加工品,包括植物药、动物药、矿物药及部分化学、生物制品药。在不混淆概念的前提下,现已逐渐将本草、草药、中草药统称为中药。目前,与中药药效物质相关的术语和技术概念众多,包括中药活性物质、中药药效物质基础、中药有效物质、中药直接物质基础等。

中药活性物质是指来源于中药且具有显著活性的化学物质,包括中药活性提取物、中药活性部位、中药活性组分和中药活性成分。在此,"活性"一词涵盖了生理活性、药理活性及生物活性三个层面。

中药有效物质是指在某个药效评价模型上表现出有效性的中药化学物质,包括有效提取物、有效部位、有效组分和有效成分等。

目前国内学术界对于中药药效物质的定义尚不统一,有研究者认为中药药效物质是指"中药及其复方中发挥药效作用的化学成分(群)",也有研究者认为"中药中含有的能够表达药物临床疗效的化学成分统称为中药药效物质"。总体来看,中药药效物质是一类与中药药效相关的化学成分或化学成分群。

据《中药药效物质研究前沿》(创新中药研发关键技术)中所述,中药药效物质是指中药材、中药饮片、中成药中能调节人体生理功能的化学物质的统称。广义来说,凡是从中药材、中药饮片、中成药中提取出、分离及制备得到的化学物质,当明确其具有一定的药理活性,能够用于治疗、预防疾病或有目地调节人的生理功能时,都可称之为中药药效物质。

中药活性物质筛选是从中药材、方剂及中成药中发现活性物质的过程,也是明确中药药效物质的关键步骤。通过筛选往往能得到一批活性物质,但其是否是药效物质仍需进一步通过药效评价加以确认。

由于中药化学成分复杂,辨析中药的药效物质往往需要多学科的交叉运用,如利用中药化学、药物分析学、药理学、细胞与分子生物学等学科的技术来对中药成分的制备、鉴定、活性评价及其作用机制进行研究。

二、研究中药药效物质的意义

上千年的临床实践中发展而来的中药及其复方制剂具有独特的多靶点、多通路网络调控能力,对一些难治性复杂疾病的治疗具有明显优势。我国中药药效物质研究始于 20 世纪 20 年代,当时从麻黄中发现具有平喘作用的麻黄碱。自 20 世纪 60 年代开展全国性的"中草药运动"以来,各地医药科研院所组织科研团队进行协同攻关,对许多常用中药的药效物质开展了大量卓有成效的研究工作,其中最为著名的是从黄花蒿(*Artemisia* annua Linn.)中发现抗疟药物青蒿素(Artemisinin),其他还包括从延胡索(*Corydalis yanhusuo* W. T. Wang)中发现镇痛药延胡索乙素(Tetrahydropalmatine),从黄连(*Coptis chinensis* Franch.)中发现抗菌成分小檗碱(Berberine)等成果。这些研究均遵循经典的天然药物化学研究路线,即"提取—分离—药理活性筛选—分离活性单体成分—结构鉴定—药理作用、构效关系、作用机制研究"。

中药药效物质不明确是制约我国中医药现代化、国际化发展的瓶颈之一,同时也是现代中药研究中亟待解决的重要问题。揭示中药药效物质,了解其作用靶点与机制,是中药现代化的关键问题,也是有可能产生突破性进展的切入点,同时也是中医药现代化的媒介和桥梁。总体来看,发现中药药效物质具有以下几方面的意义。

(一)中药药效物质是创新药物研究的源头

中药来源广泛,化学成分丰富,中药活性成分已成为新药创制中先导化合物的重要来源,以青蒿素、石杉碱甲为代表的中药活性成分已被成功开发成为创新药物,并得到了国际医药界的广泛关注。

(二)中药药效物质为诠释传统中医药理论提供科学依据

研究中药经方验方的药效物质,一方面有助于以现代医疗体系所能理解的语言解释中药防治疾病的机制,另一方面有助于发现多种药效物质间的复杂交互关系,从而为诠释方剂配伍规律等中医理论提供科学依据。此外,中药药效物质也是中医药理论创新发展的突破口。现代医学对复杂性疾病的认识与诊疗方式,与中医药"辨证论治"的用药模式有一定的共通之处,这也体现出了中西医两种截然不同的医疗体系存在交汇贯通的可能性。因此,研究中药药效物质有助于创新发展中医药理论,指导发现新的疾病治疗靶点,并为疾病治疗提供更多的思路与方法策略。如蒋建东教授课题组从分子、细胞、整体动物水平系统研究了黄连中小檗碱降低胆固醇和甘油三酯的药效作用与分子机制,发现小檗碱降血脂作用与调节低密度脂蛋白受体的 mRNA 表达相关,并在临床上验证了其疗效,这与现有他汀类药物的降脂作用机制截然不同,从而为寻找新型的降血脂药物提供了新的分子靶标。

(三)中药药效物质是中药体内药代动力学研究的基础

只有在药效物质相对明确的基础上开展中药体内过程研究,才有可能监测具体研究对象的体内行为,从而了解药效物质在体内的吸收、分布、代谢、消除的规律,为指导临床用药提供依据。

(四)中药药效物质提高中药质量标准与质控水平

中药药效物质研究能有效控制中药原料生产、产地加工的质量,指导 GAP 基地建设,实现"源头"的质量保证。同时,中药药效物质研究是实现中药饮片生产的质量控制和规范化,饮片加工厂的 GMP 建设,保证临床用药和生产用原料的安全性、有效性和质量稳定、可控性,是提高和保证中药及其复方制剂疗效和实现质量可控、标准化的关键所在。通过对中成药的药效物质研究,有望改变以往只对指标性成分或高含量物质进行质控的研究现状,转变中药质控研究思路,实现以药效物质为导向的质量控制。

总之,研究中药药效物质是加速我国医药科技自主创新、应对国际竞争挑战的国家重大战略需求,是实现健康中国宏伟目标、破解医疗保障民生难题的重大现实需求,是促进我国医药产业结构调整、提升中药产品科技竞争力的重大产业需求,也是揭示中药科学内涵、发觉新药创制资源的重大科研需求。中药药效物质研究对于世界深入了解中药理论的实质,促进中药"走出国门",走向世界,逐渐被国际市场接受和认可,弘扬中华民族灿烂的中医药文化具有重要的历史和现实意义。

三、中药药效物质发现方法

辨析中药药效物质是中药药效物质研究的核心内容,对于推动中药现代化和创新中药研发均具有十分重要的意义,揭示中药药效物质基础是当今学术界瞩目的焦点问题之一。近年来,随着现代科学技术手段的快速发展,通过思路创新与技术突破,中药药效物质的研究模式与研究方法不断推陈出新,取得了较大的研究进展。由于研究对象和研究目的大相径庭,中药药效物质研究策略与方法往往不尽相同。

中药药效物质的发现过程一般包括以下四个步骤:①中药样品的提取制备,提取制备用于活性评价的样品是中药药效物质发现的起始环节;②活性评价,活性评价是寻找中药药效物质的关键环节;③分析鉴定活性物质,经过活性评价发现的中药活性物质包括活性部位、活性组分及活性成分,一般需要对其进行定性定量分析,以明确其主要的化学组成,为进一步制备活性成分提供依据;④中药活性物质的药理作用研究。只有明确了中药活性物质对机体生理功能具有一定的调节功能,能体现或部分体现中药临床功效,才能确定这些活性物质是中药药效物质。

近半个世纪以来,筛选发现中药药效物质经历了从繁复耗时到快速高效的过程。中药药效物质的主要发现方法可分为基于整体动物模型的中药药效物质发现方法、基于中药化学的中药药效物质发现方法、基于生物色谱的中药药效物质发现方法、基于亲和选择的中药药效物质发现方法和虚拟筛选方法等。

第二节　基于整体动物模型的中药药效物质发现方法

整体动物模型筛选是一种经典的药理学筛选模式,通过从天然产物中提取纯化出单一的化合物或是单一组分,在相应的经典动物病理模型上对其进行生物活性评价,从而得出化合物的药效作用。整体动物模型筛选在医学评估中占有重要的地位,因其能最大限度上模拟患者的生理病理学特征及临床病征,显示出药物的功效及其毒副作用,是药物发现或评价不可或缺的方法之一。基于整体动物模型的中药药效物质发现方法主要包括血清药物化学方法、脑脊液药理学方法和药物代谢组学方法等。

一、血清药物化学方法

血清药物化学方法是指药物经口服一定时间后采集动物血液、分离血清,以含药血清作为待测样品研究其药效作用的一种半体内实验方法。基于血清药物化学的中药药效物质研究,大都采用现代分析仪器对中药入血成分及其代谢产物进行定量、分离和分析,在此基础上,通过入血成分的活性评价最终确定体内直接作用的药效物质。

1988 年,日本学者田代真一提出了"血清药物化学"和"血清药理学"的概念,认为进入血液的成分才是潜在的效应成分,并开始对中药的入血成分进行研究。在此基础上,我国学者王喜军提出了"中药血清药物化学"的概念,并应用于中药药效物质基础的研究。中药血清药物化学是基于分析口服给药后血清中的成分,通过多种现代技术手段综合应用于从血清中分离、鉴定移行成分,确定中药及其复方在体内直接发挥作用的物质,同时对其与药效之间的相关性进行研究,阐明直接作用药物成分的体内代谢动态过程。

采用血清药物化学和血清药理学方法发现中药药效物质的一般步骤为:①从血中移行成分的角度检测进入机体直接发挥作用的物质,全面分析中药入血成分;②富集给药后血中的移行成分并进行药效相关性研究,确定活性成分并鉴定其结构,从而明确中药药效物质。

该方法虽能在某种程度上科学、客观地分析中药及其复方制剂的药效物质基础和中药配方配伍的规律等,但该方法也存在着一定的局限性:首先,吸收入血的某些成分未必就是有效成分,富集提纯后不一定能发挥药效活性,可能只是辅助发挥药效作用的物质,这给药效物质的确定造成了一定的困难;其次,不同来源的动物、不同给药量、采血时间和血清内源性成分均会对血清有效成分的分离鉴定造成一定的干扰;对于某些中药活性成分含量偏低,体内代谢复杂,其在血液中的原型及代谢产物的检测,对仪器的检测灵敏度要求更高,进而影响活性成分的筛选及鉴定。

二、脑脊液药理学方法

随着神经退行性疾病的日益增加,中药对神经保护作用的研究越来越受到关注。由于中枢神经系统中存在着血脑屏障,其维护脑部正常生理活动的同时还会阻止药物自由进入脑组织,这为治疗中枢神经系统疾病药物的体外筛选及药效作用机制的阐述增加了难度。为了探寻血清药理学的方法是否适用于中枢神经系统,梅建勋等提出了"脑脊液药理学"的概念,并建立了中药脑脊液药理学方法。

脑脊液药理学是在血清药理学的基础之上发展起来的,脑脊液药理学是利用含药脑脊液代替含药血清对中药及其复方中神经保护作用的药效物质基础及作用机理进行研究的一种方法。脑脊液相较于血液而言,本身含有的内源性成分较少,可以避免由于血清本身对神经细胞的毒性而掩盖其药效作用。但是,脑脊液药理学也存在以下不足:由于脑脊液的采集及前处理方法多样,重复性较差,需进一步制定规范的前处理方法。

三、药物代谢组学方法

药物代谢组学是代谢组学与药物科学(pharmaceutical sciences)交叉而形成的新学科和新技术。1999年,代谢组学概念首次被提出,被用来研究生命体的新陈代谢规律。代谢组学具有无破坏性、整体性以及动态性等优势,能够揭示药物在生物体内一系列生化反应的动态变化过程。

药物代谢组学主要有以下两个研究方向。

(1)药物对代谢组的影响和作用。

这是代谢组学与药理学交叉融合的结果,是分子药理学(molecular pharmacology)的发展。分子药理学基本上是按照"一个药物分子--一个靶分子(one drug molecule-one target molecule)"的模式进行的。药物代谢组学则建立在"单个或多组分药物-多靶分子(代谢靶标)"的模式基础上,药物代谢组学有关药物对代谢组的影响和作用的研究是药物学家筛选得到新的单分子-多靶点药物(unimolecule-multitarget drug)或多组分-多靶点药物(multicomponent-multitarget drug)的有效方法,特别是在阐释和解析中药或方剂的功效,开展"方-证对应"及"方-证相互作用"研究,并据此进行全新一代网络药物设计(network drug design)领域有极其重要的应用前景。

(2)药物自身在体内的代谢组分析。

药物代谢(drug metabolism)或药物生物转化(drug biotransformation)是一个历久的研究领域,后来,更诞生了药物代谢动力学(pharmacokinetics),从而把药物代谢的研究发展到一个新的领域。药物代谢和药物代谢动力学研究主要包括药物的吸收、分布、代谢和消除及其动力学以及通过代谢生成新的药性或毒性成分等内容。在过去的药物科学研究中,药物代谢和药物代谢动力学研究一直是进行药物设计和新药开发的重要基础,而药物代谢组学是药物代谢研究的一个重要发展。

现代研究表明,中药发挥药效的成分并不完全为原型成分,还包括很多体内代谢产物等。近年来,药物代谢组学方法被广泛应用于中药或中药复方中药效物质的研究,并衍生出了中药代谢组学,其表征的是中药治疗后生物体生物功能恢复的情况,这与中药的多组分、多靶点、协同作用的特征不谋而合,因此中药代谢组学的研究在中药药效作用、临床疗效、质量控制等方面得到了广泛应用。

中药代谢组学的基本研究思路如图 16-1 所示。

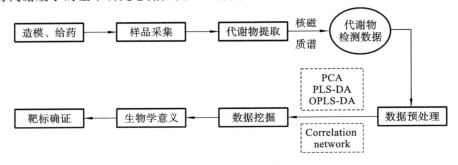

图 16-1　中药代谢组学的基本研究思路示意图

药物代谢组学方法在中药药效物质发现中具有较好的应用前景,但由于生物体系及代谢物组成的复杂性,给物质归属及精准定量增加了难度;同时,代谢组中各代谢物的浓度存在巨大差异,对现有检测方法的灵敏度和动态范围具有较高的要求。

第三节　基于中药化学的中药药效物质发现方法

基于中药化学的中药药效物质发现方法主要是基于中药化学的研究思路,按照系统提取、分离、鉴定中药化合物,再寻找有效成分;或是在活性指导下的有效组分或有效成分的分离这一流程进行药效物质研究,主要包括系统分离筛选法、活性追踪法和高通量筛选法。青蒿素的发现便是这一研究策略的成功典范。

一、系统分离筛选法

系统分离筛选法是利用各种提取分离技术(如薄层色谱、低中压柱色谱、逆流色谱、制备色谱法)分离制备中药成分,经活性测试后确定药效物质的一种方法,是一种经典的天然药物化学研究方法。

系统分离筛选法的研究步骤是根据中药各类成分的类型特点和性质,采用各种提取分离技术从中药中获取尽可能多的单体化合物,并对其结构进行鉴定,再通过活性试验确定其药效物质。

该方法的优点在于:①研究思路简单,具有较高的可操作性;②能够从中药材或中成药中分离制备得到大量的化合物,为活性评价提供较充足的样品。但是,该方法也存在缺点:①操作烦琐,耗时耗力;②所得到的化合物可能没有活性或活性较弱,筛选的命中率较低。

二、活性追踪法

活性追踪法是在系统分离筛选法的基础之上所建立的一种以活性为指导的中药药效物质分离与筛选方法,又称活性导向分离法。

活性追踪法的主要研究模式是在快速、灵敏、可靠的活性评价的指导下,从药材或中成药总提取物入手,对每一阶段所分离得到的组分进行活性试验,并追踪分离其中的活性组分,最终获得药效物质。

目前,活性追踪法也是发现中药药效物质的常规手段之一。该方法可大大减少分离工作的盲目性,但仍需进行分离制备工作,比较耗时耗力。活性追踪法筛选中药药效物质的活性评价模型主要包括分子/细胞模型和整体动物模型两大类。目前的研究中其活性评价的指标主要集中于抗肿瘤、抗炎、抗病毒、神经细胞保护等几个方面。

三、高通量筛选法

高通量筛选(high throughput screening,HTS)技术是 20 世纪 80 年代以来新兴的药物筛选技术。高通量筛选法主要是在分子和细胞水平的活性评价模型基础上,以微孔板作为样品载体(96 孔/384 孔板),通过自动化的操作系统与灵敏的检测技术实现微量样品的快速活性评价,从而确定中药药效物质的一种方法。

高通量筛选法中所涉及的装置主要包括:高效的样品处理设备,如自动化液体工作站和样品管理系统;灵敏的检测设备,如多功能酶标仪、荧光成像系统等;计算机软件平台及数据管理系统。目前,高通量筛选的速度可达每天上万个样本,并因其微量、快速、高效等特点,在寻找发现中药药效物质方面具有一定的优势。

高通量筛选的一般流程如图 16-2 所示。

图 16-2　高通量筛选的一般流程示意图

高通量筛选在样品初筛时,只对每个样品进行一次测试,单体化合物浓度通常为 $10^{-6} \sim$ 10^{-5} mol/L,而中药组分等混合物的浓度一般为 $10^{-5} \sim 10^{-4}$ g/mL。对于初筛确定的活性物质,一般通过测试 5～6 个浓度的量效关系来进一步确定其半数抑制浓度(或半数抑制率, IC_{50})或半数有效剂量(EC_{50})。

目前,由于受到中药物质资源库的规模和可获得性的限制,高通量筛选法在中药药效物质发现中的应用相对较少。但是随着高速逆流提取、超临界流体萃取、自动馏分收集等新兴制备分离技术在中药研究中的广泛应用,中药物质资源库的规模不断扩大,基于大规模高效制备的高通量筛选法是发现中药药效物质是一种新的途径。

第四节　基于生物色谱的中药药效物质发现方法

生物色谱(Bio-chromatography)又称为生物亲和色谱(Bio-affinity chromatography),是一种将生命科学与色谱、质谱等化学分析技术集成所发展起来的新兴技术。其原理是利用生物交互作用,从样品中分离和分析特定的待测物。目前,生物色谱技术已广泛应用于蛋白/多肽的制备与分析、临床样本检测以及配体-受体相互关系研究等方面,并逐渐应用于中药药效物质发现。

生物色谱方法在中药药效物质发现研究中的应用主要有以下两大类方法。

(1)将生物大分子、细胞膜或活细胞固定于色谱固定相上作为生物活性填料,从而通过药效物质与生物大分子、靶标或细胞的相互作用实现分离分析。

(2)在常规色谱分析系统基础上,通过在线生化检测的方法实现药效物质的快速发现。

运用生物色谱方法,实现中药活性物质的重点分离与在线分析,主要包括毛细管电泳法、细胞膜色谱法和生物反应器法等。

一、毛细管电泳法

毛细管电泳(capillary electrophoresis,CE)又称为高效毛细管电泳,是一类以毛细管为分离通道,以高压直流电场为驱动力,根据不同化合物的电迁移率不同而进行分离的一类液相分离技术,常用于化合物的分离分析。

毛细管电泳技术的基本原理是:在电场作用下根据离子的迁移速度不同,以高压电场为驱动力,以内径为 20～100 μm 的毛细管为工具对样品组分进行分离和分析。毛细管电泳技术应用石英毛细管柱,在 pH 值大于 3 的情况下其内表面带负电,在与溶液接触时可形成双电层。在高电压作用下,样品各组分的迁移速度和分配行为不同,带正电荷的分子、中性分子和带负电荷的分子可先后流出,从而实现各组分的分离。

1992 年,Bao 和 Regnier 等根据酶与底物电迁移率的差异,首次对葡萄糖-6-磷酸脱氢酶和它的底物、产物进行了分离和检测,从而发展形成了基于毛细管电泳的酶反应分析方法。在此基础上,还发展了毛细管电泳介导的微分析方法。一般来说,酶反应是由一系列步骤组成的,包括反应物混合、反应触发、孵育及产物检测四个部分。毛细管电泳介导的微分析方法把这四个部分集成在毛细管中,使用酶和底物的不同电迁移率来触发反应,然后又通过电泳把底物、产物、酶三者分开,同时对酶反应产物进行定量分析。

毛细管电泳法在中药药效物质发现研究的一般流程如图 16-3 所示,其主要步骤为:①将靶标蛋白键合到涂有带电涂层的毛细管表面;②将中药提取物注入毛细管与靶标蛋白孵育;③加入底物,使结合配体的蛋白与底物反应;④利用毛细管分离底物和产物,计算产物的减少量,并推测潜在活性化合物;⑤使用质谱或核磁对中药提取物中的潜在活性化合物进行分析鉴定;⑥分离制备配体化合物,并进行活性验证,确认中药药效物质。

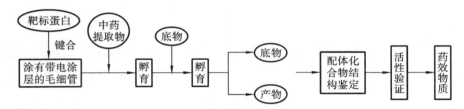

图 16-3　毛细管电泳介导的中药药效物质发现方法流程示意图

毛细管电泳法能够快速发现活性成分或组分,并能通过液相色谱-质谱检测推断活性物质的结构。与传统的中药药效物质发现方法相比,毛细管电泳法不仅缩短了筛选所需的时间,而且减少了假阳性结果。同时,通过直接检测产物的峰面积变化可以推测出活性组分。该方法只需对所发现的药效物质进行重点分离,与传统方法比较减少了工作量,提高了研究效率。

二、细胞膜色谱法

细胞膜色谱(cellular membrane chromatography,CMC)法或细胞膜亲和色谱法,是一种以活细胞膜作为结合效应成分的靶标,将含有靶标受体的细胞膜键合到色谱柱填料上制备成固定相,再利用色谱技术对流动相中药物与受体间的相互作用规律进行色谱分离研究,并完成活性成分筛选的一种方法。

Lundahl 研究团队最早提出了细胞膜色谱柱的概念,随后 Wainer 研究团队也进行了很多与细胞膜色谱柱应用相关的报道。贺浪冲团队是国内较早将细胞膜色谱应用于中药药效物质发现研究的,且不断研究出新型的细胞膜色谱。

细胞膜色谱法作为生命科学与色谱分离技术交叉所形成的一种新兴的色谱技术,将药物效应成分的分离与活性筛选相结合,是近年来生物色谱方法在中药研究中的热点之一。同时,细胞膜上的受体众多,细胞膜相比单一受体、离子通道等单一靶点的生物色谱技术,更符合中药多效应、多靶点的特性。近年来,该方法已被广泛应用于中药及其复方制剂中物质基础的研究。

细胞膜色谱法在中药药效物质发现中的主要研究流程如图 16-4 所示。

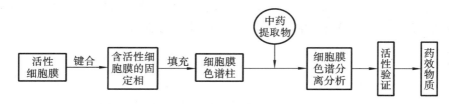

图 16-4 基于细胞膜色谱法的中药药效物质发现流程示意图

细胞膜色谱法中的中心环节为制备细胞膜色谱柱,而制备细胞膜色谱柱的关键则是选择合适的细胞膜受体、固定相及键合方式。细胞膜受体必须与它在自然状态下的构型相差不大,一般来说,键合的受体类型大致包括重组蛋白和膜受体。现在通用的固定相包括硅颗粒、多空玻璃珠、琼脂糖凝胶等,目前常见的键合方式分为共价键合和非共价键合两种,其中,共价键合存在着一定的局限性,如可能导致蛋白活性的失去和受体结合位点构型的变化等,故共价键合一般不适用于膜受体,当键合膜受体时必须选择其他键合方式。

细胞膜色谱法是一种简单、可重复、高效的色谱模型,可以直接反映某些化学成分的药效参数,如活性和结合力等,可以极大地缩小天然产物中活性成分的筛选范围。但是,该方法仍存在一定的缺陷,该方法尚不能完全模拟体内的复杂环境,所筛选出的活性成分可能并非真实的药效物质基础;细胞膜固定化过程中靶标的生物活性可能会被改变甚至失活;色谱柱使用寿命短等。

三、生物反应器法

生物反应器是利用酶或生物体所具有的生物功能,在体外进行生化反应的装置系统。近年来,研究者们开发出了一系列的生物反应器,如固定化酶反应器、固定化细胞反应器,并通过检测反应产物或细胞裂解物等方法,将其与液相色谱-质谱技术联用,实现在线检测,目前已被应用于中药药效物质的发现。

基于生物反应器的中药药效物质发现方法流程如图 16-5 所示。

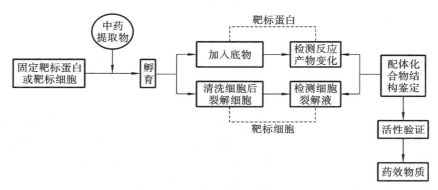

图 16-5 基于生物反应器的中药药效物质发现方法流程示意图

此外,还可直接以活细胞为亲和载体,对中药提取物中能与细胞特异性亲和吸附的成分进行筛选,该方法为细胞萃取法。此法直接以活细胞为固定相,将细胞亲和结合与色谱分离分析分开,有利于保持细胞膜的完整性、膜受体的立体结构、靶点和周围环境,操作更简单易行。近年来,各种活体细胞被应用于中药活性成分的筛选,并已逐渐成为中药药效物质基础研究的重要手段之一。

第五节　基于亲和选择的中药药效物质发现方法

化学生物学是 20 世纪 90 年代后期才发展起来的前沿科学,以研究生命及其调控为目标,在分子水平上探索生命现象的本质和维护生命功能。即通过研究生物活性分子的结构、功能和作用,进而利用化学的理论、方法、手段和策略来解决和探索生命及生物医学问题;同时也借助生物学原理、方法和技术来解决化学问题。

化学生物学的研究对象主要是具有生物活性的物质,既包括核酸、蛋白质和多糖等生物大分子,又涵盖天然和合成小分子。具体来说,化学生物学研究从对生物体的生理或病理过程具有调控作用的小分子生物活性物质着手,通过分析其结构找出其在生物体中的靶分子,并研究这些活性物质与靶分子的相互作用;进一步采用化学方法改造其结构,创造具有某种特异性质的新颖生物活性物质,探讨其结构与活性关系和相互作用机制,解释生理或病理过程的发生、发展与调控机制,认识生命本质,并进一步发展新的诊断与治疗方法或药物。

亲和选择方法是基于化学生物学研究理念从而发现小分子配体化合物的一种方法。主要运用活性物质与特定靶标间的亲和作用,实现活性物质的快速富集与分析鉴定。亲和作用既包括抗体与抗原、蛋白-蛋白等生物大分子间的相互作用,也包括受体-配体、酶-抑制剂等大分子与小分子间的相互作用。亲和选择方法具有筛选效率高、试验周期短、特异性强等优点,且能够与液相色谱、液相色谱-质谱联用等分析技术相结合,能够针对特定靶标分离/富集中药混合体系中的配体化合物,快速发现中药药效物质。主要包括亲和超滤法、磁珠固定化法和中空纤维固定化筛选法。

一、亲和超滤法

亲和超滤法是一种利用靶蛋白与小分子之间的质量差,采用超滤膜分离与生物大分子(如大于 10 kDa 的蛋白和酶)特异性结合的配体化合物分子,然后通过液质联用技术进行检测,从中药等复杂体系中筛选生物活性小分子,实现药效物质发现的方法。

自从 20 世纪 90 年代末,超滤法被成功应用于复杂体系中靶向药物的发现后,由于其操作简便、实验周期短、样品及试剂用量少等优点,该方法被广泛应用于中药药效物质的筛选,主要针对可与靶蛋白特异性亲和吸附的活性小分子化合物的筛选与鉴定,如黄嘌呤氧化酶、α-糖苷酶、酪氨酸酶等靶蛋白抑制剂及 PPARα 等受体激动剂的研究。

基于亲和超滤的中药药效物质发现方法的主要研究步骤如下:①将中药提取物与靶标(蛋

白、酶等)进行孵育;②使用超滤手段分离未结合的化合物;③加缓冲液,洗脱未结合配体;④使受体-配体复合物变性,用质谱等方法对解离出的配体进行鉴定;⑤分离制备配体化合物,并对其活性进行验证,最终确认中药药效物质。其研究流程图如图 16-6 所示。

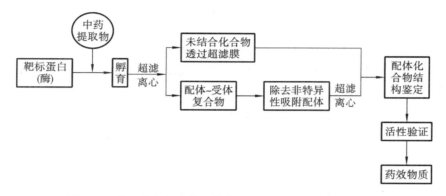

图 16-6　基于亲和超滤的中药药效物质发现方法流程示意图

在利用亲和超滤偶联液质技术对中药药效物质进行筛选的过程中,影响超滤结果的因素主要包括:①靶标与待测成分混合的浓度;②解离液的选择;③超滤膜的材质、截留量;④共孵育时间等其他因素。

1. 靶标与配体的浓度

在亲和超滤的过程中,若配体浓度相对靶标较高,则配体之间与靶标结合的竞争性较大,使得某些有活性的物质难以亲和,造成假阴性结果;反之,则可能增加非特异性吸附,引起假阳性结果。因此,确定合适的靶标与配体浓度是确保筛选结果的准确性与特异性的关键。配体与靶标的相互作用中存在一个解离平衡常数(Kd),不同物质有自身的 Kd 值。通常情况下,当受体的浓度与结合能力最弱的物质的 Kd 值相近时,在一定程度上可以使得所有与靶标存在结合作用的配体都与之亲和。因此,靶标与配体的浓度应适中,且受体的浓度最好不低于配体。

2. 解离液的选择

由于中药提取物成分复杂,结构类型众多,极性各异,因此如何在尽可能减少非特异性吸附的情况下使亲和靶标的配体顺利解离是影响筛选结果的另一重要因素。目前使酶变性主要有两种方式,一是向解离溶剂加酸使酶在低 pH 值下失活,二是利用有机溶剂使酶不可逆的变构失活。当仅向溶剂加入一定量的酸时,此时溶剂极性较大,根据相似相容原理,极性较大的小分子活性物质易溶解在最后的解离液中,而那些极性较小的活性物质在最后的色谱图中可能不明显,甚至没有;相反,当单纯用含有机溶剂的解离液时,会增加非特异性吸附。有研究表明,用含酸的有机溶剂代替仅含有机溶剂的解离液,可以有效地减少无亲和作用物质的非特异性吸附。

3. 超滤膜的选取

亲和超滤主要是利用超滤膜的截留完成配体-靶标复合物与非作用物质的分离以及亲和配体与靶标的分离过程,因此它对筛选结果也有着不容忽视的影响。常用的超滤离心管滤膜的材料主要有聚醚砜类、纤维素类等。选择合适的滤膜材质有助于减少筛选时出现的非特异性吸附。此外,还需要根据靶标的相对分子质量确定超滤管的截留量。若滤膜截留量过大,则易造成漏筛,过小则滤膜易堵,超滤效率降低。通常应截留相对分子质量小于目的蛋白质相对分子质量的 1/3,比如靶标相对分子质量为 35 kD,就可以选择 10 kD 截留相对分子质量的超滤管。

4. 其他

除了上面几点因素,靶标与配体的共孵育时间、孵育温度、离心转速、溶液的 pH 值等因素都会对试验结果产生干扰。若孵育时间过短,则会使吸附不完全,过长则二者之间可能会发生其他反应,造成假阴性或假阳性结果;孵育温度及溶液的 pH 值选取不当都会影响靶标的活性;离心转速、时长的不适宜也都会降低超滤的效率。因此,为了筛选结果高效且特异,需要对筛选条件进行详细摸索,并合理设计、规范操作。试验过程中,在靶标-配体复合物解离前多次加入缓冲液进行漂洗有利于减少非特异性吸附。此外,阴性对照实验的设计对减少假阳性结果、提高结果的准确性也很有必要。

亲和超滤法是一种典型的溶液亲和选择方法,与固定化法相比,无需固定化前处理,并有效避免了固定化靶标的变性与失活。但是,亲和超滤法也存在一定的局限性,如超滤膜本身对药材的吸附性会造成假阳性结果;此外,该方法只适用于与靶标具有强亲和吸附的化合物的筛选,而对于某些弱吸附的活性成分则无法筛选出。

二、磁珠固定化法

1957 年,Gilchirst 等人首次使用金属颗粒注射和外加磁场的方式对淋巴瘤病人进行治疗后,关于磁珠的研究日渐增多,磁珠经修饰后可成为抗体、酶、蛋白、特殊配体等生物大分子的载体。常用的磁性颗粒其粒径分布从微米级到纳米级,且具有顺磁特性。磁性材料在生物医药领域的应用十分广泛,如靶向给药、细胞分离、免疫组化、病原微生物检测、蛋白纯化等,目前已发展为一种较前沿的生物分离技术。

铁的氧化物如 Fe_3O_4 和 $\gamma-Fe_2O_3$ 是固定化技术中最常使用的磁性材料。然而这些磁性材料在使用过程中极易快速聚集成团,因此常用二氧化硅、金、碳素材料和高分子聚合物(聚乙二醇、聚乙烯醇)等对其进行修饰。由于在活性成分筛选过程中,结合了潜在活性成分的固定化酶与中药混合溶液需要在磁场的作用下分离,这对于固定化蛋白的稳定性存在较高的要求,而共价结合法能利用蛋白质表面天然存在的基团如羧基或氨基与磁性微球形成共价键,这种方法可以制备稳定的固定化蛋白,减少分离过程中蛋白的损失,在以磁性材料固定化中应用较多,而采用戊二醛作为交联剂将酶或蛋白质键合到磁珠上的方法又最为普遍。

磁珠固定化法是一种利用磁性材料固定靶蛋白来富集能与靶标亲和吸附的小分子化合物,再利用解离液将配体小分子从靶蛋白-配体结合物中分离出来,然后利用液质联用等对配体化合物进行鉴定的方法。

基于磁珠固定化的中药药效物质发现方法流程示意图如图 16-7 所示,其主要研究步骤为:①将靶标蛋白键合到顺磁性材料颗粒表面;②将靶标键合磁珠与中药提取物进行孵育;③移去未结合的中药提取物后,清洗磁珠,将非特异性结合的化合物洗脱;④加入有机溶剂,使受体-配体复合物变性,释放结合配体;⑤使用质谱或核磁对含配体化合物的溶液进行分析,鉴定其结构;⑥分离制备配体化合物,并进行活性验证,确认中药药效物质。

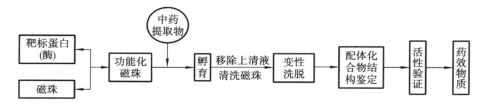

图 16-7　基于磁珠固定化的中药药效物质发现方法流程示意图

在一般情况下,酶经固定化后一级结构不会发生改变。但酶的空间构象有可能发生转变,进而影响药物或配体与酶作用的活性位点。而亲和吸附法通过酶表面的标记物与磁性微球上修饰的相应配基发生特异性亲和作用,能够解决上述酶活性位点变化的问题。磁珠固定化能提高酶稳定性,并最大限度地保持酶、受体的活性等。同时,由于磁性材料具有超顺磁性,与反应体系能利用磁场实现快速分离。因此,磁珠固定化法是一种简单、有效的高通量筛选模式。从近年来固定化法在中药活性成分筛选研究中的应用可以看出,磁珠固定化法目前所针对的靶点主要集中于肾上腺素受体、α-糖苷酶、人血清白蛋白、黄嘌呤氧化酶(XOD)、环氧合酶、酪氨酸酶、凝血酶等受体蛋白,这些受体蛋白及酶具有晶体结构大多数已知或容易获取等特点,同时,对于难以获取的受体蛋白和酶而言,该方法的应用则会受到限制。

磁珠固定化法虽在一定程度上提高了中药活性成分的筛选效率,但由于在固定化过程中酶的空间构象有可能发生改变,从而对酶与小分子配体间相互作用的活性位点造成影响,进而影响最后的筛选结果。

三、中空纤维固定化筛选法

中空纤维最早由 Pedersen-Bjergaard 和 Rasmussen 作为萃取溶剂的载体应用于液液微萃取中。中空纤维不仅内壁能吸附物质,也能渗透小分子和拦截大分子,目前广泛用于复杂混合物中目标分析物的萃取、富集、浓缩和纯化。

中空纤维固定化筛选法是以中空纤维为固定化载体,通过物理吸附等方式将酶、细胞、脂质体等生物材料固定于中空纤维中,用于筛选中药中的活性成分的一种方法。

基于中空纤维固定化的中药药效物质发现方法的流程示意图如图 16-8 所示,其主要研究步骤为:首先将靶标(酶或蛋白)吸附到聚丙烯中空纤维上,然后将固定靶标的中空纤维浸入中药提取物中孵育,从而通过受体-配体间亲和作用将配体化合物富集到中空纤维上,最后将中空纤维变性洗脱,通过利用液质联用技术对洗脱液进行分析,快速推断出配体化合物结构。

中空纤维是一种中空的多孔高分子材料,生物相容性好且无毒。以中空纤维作为载体材料固定化细胞或酶是一种简单易行的固定化方法。中空纤维用于固定细胞,能够使细胞均匀地分布在其内壁,而不会出现堆积或者浓度梯度现象。但是,中空纤维法无法对效应物质进行大量富集,从而影响未鉴别成分进行进一步的药理活性验证。

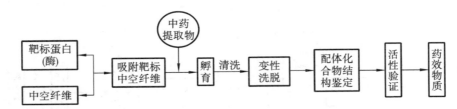

图 16-8　基于中空纤维固定化的中药药效物质发现方法流程示意图

第六节　其他中药药效物质发现方法

一、计算机虚拟筛选法

虚拟筛选技术是 20 世纪 80 年代发展起来的新药发现新技术,也是计算机辅助药物设计的常用方法之一。计算机虚拟筛选法是基于配体-受体原理,结合小分子数据库,对中药药效物质基础进行研究的一种方法。虚拟筛选的基本流程是从大规模的化合物数据库中确定所要进行筛选的化合物范围,并根据其化学结构信息,使用计算机模拟化合物与特定靶标的相互作用,从中找出具有潜在活性的化合物,再通过合成等方法制备这些化合物,并使用相关的药效评价模型进行活性验证,从而快速发现活性化合物成分。

近年来,随着结构生物学的发展,越来越多药物靶标蛋白的三维结构被测定或精确模拟出来。同时,由于上万种源于中药的单体化合物结构已被鉴定,目前我国已经建立了适用于中药研究的数据库,如中草药有效成分三维结构数据库、中国天然产物数据库和中药化学数据库TCMD 等。

基于计算机辅助虚拟筛选的中药药效物质方法按照研究思路的不同,可分为:基于受体结构的筛选方法(如分子对接)和基于配体结构的筛选方法(如药效团模拟)。

(一)受体结构法

受体结构法是基于计算机算法,从已建立的化合物结构数据库中寻找与靶标生物大分子活性中心相结合的化合物,发现潜在效应成分的一种筛选方法。分子对接是目前计算机辅助虚拟筛选研究领域的一项重要技术,是从已知结构的受体和药物小分子出发,通过模拟受体和药物小分子之间的相互作用,预测其最佳的结合模式,从而达到辅助药物筛选的目的。

分子对接技术的应用前提是小分子化合物和药物作用靶点的三维结构已知,并已成功应用于各大化合物数据库中相关潜在活性成分的筛选。随着现代生物科学技术的提高,越来越多的药物靶标的蛋白晶体结构被解析,分子对接技术在药物辅助筛选中的应用越来越受到人们的关注,且已被广泛应用于天然产物中活性成分的辅助筛选研究中。在中药活性成分筛选研究中,分子对接所针对的生物靶标主要集中于 XOD、酪氨酸酶和 α-葡萄糖苷酶等蛋白晶体结构较明确的生物大分子。

相比于传统的药物筛选模式,分子对接技术从分子间相互作用的角度出发,更好地体现了中药药效物质的深层作用机制,但由于其无法真实还原受体-配体间的相互作用,此法通常还需要采用其他筛选方法及药效验证试验佐证,从而提高中药药效物质基础发现和遴选的准确性,且由于受到蛋白晶体结构需已知这一条件,其应用也受到极大的限制。

(二)配体结构法

配体结构法是基于已知药物的分子结构和针对某一受体的活性特征,进行定量构效关系研究或建立药效团模型,寻找能与该受体结合并产生活性的结构因素,并根据此结构特征发现先导化合物,设计并寻找新的药物分子。

药效团是指药物分子中发挥活性作用的“药效特征元素”及其空间排列形式,基于药效团模型的虚拟筛选是配体结构法中较为常用的一种筛选模式,该方法与试验验证相结合,可对未知靶点中药药效成分进行快速、高效的筛选,近年来已被研究者们应用于中药研究中。

虽然药效团虚拟筛选在中药药效成分筛选中取得了一定的成果,具有良好的应用前景,但也存在一定的局限性。由于中药的复杂性,药效团虚拟筛选无法完全反映效应成分的化学与生物学特征,导致筛选结果的阳性率较低,因此该筛选方法在应用中还需与分子对接、定量构效关系分析、类药性评价等分析手段相结合,在一定程度上排除假阳性结果,并提高筛选模型的准确性。同时,由于中药发挥药效的成分未必为原型成分,因此在化学数据库建立时还应将中药代谢产物考虑在内,以提高中药药效物质基础发现的准确率。

二、基因芯片技术

基因是含有特定遗传信息的核苷酸片段,是遗传物质的最小功能单位。药物针对不同细胞、靶点发挥药效作用均会引起相关基因的表达差异。随着分子生物学的发展,基于基因水平的药物筛选模式,因其具有高通量、大规模、平行性分析等优势,逐渐被应用于中药复杂体系中活性成分的筛选研究。

基因芯片技术是近年来基因层面药物筛选中一种常用的高通量筛选技术,其原理是将大量特定序列的核酸片段有序地固定于载体上,通过检测其与标记的核酸分子间的杂交信号以获取相关的生物学信息,为药物作用新基因靶点的发现以及新药研发提供新的思路与策略。

基因芯片技术的应用虽然能在一定程度上提高药物筛选、靶基因发现以及新药研发的效率,从而降低其成本,但基因芯片的特异性以及检测仪器的灵敏度还有待提高,此外,样本的制备和标记操作程序仍较复杂,不具备普适性。

参考文献

[1]　王毅,赵筱萍.中药药效物质研究前沿:创新中药研发关键技术[M].北京:人民卫生出版社,2018.

[2]　Tu Y Y. The discovery of artemisinin(qinghaosu)and gifts from Chinese medicine[J].

Nature Medicine,2011,17(10):1217-1220.

[3] Newman D J,Cragg G M. Natural Products as Sources of New Drugs over the 30 Years from 1981 to 2010[J]. Journal of Natural Products,2012,75(3):311-35.

[4] 傅世垣,王琦.中国大百科全书:中医卷[M].北京:中国大百科全书出版社,2000.

[5] 王智民.中药药效物质基础的系统研究是中药现代化的关键[J].中国中药杂志,2003,28 (12):1111-1113.

[6] 邱峰,姚新生.中药体内直接物质基础研究的新思路[J].中药药理与临床,1999,015 (003):1.

[7] 吴茜,毕志明,李萍,等.基于整体观的中药药效物质基础的生物活性筛选//化学在线分析研究新进展[J].中国药科大学学报,2007,38(004):289-293.

[8] 王喜军.中药药效物质基础研究的系统方法学——中医方证代谢组学[J].中国中药杂志,2015,40(1):13.

[9] 杨义芳,杨扬震,萧伟,等.中药药效物质[M].上海:上海科学技术出版社,2012.

[10] 肖小河,肖培根,王永炎.中药科学研究的几个关键问题[J].中国中药杂志,2009,34 (2):119-123.

[11] 张伯礼,陈传宏.中药现代化二十年:1996—2015[M].上海:上海科学技术出版社,2016.

[12] 姚新生.中药活性成分研究与中药现代化[J].中药新药与临床药理,2003,014(002): 73-75.

[13] Kong W,Wei J,Abidi P,et al. Berberine is a novel cholesterol-lowering drug working through a unique mechanism distinct from statins[J]. Nature Medicine,2004,7(12): 464-464.

[14] Wang B,Deng J,Gao Y,et al. The screening toolbox of bioactive substances from natural products:A review[J]. Fitoterapia,2011,82(8):1141-1151.

[15] 张志琪,张延妮,田振军.药物筛选模型和技术及其在中药活性成分研究中的应用[J].中国中药杂志,2003,28(10):907-910.

[16] Huang X,Kong L,Li X,et al. Strategy for analysis and screening of bioactive compounds in traditional Chinese medicines[J]. Journal of Chromatography B,2004, 812(1-2):71-84.

[17] Franco C I F,Morais L C S L,Quintans-JúniorLJ,et al. CNS pharmacological effects of the hydroalcoholic extract of Sida cordifolia L. leaves [J]. Journal of Ethnopharmacology,2005,98(3):275-279.

[18] AdzuB,Amos S,Muazzam I,et al. Neuropharmacological screening of Diospyros mespiliformis in mice[J]. Journal of Ethnopharmacology,2002,83(1/2):139-143.

[19] Iwai K,Onodera A,Matsue H. Inhibitory effects of Viburnum dilatatum Thunb. (gamazumi) on oxidation and hyperglycemia in rats with streptozotocin-induced diabetes[J]. Journal of Agricultural and Food Chemistry,2004,52(4):1002-1007.

[20] Srinivasan K,Viswanad B,Asrat L,et al. Combination of high-fat diet-fed and low-

dose streptozotocin-treated rat:a model for type 2 diabetes and pharmacological screening[J]. Pharmacological Research,2005,52(4):313-320.

[21] 陈晓萌,陈畅,李德凤,等.中药有效成分辨识的研究进展[J].中国实验方剂学杂志,2011,17(12):249-252.

[22] Homma M,Oka K,Yamada T,et al. A strategy for discovering biologically active compounds with high probability in traditional Chinese herb remedies:an application of saiboku-to in bronchial asthma[J]. Analytical Biochemistry,1992,202(1):179-187.

[23] 王喜军.中药及中药复方的血清药物化学研究[J].世界科学技术,2002,4(2):1-4.

[24] Gao F,Hu Y,Fang G,et al. Recent developments in the field of the determination of constituents of TCMs in body fluids of animals and human [J]. Journal of Pharmaceutical & Biomedical Analysis,2014,87(1434):241-260.

[25] 章亚兵,汪宁.中药脑脊液药理学研究及应用进展[J].安徽医药,2015,19(04):613-616.

[26] 梅建勋,张伯礼,陆融.中药脑脊液药理学研究方法的初建——对中药影响星形胶质细胞神经营养作用的观察[J].中草药,2000,31(7):523-526.

[27] 孙志翠,刘西建,郭炜,等.酸枣仁汤含药脑脊液指纹图谱研究[J].中国实验方剂学杂志,2012,18(24):171-173.

[28] 秦秀德,郭家奎,韩舰华,等.中药脑脊液药理学应用研究进展[J].中华中医药杂志,2013,28(08):2377-2381.

[29] 冯前进.中药和方剂的药物代谢组学:从分析到制备[J].山西中医学院学报,2014,000(006):75.

[30] 李明会,阮玲玉,赵文龙,等.基于代谢组学/药动学整合策略的多组分中药药效物质基础研究[J].世界科学技术-中医药现代化,2018,20(08):213-217.

[31] Nicholson J K,Lindon J C,Holmes E. 'Metabonomics':understanding the metabolic responses of living systems to pathophysiological stimuli via multivariate statistical analysis of biological NMR spectroscopic data [J]. Xenobiotica, 1999, 29 (11):1181-1189.

[32] 冯前进,刘润兰.中医药学与合成生物学(一):抑制振动子及其作用与"方-证对应相关"理论和新一代基因网络药物设计[J].山西中医学院学报,2012,13(05):2,63.

[33] 杨改红,任刚,肖锡林,等.代谢组学在中药研究中的应用进展[J].现代生物医学进展,2014,14(33):6582-6585.

[34] Cheung R C F,Wong J H,Ng T B. Immobilized metal ion affinity chromatography:a review on its applications[J]. Applied Microbiology&Biotechnology,2012,96(6):1411-1420.

[35] Hage D S. Affinity Chromatography:A Review of Clinical Applications[J]. Clinical Chemistry,1999,45(5):593-615.

[36] Zhou J,Meng L,Sun C,et al. A new biochromatography model based on DNA origami assembled PPARγ:construction and evaluation[J]. Anal Bioanal Chem. Analytical &

Bioanalytical Chemistry,2017,409(12):3059-3065.

[37] 李津津,黄燕,杨德草.毛细管电泳技术在中药研究方面的应用情况分析[J].当代医药论丛,2014,000(004):147-148.

[38] Bao J,Regnier F E. Ultramicro enzyme assays in a capillary electrophoretic system [J]. Journal of chromatogr,1992,608(1-2):217-224.

[39] Brekkan E, Lundqvist A A, Lundahl P. Immobilized membrane vesicle or proteoliposome affinity chromatography. Frontal analysis of interactions of cytochalasin B and D-glucose with the human red cell glucose transporter [J]. Biochemistry,1996,35(37):12141.

[40] Moaddel R,Wainer I W . Development of immobilized membrane-based affinity columns for use in the online characterization of membrane bound proteins and for targeted affinity isolations[J]. Analytica Chimica Acta,2006,564(1):97-105.

[41] 赵惠茹,杨广德,贺浪冲,等.用细胞膜色谱法筛选当归中的有效成分[J].中国药学杂志,2000,35(001):13-15.

[42] 王丽莉,张铁军.细胞膜色谱法及其在中药活性成分研究中的应用[J].药物评价研究,2011,34(2):110-114.

[43] Hou X,Wang S,Zhang T,et al. Recent advances in cell membrane chromatography for traditional Chinese medicines analysis[J]. Journal of Pharmaceutical and Biomedical Analysis,2014,101:141-150.

[44] 马宏宇.茵陈蒿和桑叶的成分以及固相色谱法对茵陈蒿汤效应物质的研究[D].沈阳:沈阳药科大学,2009.

[45] WeiH,Zhang X,Tian X,et al. Pharmaceutical applications of affinity-ultrafiltration mass spectrometry: Recent advances and future prospects [J]. Journal of Pharmaceutical and Biomedical Analysis,2016,131:444-453.

[46] 邬思琪,杨华,李萍.亲和超滤结合液质技术在中药有效成分发现中的应用[J].药学学报,2016,51(07):1060-1067.

[47] 喻花.超滤质谱法研究蛋白质与药物小分子的相互作用[D].武汉:中南民族大学,2013.

[48] 陶益.一类基于化学生物学的中药药效成分快速发现方法研究[D].杭州:浙江大学,2014.

[49] 杨玉秀,李苏颖,张倩,等.固定化技术在中药活性成分筛选中的应用[J].药学学报,2017,52(02):198-205.

[50] Laurent S,Forge D,Port M,et al. Magnetic iron oxide nanoparticles:synthesis, stabilization, vectorization, physicochemical characterizations, and biological applications [J]. Chemical Reviews,2008,108(6):2064-2110.

[51] Khan A A,Alzohairy M A. Recent advances and applications of immobilized enzyme technologies:a review[J]. Research Journal of Biological Sciences,2010,5(8):565-75.

[52] 任洁,魏静.分子对接技术在中药研究中的应用[J].中国中医药信息杂志,2014,21(1):

123-125.

[53] 王星,张燕玲,乔延江.药效团技术在中药药效成分研究中的应用[J].世界科学技术:中医药现代化,2012,14(4):1779-1785.

[54] Chen J,Wang J,Lu Y,et al. Uncovering potential anti-neuroinflammatory components of Modified Wuziyanzong Prescription through a target-directed molecular docking fingerprint strategy[J]. Journal of Pharmaceutical and Biomedical Analysis,2018,156：328-339.

[55] Wang S,Jing H,Yang H,et al. Tanshinone I selectively suppresses pro-inflammatory genes expression in activated microglia and prevents nigrostriatal dopaminergic neurodegeneration in a mouse model of Parkinson's disease［J］. Journal of Ethnopharmacology,2015,164:247-255.

[56] 丁璇,洪战英,柴逸峰.中药活性成分的高通量筛选新技术[J].药学实践杂志,2015,33(3):193-197.

[57] 束雅春,吴丽,张金柱.基因芯片技术在中药领域中的应用[J].中华中医药学刊,2012,30(7):1648-1650.

第三篇
实验

实验一　固体分散体的制备及验证

一、实验目的

（1）掌握熔融法制备固体分散体的方法。

（2）熟悉固体分散体的鉴定方法。

二、实验指导

固体分散体（solid dispersion，SD）是将难溶性药物高度分散在适宜的固体材料中所形成的固体分散体系。药物以分子、胶态、微晶或无定形状态等形式均匀分散在固体载体材料中，用以提高药物的分散度、减小药物粒径、增加表面积、增加药物的溶出速度。

固体分散体的主要作用为增加难溶性药物的溶出速度，也可用作缓释和肠溶制剂，这主要取决于载体的性质和类型。固体分散体的载体可分为水溶性、难溶性和肠溶性。水溶性载体材料常用高分子聚合物、表面活性剂、有机酸及糖等，其中较为常用的有聚乙烯吡咯烷酮（PVP）、聚乙二醇（PEG）等。

固体分散体的制备方法主要有熔融法、溶剂法、溶剂-熔融法等。

熔融法是将药物与载体混匀，加热至熔融，将熔融物在剧烈搅拌下迅速冷却至固体，或将熔融物倒在不锈钢板上，形成薄层，在板的另一面吹冷空气或用冰使之骤冷迅速成固体。然后将混合物固体在一定温度下放置，使之变脆易于粉碎。

溶剂法也称共沉淀法。将药物与载体材料共同溶于有机溶剂中，蒸去有机溶剂后使药物与载体材料同时析出，得到共沉淀固体分散体，经干燥即得。

溶剂-熔融法是将药物溶于少量有机溶剂中，然后将此溶液加入已熔融的载体中搅拌均匀，冷却固化后得到固体分散体。药物溶液在固体分散体中所占的量一般不超过 10%（质量分数），否则难以形成脆而易碎的固体。

固体分散体的形成可以通过测定药物溶解度和溶出速度的改变、热分析法、X 射线衍射技术、红外分光光度法、扫描电镜观察法、核磁共振波谱法等来分析鉴定。

三、仪器与材料

仪器：坩埚、研钵、微孔滤膜、容量瓶、电子天平、紫外分光光度计。
材料：PEG 6000、布洛芬、NaOH、纯化水。

四、实验内容

【处方】布洛芬　　0.5 g
PEG 6000　4.5 g

1. 制法

(1)熔融法制备固体分散体。

按处方量精密称取布洛芬及 PEG 6000，于坩埚中混匀，置电炉上加热至熔融。将熔融物倒在不锈钢盘上(盘下放置冰块)，使之成薄层，熔融物骤冷迅速成固体。冷却 10 min，粉碎，即得。

(2)物理混合物的制备。

按处方量精密称取布洛芬及 PEG 6000，于研钵中研磨，混合均匀，即得。

2. 溶解度的测定

(1)标准曲线的制备。

精密称取布洛芬对照品 30 mg 于 50 mL 容量瓶中，用 0.4% NaOH 溶液溶解并稀释至刻度，摇匀。精密吸取上述液 1.0 mL、3.0 mL、5.0 mL、7.0 mL、9.0 mL 于 10 mL 容量瓶中，用 0.4% NaOH 溶液稀释至刻度，摇匀。于 265 nm 处测定吸光度(A)。求出标准曲线回归方程，备用。

(2)布洛芬原料药溶解度的测定。

精密称取 0.05 g 布洛芬的原料药，加水 20 mL，搅拌 5 min，用微孔滤膜过滤，取续滤液 9 mL 于 10 mL 的容量瓶中，加 4% 的 NaOH 溶液稀释至刻度，摇匀。在波长为 265 nm 处测定吸光度，记为 A_1。

(3)物理混合物中布洛芬溶解度的测定。

精密称取 0.5 g 布洛芬的物理混合物(相当于 0.05 g 布洛芬)，加水 20 mL，搅拌 5 min，用 0.45 μm 微孔滤膜过滤，取续滤液 9 mL 于 10 mL 的容量瓶中，加 4% 的 NaOH 溶液稀释至刻度，摇匀。在波长为 265 nm 处测定吸光度，记为 A_2。

(4)固体分散体中布洛芬溶解度的测定。

精密称取 0.5 g 布洛芬的固体分散体(相当于 0.05 g 布洛芬)，加水 20 mL，搅拌 5 min，用 0.45 μm 微孔滤膜过滤，取续滤液 9 mL 于 10 mL 的容量瓶中，加 4% 的 NaOH 溶液稀释至刻度，摇匀。在波长为 265 nm 处测定吸光度，记为 A_3。

将以上三种物料的吸光度代入标准曲线回归方程，计算每种样品的布洛芬溶解度。

【注意事项】(1)为避免湿气的引入，避免采用水浴锅加热。加热温度控制在辅料熔点以上，但加热时间不宜过长，加热温度不宜过高，以免对药物和辅料的稳定性造成影响。

(2)熔融法制备固体分散体的关键在于熔融的物料的骤冷,故将熔融的物料倾倒在不锈钢盘内,不锈钢盘置于冰上。为保持冷却过程中的干燥环境,将此盘置于冰箱冷冻室内保存,粉碎和称量操作中注意快速进行,以免吸潮。

(3)溶解度的测定中,时间均为 5 min,以 5 min 的溶出量来测定布洛芬原料药、物理混合物、固体分散体中布洛芬的溶解度。

五、实验结果与讨论

1. 实验结果
布洛芬原料药、物理混合物、固体分散体中布洛芬溶解度测定结果如表(实验)1-1 所示。

表实验 1-1　布洛芬原料药、物理混合物、固体分散体中布洛芬溶解度测定结果

样　品	A 值	溶　解　度
原料药		
物理混合物		
固体分散体		

2. 讨论
(1)比较三个样品的溶解度,并对此作出合理解释。
(2)本实验中测定溶解度时,每种样品均为搅拌 5 min,时间上控制有何意义?

六、思考题

(1)PEG 6000 在使用时是否需要粉碎过筛,其粒径大小对物理混合物中布洛芬的溶解度是否有影响? 对熔融法制备的固体分散体中布洛芬溶解度是否有影响?
(2)简述固体分散体速释和缓释的原理。
(3)固体分散体在贮藏期内容易发生老化现象,采用什么方法可以延缓其老化,提高稳定性?

实验二　复凝聚法制备微囊

一、实验目的

(1)掌握复凝聚法制备微囊的工艺及影响微囊形成的因素。

(2)通过实验进一步深化对复凝聚法制备微囊原理的理解。

二、实验原理

微型胶囊(简称微囊)系利用天然、半合成高分子材料(通称囊材)将固体或液体药物(通称囊心物)包裹而成的微小胶囊。它的直径一般为 5～400 μm。

微囊的制备方法很多,可分为物理化学法、化学法和物理机械法。可按囊心物、囊材的性质、设备和微囊的大小等选用适宜的制备方法。在实验室中制备微囊常选用物理化学法中的凝聚法。凝聚法又分为单凝聚法和复凝聚法。后者常用明胶、阿拉伯胶为囊材。复凝聚法制备微囊的机理如下:以明胶与阿拉伯胶为例,明胶是两性蛋白质,其溶液 pH 值调至等电点以下带正电荷;而阿拉伯胶主要成分是阿拉伯胶酸,它总是带负电荷。在适当的温度(40～60 ℃)、浓度和 pH 值(4.5 以下)下,两胶电荷互相吸引交联形成正负离子的络合物,溶解度降低而凝聚成囊,加水稀释,再经甲醛交联固化,洗去甲醛,即得到球形或类球形微囊。

三、实验内容

(一)实验仪器与材料

仪器:普通天平、恒温水浴、电磁搅拌器、烧杯(500 mL、250 mL、50 mL)、乳钵、冰浴、显微镜、载玻片、盖玻片、广泛 pH 试纸、温度计、抽滤装置等。

材料:鱼肝油、阿拉伯胶、明胶、甲醛、醋酸、氢氧化钠。

（二）实验操作部分

1. 复凝聚法制备液体石蜡微囊

处方：

液体石蜡（$\rho=0.91$)	5 mL
阿拉伯胶	5 g
明　　胶	5 g
37%甲醛溶液	2.5 mL
10%醋酸溶液	适量
20%NaOH 溶液	适量
蒸馏水	适量

复凝聚法的工艺流程如下：

固体或液体药物　　　2.5%～5%阿拉伯胶溶液

↓

混悬液或乳状液（O/W）

50～55 ℃　　　↓　　搅拌下加 2.5%～5%明胶溶液,5%醋酸溶液调 pH 值至 4.0

凝聚囊

加 30～40 ℃的水　　↓　　用量为成囊系统的 1～3 倍

沉降囊

10 ℃以下　　　↓　　37%甲醛溶液(用 20%NaOH 调 pH 值至 8～9)

固化囊

↓　　水洗至无甲醛

微囊

制剂

2. 操作

(1)明胶溶液的配制:称取明胶 5 g,用蒸馏水适量浸泡溶胀后,加热溶解,加蒸馏水至 100 mL,搅匀,50 ℃保温备用。

(2)阿拉伯胶溶液的配制:取蒸馏水 60 mL 置小烧杯中,加阿拉伯胶粉末 5 g,加热至80 ℃左右,轻轻搅拌使之溶解,加蒸馏水至 100 mL。

(3)液体石蜡乳剂的制备:取液体石蜡 5 mL 与 5%阿拉伯胶溶液 100 mL 置组织捣碎机中,乳化 10 min,即得乳剂。

(4)乳剂镜检:取液体石蜡乳剂一小滴,置载玻片上镜检,绘制乳剂形态图。

(5)混合:将液体石蜡乳转入 1000 mL 烧杯中,置 50～55 ℃ 水浴上加 5％明胶溶液 100 mL,轻轻搅拌使之混合均匀。

(6)微囊的制备:在不断搅拌下,滴加 10％醋酸溶液于混合液中,调节 pH 值至 3.8～4.0 (广泛 pH 试纸)。

(7)调整囊形:去上述混合液 1 滴,置载玻片上镜检,观察微囊形成情况,若囊形大小不一, 加入体系 2 倍量的 50 ℃蒸馏水,搅拌,以调整囊形。

(8)微囊的固化:在不断搅拌下,将约 30 ℃蒸馏水 400 mL 加至微囊液中,将含微囊液的 烧杯自 50～55 ℃水浴中取出,不停搅拌,自然冷却,待温度为 32～35 ℃时,加入冰块,继续搅 拌至温度为 10 ℃以下,加入 37％甲醛溶液 2.5 mL(用蒸馏水稀释 1 倍),搅拌 15 min,再用 20％NaOH 溶液调其 pH 值至 8～9,继续搅拌 20 min,观察至析出为止,静置待微囊沉降。

(9)镜检:显微镜下观察微囊的形态并绘制微囊形态图,记录微囊的大小(最大和最多粒 径)。

(10)过滤:待微囊沉降完全,倾去上清液,过滤(或甩干),微囊用蒸馏水洗至无甲醛味,抽 干,即得。

3. 操作注意

(1)复凝聚法制备微囊,用 10％醋酸溶液调节 pH 是操作关键。因此,调节 pH 时一定要 把溶液搅拌均匀,使整个溶液的 pH 值为 3.8～4.0。

(2)制备微囊的过程中,始终伴随搅拌,但搅拌速度以产生泡沫最少为度,必要时加入几滴 戊醇或辛醇消泡,可提高收率。

(3)固化前勿停止搅拌,以免微囊粘连成团。

四、实验结果和讨论

(1)绘制乳剂和微囊在显微镜下的形态图,并对两者进行比较。

(2)分析微囊的粒度分布情况。

五、思考题

(1)影响复凝聚法制备微囊的关键因素是什么?

(2)在操作时应如何控制以使微囊形状好、收率高?

(3)在本次实验中,是否所有的液体石蜡都被包封成微囊?

实验三　透皮吸收实验

一、实验目的

(1)掌握药物透皮吸收实验的方法。

(2)掌握透皮吸收的影响因素。

(3)了解选用处理皮肤的原则与方法。

二、实验原理

透皮治疗制剂是指药物透过皮肤由毛细血管吸收进入全身血液循环达到有效血浓,并在各组织或病变部位起治疗或预防疾病作用的制剂。透皮给药系统作为一种新型给药方式,有避免肝脏首过效应、延长药效、给药方便等优点,但也有其局限性。大多数药物透过皮肤这层屏障的速度都很小,不能达到有效治疗浓度。除了皮肤的生理因素之外,药物的剂量和浓度、药物分子大小及脂溶性、pH 与 pK_a 等,都会影响到药物透皮吸收的效果。为了更好地促进药物的透皮吸收,新的技术和方法被不断发现,如离子导入技术、超声波技术以及在制剂中常用的透皮吸收促进剂等。

在药物透皮吸收制剂的研究中,根据体外释放实验和体外透皮实验结果,进行处方筛选。利用各种透皮扩散池模拟药物在体透皮过程,来测定药物的释药性质,选择促进剂。常用的扩散池有直立式和卧式两种。选择的实验皮肤以动物皮肤为主,根据研究目的分别制取全皮、表皮、角质层等。

三、实验内容

(一)实验材料与设备

实验材料:布洛芬、硬脂醇、白凡士林、月桂醇硫酸钠、尼泊金乙酯、甘油、蒸馏水、Azone(月桂氮酮)生理盐水、蛇皮等。

实验设备:立式扩散池、紫外分光光度计、磁力搅拌器、恒温水槽、剪刀、移液管等。

（二）实验步骤

（1）布洛芬软膏的配制。

处方：布洛芬	1.0 g
硬脂醇	1.8 g
白凡士林	2.0 g
月桂醇硫酸钠	0.2 g
尼泊金乙酯	0.02 g
甘油	0.1 g
蒸馏水	适量
制成布洛芬软膏	20 g

将上述制好的软膏按比例分别加入2％、4％、6％、8％ Azone，混合均匀后备用。

（2）标准曲线的制备。

精密称取布洛芬对照品30 mg于50 mL容量瓶中，用0.4％ NaOH溶液溶解并稀释至刻度，摇匀。精密吸取上述液1.0 mL、3.0 mL、5.0 mL、7.0 mL、9.0 mL于10 mL容量瓶中，用0.4％ NaOH溶液稀释至刻度，摇匀。于265 nm处测定吸收度（A）。求出标准曲线回归方程。

（3）皮肤的处理

取新鲜蛇皮，用生理盐水冲洗，剪成10 cm长备用。

（4）扩散池的处理

将扩散池洗净，取备用的蛇皮，角质层面向给药池，将蛇皮紧绷于给药池与接收池之间，接收池加入磁力搅拌子，将扩散池装好。

（5）加入生理盐水至蛇皮高度，蛇皮与液面之间不留气泡。将软膏加入给药池，至给药池瓶口。

（6）将扩散池放入恒温水槽，调节磁力搅拌器，让磁力搅拌子恒速转动。于1 h、2 h、3 h、4 h、5 h分别取接收液5 mL，每次取完及时补充生理盐水至足量。

（7）用0.45 μm的微孔滤膜过滤取出的接收液，滤液于265 nm处测定吸收度。代入标准曲线，求累计释放量。

$$M_n = C_n \times V_0 + (C_{n-1} + C_{n-2} + \cdots + C_1) \times 5$$

式中：V_0为接收池的总体积，实验中所用立式扩散池的V_0为14 mL。

（8）以各时间点药物累计释放量对时间进行线性回归，所得斜率即为透皮速率。比较含不同浓度 Azone 的布洛芬软膏的透皮速率。

（三）注意事项

（1）实验动物的皮肤采用新鲜剥制的蛇皮，避免长时间浸泡在生理盐水中，产生凝胶亲水层，造成实验误差。

（2）乳膏加入扩散池，以平齐瓶口为度，以保证释药量的一致。

（3）生理盐水要紧贴蛇皮内侧，避免产生气泡。

（四）实验结果与讨论

1. 实验结果

实验结果填入表(实验)3-1 和表(实验)3-2 中。

表(实验)3-1　实验三实验结果 1

处　方	累计释放量				
	1 h	2 h	3 h	4 h	5 h
1(0%Azone)					
2(2%Azone)					
3(4%Azone)					
4(6%Azone)					
5(8%Azone)					

表(实验)3-2　实验三实验结果 2

处　方	回归曲线方程	相　关　系　数	透皮吸收速率
1(0%Azone)			
2(2%Azone)			
3(4%Azone)			
4(6%Azone)			
5(8%Azone)			

2. 讨论

比较含不同浓度的透皮吸收促进剂(Azone)的布洛芬软膏透皮吸收速率的不同,并分析其原因。

（五）思考题

(1)影响药物透皮吸收的剂型因素有哪些?

(2)透皮吸收促进剂有哪些种类?